普通高等教育"十一五"国家级规划教材

能源与动力工程系列教材

U0743051

制冷装置自动化

（第2版）

朱瑞琪　编著

西安交通大学出版社

XI'AN JIAOTONG UNIVERSITY PRESS

内 容 提 要

本书内容分三部分。第一部分是有关自动控制理论方法的基本知识。第二部分讲述制冷装置运行中的工况参数控制及调节,安全保护系统以及系统中设备的控制。介绍制冷装置自动调节的原理方法,实施概要和实施过程。对模拟式控制和数字式控制系统均有详细说明,给出典型制冷装置的控制实例。第三部分讲述空调系统中的控制器件特性、选用原则、空调的基本控制回路,并给出 DDC 控制器的应用示例。

本书反映制冷空调控制的当前技术发展水平,为制冷空调专业的学生提供从理论到应用的完整知识,也可供研究生和从事该领域工作的科研及工程技术人员参考。

图书在版编目(CIP)数据

制冷装置自动化/朱瑞琪编著.—2 版.—西安:西安交通大
学出版社,2009.2(2024.6 重印)
ISBN 978-7-5605-2909-7

Ⅰ.制…　Ⅱ.朱…　Ⅲ.制冷装置－自动控制　Ⅳ.TB65

中国版本图书馆 CIP 数据核字(2008)第 122032 号

书　　名	制冷装置自动化(第 2 版)	
编　　著	朱瑞琪	
责任编辑	邹　林	
出版发行	西安交通大学出版社	
	(西安市兴庆南路 1 号　邮政编码 710048)	
网　　址	http://www.xjtupress.com	
电　　话	(029)82668357　82667874(市场营销中心)	
	(029)82668315(总编办)	
传　　真	(029)82668280	
印　　刷	西安五星印刷有限公司	
开　　本	727mm×960mm　1/16　印张 23.625　字数 441 千字	
版次印次	2009 年 2 月第 1 版　2024 年 6 月第 3 次印刷	
书　　号	ISBN 978-7-5605-2909-7	
定　　价	52.00 元	

如发现印装质量问题,请与本社市场营销中心联系。
订购热线:(029)82665248　(029)82667874
投稿热线:(029)82668818
读者信箱:jdlgy31@126.com

第 2 版前言

本书自 1993 年出版以来,曾经 6 次印刷,受到广大师生和业内人士的关注和支持,作者深感欣慰。

为适应新的教学需要,经立项为普通高等教育"十一五"国家级规划教材,对本书再版。此次再版仍本着重实用,重基本概念,密切结合制冷技术当前发展实际的宗旨。

十多年来,制冷技术迅速发展,制冷压缩机、热交换器、制冷系统设计等都不断迭新,新制冷剂更替,与之相应的制冷控制系统、器件及控制方法亦不断进步。再版内容因此进行了修改和充实,还增加了空调系统自动控制的内容。本教材基于作者多年从事"制冷装置自动化"和"建筑设备自动控制"课程的教学实践凝炼而成,希望它能够更好地服务于专业课教学。

本教材可以与制冷空调专业领域的以下国家级教材配套使用:《制冷与低温技术原理》("十五"国家级规划教材,吴业正等编著)、《制冷压缩机》("九五"国家级重点教材,缪道平 吴业正主编)、《制冷及低温装置》("十五"国家级规划教材,吴业正 厉彦忠主编)。

香港理工大学王盛卫教授与我们的教学交流丰富本教材的内容,崔景谭、孟建军、殷光文为教材的编写提供了许多翔实的技术资料,在此表示感谢。

吴业正教授对书稿进行了周详的审阅,并提出宝贵的意见,特此致谢。

对本书中存在问题和不足之处,敬请读者批评指正。

作 者
2008 年 8 月 18 日

目　录

第1章 自动控制基础

自动控制技术范围很广,控制理论的发展经历了经典控制理论、现代控制理论和智能控制理论,经典控制理论是控制技术的基础理论。制冷空调中遇到的控制问题大多数可以用经典控制理论回答。本书重点在于制冷空调领域中所应用的控制,掌握基本的理论基础是必须的。

1.1 自动控制系统概述

自动控制系统的定义:霍尼韦尔(Honeywell)所做的定义是"自动控制系统是这样的一个系统,它对一种变化或不平衡做出反应,通过调整其它参数,使系统回复到所期望的平衡状态。"

自动控制是从人工控制基础上建立和发展起来的。图 1.1(a)是人工控制室温的一个例子。控制目的是保证室温被维持为要求值或在指定的范围变化。室内设有热交换器,热交换盘管中流过冷水(或热水)使房间冷却(或加热)。盘管上设有调节阀。室内温度用温度计测量并显示。让我们来看看操作者是如何控制室温的。操作者观察温度计显示值,将它作为室温的测量值,拿测量值与要求值比较。如果测量值与要求值相同,则不加调节。否则便执行改变阀门开度的操作:如果测

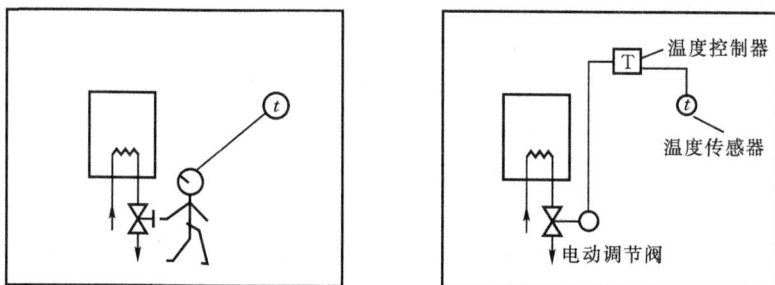

(a)人工控制 (b)自动控制

图 1.1 室温控制

量值比要求值高,调节阀门增大冷水流量;反之,如果测量值低于要求值,则调节阀门减少冷水流量。而调节操作量的大小,则取决于操作者根据测量值与要求值之间偏差大小所做的判断。通过这样不断的调节,使房间温度维持在要求的水准。

人工控制由人眼的观察,大脑的判断和肢体操作完成控制。显然,人工控制不仅耗时费力,而且控制品质难以保证,受太多的不确定因素影响,如:操作者的生理机能、操作者的经验、判断的随机性,等等。用自动化仪表、控制器以及伺服机构替代人的控制行为便构成自动控制。室温自动控制如图1.1(b)所示。

通过此例说明过程控制的基本要素是:检测偏差和纠正偏差。

1.1.1　闭环控制系统组成

简单控制系统由受控过程(或受控对象)、发信器、控制器和执行器组成闭环回路。

图1.2是一个最简单的冷库温度控制系统。冷风机置于库内,通过制冷剂蒸发提供冷量,用以平衡库内的热负荷(包括贮物的释热、库内有关设备的发热量和由于库内外温差通过建筑围护结构传入库内的热量等)。食品冷藏要求库房温度 Q(受控参数)保持恒定。为此,在蒸发器的供液管上设电磁阀(执行器),用感温包(发信器)感应库房温度 Q,传递压力信号 p 给温度控制器(控制器)。当库房温度上升,超过给定值的上限时,温度控制器控制电磁阀打开,供液,在蒸发器中产生制冷效应,于是库温

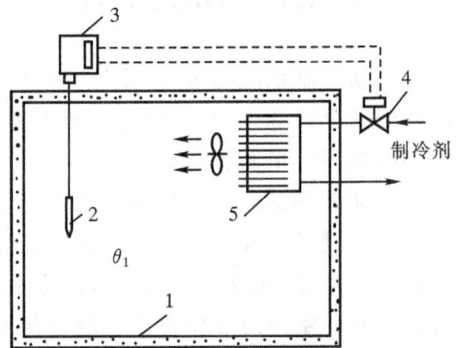

图1.2　库房温度自动控制系统
1—冷库;2—感温包;3—温度控制器;
4—电磁阀;5—冷风机(蒸发器)

下降。当库房温度降低到超过给定值的下限时,温度控制器又控制电磁阀关闭,停止供液,中断制冷作用。如此反复,使库房温度维持在给定值的附近做小范围波动。这是一种最简单的双位控制系统。因为电磁阀的动作是间断的,所以对蒸发器的供液量调节不连续。

又如在制冷系统中,有自由液面的设备或容器(满液式蒸发器、中间冷却器、低压循环液桶等)要求其中的液面维持一定。采用浮球调节阀控制液位的自动控制原理如图1.3所示。这里,容器是受控对象,液位是受控参数,用浮球感应液位变化(发信)与给定值比较,使杠杆机构动作(控制)带动阀杆移动(执行),使阀开度改变,调节供入容器的液量,使与流出的液量相平衡,从而维持液位恒定。这是典型

的比例控制系统例。而且,浮球调节阀在结构上是将发信器(浮球)、控制器(杠杆机构)和执行器(阀件)做成一体的调节装置。特点是结构紧凑和保证密封,制冷系统的传统自控器件常取这种形式。

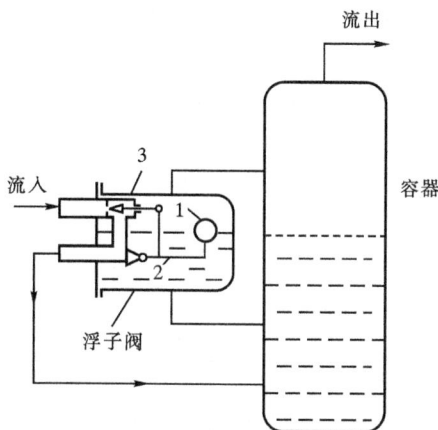

图 1.3　液位的自动控制系统
1—浮子;2—杠杆机构;3—阀件

自动控制原理对控制系统的研究方法是将具体系统抽象化、一般化,用方框图表示,并建立数学模型加以研究。

现将上两例加以抽象,抛开它们各自的具体物理内容,可以概括出:自动控制系统是由受控对象(或受控过程)、发信器(传感器)、控制器、执行器这样四个基本环节组成的闭环系统。其中发信器、控制器和执行器属于控制设备(调节装置)。

有时,将发信器、执行器和受控对象合起来叫做广义对象。于是也可以说,自动控制系统是由调节装置和受控对象两部分组成的闭环系统,或者说是由控制器和广义对象两部分组成。

受控参数是工艺过程中的某个需要加以控制的工艺参数,发信器检测受控参数的变化并与给定值相比较,向控制器输入偏差信号。控制器根据偏差信号,按照一定的控制规律(控制算法)运算,给出控制操作指令传递到执行器,执行器按控制器的指令完成调节动作。受控过程受到调节作用而影响受控参数。

用方框图表示闭环控制回路,如图 1.4 所示。方框图完整地表达了自动控制系统的组成环节及环节之间的相互作用与信号传递。图中,每个方框表示一个具体的作用环节,每个环节都有输入信号和输出信号,方框之间的连线和箭头表示环节之间的信号联系和信号的传递方向。

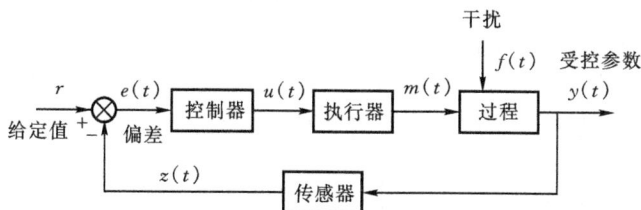

图 1.4　自动控制系统方框图

在方框图中,受控参数是受控过程的输出信号(如前两例中的库温、液位)。凡是引起受控参数波动的外来因素(除调节作用外)统称为干扰作用。如在库温调节中室外温度变化、货物热负荷变化等都是引起库温变化的干扰作用。干扰作用和调节作用对受控参数影响的信号传递通道分别称为干扰通道和调节通道,它们均为受控过程的输入信号。干扰作用破坏调节系统的平衡状态,使受控参数偏离给定值,这是不可避免的客观因素。而控制所给出的调节作用则力图消除干扰对受控参数的影响,使之恢复到给定值。自动调节过程就是调节与干扰这一对矛盾在调节系统中的对立和统一。

图 1.4 中符号 表示比较元件。它往往是控制器的一个组成部分,在图中将它单画出来是为了说明受控参数测量值与给定值的比较作用。比较元件上常常作用着多个输入量和一个输出量,输出量等于输入量的代数和。

从信号传递的角度由方框图可以看出,自动控制系统是一个闭合回路,故为闭环系统。另外,系统的输出是受控参数,但它经过发信器后又返回到控制器的输入端。这种把系统的输出信号又引到系统输入端的作法叫做反馈。如果反馈信号使受控参数的变化减小,称为负反馈;反之,称为正反馈。负反馈信号(即受控参数的测量值)z 进入比较元件时取负值,而给定值 r 取正值,所以比较元件输出的偏差信号为 $e=r-z$。在自动控制系统中一般都采用负反馈,它是按偏差进行控制的,所以,产生偏差是自动调节的必要条件。

1.1.2　控制系统分类

按照一个控制系统中用什么信息产生控制作用,可将所有的控制系统分为两大类:开环系统和闭环(反馈)系统。这里只说明闭环控制系统的分类。

(1)按受控参数给定值的变化规律,可以分为:

①定值调节系统,给定值为某一确定的数值;

②程序调节系统,给定值按指定的规律变化;

③随动调节系统,给定值事先不能确定,随机变化。

在分析自动控制系统特性时,不同的给定值形式涉及到不同的分析方法。制冷、空调的自动控制系统中应用最普遍的是定值调节。也有用程序调节和随动调节系统的场合。

(2)按实现调节动作的特征,可以分为:

①连续调节系统,系统所有参数在调节过程中连续变化;

②断续调节系统,在调节过程中系统中有一个以上的断续变量。

还有一些其它分类方法,如按控制的调节规律可分为:双位控制、三位控制、比例控制、比例积分控制、比例微分控制和比例积分微分控制。按调节过程结束后受控参数与给定值的偏差可分为:有静差系统和无静差系统。

1.1.3　干扰作用

过程所受到的干扰作用大小一般是随时间变化的,其变化没有一定的规律。在分析与设计自动控制系统时,为了方便常根据实际情况将干扰典型化,研究在典型干扰作用下控制系统的响应特性。典型的干扰形式有:阶跃作用、等速作用、周期波动作用等,其中最常用的是阶跃干扰。

所谓阶跃干扰是在 t_0 时刻突然作用于系统的扰动量,以后不再消失也不随时间变化。阶跃干扰的函数形式为

$$f(t) = \begin{cases} 0, & t < t_0 \text{ 时} \\ m, & t \geqslant t_0 \text{ 时} \end{cases} \qquad (1.1)$$

式中:m 是扰动量,为常量。

若扰动量等于 1,即当 $m=1$ 时,则为单位阶跃干扰,见图 1.5。它的动态方程为

$$f(t) = \begin{cases} 0, & t < t_0 \text{ 时} \\ 1, & t \geqslant t_0 \text{ 时} \end{cases} \qquad (1.1a)$$

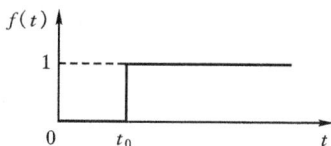

图 1.5　单位阶跃干扰

对于调节来说,阶跃干扰是最不利的干扰形式,但它又最容易实现。控制系统若能很好地克服阶跃干扰,则其它形式的干扰也就不难克服了。

1.2　自动控制系统的控制品质

设计一个控制系统,希望它能够很好地实现控制目的。希望它受到扰动后所作出的调节能够保证很快地平息受控参数的波动,使之重新稳定下来,而且尽可能准确地稳定在受控参数的期望值上。也就是说,对于控制品质的要求概括为:稳定、准确、快速。

1.2.1　过渡过程

原来处于稳定平衡态的自动控制系统,当对象受到干扰时,受控参数开始变化,但通过调节作用可以克服干扰,使系统在一个新的平衡态重新稳定下来。系统的稳定态为“静态”。从干扰发生、经历调节再到新的平衡这段过程中,系统的各环节和各参数都在不断变化,这种状态为“动态”。受控参数在动态过程中随时间的变化叫做过渡过程。可见,过渡过程是自动控制系统对干扰的动态反应,故又称之为系统的响应特性。考察系统的过渡过程特性,可以获得控制系统的控制品质。

一般来说,对象受阶跃干扰后,系统可能出现的过渡响应过程有如图 1.6 所示的四种典型类型。

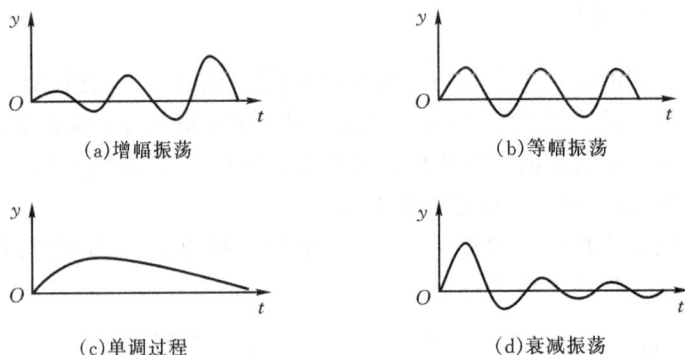

(a)增幅振荡　　　　　　　　　　　　　(b)等幅振荡

(c)单调过程　　　　　　　　　　　　　(d)衰减振荡

图 1.6　各种典型的过渡过程

图 1.6(a)为增幅振荡,控制的结果是受控参数越来越偏离给定值,系统不能稳定,这种情况无法实现调节。因而,自动控制不能够接受这样的过渡响应。

图 1.6(b)为等幅振荡,受控参数呈既不发散、也不衰减的等幅振荡,它也是不稳定过程,双位调节中就呈现这样的过程。但在连续调节系统中,这种情况也不允许。

图 1.6(c)为单调过程,受控参数偏离给定值后,逐渐缓慢地趋近给定值。它属于非周期调节,系统能够回到稳定。因此,这种情况在自动调节中是允许的,但由于调节过程时间较长,效果并不理想。

图 1.6(d)为衰减振荡,受控参数偏离给定值后,经过两三个周期的振荡能够很快趋于平衡值,这种过渡过程比较理想。在连续调节中希望得到如图 1.6(d)所示的衰减振荡。

1.2.2　控制品质指标

对照衰减振荡的过渡过程曲线图 1.7,定量地给出控制系统的下述品质指标。

(1)衰减比 n　衰减比是反映受控参数振荡衰减程度的指标,它等于过渡响应的衰减振荡曲线上,第一个波峰与第二个波峰之比,即

$$n = \frac{M}{M'} \tag{1.2}$$

衰减比是反映控制响应稳定性的指标,用 n 判断振荡是否衰减和衰减程度:$n > 1$ 时,系统稳定;$n = 1$ 时,等幅振荡;$n < 1$ 时,增幅振荡。$n > 1$,但接近 1 时,衰减很慢,相当于单调过程。通常,以 $n = 4 \sim 10$ 为宜。表明调节作用能够很快克服

干扰,将受控参数的波动恢复到允许的范围之内。

(2) 静态偏差 C　过渡过程终了时,受控参数稳定在给定值附近,稳定值与给定值之差叫做静态偏差,简称"静差"。$|C|=0$ 时,为无静差;$|C|\neq 0$ 为有静差。生产工艺要求静差限制在一个允许的范围内。

(3) 超调量(动态偏差)M　过渡过程中,受控参数相对于新稳态值的最大波动量。

(4) 最大偏差 $A=M+C$　它是受控参数相对于给定值的最大偏差。若 A 过大,且偏离时间过长,系统离开指定的工艺状态越远,调节品质越差。

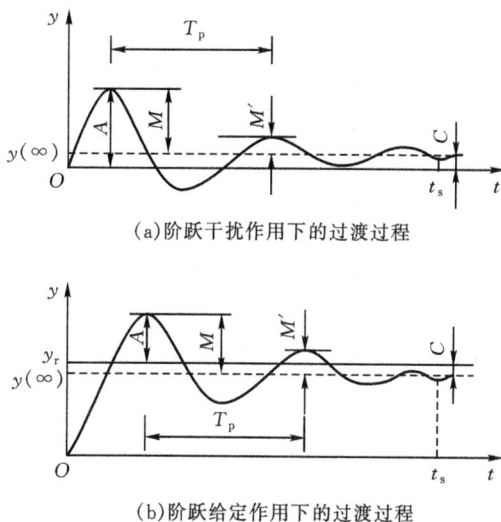

图 1.7　控制品质指标示意图

(5) 振荡周期 T_{p} 和振荡频率 f　相邻两个波峰所经历的时间为振荡周期。其倒数为振荡频率,即 $f=1/T_{p}$。

(6) 调节过程时间 t_{s}　它指控制系统受到干扰作用后,从受控参数开始波动至达到新稳态值所经历的时间间隔。t_{s} 小,表示控制过程进行得快,系统能够较迅速地抵抗干扰恢复到稳态,即使干扰频繁,系统也能适应,因而调节质量好。一般希望 $t_{s}=3T_{p}$。

以上指标定量地描述了控制品质的稳定性、准确性和快速性。对控制系统的稳定性要求是首要的,其它品质指标应满足制冷工艺的要求,例如在食品冷藏中,为了保证食品的质量,要求库温的瞬时偏差不超过 5℃,波动不超过 ±1℃。这就要求库温自动控制系统须保证最大偏差不超过 5℃、静差不超过 1℃ 的控制品质。要根据实际要求设计控制系统,没有必要高于制冷工艺要求片面追求控制品质而使控制系统过于复杂和昂贵。一般食品冷藏中往往对库温的动差要求可以放宽,对控制时间的要求也不太高,而对静差的要求要严格一些,因为它关系到冷藏食品的质量。

控制品质由控制系统的过渡过程曲线来描述。过渡过程是整个控制系统的输出对已知输入的反应,又叫响应过程。系统输出对输入的反应叫做系统的响应特性;对系统中的某个环节而言,某环节的输出对输入的反应叫做该环节的特性(环节的响应特性)。整个系统既然是由诸环节所组成的,显然,系统特性将由各组成环节的特性所决定,其中最主要的是受控过程特性和控制器特性,下面将详细讨论。

1.3　受控过程(对象)的特性

1.3.1　对象特性

1. 对象的负荷特性

自动控制过程处于稳定态时,单位时间流入或流出对象的物量或能量叫做对象的负荷。比如库温控制系统中,库温一定时,单位时间流入或流出库房的热量是冷库对象的热负荷;液位控制系统中,液位恒定时,单位时间流入或流出容器的制冷剂流量是容器对象的负荷。

如前所前述,库温受干扰影响要发生变化。为保持其恒定,必须施加控制作用。不同时期库房的负荷是变化的。如果对象的负荷变化剧烈,要求自动控制装置具有较高的灵敏度和动作速度,能够在受控参数出现很小偏差时即开始控制动作,并能迅速控制以恢复参数的稳定,因而对控制装置的要求较高。如果负荷变化较慢,则对控制装置的要求可适当放宽。可见负荷的变化情况对控制系统的工作有重要意义。

2. 对象的容量及容量系数

容量是指受控参数为给定值时,对象中能够蓄存的能量或者物量。容量系数是指受控参数改变一个单位量时,对象容量的变化。

仍以前两例而言:库房对象的容量是库温为给定值时,库房的蓄热量即内能 U;它的容量系数为 $\Delta U/\Delta \theta_1$,即库房的热容量。容器对象的容量是给定液位 H 时它容纳的液体量 $V=SH$(S 为截面积),而它的容量系数为 $\Delta V/\Delta H=S$。

应指出,只有在对象的流出口上存在某种阻力时,对象才具有容量。例如,热阻为零的库房没有容量,无底的容器也没有容量,因为它们的流出口上没有阻力。

容量系数反映同样干扰下受控参数偏离给定值的程度。容量系数越大,偏离程度越小,系统越容易稳定;反之,越不容易稳定。例如,围护结构良好的大型冷库停止供冷后库温不会迅速升高,而对于小型冷柜,停机后箱内温度会很快回升。

对象可能只有一个容量(单容对象),也可能有多个容量(多容对象)。理论上,单容对象在各点上受控参数具有同一数值,可视为集中参数对象。多容对象可以看成是由多个集中容量通过某些阻力联系在一起的对象,每个容量有各自的特性。

3. 对象的自平衡性

自平衡是对象的一个重要特性。当干扰不大时,即使没有调节作用,受控参数变化到使对象流入与流出间建立起新的平衡时,也将稳定下来。对象在受干扰时,靠自身参数调整自动恢复平衡的能力叫做自平衡能力。对象达到自平衡所经历的过程叫自平衡过程,自平衡过程可以用对象的反应曲线描述。反应曲线是对象受阶跃干扰后受控参数随时间的变化曲线,又叫"飞升曲线"。它表示对象的动态特性,可以通过实验测量得出,也可通过建立对象的动态数学模型求解得出。

1.3.2　对象的动特性微分方程及反应特性

理论分析受控过程特性的方法是:根据支配对象的物理规律(例如能量平衡、质量平衡、力平衡……等),找出对象输出量与输入量的关系,建立起对象的动态特性微分方程。用数学方法求解,得出反应曲线,从而定量求出对象的各特性参数。

下面以图 1.2 所示的冷库为例说明建立对象数学模型和求解特性参数的方法。为简化起见,将它作为集中参数的单容对象。

以库温 θ_1 为受控参数。忽略库内实际存在的各种非线性因素和温度分布的不均匀性。根据能量守恒,单位时间流入与流出库房的热量之差应等于库房内能的变化率,即

$$C_1 \frac{\mathrm{d}\theta_1}{\mathrm{d}t} = Q_1 + Q_2 - rq_\mathrm{m} \tag{1.3}$$

式中:C_1 为库房热容量(kJ/℃);t 为时间(s);rq_m 表示制冷剂蒸发带出的热量(kW);r 和 q_m 分别是制冷剂的潜热(kJ/kg)和质流量(kg/s);Q_1 为库内各种发热量(kW);Q_2 为通过围护结构环境向库内的传热量(kW)。

$$Q_2 = KF(\theta_\mathrm{a} - \theta_1) \tag{1.4}$$

式中:θ_a 为库外环境温度(℃);K、F 分别为围护结构的平均传热系数(kW/(m² · ℃))和传热表面积(m²)。

库房总热阻
$$R_1 = \frac{1}{KF} \tag{1.5}$$

将式(1.4)和式(1.5)代入式(1.3),并经过整理,得

$$R_1 C_1 \frac{\mathrm{d}\theta_1}{\mathrm{d}t} + \theta_1 = (\theta_\mathrm{a} + R_1 Q_1) - R_1 rq_\mathrm{m} = R_1 r \left[\left(\frac{\theta_\mathrm{a}}{rR_1} + \frac{Q_1}{r} \right) - q_\mathrm{m} \right] \tag{1.6}$$

利用以下代换

$$T_1 = C_1 R_1 \qquad \text{时间常数} \tag{1.7}$$

$$K_1 = R_1 r \qquad \text{放大系数} \tag{1.8}$$

$$\theta_\mathrm{f} = \frac{\theta_\mathrm{a}}{R_1 r} + \frac{Q_1}{r} \qquad \text{干扰量折算成供液量的变化} \tag{1.9}$$

$$\theta_{q_\mathrm{m}} = -q \qquad \text{控制量(供液量)} \tag{1.10}$$

得

$$T_1 \frac{\mathrm{d}\theta_1}{\mathrm{d}t} + \theta_1 = K_1(\theta_\mathrm{f} + \theta_{q_\mathrm{m}}) \tag{1.11}$$

上式就是库房单容对象的简化数学模型。其中,等号左边含对象的输出参数 θ_1,等号右边含对象的输入参数 θ_f 和 θ_{q_m}。

自动控制中研究的是给定平衡受到破坏时,对象输出和输入参数的波动过程。因此,需要以相对于平衡态的参数增量形式建立对象的动态特性方程。可以看出,式(1.11)是线性常系数微分方程。不难证明,线性环节的微分方程与其增量微分方程具有相同的形式。为了简化表达,省略增量符号,式(1.11)也就是要建立的对象的增量微分方程,只不过将式中的各参数 θ_1,θ_f,θ_{q_m} 分别看作是它们相对于平衡态时值(θ_{10},$\theta_{\mathrm{f}0}$,$\theta_{q_\mathrm{m}0}$)的增量($\Delta\theta_1$,$\Delta\theta_\mathrm{f}$,$\Delta\theta_{q_\mathrm{m}}$)。

式(1.11)中,输入侧 θ_1 是受控参数的波动量,θ_f 和 θ_{q_m} 都是引起 θ_1 变化的因素。θ_f 起干扰作用,θ_{q_m} 起调节作用。

当只有干扰作用时

$$T_1 \frac{\mathrm{d}\theta_1}{\mathrm{d}t} + \theta_1 = K_1\theta_\mathrm{f} \tag{1.12}$$

当只有调节作用时

$$T_1 \frac{\mathrm{d}\theta_1}{\mathrm{d}t} + \theta_1 = K_1\theta_{q_\mathrm{m}} \tag{1.13}$$

下面考察在阶跃干扰作用下对象的动态响应。

若干扰为幅值 m 的阶跃作用,即

$$\theta_\mathrm{f} = \begin{cases} 0, & t < 0 \\ m, & t \geqslant 0 \end{cases} \tag{1.14}$$

则由式(1.12),对象的微分方程为

$$T_1 \frac{\mathrm{d}\theta_1}{\mathrm{d}t} + \theta_1 = \begin{cases} 0, & t < 0 \\ K_1 m, & t \geqslant 0 \end{cases} \tag{1.15}$$

初始条件

$$\theta_1(0) = 0 \tag{1.16}$$

从而得出式(1.15)的解为

$$\theta_1 = K_1 m(1 - \mathrm{e}^{-\frac{t}{T_1}}) \tag{1.17}$$

所以,新稳态值为

$$\theta_1(\infty) = K_1 m \tag{1.18}$$

受干扰后,θ_1 的初始变化速度为

$$\left. \frac{\mathrm{d}\theta_1}{\mathrm{d}t} \right|_{t=0} = \frac{K_1 m}{T_1} \tag{1.19}$$

图 1.8(a)是按反应式(1.17)作出的对象对阶跃作用即式(1.14)的反应曲线。又称之为飞升曲线。

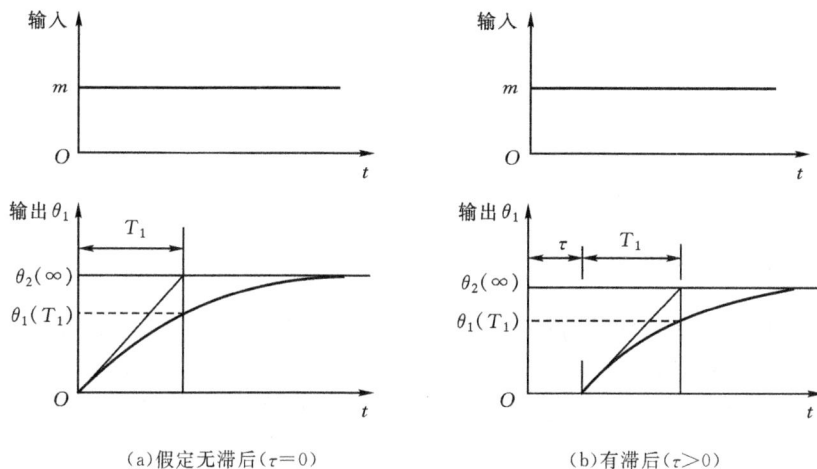

(a)假定无滞后($\tau = 0$)　　　　　　(b)有滞后($\tau > 0$)

图 1.8　单容对象的反应曲线

该反应曲线说明:当库房受阶跃扰动时,比如新进入一批货物,由于突然加入了热负荷,库温 θ_1 上升,起始时上升速度最大。随着 θ_1 的升高,库内外传热温差($\theta_a - \theta_1$)减小,环境传入库房的热量减小,总负荷与制冷量的差逐渐减小,于是使 θ_1 的上升逐渐变慢,直至总负荷与制冷量达到新的平衡,θ_1 稳定在一个新的较高温度上,即 $\theta_1(\infty)$。

图 1.8(a)是假定对象受到阶跃输入作用后,受控参数立即变化的反应过程。实际测量对象的飞升曲线表明:事实上,对象的输入变化后,受控参数并非立即开始改变,而总是要滞后一段时间才开始变化,有滞后的对象反应曲线如图 1.8(b)所示。

参照飞升曲线,用以下特性参数定量描述对象对于阶跃作用的响应特性。

(1)放大系数 K_1　放大系数又叫传递系数,它等于飞升过程中受控参数新、旧稳定值的差与干扰幅之比。K_1 只与干扰前后的两个稳态值有关,而与变化过程无关,所以它代表对象的静特性,反映了对象的自平衡性。K_1 越大,自平衡能力越差;K_1 越小,自平衡能力越强。

(2)时间常数 T_1　它是对象受干扰后,若受控参数以初始最大变化速度恒速变化到新稳态值所需的时间。在反应曲线开始上升的点处作切线,该切线与新稳态值线的交点所对应的时间间隔即是 T_1,见图 1.8(a)。

利用式(1.17)还可以求出,被调参开始变化后经过时间 T_1,其变化量为

$\theta_1(T_1)=0.632\theta_1(\infty)$。所以,时间常数 T_1 又是受控参数变化到新稳态值的0.632倍时所经历的时间。时间常数反映对象自平衡过程时间的长短,是对象的动态特性参数,它与对象的惯性大小有关。

(3)滞后 τ　受控参数变化迟后于扰动作用的这段时间间隔叫滞后。

对象的滞后 τ 由两部分组成:纯滞后 τ_0 和容量滞后 τ_c,即 $\tau=\tau_0+\tau_c$。纯滞后是由于信号传递需要一定的时间而引起的,又叫传递滞后;容量滞后是由于对象有容量和阻力引起的。

(4)特性比 τ/T_1　引入特性比,反映滞后相对于时间常数的大小。

1.3.3　对象特性对控制品质的影响

(1)滞后的影响　滞后对控制过程产生不利影响,对象的滞后使得控制对偏差的校正作用不够及时。由于不能对干扰和调节立即作出反应,在滞后时间内,受控参数将按原来的趋势继续变化,结果使控制系统的稳定性变差;受控参数的超调量增大,最大偏差增大;过渡过程时间延长。所以,应注意尽量减小滞后。

(2)时间常数和自平衡性的影响　时间常数大的对象,反应速度慢,过渡过程时间长,但控制比较平稳。时间常数小的对象,反应速度快,过渡过程时间短。但时间常数过小时,对象的反应过于灵敏,则容易引起振荡和使超调量增大。时间常数和自平衡系数大的对象控制比较平稳。

(3)特性比的影响　时间常数和滞后对控制的影响是相互关联的。对象控制的难易程度要看特性比 τ/T_1 的大小。特性比能较正确地反映对象的可控性。τ/T_1 越小,对象的可控性越好。

对象的上述特性参数 K_1,T_1,τ,以及特性比 τ/T_1 是选择控制装置和进行控制器参数整定的重要依据。

需要说明,在本节列举的建立冷库动态方程过程中,基于简化和假定,得到的式(1.11)是一阶微分方程,含一个时间常数,即简化成一个单容对象。实际上,库房围护结构、空气、货物、冷风机等均具有各自的热容和热阻。它应当是由多个容量组成的复杂对象,即多容对象。其中含有多个容量系数 C_i 和多个时间常数 T_i ($i=1,2,\cdots$)。实际热工对象大多为多容对象。多容对象应看作是单容对象的组合加以分析。工程上为了分析计算方便,有时把多容对象做为带迟延的单容对象处理,而它的滞后和时间常数的数值要另行折算得出。

受控过程是控制系统中最基本的环节。一切控制设备都服务于它,并根据受控过程的特性设计和调整控制系统。控制品质的好坏不单与控制器的动态特性有关,与受控过程的动特性关系更大。在一定程度上后者决定了控制过程和控制品质。控制器只是根据对象的特性将控制品质指标尽可能加以改善,而改善的程度仍受对象的特性和控制器自身特性的制约。由此可见,研究受控过程的特性是进行控制系统设计的重要基础。对象的动态特性决定了对象的可控制性(即进行控制的难易程度)。采用同种控制器,控制性好的对象能够得到较好的控制品质。

1.4　控制器特性与控制过程

　　控制器是自动控制系统中的专用仪器。各种类型、规格和特性的控制器是为适应不同的生产工艺而设计的。控制器根据受控参数测量值与给定值的偏差信号,按某一控制规律和精度实施自动控制,使受控参数保持在规定的范围或者按指定的规律变化,它是控制系统的重要部件(见图1.4)。

　　控制器的输入是偏差信号,控制器必须根据这个输入按某种控制作用,产生一个适当的输出信号,作为执行器(控制阀或其它末端控制元件)动作的指令信号。

　　控制器输出信号 u 与输入信号 e 的关系叫做控制规律,或控制算法。闭环控制作用通常按控制器的控制规律分类(不管是硬件还是软件)。

　　制冷空调中最常用的控制作用种类是:双位控制和 PID 控制。这里 PID 控制泛指比例控制,以及比例作用与积分作用、微分作用相组合的控制。

　　PID 控制原理简单,在过程控制中起重要作用,迄今仍是各种控制应用中最为广泛使用的控制方式。

　　下面讨论这些控制作用及控制过程。

1.4.1　双位控制

1. 双位控制器

　　双位控制器只有两种输出状态,当正偏差量超过上限值时和负偏差量超过下限值时分别对应一种输出状态。特性方程为

$$y = \begin{cases} y_m \mathrm{sgn}(e-\varepsilon), & \dfrac{de}{dt} > 0 \\[2mm] y_m \mathrm{sgn}(e-\varepsilon), & \dfrac{de}{dt} < 0 \end{cases} \qquad (1.20)$$

这里,$y = +y_m$ 表示接通状态;$y = -y_m$ 表示断开状态;2ε 为呆滞区。双位控制器的调节作用是断续的。呆滞区是不引起双位控制器产生输出作用的偏差区间。

　　例如要求冷库温度控制在 $-18\pm1℃$。采用温度控制器(双位控制器)控制蒸发器供液电磁阀。当温度上升,超过 $-17℃$(即 $e>1℃$)时,电路接通,电磁阀得电,打开供

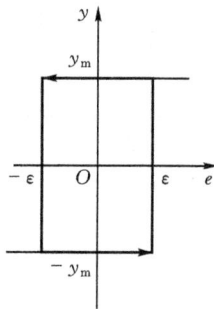

图 1.9　双位控制器特性

液。当温度下降,低于-19℃(即 $e<-1℃$)时,电路断开,电磁阀停止供液。温控器有 $2\varepsilon=2℃$ 的呆滞区。

与双位调节类似的还有三位调节,它的控制器有三种输出状态。例如,要将室温维持在 14～20℃,超过 20℃时,控制器使冷水盘管电磁阀接通;低于 14℃时,将热水盘管电磁阀接通;在 14～20℃之间时,二者都不通。

三位控制器与电动执行器配合使用时,可以实现正转、反转和不转三种调节动作。

2. 双位控制过程

如前所述,在双位控制中,受控参数呈等幅振荡,即在最大与最小值之间作周期性变化。控制品质用以下参数指标给出。

① 受控参数波动范围　　　　　　　$\Delta y=y_{max}-y_{min}$ 　　　　　　　(1.21)

② 受控参数上下偏差的平均值　　$\bar{y}=\dfrac{1}{2}(y_{max}-y_{min})$ 　　　　　(1.22)

③ 波动周期　　　　　　　　　　　T_n

以库温的双位控制为例。设库温 θ_1 的给定值为-18℃,希望的波动范围为 ±1℃。将温控器的幅差定为 2℃。图 1.10(a)示出滞后 $\tau=0$ 的理想情况下双位控制的库温变化过程。当 θ_1 降到给定值的下限,即-19℃时温控器断开,供液电磁阀关闭,制冷作用停止,库温立即反应,沿飞升曲线回升。到 θ_1 上升到给定值的上限,即-17℃时温控器接通,供液电磁阀打开供液开始制冷,库温同时开始沿反向飞升曲线下降,降到-19℃时,温控器再次断开。如此周而复始。

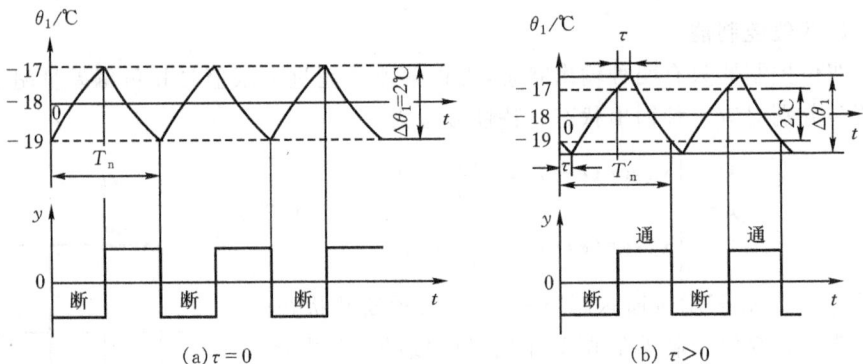

图 1.10　双位控制的库温变化过程

这种情况下,受控参数 θ_1 的波动范围 $\Delta\theta_1$ 等于控制器的差动范围即 2℃,波动周期最小。

　　事实上,无滞后的调节是不可能的。$\tau>0$ 的情况下,上述双位调节过程如图 1.10(b)所示。θ_1 下降到 $-19℃$ 时,温控器断开,电磁阀关闭,但这种调节作用要滞后 τ 时间才影响到 θ_1,即在电磁阀关闭后,θ_1 还要再持续下降一段时间 τ,然后才开始回升。θ_1 上升到 $-17℃$ 时,温控器接通,电磁阀打开。同样,θ_1 并不马上下降,而是继续上升,经过 τ 时间后才开始下降。这样库温在最大值与最小值之间波动,$\theta_{1,max}$ 高于温控器设定的上限值,而 $\theta_{1,min}$ 则小于温控器设定的下限值。可见,由于存在滞后,使受控参数的波动范围大于控制器设定的差动范围,波动周期拉长 $T'_n \approx T_n + 4\tau$。从而也说明了滞后对控制品质的不利影响。

　　(1)双位控制的控制品质　在双位控制中,受控参数 y 的波动范围 Δy 受控制器差动范围 2ε 的控制,差动范围越小,波动范围也越小。波动周期受差动范围和滞后的影响。若将差动范围调小,参数波动变小;但控制器的工作周期也变小,即动作频率增大。因此,试图通过减小差动范围提高双位控制精度的作法受控制器触头(或执行器)的工作频率限制。对象的 τ 越大,T_1 越小(即 τ/T_1 越大),双位调节的波动范围越大,调节品质越低。双位调节对于滞后小、时间常数大的对象较为适宜,特性比 τ/T_1 小于 0.3 的对象,可采用双位调节。

　　(2)双位控制器的幅差　当采用双位控制时,控制器幅差是指与控制器的两个输出位置所对应的两个设定值之差。温控器的标称幅差通常取温度的上限设定值与下限设定值之差(℃)。该差值就是常说的温控器的手设幅差(即机械差)。当相同的温控器用于一个操作系统时,在 ON 状态与 OFF 状态所出现的总的温度变化值与那个机械差一般是不同的。工作温差可能比较大,这是由于温控器迟后,或者由于供热或供冷传感器内置于温控器中。

3. 改进的双位控制

　　(1)用于双位的提前控制　这是严格双位控制的一个常见的变种,通常用在房间温控器上,目的是减小工作温差。在供暖温控器中,温控器里有一个加热元件在 ON 期间通电,于是缩短了 ON 的时间,因为该加热器使温控器温暖。这便是所谓的加热提前。在冷却温控器中也可以得到同样的供冷提前,方法是在冷却温控器中令加热器在 OFF 期间通电。上述两种情况下,运行时间的百分数与负荷成比例,而总的循环时间保持相对恒定。

　　(2)定时双位控制　该控制作用是加热或冷却元件的接通时间间隔与受控参数与设定点之间的偏差成比例。例如,当温度与设定点偏差 1 K 时,元件可以接通 2 min,断开 1 min。这与浮点控制中所采用的增量作用相类似,只不过增量作用的时间间隔通常要短一些。

4. 浮点控制作用

在浮点作用中,控制器可以只执行两种操作,要么令执行器朝打开方向运动,要么朝关闭位置运动,通常以恒速率运动。如图1.11所示。一般说来,在两个位置之间有一个中性区,可以使得当受控参数处于控制器幅差之内时,让受控机构(执行器)停在某个位置。当受控参数落到控制器的幅差之外时,控制器使执行器向适当的方向运动。为了执行正确的功能,传感元件必须比执行器驱动时间快。否则,其控制功能就和一个普通的双位控制一样。

增量作用是浮点控制的变种。增量作用根据受控参数与设定点的接近程度,改变脉冲作用去打开或关闭一个执行器。当受控参数逼近设定点时,脉冲变短。这个作用可以使得用浮点电机执行器得到更精确的控制。

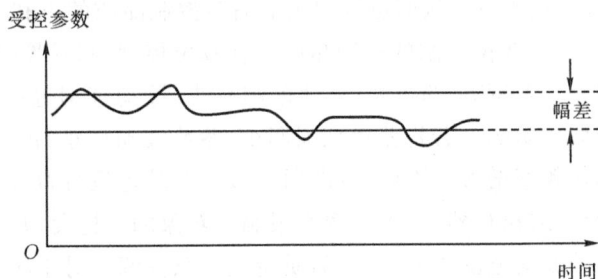

图 1.11　浮点控制的受控参数变化过程

1.4.2　PID 控制

1. 比例控制(P 控制)

比例控制器的输出与偏差成比例,特性方程为

$$u(t) = K_{p}e(t) \tag{1.23}$$

比例控制器属于连续动作的控制器,在制冷装置中有广泛应用,如热力膨胀阀、恒压膨胀阀、能量旁通调节阀、吸气压力调节阀、水量调节阀等,都是比例控制的调节器。

比例控制调节器有直接作用与间接作用两种形式。直接作用式一般均把发信元件、调节机构和执行机构做成一体,受控参数出现偏差时,经发信元件和调节机构所传递的信号足以直接推动执行机构完成调节动作。在制冷装置中,为了使控制装置结构简单、紧凑、降低造价,特别是为了减少泄漏可能,确保制冷系统的密封性,采用直接作用式比例调节器的场合很多。但直接作用式比例控制器的灵敏度和调节精度较差。间接作用式控制器和执行器需要从外部输入能量完成调节动作,按引入辅助能量的形式,有电动、气动和液动控制器。制冷装置和空调中常用的是电动、气动及电-气混合式。液动控制器仅见于要求动作迅速并能提供很大推力的场合,例如在压缩机气缸卸载调节中。在结构上,间接作用式控制器把发信、调节和执行器作成三个(或两个)部件,各部件间用信号管(电线、气管、油管等)传递信号,它们相互位置间(尤其是控制器与执行器之间)的距离可以较远。由于引入外能源,执行器的推动力较大。故间接作用式控制器比直作用式的灵敏度高,作用距离长,输出功率大,便于集中控制。当然,它也有结构复杂、价格较贵、必须提供辅助能源等缺点,小型装置中一般不采用。

下面讨论比例控制过程。

比例控制中的控制器输出为

$$u(t) = K_P e(t) + u_0 \qquad (1.24)$$

式中:u_0 为无偏差时的额定控制输出;e 为偏差,$e = r - y$;K_P 为增益常数。

在比例控制器中,我们关心三个参数:设定点 r、增益常数 K_P 和额定控制输出 u_0。通常 K_P 是个可调整参数,其值可由操作者设置(选择)。K_P 取不同的设定时,对输入输出关系的影响如图 1.12 所示(影响输入/输出曲线斜率)。

理论上,输出信号可以取任意值。但实际上,它被限制在控制器输出的固定范围或者末端控制元件的固定范围:阀或风门只能从全开到全关(即行程范围)。这便称做饱和效应。考虑到饱和限制,经修正了的输入-输出曲线,见图 1.13。

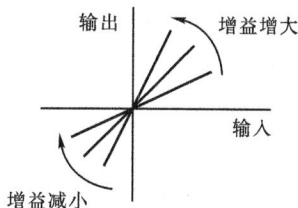

图 1.12　比例控制器的 I/O 特性随比例常数的变化

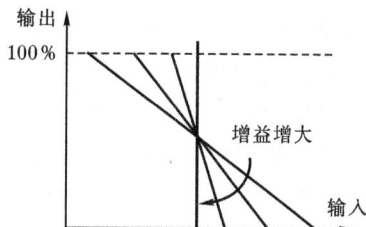

图 1.13　比例控制器的饱和特性(受控制器输出或阀行程限制)

实际控制器上,比例增益用"比例带"替代,比例带用图 1.14 说明。

定义:比例带

$$\delta = \frac{\text{控制器的满输出范围}}{K_P} \qquad (1.25)$$

一般认为,控制器输出在 0~100% 之间,故

$$K_P = \frac{100\%}{\delta} \qquad (1.26)$$

例 1.1　用一个比例式温控器控制一个电加热器。当受控温度从 60℃升到 70℃时,温控器对电加热器的控制输出从 7.0 kW 到 4.0 kW,加热器可以在 2~10 kW 之间控制。求该控制器的比例增益和比例带,即 K_P 和 δ。

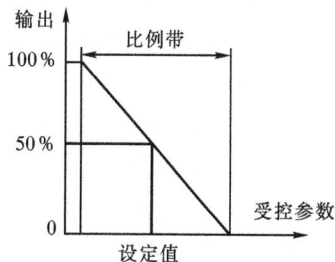

图 1.14　比例带

解 比例增益 $K_P = (7.0-4.0)/(70-60) = 0.3$ （kW/K）

比例带 $\delta = \dfrac{控制器输出满量程}{K_P} = \dfrac{(10-2)\ kW}{0.3\ kW/K} = 26.67$ （K）

设定点 r 的值也同样可由操作者在控制器上设定。进行设定点设定时，取值的原则是：满足末端部件（如调节阀）处于最大值的 50% 时，对应的静态偏差为 0，这是常规的作法。因为可以指望通过这样的设定，让负荷处于额定水准时，偏差到零，以保证静差最小。

当然，有时也会将设定点取成在末端部件为最大输出时，静态偏差为零。以浮球水位控制为例，将浮球阀视为液位控制器。见图 1.15。设定点选择在阀的安装高度附近，当没有水从水箱中抽出时，水位稳定，浮球使阀关闭。如果从水箱中抽水流量恒定时，水位下降，阀才能打开，使水流入水箱补充抽出的水，水位的下降即是静态偏差（offset），水流量与静差成比例。

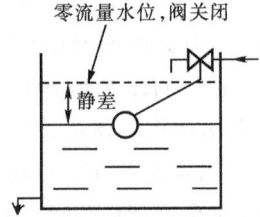

图 1.15　浮球阀水位的 P 控制

P 控制的一个重要特点是存在静态偏差。其大小取决于系统负荷。有静差是 P 控制作用不可避免的。从控制品质的角度出发，静态偏差是不希望的。可以通过增大比例增益 K_P 或降低比例带 δ 来减小静态偏差。但若 δ 太小，会造成控制系统不稳定。控制器的比例带越大，系统越稳定，但静差也越大；反之，比例带越小，系统越难稳定。比例带过小，系统可能出现不稳定。

相同干扰下比例带对控制过程的上述影响可以从图 1.16 的比较中看出。

随着比例带的减小，受控参数变化灵敏，振荡加剧。到系统出现等幅振荡时的比例带为临界比例带 δ_k。若 δ 再进一步小于 δ_k，受控参数将出现发散的增幅振荡，这是调节中绝不能

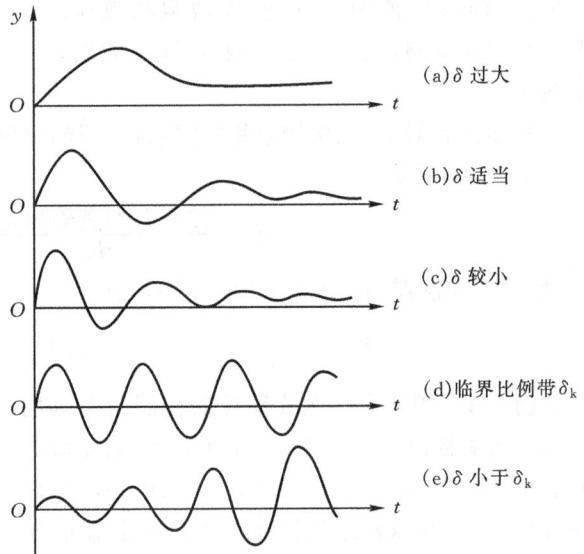

(a)δ 过大

(b)δ 适当

(c)δ 较小

(d)临界比例带 δ_k

(e)δ 小于 δ_k

图 1.16　比例带 δ 对过渡过程的影响

允许的。由此可见,安装了控制器并非就一定能收到自动调节的效果,比例带的正确整定是很重要的。

若对象的 τ 小,T_1 较大,K_c 较小时,δ 取小一些可以提高系统调节的灵敏度,加快反应速度,获得较理想的过渡过程;反之,若 τ 大,T_1 较小、K_c 较大时,δ 必须取大一些,否则容易失稳,出现如图 1.16(d)那样的过渡过程,甚至更坏。一般比例控制适用于干扰小,τ 小,T_1 不太小的对象。比例带的大致范围:

温度控制,20%~60%;压力控制,30%~70%;流量控制,40%~100%;液位控制,20%~80%。

2. 积分控制(I 控制)

当比例控制器可以采用较大的回路增益,又能保持较好的相对稳定性时,系统性能(控制过程品质)——包括静态偏差——将可以满足要求。

不过如果过程的动态特性不佳(比如有明显的迟滞),便不能采用大增益。否则,静差特性就会不能接受。当过程的人工操作者注意到由于期望值变化和/或干扰变化而存在静差时,可以想到的办法是:通过改变设定或改变控制器输出加以校正,直至静差消失。这叫做人工重设定。I 控制是一种不需人工重设定而消除静差的方法。

P 控制所以有静差的原因在于:给定值或干扰的变化要求一个新的操作参数值以获得在新的运行条件下的平衡。在 P 控制中,操作变量与静态偏差成比例,唯当非零偏差存在时,才可能有新的操作变量值。

于是,需要能够满足下述要求的一种控制:在其输入(即系统偏差)为零时,可以提供一个所需的稳定输出(当然是在设计范围之内)。积分器正是具有此功能的控制器。

积分作用规律 $\qquad u(t) = K_I \int e(t)\mathrm{d}t$ $\qquad\qquad$ (1.27)

比例积分控制(PI) $\qquad u(t) = K_P \left[e(t) + \dfrac{1}{T_I} \int e(t)\mathrm{d}t \right]$ $\qquad$ (1.28)

其中的积分项为 $\qquad I(t) = \dfrac{K_P}{T_I} \int e(t)\mathrm{d}t$ $\qquad\qquad$ (1.29)

式中:T_1 称作积分控制中的积分时间。积分时间的定义:当比例作用项的输出与积分作用项的输出达到相等时,所经历的时间。如图 1.17 所示。

由式(1.32)可以看出:积分作用的强弱与积分时间 T_1 成反比。T_1 越长,积分作用越弱,静差消除缓慢;反之,T_1 越短,积分作用越强。PI 控制中,若比例带 δ 一定,T_1 对调节过程的影响见图 1.18。可以看出,T_1 过长,积分作用很不明显,静差消除很慢;T_1 过短,衰减比过小,调节稳定性变差,调节时间拉长。

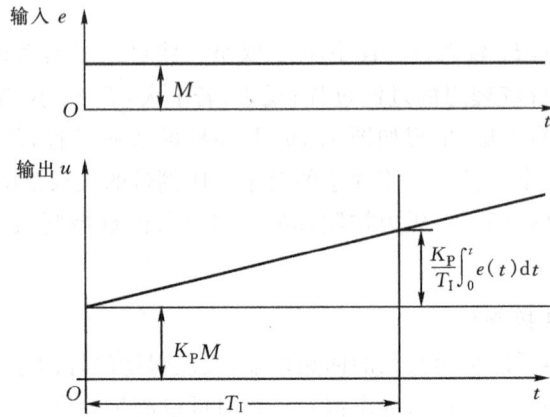

图 1.17　积分时间的定义

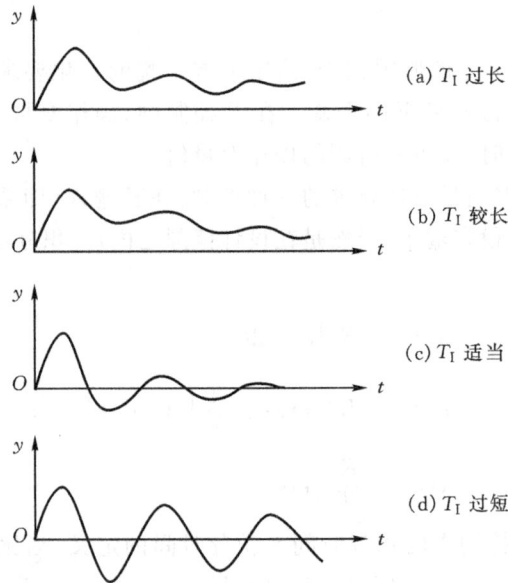

图 1.18　积分时间对过渡过程的影响

3. 微分控制(D 控制)

上述 P 和 I 控制作用在实际控制器中每一种都可以用来对偏差产生单独的效

果,然而微分控制作用则不同,它总是要与其它控制作用共同使用。因为微分作用对于任何恒定的偏差不起校正作用,不管偏差是大还是小,于是便容许有失控的静态偏差。这里并不孤立地讨论 D 控制,而总是将其与其它控制作用放在一起讨论。D 控制在解决控制设计的多样性中是很有用的,它最重要的贡献是系统的稳定性。若是绝对稳定性或相对稳定性方面出了问题,通常解决办法便是引入适当的 D 作用。例如,每一个高性能的飞行器,以及许多其它的陆、海、空、航天运载工具都用引入了 D 作用的反馈控制系统来处理其控制品质。

接着来看 D 控制造成稳定或阻尼的概念。对照 I 控制的发明,是希望模拟人工操作者将他的再设定任务自动完成而做出。而 D 控制硬件则是模仿人对偏差信号变化的反应而做出的。见图 1.19。假定人工操作者已知系统偏差信号 E 的曲线,任务是要改变操作量 U,以保持使 E 趋于 0。

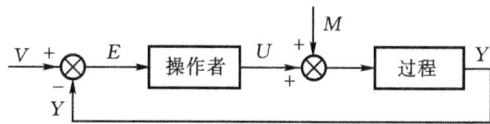

（a）系统

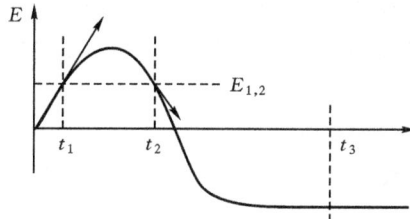

（b）偏差变化

图 1.19　D 控制的由来

试问:如果你是操作者,在 t_1 和 t_2 时刻会给出相同的操作量 U 吗?(如果用 P 控制,那么情况正是如此。)多数人都会在 t_1 比在 t_2 时刻给出更多的校正作用。因为虽然二者偏差相同,但一个处于偏差增大时,一个处于偏差减少时。也就是说,不仅要考虑 E 曲线的轨迹,还要考虑 E 曲线的斜率 $\mathrm{d}E/\mathrm{d}t$。这便是 D 控制。但是,这样的控制不可以单独使用,因为它不对任何大小的静态偏差作出校正,如图中 t_3 处。于是,将微分作用与其它控制作用组合起来使用,比如 P+D,就是很显然的。

微分作用规律　　　　　　　$$u(t) = K_\mathrm{D} \frac{\mathrm{d}e}{\mathrm{d}t}$$　　　　　　　　(1.30)

比例微分（PD）控制　　　$$u(t) = K_\mathrm{P} \left[e(t) + T_\mathrm{D} \frac{\mathrm{d}e}{\mathrm{d}t} \right]$$　　　　(1.31)

其中的微分项（D 项）为　　　$$D(t) = T_\mathrm{D} \frac{\mathrm{d}e}{\mathrm{d}t}$$　　　　　　　(1.32)

式中:T_D 称作微分时间。

微分时间的定义如图 1.20 所示。给 PD 控制器一个斜坡输入。相应的输出中,P 作用部分为一条斜线输出,D 作用部分为一个阶跃输出。当二者达到相等时所需要的时间,便定义为微分时间。

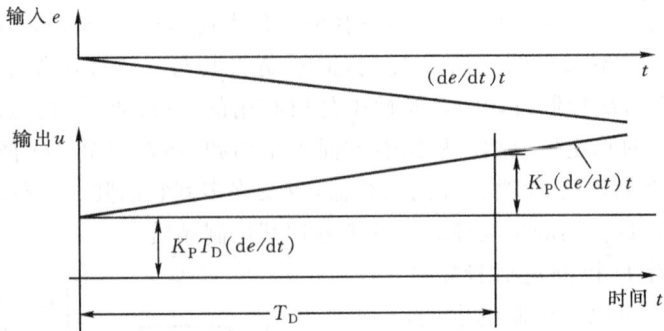

图 1.20　微分时间的定义

下面来看微分时间对控制过程的影响。PD调节中,δ一定时,微分时间T_D对控制过程的影响见图 1.21。微分作用的强弱与T_D成正比。T_D过大,会引起受控参数波动频繁;T_D过小,微分环节超前调节的作用不明显,对改善调节品质的作用不大。合适的T_D不仅能增强稳定性,而且允许降低比例带,减小静差。惯性较大的温度调节系统中,加入微分作用环节对提高调节品质有显著效果。压力调节系统中一般不加微分作用。

除了上面已讨论的稳定性看法外,微分作用还能改善响应速度。微分项对控制的贡献是:起到某种超前控制的作用,使得响应更快、更稳。但是微分项又使

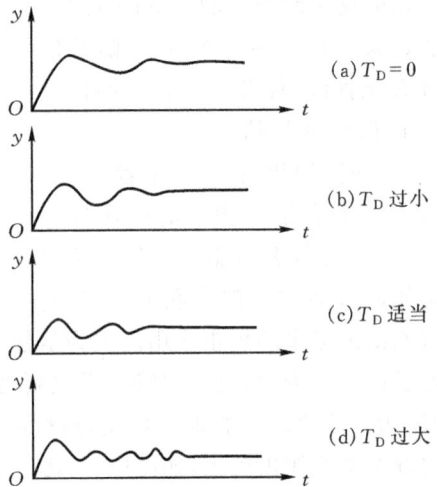

图 1.21　微分时间不同时的过渡过程

得控制器对噪声信号更敏感,再则,比 PI 控制器更难调整。多数 HVAC 控制系统只用 PI 控制便可得到满意的结果。对于建筑空调系统中的绝大多数过程控制而言,PI 控制都能够提供满意的控制稳定性。而 D 控制器的使用可就要特别小心了,因为参数不当,会对控制回路的稳定性造成负面影响。不同的生产厂家在他们的控制器中运用的 D 控制算法有很大不同,这给操作者整定 D 控制参数带来了困难。

4. P,PI,PD,PID 控制过程比较

最后,将 P,I,D 三种控制作用概括如下:比例作用按偏差量成比例地改变调节操作量,能迅速抑制干扰,是基本的作用环节;积分作用是有偏差量就要进行调节,起消除静差的作用;微分作用则按偏差量的变化速率成比例地改变调节量,起超前调节,缩短调节时间的作用。

根据对象的特点,将比例、积分、微分三种作用规律适当结合起来,可以获得较满意的调节品质。图 1.22 示出同一对象在不同控制规律作用下的过渡过程比较。

小结:积分作用有使系统失稳的倾向;微分作用有加强稳定性的倾向。虽然可以引入 I 控制来提高控制精度,减小或消除残余偏差,但它的结果有可能造成系统振荡和使控制变得更糟。虽然理论上 D 控制的引入并不

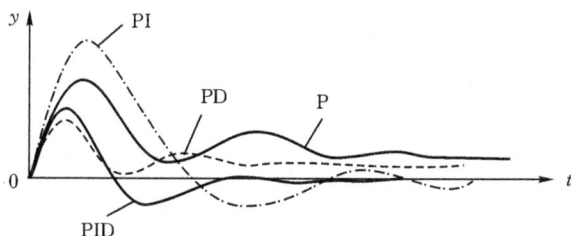

图 1.22　各种控制下的过渡过程比较

能消除残余偏差,但由于它的稳定功能,却可以通过选用更窄的比例带,让残余偏差减小到可以接受的程度。显然,必须选择合适的 K_P,T_I 和 T_D。后面将会介绍初选 K_P,T_I 和 T_D 的一些经验方法。

5. 各种 PID 控制算法

(1)时域中的 PID 函数式为:

$$u(t) = K_P\left[e(t) + \frac{1}{T_I}\int e(t)\,\mathrm{d}t + T_D\,\frac{\mathrm{d}e(t)}{\mathrm{d}t}\right] \tag{1.33}$$

这是最经典的 PID 算法形式,称作"理想非交互式 PID 控制器"或 ISA 算法。

下面给出的表达式也常常使用:"理想并行 PID 控制器"和"交互式 PID 控制器"。实际中,为了整定一个实际的控制器,应当注意 PID 算法的形式,因为它们在参数选择上是很不相同的。

(2)理想并行 PID 控制器

$$u(t) = K_P e(t) + \frac{1}{K_I}\int e(t)\,\mathrm{d}t + K_D\,\frac{\mathrm{d}e(t)}{\mathrm{d}t} \tag{1.34}$$

(3)交互式 PID 控制器

$$u(t) = K_P\left[e(t) + \frac{1}{T_I}\int e(t)\,\mathrm{d}t\right]\left[1 + T_D\,\frac{\mathrm{d}e(t)}{\mathrm{d}t}\right] \tag{1.35}$$

式中:K_P 是控制器的增益;T_I 和 K_I 是控制器的积分设置;T_D 和 K_D 是控制器的微分设置。

1.5　控制系统设计与控制特性分析的要点

　　前面讨论了控制系统组成,控制作用种类,受控过程特性,控制系统响应,影响控制系统响应(控制品质)的因素。为了让控制系统具有满意的响应特性,必须说明如何选择控制类型(即,是用双位控制呢? 还是用 P 控制、或 PI 控制、或 PD 控制,抑或是用 PID 控制呢?),以及控制器常数 K_P,K_I,K_D 应如何选取。需要给出指导控制器算法选择的一些考虑。为此目的,本节扼要介绍经典控制论所采用的分析方法的重点知识。

　　描述控制系统特性的数学方法是:将系统中各个组成环节的特性方程列写出来,再将它们联立,得出控制系统的特性方程。通过系统特性方程求解,便可获得控制系统对已知输入的输出响应,即过渡过程。

　　受控对象的特性方程通常是一阶以上的微分方程,它再与控制器、传感器、执行器的特性方程相联立,最后所得到的控制系统特性微分方程,其阶次还要升高。对于高阶线性微分方程的求解,拉氏变换与传递函数是很有用的数学工具。首先来介绍这个工具,主要讨论线性系统,或者那些在运行范围的一个局部可以被看做是线性的控制系统。

　　拉普拉斯变换(简称拉氏变换)是一个积分变换,它可以将实数域中的微分方程转换成复数域中的代数方程。这样当求解微分方程时,可以利用拉氏变换把实数域中复杂的微分方程求解问题,转换成在复数域中简单的代数方程的求解。再将此复数域中的求解结果通过拉氏逆变换,便得到实数域中微分方程的解。

　　在控制设计中,感兴趣的是那些反映控制和受控过程特征的模型(微分方程),要对这些微分方程求解,即使这些微分方程不能显式求解,利用其传递函数特征,也能够看出控制系统特性将会如何。

1.5.1　拉氏变换

1.拉氏变换的定义

　　有实变函数 $f(t)$,若当 $t<0$ 时,$f(t)=0$;当 $t\geqslant0$ 时,积分 $\int_0^\infty f(t)\mathrm{e}^{-st}\mathrm{d}t<\infty$,则函数 $f(t)$ 的拉氏变换为

$$\mathscr{L}\left[f(t)\right]=\int_0^\infty f(t)\mathrm{e}^{-st}\mathrm{d}t=F(s) \tag{1.36}$$

式中:s 为复数算子;t 为实变数。

　　$F(s)$ 称做实函数 $f(t)$ 在复数域的象函数;$f(t)$ 则称做是 $F(s)$ 在实数域中的原函数。简单说:$f(t)$ 是 $F(s)$ 的原函数;而 $F(s)$ 是 $f(t)$ 的象函数。

表 1.1 给出一些常用函数的拉氏变换象函数。

表 1.1 常用函数的拉氏变换

$F(s)$	$f(t)$ $(t>0)$	说明
1	$\delta(t)$	单位脉冲
$\exp(-Ts)$	$\delta(t-T)$	有迟后的单位脉冲
$\dfrac{1}{s+a}$	$\exp(-at)$	指数衰减
$\dfrac{1}{(s+a)^n}$	$\dfrac{t^{n-1}\exp(-at)}{(n-1)!}$	$n=1,2,3,\cdots$
$\dfrac{1}{s}$	$u(t)$ or 1	单位阶跃
$\dfrac{1}{s^2}$	t	单位斜坡
$\dfrac{1}{s^n}$	$\dfrac{t^{n-1}}{(n-1)!}$	$0!=1, n=1,2,3,\cdots$
$\dfrac{\omega}{s^2+\omega^2}$	$\sin\omega t$	正弦
$\dfrac{s}{s^2+\omega^2}$	$\cos\omega t$	余弦
$\dfrac{1}{(s+a)(s+b)}$	$\dfrac{e^{-at}-e^{-bt}}{b-a}$	$a\neq b$
$\dfrac{s}{(s+a)(s+b)}$	$\dfrac{ae^{-at}-be^{-bt}}{a-b}$	$a\neq b$
$\dfrac{1}{s(s+a)}$	$\dfrac{1-e^{-at}}{a}$	指数衰减
$\dfrac{1}{s^2+2\zeta\omega_n s+\omega_n^2}$	$\dfrac{1}{\omega_d}\cdot e^{-\zeta\omega_n t}\sin\omega_d t\ (\omega_d=\omega_n\sqrt{1-\zeta^2})$	$0<\zeta<1$
$\dfrac{s}{(s+a)^2}$	$(1-at)e^{-at}$	
$\dfrac{a^2}{(s+a)^2 s}$	$1-e^{-at}(1+at)$	
$sF(s)-f(t=0)$	$\dfrac{\mathrm{d}f(t)}{\mathrm{d}t}$	微分
$\dfrac{F(s)}{s}+\dfrac{\int f(t)\mathrm{d}t\,\mid_{t=0}}{s}$	$\int f(t)\mathrm{d}t$	积分

2. 拉氏变换的主要性质

拉氏变换的主要性质可表达如下。

(1)线性性质　若 $F_1(s)$ 是 $f_1(t)$ 的象函数；$F_2(s)$ 是 $f_2(t)$ 的象函数，a 和 b 是与 t 无关的常量或变量，则

$$\mathscr{L}\left[af_1(t)+bf_2(t)\right]=aF_1(s)+bF_2(s) \tag{1.37}$$

(2)相似定理　若 $F(s)$ 是 $f(t)$ 的象函数；a 是常数，则

$$\mathscr{L}\left[f(at)\right]=\frac{1}{a}F\left(\frac{s}{a}\right) \tag{1.38}$$

(3)微分定理　若 $F(s)$ 是 $f(t)$ 的象函数；$f(t)$ 的导数的拉氏变换为

$$\mathscr{L}\left[\frac{\mathrm{d}f(t)}{\mathrm{d}t}\right]=sF(s)-f(0) \tag{1.39}$$

当初始条件为零时，
$$\mathscr{L}\left[\frac{\mathrm{d}f(t)}{\mathrm{d}t}\right]=sF(s) \tag{1.40}$$

$f(t)$ 的高阶导数的拉氏变换为

$$\mathscr{L}\left[\frac{\mathrm{d}^n f(t)}{\mathrm{d}t^n}\right]=s^n F(s)-f(0)\qquad(n=1,2,3,\cdots;初始条件为 0) \tag{1.41}$$

(4)积分定理　若 $F(s)$ 是 $f(t)$ 的象函数；$f(t)$ 的积分的拉氏变换为

$$\mathscr{L}\left[\int f(t)\mathrm{d}t\right]=\frac{1}{s}F(s)+\frac{1}{s}\int f(t)\mathrm{d}t\,\big|_{t=0} \tag{1.42}$$

当初始条件为零时，
$$\mathscr{L}\left[\int f(t)\mathrm{d}t\right]=\frac{1}{s}F(s) \tag{1.43}$$

$f(t)$ 的多重积分的拉氏变换为

$$\mathscr{L}\left[\int\cdots\int f(t)(\mathrm{d}t)^n\right]=\frac{1}{s^n}F(s)\qquad(n=1,2,3,\cdots;初始条件为 0) \tag{1.44}$$

(5)终值定理　若 $F(s)$ 是 $f(t)$ 的象函数

$$\lim_{t\to\infty}f(t)=\lim_{s\to 0}F(s) \tag{1.45}$$

利用终值定理，可以较简单地从控制系统微分方程的拉氏变换式中求出控制响应的静态偏差。

(6)初值定理　若 $F(s)$ 是 $f(t)$ 的象函数

$$\lim_{t\to 0^+}f(t)=\lim_{s\to\infty}F(s) \tag{1.46}$$

式中：$t\to 0^+$ 表示时间从正向趋于零。

(7)位移定理(实域中的迟延定理)　若 $F(s)$ 是 $f(t)$ 的象函数，则

$$\mathscr{L}\left[\int f(t-\tau)\right]=\mathrm{e}^{-\tau s}F(s) \tag{1.47}$$

并且
$$F(s-a)=\mathscr{L}\left[\mathrm{e}^{at}f(t)\right] \tag{1.48}$$

式(1.47)和式(1.48)分别为实域中的位移定理和复域中的位移定理。

除上述定理外,其它还有卷积定理等,不再列出。

3. 利用拉氏变换解微分方程

对于控制分析而言,关心的是系统响应,而不管初始条件。因此,下面的讨论中,去掉初始项(即按初始条件为零处理)。

设有一个关于独立变量 $y(t)$ 的线性二阶系统,其系数分别为:a,b,c;它有一个作用函数 $f(t)$。该系统方程为

$$a \frac{d^2 y}{dt^2} + b \frac{dy}{dt} + cy = f(t) \tag{1.49}$$

对方程两边取拉氏变换,并利用上述的拉氏变换性质,得

$$(as^2 + bs + c)Y(s) = F(s)$$

通过代数求解,很容易得到输出函数 $Y(s)$

$$Y(s) = \frac{F(s)}{as^2 + bs + c} \tag{1.50}$$

要得到输出函数 $Y(s)$ 在时域中的解 $y(t)$,利用拉氏变换对照表 1.1,即可得出反拉氏变换的结果。如果上式中的 $F(s)$ 是常数,则方程的解是指数函数,或谐波函数,或是一个指数与谐波的组合函数。(读者可设定 a,b,c 的不同取值,利用拉氏变换表,自行练习。)

例 1.2　一个微分方程的拉氏变换为 $Y(s)=(s+3)/(s(s+1)^2)$,已知 $y(0)=0$。求 $y(t)$。

解　由已知　　$Y(s) = \dfrac{s+3}{s(s+1)^2} = \dfrac{3}{s} - \dfrac{3}{s+1} - \dfrac{2}{(s+1)^2}$

查表 1.1,求反拉氏变换,得　　$y(t) = 3 - 3e^{-t} - 2te^{-t}$。

说明:该解是由一个常数项带两个指数衰减项组成。

欲知 y 的稳态值,可利用下面拉氏变换的终值定理

$$\lim_{t \to \infty} y = \lim_{s \to 0} sY(s) \tag{1.51}$$

这里 y 的稳态值即当 t 很大时 y 的值,$\lim\limits_{t \to \infty} y = \lim\limits_{s \to 0} sY(s) = \lim\limits_{s \to 0} \dfrac{s(s+3)}{s(s+1)^2} = 3$

可见,由式(1.51)求极限运算,便可得出 $y(t \to \infty) = 3$,而不必用反拉氏变换。

1.5.2　传递函数

1. 定义与运算法则

利用式(1.49)所描述的系统,进一步来说明传递函数的概念。

定义:当系统的初始条件为零时,系统的输出信号的拉氏变换与输入信号的拉

氏变换之比叫做该系统的传递函数。

如图 1.23 所示,若 $Y(s)$ 是该系统的输出函数(信号)的拉氏变换;$F(s)$ 是该系统的输入函数(信号)的拉氏变换,$G(s)$ 是该系统的传递函数,则

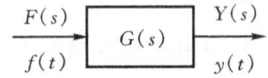

图 1.23　传递函数的定义

$$G(s) = \frac{Y(s)}{F(s)} \qquad (1.52)$$

显然传递函数也是一个复变函数。

传递函数的概念意为:系统(或环节)的输入端信号经过了系统特性(或环节特性)的传递作用,造成了输出端的信号。它适用于表达一个环节的特性,也适用于表达由若干环节所组成的系统特性(无论是开环系统,还是闭环系统)。图 1.24(a)的控制系统方框图中,如果将各个时域信号都用它们的拉氏变换象函数表达,即如图 1.24(b)所示。那么对于某个环节,输出信号象函数与输入信号象函数之比就叫做该环节的传递函数。对于控制系统而言,系统输出信号象函数与输入信号象函数之比就叫做该系统的传递函数。而图 1.24(b)则是用传递函数所表达的控制系统方框图。

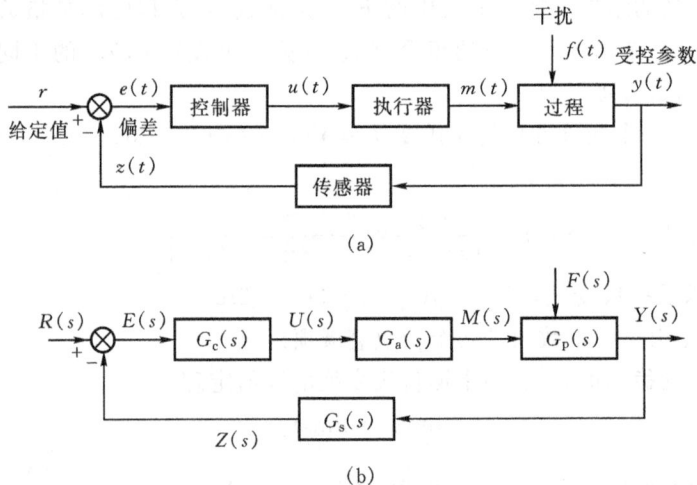

(a)

(b)

图 1.24　用传递函数表示的控制系统方框图

如果知道了一个环节的传递函数,那么它的输出信号便可以用输入信号乘以该传递函数得出。同样,如果知道了一个系统的传递函数,那么它对一个已知输入的输出响应也可以用输入信号乘以该系统的传递函数得出。利用图 1.23,得

$$Y(s) = G(s)F(s) \qquad (1.53)$$

传递函数是研究和分析控制系统的有力工具,对于复杂控制系统,不一定求出

系统微分方程的解析解,只要得到系统的传递函数,通过对其传递函数的分析,便可掌握控制系统的响应特性。

为此,先说明传递函数方框图变换法则与运算法则。控制系统方框图可以按照以下法则进行等效变换和进行传递函数运算。

(1)相加点移动法则和引出点移动法则　在控制系统图中,相加点表示两个或两个以上输入信号进行加减或比较的元件,它的输出是输入的代数和。引出点又叫测量点,它表示信号导出或信号测量的位置,同一位置(引出点)的信号,在大小性质上完全相同。如表 1.2 所示。

①相加点移动法则。相加点在一个传递函数为 $G(s)$ 的作用环节前后移动时,具有如表 1.2 所示的等效关系。

②引出点移动法则。引出点在一个传递函数为 $G(s)$ 的作用环节前后移动时,具有如表 1.2 所示的等效关系。

表 1.2　相加点和引出点移动法则

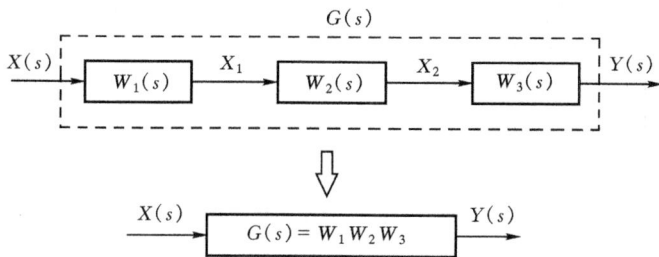

图 1.25　串联环节的传递函数

(2)串连环节的传递函数　由若干环节串连起来的系统,其传递函数等于各个环节传递函数的乘积。见图 1.25,传递函数依次是 W_1,W_2,W_3 的三个环节串连而成的系统,其传递函数为

$$G(s) = \frac{Y(s)}{X(s)} = W_1 W_2 W_3 \quad (1.54)$$

(证明:$\dfrac{Y}{X} = \dfrac{Y}{X_2}\,\dfrac{X_2}{X_1}\,\dfrac{X_1}{X} = W_3 W_2 W_1$)

并且可以如图 1.25 进行等效变换。

(3)并联环节的传递函数 若十个同向环节并联,其总的传递函数等于各个环节传递函数之和。见图 1.26,传递函数依次是 W_1,W_2,W_3 的三个环节串连而成的系统,其传递函数为

$$G(s) = \frac{Y(s)}{X(s)} = W_1 + W_2 + W_3$$

$$(1.55)$$

(证明:$Y = X_1 + X_2 + X_3$,$G(s) = \dfrac{Y}{X} = \dfrac{X_1 + X_2 + X_3}{X} = W_1 + W_2 + W_3$)

并且可以如图进行等效变换。

(4)正反馈回路与负反馈回路的传递函数 如图 1.27 所示的反馈回路,若 W_1 和 W_2 已知,则它们组成的

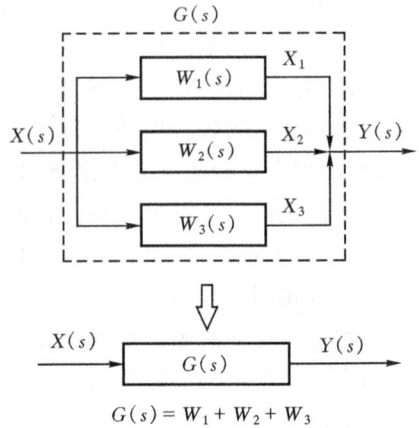

图 1.26 并联环节的传递函数

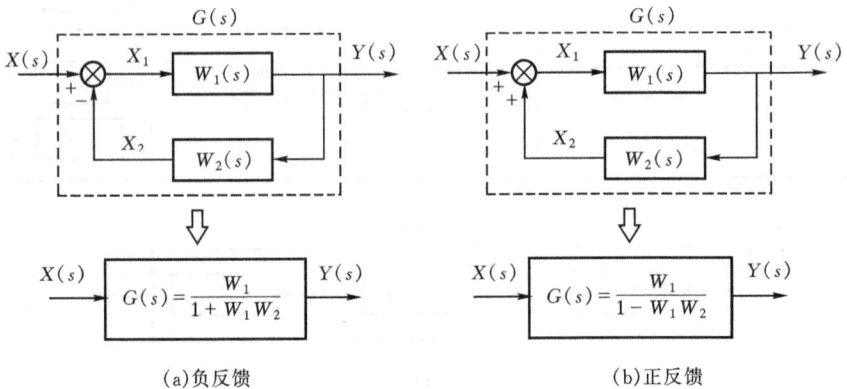

(a)负反馈   (b)正反馈

图 1.27 反馈回路的传递函数

负反馈回路的传递函数为

$$G(s) = \frac{W_1}{1 + W_1 W_2} \qquad (1.56)$$

正反馈传回路的递函数为

$$G(s) = \frac{W_1}{1 - W_1 W_2} \qquad (1.57)$$

（5）开环和闭环系统的传递函数　　开环系统如图 1.28 所示。其传递函数为

$$G(s) = \frac{X(s)}{E(s)} = W_1 W_2 W_3 \tag{1.58}$$

闭环系统如图 1.29 所示。

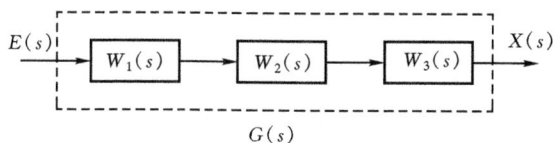

图 1.28　开环系统　　　　　　　　图 1.29　环闭系统

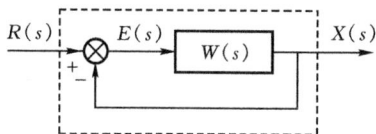

其传递函数为

$$G(s) = \frac{X(s)}{R(s)} = \frac{W}{1+W} \tag{1.59}$$

这种闭环系统也称为单位负反馈系统。在式（1.59）中，G 是闭环的传递函数，W 是开环的传递函数。式（1.59）说明了闭环传递函数与开环传递函数之间的关系，这在自动控制中很有用。

另外，在图 1.29 中，闭环偏差信号象函数 $E(s)$ 与输入信号象函数 $R(s)$ 之间的关系有

$$E(s) = R(s) - X(s) \tag{1.60}$$

因而，偏差与输入之间的传递函数为

$$\Phi_E(s) = \frac{E(s)}{R(s)} = \frac{R(s) - X(s)}{R(s)} = 1 - \frac{X(s)}{R(s)} = 1 - \frac{W(s)}{1+W(s)} = \frac{1}{1+W(s)} \tag{1.61}$$

运用上述方框图等效变换和传递函数运算法则，就可以将一个已知的控制系统变换成一个简单的等效系统，以便得出其传递函数。通过下面的例子说明。

例 1.3　图 1.30 是个多回路反馈控制系统。求该系统的传递函数。

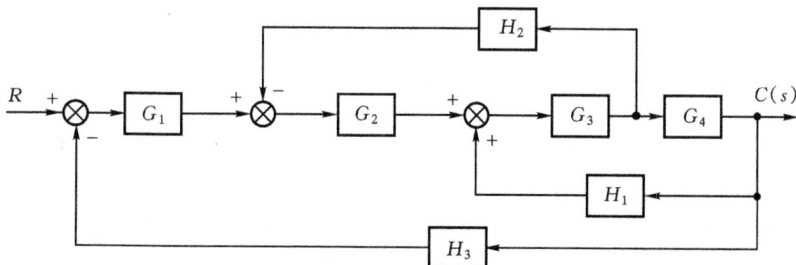

图 1.30　多回路控制系统

解 图 1.30 所示的系统,框图结构较复杂,不能直接得出其传递函数。因此利用框图等效变换处理和传递函数运算,使其结构简化。变换过程如图 1.31 所示。

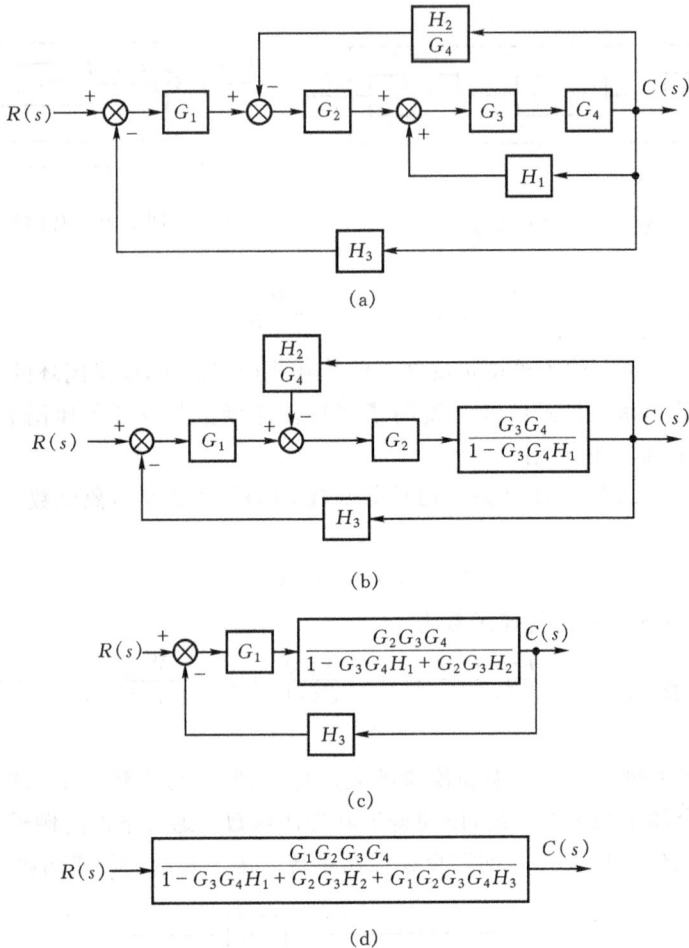

(a)

(b)

(c)

(d)

图 1.31 方框图(1.30)的简化过程

(1)将图 1.30 中 G_4 前的引出点移到 G_4 后面,得等效传递函数框图,如图1.31(a)所示;

(2)再将图 1.31(a)中由 G_3,G_4 和 H_1 组成的正反馈回路作等效处理,变成图 1.31(b);

(3)进一步将图 1.31(b)中由 H_2/G_4,G_2 和 $G_3G_4/(1-G_3G_4H_1)$ 所组成的负反馈回路作等效处理,变成图 1.31(c)。

图 1.31(c)是一个简单的负反馈系统,最后得到它的传递函数如图 1.31(d)所示。即所求的该系统传递函数为

$$\frac{C(s)}{R(s)} = \frac{G_1 G_2 G_3 G_4}{1 - G_3 G_4 H_1 + G_2 G_3 H_2 + G_1 G_2 G_3 G_4 H_3} \tag{1.62}$$

考察这个闭环系统传递函数表达式的分子和分母,注意到:式(1.62)的分子是系统中联系输入信号 $R(s)$ 和输出信号 $C(s)$ 向前通道的各环节串联的传递函数;而其分母则是 1 减去系统中各个回路传递函数之和。即,分母 $= 1 - (G_3 G_4 H_1 - G_2 G_3 H_2 - G_1 G_2 G_3 G_4 H_3)$。回路 $G_3 G_4 H_1$ 的符号为正,是因为它是正反馈回路;而回路 $G_1 G_2 G_3 G_4 H_3$ 和 $G_2 G_3 H_2$ 的符号为负,因为它们是负反馈回路。

反馈控制系统的这种框图表达方法很有用处。它用图形来表示受控参数与输入参数之间的相互关系。进而,设计者可以直观地看出:为改善系统特性,在现有系统中添加框(环节)的可能性。

2. 典型环节的传递函数

下面给出一些典型环节的传递函数,包括一阶环节、二阶环节、比例环节、积分环节和微分环节,并说明这些环节传递函数的导出和用传递函数表示它们的特性的框图,为讨论控制系统特性作准备。

(1)惯性环节(一阶环节)　环节的特性方程是一阶线性常微分方程

$$T \frac{\mathrm{d}y}{\mathrm{d}t} + y(t) = kx(t) \tag{1.63}$$

拉氏变换为　　　　　　　　　　$TsY(s) + Y(s) = kX(s)$

传递函数为　　　　　　$G(s) = \frac{Y(s)}{X(s)} = \frac{k}{Ts+1} \tag{1.64}$

用框图表示惯性环节的特性,如图 1.32 所示。

(2)有迟后的一阶环节　由拉氏变换的迟后定理,若 $Y(s)$ 是 $y(t)$ 的象函数,有迟后 τ 时,$y(t-\tau)$ 的象函数为 $e^{-\tau s}Y(s)$。所以,有迟后的一阶环节的传递函数为

$$G(s) = \frac{Y(s)}{X(s)} = \frac{k}{Ts+1} e^{-\tau s} \tag{1.65}$$

用框图表示有迟后的惯性环节的特性,如图 1.33 所示。

(3)二阶环节　环节的特性是二阶线性常微分方程

$$a \frac{\mathrm{d}^2 y}{\mathrm{d}t^2} + b \frac{\mathrm{d}y}{\mathrm{d}t} + cy(t) = kx(t) \tag{1.66}$$

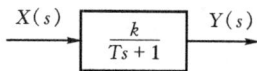

图 1.32　一阶环节

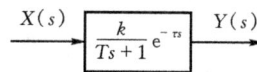

图 1.33　有迟后的一阶环节

拉氏变换为 $\qquad asY(s)+bsY(s)+cY(s)=kX(s)$

传递函数为 $\qquad G(s)=\dfrac{Y(s)}{X(s)}=\dfrac{k}{as^2+bs+c}$ $\qquad$ (1.67)

用框图表示二阶环节的特性,如图 1.34 所示。

$\qquad$ (4)比例环节 比例环节的特性方程

$$y(t)=kx(t) \qquad (1.68)$$

拉氏变换为 $\qquad Y(s)=kX(s)$

传递函数为 $\qquad G(s)=k \qquad (1.69)$

比例环节特性的框图表示,见图 1.35。

$\qquad$ (5)积分环节 积分环节的特性方程

$$y(t)=\int x(t)\,\mathrm{d}t \qquad (1.70)$$

拉氏变换为 $\qquad Y(s)=\dfrac{1}{s}X(s)$

传递函数为 $\qquad G(s)=\dfrac{Y(s)}{X(s)}=\dfrac{1}{s}$ $\qquad$ (1.71)

积分环节特性的框图表示,见图 1.36。

$\qquad$ (6)微分环节 微分环节的特性方程

$$y(t)=\dfrac{\mathrm{d}x}{\mathrm{d}t} \qquad (1.72)$$

拉氏变换为 $\qquad Y(s)=sX(s)$

传递函数为 $\qquad G(s)=\dfrac{Y(s)}{X(s)}=s \qquad (1.73)$

微分环节特性的框图表示,见图 1.37。

$\qquad$ 有了这些基本环节的环节传递函数,读者须将它们的表达式熟记于心。下面进一步归纳制冷空调控制系统中各个组成环节的传递函数。

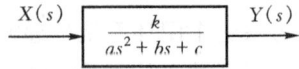

图 1.34 二阶环节

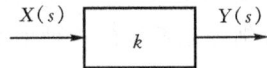

图 1.35 比例环节

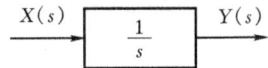

图 1.36 积分环节

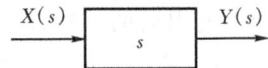

图 1.37 微分环节

3.制冷空调控制系统中主要环节的传递函数

$\qquad$ 下面将控制系统中的各环节对象(即受控过程 process)、传感器(sensor)、控制器(controller)、执行器(actuator)的传递函数分别用 G_p,G_s,G_c 和 G_a 表示。

$\qquad$ (1)受控对象的传递函数 G_p 制冷空调中的过程控制对象一般都是具有阻力、容量和热工对象。通过对实测和理论推导的结果进行归纳,对象特性的数学抽象有三类:一阶、或一阶加纯迟后、或二阶。表 1.3 列出各类对象的传递函数表达式,对阶跃信号(阶跃幅为 m)的响应曲线,以及响应函数表达式。

表 1.3　热工对象特性归类

	传递函数 G_p	对阶跃信号的响应曲线	响应函数 $f(t)$
一阶对象	$\dfrac{k_p m}{(T_p s+1)}$ (1.74)		$k_p m(1-\mathrm{e}^{-t/T_p})$ (1.75)
有迟后的一阶对象	$\dfrac{k_p m}{(T_p s+1)}\mathrm{e}^{-\tau s}$ (1.76)		$f(t)=\begin{cases}0, & t<\tau_p \text{ 时} \\ k_p m(1-\mathrm{e}^{-(t-\tau)/T_p}), & t\geqslant\tau_p \text{ 时}\end{cases}$ (1.77)
二阶对象	$\dfrac{1}{(s+\alpha)(s+\beta)}$ (1.78)		$\dfrac{1}{\alpha\beta}+\dfrac{\beta\mathrm{e}^{-\alpha t}-\alpha\mathrm{e}^{-\beta t}}{\alpha\beta(\alpha-\beta)}$ (1.79)

（2）发信器的传递函数 G_s　　发信器的传递函数由测量元件的特性方程获得。用热电阻温度传感器和用感温包测温时,热电阻和感温包都是具有热容和热阻的元件。它的特性一般可用一阶微分方程描述,式如

$$G_s = \frac{k_s}{T_s s+1} \tag{1.80}$$

式中: T_s 是温度传感器的时间常数; k_s 是放大系数。

与受控对象的时间常数相比,传感器的时间常数要小得多。当温度探头响应足够快时, T_s 很小,可以近似视为比例元件,即

$$G_s = k_s \tag{1.81}$$

当热电阻外加保护套管时,传感器存在两个容量(即热电阻的容量和保护套管的容量),其特性需要用二阶微分方程描述,它便是二阶惯性环节。其传递函数具有如式(1.80)的形式。

对于房间温控器(thermostat),采用温包作为温度的传感元件。将温包视为是含有迟后 τ 和一阶时间常数 T 的环节,推荐采用的传递函数形式为

$$G_s = H(s) = \frac{\mathrm{e}^{-\tau s}}{1+T_s} \tag{1.82}$$

其中的迟后 τ 的数量级为 $30 \sim 40$ s;而对于区域温控器而言,时间常数的数量级则为几分钟。

将迟后项取近似,伯德(Pade')给出迟后项的一阶近似表达式为

$$\mathrm{e}^{-\tau s} \approx \frac{2 - \tau s}{2 + \tau s} \tag{1.83}$$

这便带来方便,因为它保持了用多项式表达的系统传递函数形式(研究控制系统稳定性时,这是很有用的传递函数表达形式)。

(3)控制器的传递函数 G_c。 比例、比例积分、比例微分、比例积分微分控制器的特性列于表 1.4。表中分别列出了用控制规律、传递函数、特性参数所表达的控制器特性。还给出了控制器对单位阶跃输入的响应曲线。

表 1.4　比例、比例积分、比例微分、比例积分微分控制器特性

控制器	控制规律	响应曲线	传递函数 G_c	特性参数
P	$u(t) = K_p e$		K_P (1.84)	K_P
PI	$u(t) = K_p \left(e + \dfrac{1}{T_I} \int e \mathrm{d}t \right)$		$K_P \left(1 + \dfrac{1}{T_I s} \right)$ (1.85)	K_P T_I
PD	$u(t) = K_p \left(e + T_D \dfrac{\mathrm{d}e}{\mathrm{d}t} \right)$		$K_P (1 + T_D s)$ (1.86)	K_P T_D
PID	$u(t) = K_p \left(e + \dfrac{1}{T_I} \int e \mathrm{d}t + T_D \dfrac{\mathrm{d}e}{\mathrm{d}t} \right)$		$K_P \left(1 + \dfrac{1}{T_I s} + T_D s \right)$ (1.87)	K_P T_I T_D

(4)执行器的传递函数 G_a。 制冷空调中,过程控制的执行器有各类控制阀和

风阀。阀开度(行程)增量与阀流量增量之间的关系叫做控制阀的流量特性。根据阀门的流量特性写出它的传递函数。

　　主要的流量特性种类有:线性流量特性、等百分比型、抛物线型等。例如线性流量特性的控制阀为比例环节,其传递函数为

$$G_\mathrm{n} = k_\mathrm{a} \tag{1.88}$$

式中:k_A 是具有线性流量特性的控制阀的比例系数。

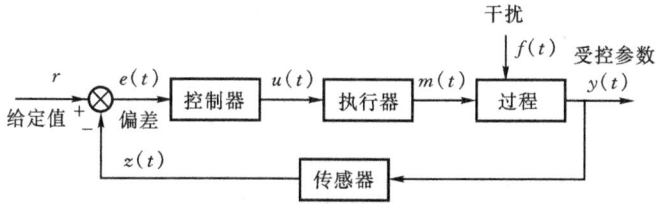

(a) 闭环反馈控制系统

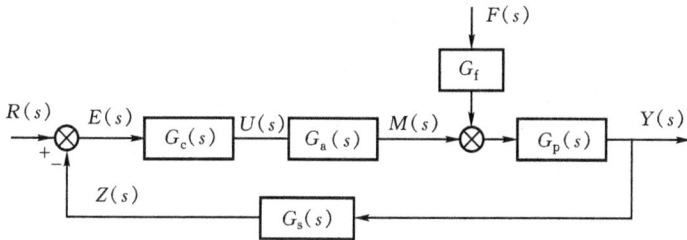

(b)闭环反馈控制系统的传递函数框图

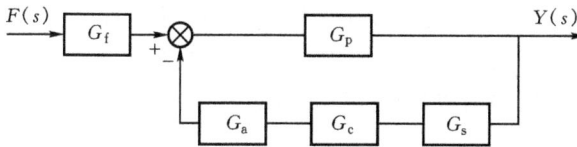

(c)定值控制系统框图

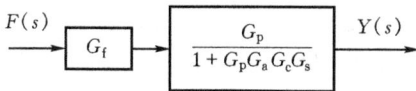

(d)框图变换

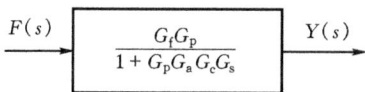

(e)框图变换

图 1.38　控制系统传递函数

4. 控制系统的传递函数

至此,可以进行系统综合,求得控制系统的传递函数。以便进而利用传递函数来分析相应控制系统的特性。

图 1.38 给出系统综合的过程。设有闭环反馈控制系统如图 1.38(a)所示。它相应的传递函数框图如图 1.38(b)所示。

该系统定值控制时,图 1.38(c)是定值控制系统框图。欲求定值控制的传递函数,可经过图 1.38(d)和图 1.38(e)的框图运算,最终得到此定值控制系统对干扰作用的传递函数为

$$G(s) = \frac{Y(s)}{F(s)} = \frac{G_f G_p}{1 + G_p G_a G_c G_s} \tag{1.89}$$

该系统改变给定值时,图 1.39 便是给定控制系统框图。同样,进行框图运算,得到此给定控制系统对给定作用变化的传递函数为

$$G(s) = \frac{Y(s)}{R(s)} = \frac{G_a G_c G_p}{1 + G_p G_a G_c G_s} \tag{1.90}$$

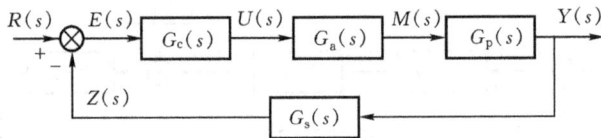

图 1.39　给定控制系统框图

用传递函数分析控制系统的步骤是:针对具体问题用方框图绘出控制系统结构,写出系统中各个环节的传递函数,运用方框图变换和运算法则得出控制系统的传递函数,用控制系统传递函数分析控制特性。

1.5.3　控制系统的稳定性

控制系统的过渡响应(控制品质)是首先所关心和必须研究的。在控制品质要求中,稳定性要求是首要的。所以控制系统的稳定性理论是主要理论基础之一。

对于稳定性的科学定义:一个线性系统,当且仅当其对于激励响应的绝对值(在一个无限的范围累积)是有界的,它才是稳定的。简而言之,所谓稳定系统就是:该系统的响应有界。

1. 稳定性准则

负反馈控制系统代表了许多实际的控制系统。考察基本的负反馈控制系统,见图 1.40。

令其中向前通道的传递函数为 $G(s)$,即

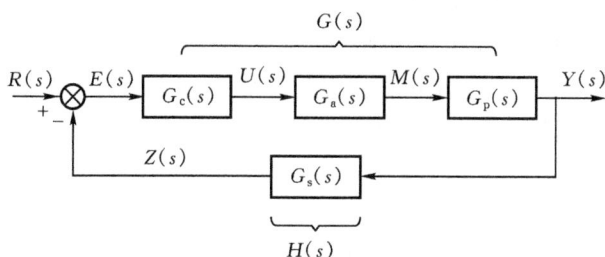

图 1.40　负反馈系统

$$G(s) = G_c(s)G_a(s)G_p(s) \tag{1.91}$$

如图所示,$G(s)$ 是控制器与过程的组合传递函数,习惯上把它称做开环传递函数。令图中反馈通道的传递函数为 $H(s)$,即

$$G_s(s) = H(s) \tag{1.92}$$

那么,闭环反馈控制回路的传递函数可用向前通道和反馈通道的传递函数表达为

$$G_{loop}(s) = \frac{G(s)}{1 + G(s)H(s)} \tag{1.93}$$

闭环反馈控制回路传递函数表达式中,分母为零的条件方程称作系统的特征方程。该系统的特征方程为

$$G(s)H(s) + 1 = 0 \tag{1.94}$$

而函数 $G(s)H(s)$ 称作是该系统的特征函数。

下面很快将看到特征方程包含了评价线性控制系统稳定性所必需的重要信息。

运用拉氏变换和传递函数分析控制系统的重要结果之一是可以给出控制系统在阶跃作用下是否稳定的评价。

正如控制技术的专著中所讨论的:如果控制系统特征方程的所有根都没有正实部,则系统是稳定的。系统稳定的两个必要条件是:

①在特征方程中,从 s 的零阶项到最高阶项所有权必须存在;

②在特征方程中,所有项的系数同号。

这是必要条件,却不是充分条件。

2. Routh 准则

Routh 准则是进一步评价稳定性的一个代数方法。此法首先用一种简单算法,由特征方程的系数构造出一个矩阵。然后检查矩阵的第一列符号变化,第一列符号变化的次数等于正根的数目。有一个正(实数部分)根或多个正根,就表明系统不稳定。下面通过两个例子给出分析一个简单比例控制系统稳定性的两种方法。

例 1.4　判断一个二阶控制器的稳定性。

图 1.41 所给出一个在风管中加热空气的蒸汽加热盘管的控制系统,受控参数是送风温度 T_{sa}。系统包括:温度传感器,控制器,由控制器控制的蒸汽调节阀,以及蒸汽加热盘管,见图 1.41(a)。图 1.41(b)是与此物理系统(图 1.41(a))相对应的控制系统框图。

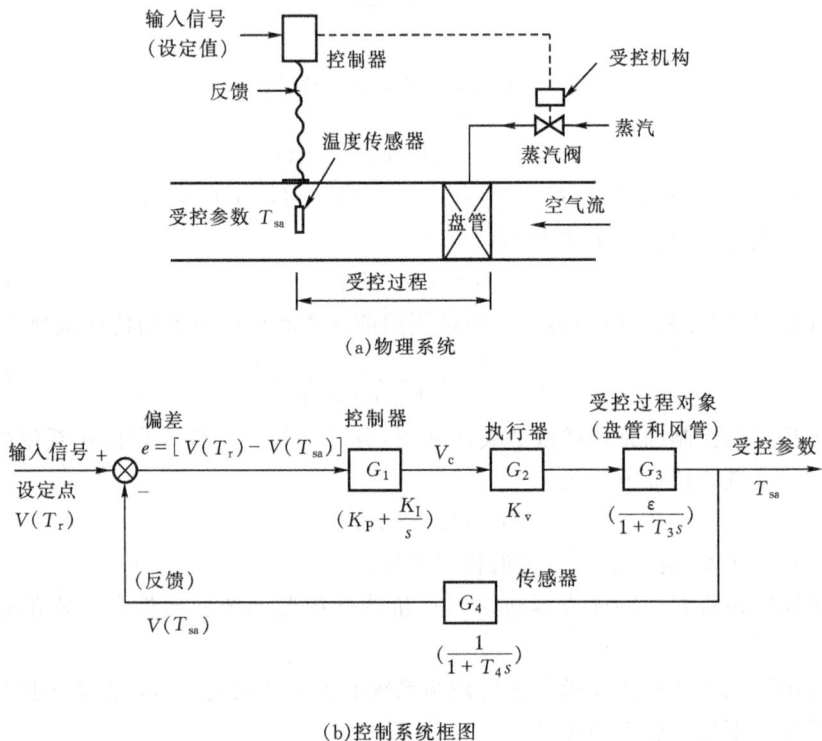

(a)物理系统

(b)控制系统框图

图 1.41　加热盘管的控制系统

考察该系统只采用比例控制时的稳定性,以检验比例增益改变对系统稳定性的影响,不考虑执行器的动特性。已知各部件的传递函数如图中所示,求稳定性条件为,假定盘管系统部件和控制系统是线性的。

解　只考虑比例控制时,图中控制器的传递函数中去掉积分项,为 $G_1 = K_P$。由已知,该系统的开环传递函数

$$G(s) = G_1 G_2 G_3 = K_P K_v \left(\frac{\varepsilon}{1 + T_3 s} \right) \tag{1.95}$$

式中:ε 是盘管效率;T_3 是盘管的时间常数。

传感器的传递函数 $\qquad H(s)=G_4=(\dfrac{1}{1+T_4s})$ $\qquad$ (1.96)

特征方程为 $\qquad G(s)H(s)+1=0$ $\qquad$ (1.97)

将式(1.95)、(1.96)代入式(1.97)得 $\qquad K_P K_v(\dfrac{\varepsilon}{1+T_3s})(\dfrac{1}{1+T_4s})+1=0$ $\quad$ (1.98)

即

$$\dfrac{K_P K_v\varepsilon(1+T_3s)(1+T_4s)+(1+T_3s)(1+T_4s)}{(1+T_3s)(1+T_4s)}$$

$$=\dfrac{T_3T_4s^2+(T_3+T_4)s+K_PK_v\varepsilon+1}{(1+T_3s)(1+T_4s)}$$

$$=0$$

对此系统,上式中分母非零。因此,由分子为零得方程

$$T_3T_4s^2+(T_3+T_4)s+K_PK_v\varepsilon+1=0 \qquad (1.99)$$

如果上式的某一根有正实部分,该系统就不稳定。解出该特征方程的根为

$$r_1,r_2=\dfrac{-(T_3+T_4)\pm\sqrt{(T_3+T_4)^2-4T_3T_4(K_PK_v\varepsilon+1)}}{2T_3T_4} \quad (1.100)$$

显然,根的实部不可能为正值,因此该系统是稳定的。

这就是说,对于这 5 个系统参数的任何物理上可能的取值(T_3,T_4,ε,K_P,K_v 显然全为正值),该系统是无条件稳定的。但是,如果在这个稳定性的定义中,将有阻尼的谐波函数也包括进来的话,那么当增益 K_P 增大时,系统振荡频率随着该增益的平方根而增加。

用 Routh 准则也可以评价例 1.4 中这个系统的稳定性,将得出同样的结果。这个方法更简单易行,如果特征方程是高阶的,直接求解方程的根很不方便。

例 1.5　比例增益稳定性判据——Routh 准则的应用例。

参考图 1.41,实验得出加热盘管的传递函数是

$$G_3=\dfrac{1}{s(s+4)(s+6)} \qquad (1.101)$$

为了简化,忽略温度传感器的动态特性,即取 $G_4=1$。盘管采用比例控制,比例控制器的传递函数 $G_1=K_P$。问 K_P 为何值时系统是稳定的?

已知 $K_P>0$,求保证控制稳定的 K_P 范围。

解　假定图 1.41 所示的系统是线性的。按式(1.97)得特征方程为

$$\dfrac{K_P}{s(s+4)(s+6)}+1=0$$

即 $\qquad s^3+10s^2+24s+K_P=0$ $\qquad$ (1.102)

可见这个方程满足稳定性的两个必要条件(所有指数项都存在,所有项的系数符号

都相同)。再用 Routh 准则做进一步判断。由这个方程生成的 Routh 表为

$$
\begin{array}{c|c}
1 & 24 \\
10 & K_P \\
\dfrac{240-K_P}{10} & 0 \\
K_P & 0
\end{array}
$$

(附:Routh 表的生成方法:

对于特征方程 $as^3+bs^2+cs+d=0$ 的 Routh 表

$$
\begin{array}{c|c}
A11 & A12 \\
A21 & A22 \\
A31 & A32 \\
A41 & A42
\end{array}
$$

表中各元素为

$A_{11}=a$, $A_{12}=c$,

$A_{21}=b$, $A_{22}=d$,

$A_{31}=\dfrac{A_{21}A_{12}-A_{11}A_{22}}{A_{21}}$, $A_{32}=0$

$A_{41}=\dfrac{A_{31}A_{22}-A_{21}A_{32}}{A_{31}}$, $A_{42}=0$)

第一列元素中除了第三项外恒为正。按 Routh 稳定性准则,第三项元素也应为正,方满足稳定条件,即 $\dfrac{240-K_P}{10}>0$,得 $K_P<240$。

所以,保证该控制系统稳定的条件是比例增益小于 240。

说明:积分和微分控制也可以用这个方法分析。读者可将此例中的控制器改成 PI(或 PD)进行练习。确定满足稳定准则的比例增益 K_P 和积分时间 T_I(或 T_D)。在练习中将看到积分使稳定性下降,因为积分作用的存在,将特征方程的阶数提高了 1(阶)。相反,微分控制却可以使一个不稳定的 P 控制器变得稳定,因为它使特征方程的阶数减小了 1(阶)。可见,控制器常数 K_P,K_I 和 K_D 要仔细选择,此乃本节最终要说明的主题。

1.5.4　控制器参数的选择

1. PID 控制器参数的整定

PID 控制中,控制器的参数选择或整定是又一要点问题。要保证一个控制系统成功,需要进行适当的启动和调试。它不是仅仅调整几个参数(设定点和控制范围)和做几项快速检查便完事。对于制冷与空调中的控制而言,要凭借富有经验的控制专业人员服务,典型的 DDC 系统才能够有效地使用在试运行过程中,来考核

和证明制冷或空调系统的性能。一般来说,复杂系统和数字控制器应用的增多,更突现出调试的必要性和重要性。

　　工程应用中,先由系统设计师做出控制器参数的估计,然后调整,这便是控制器参数的现场整定。有两种经验(实验)方法用来确定控制器常数的合理值,它可以进行现场演练和测量,这两种方法中的任何一种都可以用来在现场最后整定控制器参数。

　　(1)响应曲线法

　　图 1.42 示出用响应曲线法进行控制器参数整定。

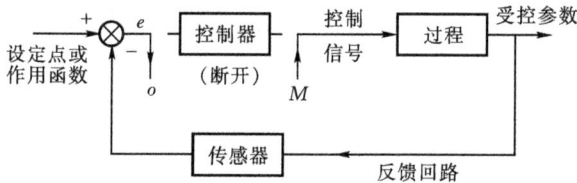

(a)作反应曲线实验时的控制系统(断开控制器)

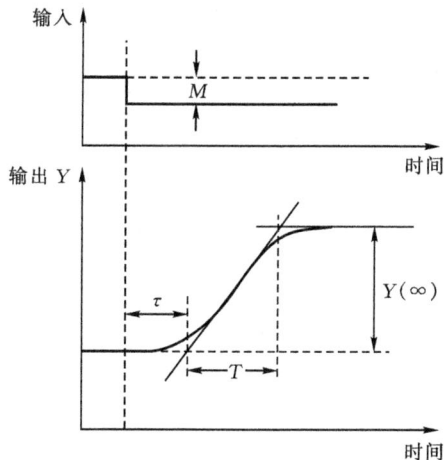

(b)典型反应曲线,从中得到在阶跃作用下的稳态输出数据

图 1.42　用响应曲线法整定控制器参数

作法如下。

　　设有一已知控制系统,先将控制器的连接断开,如图 1.42(a)所示。对受控过程施加一个幅值为 M 的阶跃变化;测量过程的输出响应,并绘制测量曲线即过程的反应曲线,如图 1.42(b)所示。从测量数据得到在阶跃作用下过程的稳态输出

值 $Y(\infty)$，在反应曲线上过曲线的拐点作切线，得出 τ 和 T 的测量值。这些测量结果确定过程的三个特性参数：迟后 τ，时间常数 T 和静态增益 $K = Y(\infty)/M$，用以构造出作为过程特性的一阶传递函数

$$G_p = \frac{K}{1 + Ts} e^{-s\tau} \tag{1.103}$$

式中：K 叫做系统增益。由此传递函数，用 Zieglet 和 Nichols 方法（1942）或者改进的 Cohen 和 Coon 方法（1953）中任何一种方法，便能够求出可以接受的控制器参数值 K_P，T_I 和 T_D。如表 1.5 和表 1.6 所示。

表 1.5　Zieglet 和 Nichols 方法的控制器参数整定

控制器类型	K_P	T_I	T_D
P	$\dfrac{T}{K\tau}$	—	—
PI	$\dfrac{0.9T}{K\tau}$	3.3τ	—
PID	$\dfrac{1.2T}{K\tau}$	2τ	0.5τ

表 1.6　Cohen 和 Coon 方法的控制器参数整定

控制器类型	K_P	T_I	T_D
P	$\dfrac{T}{K\tau[1+\tau/(3T)]}$	—	—
PI	$\dfrac{T}{K\tau[1.1+\tau/(12T)]}$	$\dfrac{\tau(30+3\tau/T)}{(9+20\tau/T)}$	—
PD	$\dfrac{T}{K\tau[1.25+\tau/(6T)]}$	—	$\dfrac{\tau(6-2\tau/T)}{(22+3\tau/T)}$
PID	$\dfrac{T}{K\tau[1.33+\tau/(4T)]}$	$\dfrac{\tau(32+6\tau/T)}{(13+8\tau/T)}$	$\dfrac{4\tau}{(11+2\tau/T)}$

　　用表 1.5 或表 1.6 给出的这些控制器参数，便可以得到带有一些超调的稳定控制：过渡响应只经过几个振荡便趋于稳定，每个振荡的振幅衰减 75%。

　　如果不希望有这个适度的超调，可以用零极点消去法来逼近控制的设定点，逼近过程中不含任何超调。简要地说，此法采用 PID 控制器传递函数式（没有微分项）乃至系统传递函数式，来求特征方程。其结果是包含一个多项式系数的分式。通过适当选择比例增益和积分增益，让特征方程的分子和分母中的项可以相互抵消，因而降低了方程的阶次。用这个方法，比例和积分增益作为系统迟后和系统增

益的函数,导致最快地趋近于设定点,而不存在任何超调。

(2)临界频率法

此法又叫"临界比例带法"。这是闭环实验方法,即将控制器接入控制系统。但通过设定积分和微分增益很小,使积分项和微分项失去作用。让控制系统在纯比例控制的作用下,然后把比例增益 K_P 调整到出现临界响应,即处于等幅振荡的过渡响应状态。记下这时的比例增益 K_P^*,并测量这时的频率即临界频率,记录下相应的临界周期 T^*。依 Letheman 法则(1981)来求控制器参数,见表 1.7。

表 1.7　用临界频率法求控制器参数

控制器类型	K_P	T_I	T_D
P	$0.5K_P^*$	—	—
PI	$0.45K_P^*$	$0.8T^*$	—
PID	$0.6K_P^*$	$0.5T^*$	$0.125T^*$

用上述两种方法在实验条件下都可以确定出"好"的控制器参数。但是,绝大多数制冷空调控制系统有明显的非线性,因而在一个条件下设定的控制器参数未必适用于另一条件。当前为了解决这个问题,采用自适应控制。用自适应控制,随着运行条件变化,可以接近实时地调整控制器参数。此法所需的计算可以用 DDC 系统中的一个小计算机来进行。

2. 控制系统仿真

确定控制系统常数的另一个方法是仿真,即对制冷空调系统及其控制系统进行仿真。关于控制仿真方法的详细内容超出了本教程的范围,这里仅用例 1.6 说明仿真结果。

例 1.6　加热盘管控制系统仿真。系统如图 1.41 所示。

用控制软件研究加热盘管对温度设定值阶跃变化的响应。判断该系统是否稳定。

已知:盘管入口空气温度 $-1℃$;欲控制盘管出口空气温度。

盘管出口空气温度设定:初设定为 $13℃$,新设定为 $21℃$;

盘管的调节范围　$27.5℃$;

盘管-传感器的迟后时间　0 s;

盘管时间常数　120 s;

传感器时间常数　15 s;

控制器的传递函数为

$$G_1 = K_P + \frac{K_I}{s} + K_D s$$

控制器参数　比例增益 $K_P=1.0$，积分增益 $K_I=0.038$，微分增益 $K_D=0$。

求：盘管出口空气温度，控制器偏差，阀开度随时间变化的函数关系，（用 HCB 软件仿真）。参考图 1.41(b) 所示的系统，假定：控制系统是线性的，阀为快开型 $K_v=1$，即阀没有迟后地响应控制信号。

解　图 1.43 是所列条件下，用 HCB 软件模拟 10 min 的输出结果。10 min 是系统中最长时间常数的 5 倍（$120 \times 5=600$ s）。

说明：图 1.43(a) 是盘管出口温度的动态曲线。从图中看出，盘管出口温度的超调量为 3.8℃（相对于设定值 21℃）。这是由于积分项在设定值改变后立即起作用（见图 1.43(b)），并且对控制器的输出起主导作用，使得阀停留在较大的开度上。等到该超调经历足够长的时间后，积分作用与比例作用对过程所起的影响差不多相当，产生特征明显的响应，经过几次振荡后，达到设定值，最终的偏差基本为零。阀开度随时间变化的情况如图 1.43(c) 所示。正如所期望的那样：设定值改变后，阀立即全开，并维持全开状态 5 min。过了 10 min 之后，阀接近它的最终开度 80%。因为新设定点是 21℃，即比入口空气温度 −1℃ 高 22℃。22℃ 是阀调节范围 27.5℃ 的 80%。

建议读者将上例作如下改动，进行试练习。

①去掉积分项。说明运行是稳定的，但是达到稳定后有残差。

②在传感器与控制器之间加一个迟后。你会发现：这里只要有几秒钟的迟后，就会导致控制不稳定。因此，必须把传感器尽量靠近盘管出口处安放。

③加上一个微分项，并研究微分增益值的范围，观察对稳定性的影响。

1.6　数字式 PID 和直接数字控制（DDC）

数字式控制器（工作站）的基本功能是执行直接数字控制（direct digital control，DDC）。DDC 可以定义为是这样的一种控制回路：用数字控制器周期性地更新一个过程，把过程作为是一组检测控制变量和一组已知控制算法的函数。DDC 实质上就是采用了数字控制器的现场控制回路。目前，楼宇空调控制中用 DDC 来取代传统的气动或电动现场回路。

PID 作为楼宇用的控制器传统类型仍在起很重要的作用。由于在控制器的传统类型中，没有关于 PID 控制器的工业标准。实际控制器中所用的 PID 算法各厂商有很大不同。因此，使用市场上的控制器时，必须仔细留意其所用的真实算法以及拟整定参数的定义。不同厂商的两个数字控制器，即使 PID 算法具有相同的解

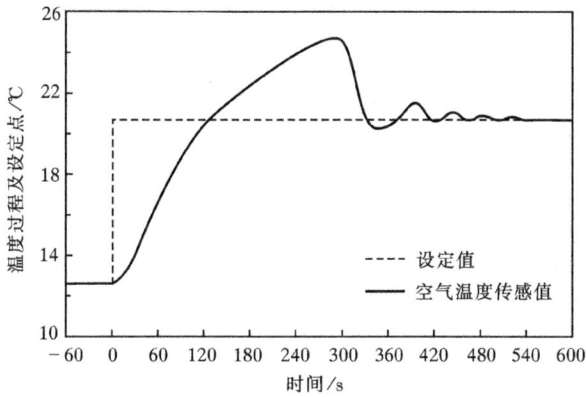

(a)盘管出口空气温度的动态曲线

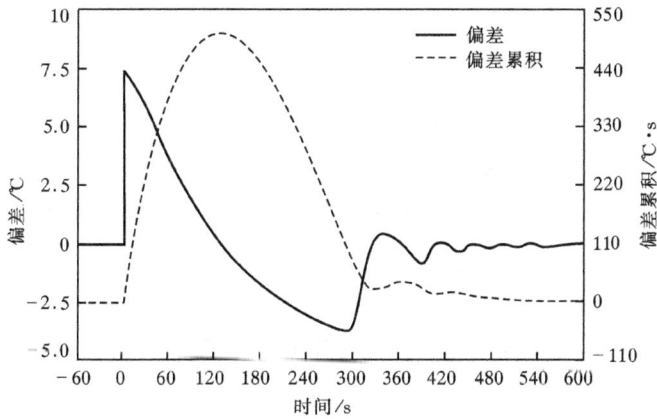

(b)相应的控制器偏差信号和偏差累积信号

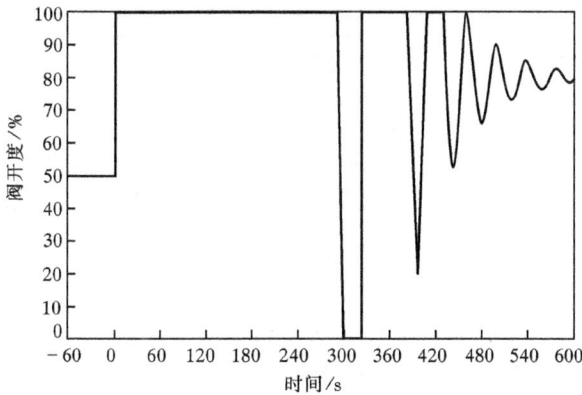

(c)阀开度的变化过程

图 1.43　仿真结果

析式,其控制性能也可能会明显不同,因为这些 PID 有不同的具体表达形式和采样周期。

不过,多数厂家的 PID 方程表达形式符合以下三大类其中之一:交互式、非交互式和并行式。说明具体控制器产品种类的唯一方法是看它的控制方程。理想形式的三类方程如下:

(1)理想非交互 PID(或 ISA)

$$u(t) = K_\mathrm{P}\left(e + \frac{1}{T_\mathrm{I}}\int e\mathrm{d}t + T_\mathrm{D}\frac{\mathrm{d}e}{\mathrm{d}t}\right) \tag{1.104}$$

(2)理想并行 PID 控制器

$$u(t) = K_\mathrm{P}e + \frac{1}{I_\mathrm{P}}\int e\mathrm{d}t + D_\mathrm{P}\frac{\mathrm{d}e}{\mathrm{d}t} \tag{1.105}$$

(3)交互式 PID 控制器

$$u(t) = K_\mathrm{P}\left(e + \frac{1}{T_\mathrm{I}}\int e\mathrm{d}t\right)\left(1 + T_\mathrm{D}\frac{\mathrm{d}e}{\mathrm{d}t}\right) \tag{1.106}$$

式中:K_P 为增益,T_I,I_P 是控制器的积分设定;T_D,D_P 为控制器的微分设定。

图 1.44 是典型 DDC 回路的框图和 DDC 中的信号传递。一个数字控制器通常有许多输入通道和输出通道,所以,一个数字控制器可以控制不止一个 DDC 回路。

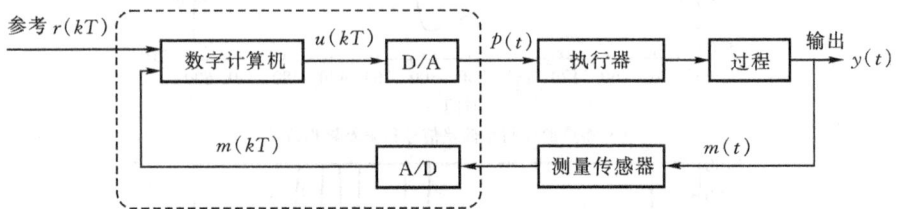

图 1.44　典型 DDC 回路框图和 DDC 中的信号传递

可以认为,数据进出计算机都是在相同的固定时段 T 完成的,T 称作采样周期,或采样时间。参考输入是 $r(kT)$ 值的一个采样序列,变量 $r(kT)$,$m(kT)$,$u(kT)$ 都是离散信号,它们不同于 $m(t)$,$y(t)$ 连续信号是时间的连续函数。仅在离散的时段所得到的系统参数数据称作采样数据。

如果与过程的时间常数相比采样周期选得很小,那么这个系统基本上就是连续的,在分析控制系统中所使用的方法仍然有效。如果采样周期与过程的时间常数有相同的数量级,则采样周期便影响闭环回路的实际特性。已经有一些理论和方法来分析离散信号的控制系统的稳定性问题。然而在这种情况下,利用解析控制系统所用的理论和方法仍能获得关于 DDC 回路稳定性的有用思想。

1.6.1 数字式 PID 控制算法

在计算机控制系统中,使用的是数字 PID 控制器。数字 PID 控制算法通常又分为位置式 PID 控制算法和增量式 PID 控制算法。

1. 位置式 PID 控制算法

数字 PID 控制器必须基于计算机所获得的离散信号来执行控制功能。设偏差信号的离散序列为:$e_0, e_1, e_2, e_3, \cdots, e_{k-3}, e_{k-2}, e_{k-1}, e_k$。由于计算机只能根据采样时刻的偏差计算控制操作量。因此式(1.104)中的积分项和微分项不能直接使用,需要进行离散化处理。将模拟 PID 控制算式(1.104)中用一系列采样时刻点 kT 代替连续时间 t,以和式代替积分,以增量代替微分,则有如下近似变换:

$$\left. \begin{array}{ll} \text{离散时间} & t \approx kT \quad (k = 0, 1, 2, \cdots) \\[2mm] \text{积分} & \displaystyle\int_0^t e(t)\mathrm{d}t \approx T\sum_{j=0}^k e(jT) = T\sum_{j=0}^k e(j) \\[4mm] \text{微分} & \displaystyle\frac{\mathrm{d}e(t)}{\mathrm{d}t} \approx \frac{e(kT) - e[(k-1)T]}{T} = \frac{e(k) - e(k-1)}{T} \end{array} \right\} \quad (1.107)$$

(为了书写方便,将 (kT) 中的 T 省去,简化为 (k))。

按式(1.104)ISA 算法,在时段 k 的离散 PID 表达式为

$$u(k) = K_P\left\{ e(k) + \frac{T}{T_I}\sum_{j=0}^k e(j) + \frac{T_D}{T}[e(k) - e(k-1)] \right\} \quad (1.108)$$

或

$$u(k) = K_P e(k) + K_I \sum_{j=0}^k e(j) + K_D[e(k) - e(k-1)] \quad (1.109)$$

式中:k 为采样序号,$k = 0, 1, 2, \cdots$;$u(k)$ 为第 k 次采样时刻的计算机输出值;$e(k)$ 为第 k 次采样时刻输入的偏差值;$e(k-1)$ 为第 $(k-1)$ 次采样时刻输入的偏差值;K_I 为积分系数,$K_I = K_P T/T_I$;K_D 为微分系数,$K_D = K_P T_D/T$。

类似于连续函数的拉氏变换,离散函数有 z 变换(这里不做详细介绍)。由 z 变换的性质有

$$\mathscr{L}[e(k-1)] = z^{-1}E(z)$$

$$\mathscr{L}\left[\sum_{j=0}^k e(j)\right] = \frac{E(z)}{(1 - z^{-1})}$$

于是,式(1.109)的 z 变换为

$$U(z) = K_P E(z) + K_I \frac{E(z)}{1 - z^{-1}} + K_D[E(z) - z^{-1}E(z)] \quad (1.110)$$

由上式(1.110)得数字 PID 控制器的 z 传递函数为

$$G(z) = \frac{U(z)}{E(z)} = K_P + \frac{K_I}{1 - z^{-1}} + K_D(1 - z^{-1}) \tag{1.111}$$

或者

$$G(z) = \frac{1}{1 - z^{-1}}[K_P(1 - z^{-1}) + K_I + K_D(1 - z^{-1})^2] \tag{1.112}$$

图 1.45 是数字 PID 控制器结构框图。

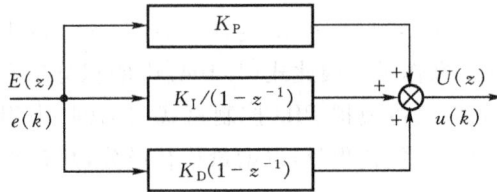

图 1.45　数字 PID 控制器的结构

　　式(1.108)或式(1.109)所以称为位置式 PID 控制算法,是因为计算机输出信号 $u(k)$ 直接用于去控制执行机构(如阀门等)。图 1.46 给出位置式 PID 控制系统示意。位置式 PID 控制算法的计算程序框图见图1.47。

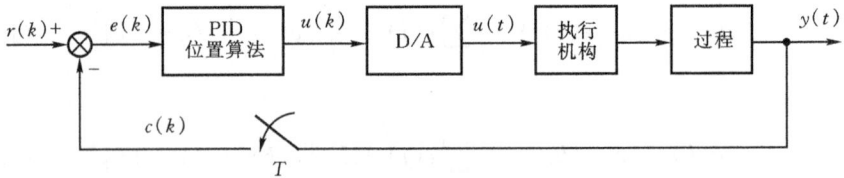

图 1.46　位置式 PID 控制系统

　　这种算法的缺点:由于是全量输出,所以每次输出均与过去的状态有关,计算时要对 $e(k)$ 进行累加,计算机运算工作量大。而且,因为计算机输出的 $u(k)$ 对应的是执行机构的实际位置,如计算机出现故障,$u(k)$ 的大幅度变化,会引起执行机构位置的大幅度变化,这种情况往往是生产实践中不允许的,在某些场合,还可能造成重大的生产事故,因而产生了增量式 PID 控制的控制算法。所谓增量式 PID 是指数字控制器的输出只是控制量的增量 $\Delta u(k)$。

2. 增量式 PID 控制算法

　　当执行机构需要的指令是控制量的操作增量时(例如,驱动步进电机),可由式(1.109)导出提供增量操作指令的 PID 控制算式。根据递推原理得

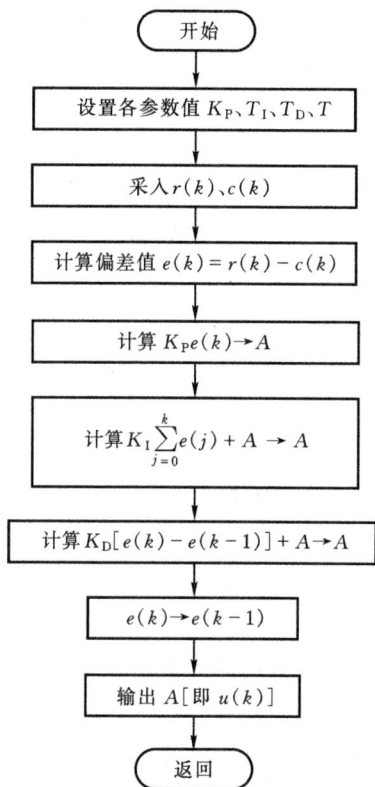

图 1.47　位置式 PID 控制算法程序框图

$$u(k-1) = K_{\text{P}}e(k-1) + K_{\text{I}}\sum_{j=0}^{k-1}e(j) + K_{\text{D}}[e(k-1) - e(k-2)] \quad (1.113)$$

用式(1.109)减去式(1.113)

$$\Delta u(k) = u(k) - u(k-1)$$
$$= K_{\text{P}}[e(k) - e(k-1)] + K_{\text{I}}e(k) + K_{\text{D}}[e(k) - 2e(k-1) + e(k-2)]$$

即得

$$\Delta u(k) = K_{\text{P}}\Delta e(k) + K_{\text{I}}e(k) + K_{\text{D}}[\Delta e(k) - \Delta e(k-1)] \quad (1.114)$$

式中　　　　　　　　　　　　$\Delta e(k) = e(k) - e(k-1)$

式(1.114)便是增量式 PID 控制算法。增量式 PID 控制系统框图如图 1.48 所示。

可以进一步将式(1.114)改写为

$$\Delta u(k) = Ae(k) - Be(k-1) + Ce(k-2) \quad (1.115)$$

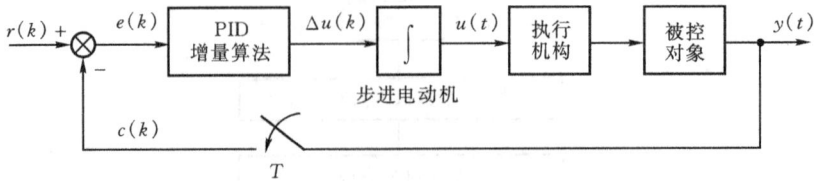

图 1.48　增量式 PID 控制系统框图

$$式中：A=K_P\left(1+\frac{T}{T_I}+\frac{T_D}{T}\right) \tag{1.115a}$$

$$B=K_P\left(1+2\frac{T_D}{T}\right) \tag{1.115b}$$

$$C=K_P T_D/T \tag{1.115c}$$

它们都是与采样周期、比例系数、积分时间常数、微分时间常数有关的系数。

可以看出，由于一般计算机控制系统采用恒定的采样周期 T，一旦确定了 K_P，K_I，K_D，只要使用前后 3 次测量值的偏差，即可由式(1.114)或式(1.115)求出控制增量。

采用增量式算法时，计算机输出的控制增量 $\Delta u(k)$ 对应的是本次执行机构位置(例如阀门开度)的增量。对应阀门实际位置的控制量，即控制量增量的累积值 $u(k)=\sum_{j=0}^{k}\Delta u(j)$ 需要采用一定的方法来解决，例如用有积累作用的元件(如步进电动机)来实现，而目前较多的是利用算式 $u(k)=u(k-1)+\Delta u(k)$ 通过执行软件来完成。

由图 1.46、图 1.48 可以看出，就整个系统而言，位置式与增量式控制算法并无本质区别，或者仍然全部由计算机承担其计算，或者一部分由其它部件去完成。

增量式控制虽然只是算法上作了一点改进，却带来了不少优点：

①由于计算机输出增量，所以误动作时所造成的影响小，必要时可用逻辑判断的方法去掉。

②手动/自动切换时冲击小，便于实现无扰动切换。此外，当计算机发生故障时，由于输出通道或执行装置具有信号的锁存作用，故能仍然保持原值。

③算式中不需要累加。控制增量 $\Delta u(k)$ 的确定仅与最近 k 次的采样值有关，所以较容易通过加权处理而获得比较好的控制效果。

但增量式控制也有其不足之处：积分截断效应大，有静态误差；溢出的影响大。因此，在选择时不可一概而论，一般认为在以晶闸管作为执行器或在控制精度要求高的系统中，可采用位置式控制算法，而在以步进电机或电动阀门作为执行器的系统中,则可采用增量控制算法。

图 1.49 是增量式 PID 控制算法程序框图。

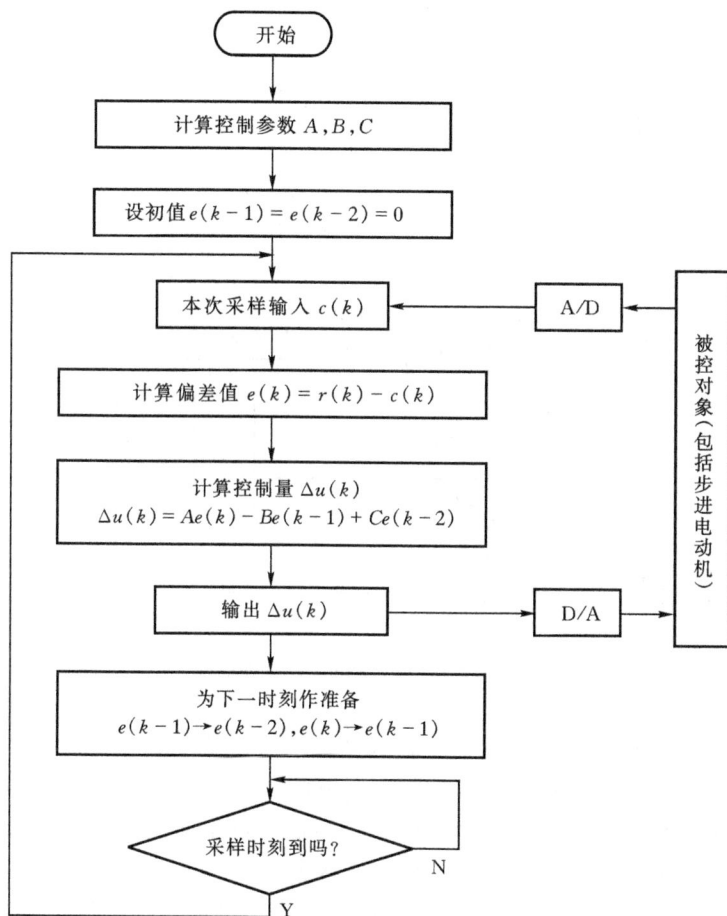

```
                    ┌───────────┐
                    │    开始    │
                    └───────────┘
                          │
                          ▼
              ┌─────────────────────────┐
              │  计算控制参数 A,B,C      │
              └─────────────────────────┘
                          │
                          ▼
              ┌─────────────────────────┐
              │ 设初值 e(k-1)=e(k-2)=0   │
              └─────────────────────────┘
                          │
                          ▼
              ┌─────────────────────┐      ┌──────┐      ┌────────┐
              │ 本次采样输入 c(k)    │◄─────│ A/D  │◄─────│ 被控   │
              └─────────────────────┘      └──────┘      │ 对象   │
                          │                              │（包括  │
                          ▼                              │ 步进   │
              ┌─────────────────────┐                    │ 电动   │
              │ 计算偏差值 e(k)=r(k)-c(k) │              │ 机）   │
              └─────────────────────┘                    │        │
                          │                              │        │
                          ▼                              │        │
              ┌─────────────────────────┐                │        │
              │   计算控制量 Δu(k)       │                │        │
              │ Δu(k)=Ae(k)-Be(k-1)+Ce(k-2) │            │        │
              └─────────────────────────┘                │        │
                          │                              │        │
                          ▼                              │        │
              ┌─────────────────┐      ┌──────┐          │        │
              │ 输出 Δu(k)       │─────►│ D/A  │─────────►│        │
              └─────────────────┘      └──────┘          └────────┘
                          │
                          ▼
              ┌─────────────────────────┐
              │   为下一时刻作准备        │
              │ e(k-1)→e(k-2),e(k)→e(k-1) │
              └─────────────────────────┘
                          │
                          ▼
                    ◇───────────◇
                    │ 采样时刻到吗? │──── N
                    ◇───────────◇
                          │ Y
```

图 1.49　增量式 PID 控制算法程序框图

　　以上给出的是两种主要的 PID 控制算法。实际上,在计算机控制系统中,因为 PID 控制规律是由计算机程序来完成的,所以它的灵活性很大。一些原来在模拟式 PID 控制器中无法实现的办法,在引入计算机控制后便可以解决。于是产生了一系列的数字 PID 的改进控制算法,以满足不同控制系统的需要。如:积分分离 PID 控制算法、遇限削弱积分 PID 控制算法、不完全微分 PID 控制算法、微分先行 PID 控制算法和带死区的 PID 控制算法,等等。详细内容可参考相关文献。

1.7 自适应控制

"适应"的意思就是改变行为特征以适于新的环境。自适应控制(adaptive contnol)是具有一定适应能力的控制系统,它能够认识环境条件的变化去校正控制动作,从而达到最优或次优的控制效果。图 1.50 是自适应控制系统的原理框图。

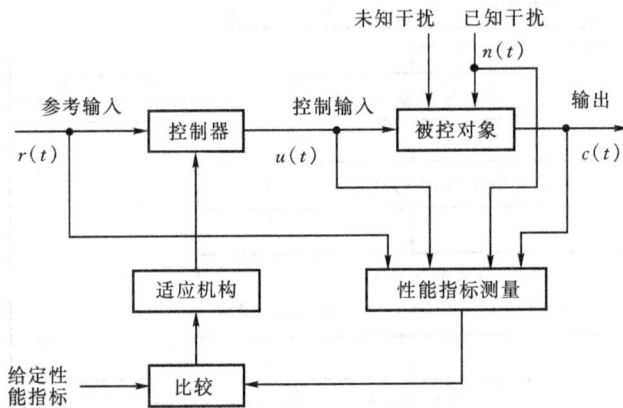

图 1.50　自适应控制系统原理框图

该系统在运行过程中,根据参考输入、控制输入、对象输出和已知外部干扰来测量对象的性能指标,将此测量指标与期望指标进行比较做出决策,再通过适应机构来改变系统参数,或者产生一个辅助的控制输入量累加到系统上。从而使性能指标跟踪期望指标,保证系统处于最佳工作状态。

自适应系统包含有性能指标回路,具有"辨识—决策—修改"功能。"辨识"就是实时测量和处理过程参数,获得对系统的认识。"决策"就是根据辨识结果,按事先给定的准则得出控制规律。决策包括自适应算法。"修改"就是对决策出的控制规律不断地进行参数修正。也就是说,控制律与参数调整律相配合(自适应)来完成最佳控制的目标。

自适应控制器是能够修正(改变)其特性以响应过程动态特性变化和干扰特性变化的控制器。由此得出,自适应控制器则定义为:具有自适应参数和调整其参数的机构的控制器。

为什么需要自适应控制呢? 即便是在控制理论和技术已高度发展了的当今,PID 控制仍有强大的生命力(因其简单、可靠、稳定性好)。在 PID 控制中一个关键问题是 PID 参数的整定,传统的方法是:获取对象的数学模型,基于数学模型运用某一整定原则来确定 PID 参数。然而,实际受控过程机理较复杂,具有高度非线性、时变不确定性和纯迟后等特点,在噪声、负荷、外部条件变化等扰动因素的作用下,过程参数、甚至模型结构都会发生变化。一组控制器的常数可能在一种条件(工况)下能够提供满意的控制,但在另外的条件下,由于系统特性有了明显改变,而不能提供满意的控制。而自适应 PID 控制将是解决这类问题的有效途径。有时用它来避免整定的困难。

典型自适应方案如下:

a. 自动整定(auto-tuning)

b. 增益编排(gain-scheduling)

c. 自整定控制器(self-tuning regulator)

d. 模型参考自适应系统 MRACS(model-reference adaptive system)

e. 随机自适应控制(stochastic adaptive control)

下面对各方案作简要说明。

1. 自动整定

有些自适应方案需要事先知道过程动特性方面的资料信息。对用户而言,最理想的是具有自动整定(auto-tuning)功能,这样就可以简化控制器整定,自动整定技术便是为此目的开发的,曾促使一些厂家引入一个预整定模式来帮助获取所需要的先期信息。PID 控制器的自动整定是自动整定技术的一个典型工业应用。先期信息的重要性是显而易见的,它与简单 PID 控制器自动整定技术的开发相联系在一起,这类控制器是工业和楼宇自动化用的标准工作站,用在时间常数范围宽的控制系统中。

尽管传统自适应方法看来是提供自动整定的理想工具,但它们却并不适用,因为需要前期的知识,因而曾开发出一些专用方法来自动整定简单控制器。这些方法对于更复杂自适应系统的预整定也同样很有用。下面概要说明工业用的有自动整定功能的 PID 控制器。

最常用的方法是在过程上做个简单的开环实验或闭环实验。开环实验中过程输入是一个脉冲(或一对阶跃)激励,然后用最小方差回归或别的回归估计方法估计出过程的简化模型,比如二阶模型。如果估计出了一个二阶过程模型,那么便可以用 PID 控制器作极点布置。

接下来的设计参数是:系统速度和阻尼。普遍的设计方法是选择控制器的一些零点,让它们去抵消这个过程的极点,这对于设定值变化有很好的响应,但对负荷干扰的响应要用开环动特性来确定。过渡(瞬态)响应法(自动整定 PID 控制器)已应用于市场出售的控制器产品中,它也在某些产品中用来预整定自适应控制器。

也可以在闭环系统上做整定实验,代表性的是 Ziegler 和 Nichols 的自振荡方法或其变种。在一些产品中采用了基于自振荡的替续式自动调整器(relay auto-tuner),在这些控制器中,揿下整定按钮,便可以方便地开始整定。做闭环实验的好处是可以将过程输出维持在合理范围。如果做开环实验,对于有积分器的过程要使输出维持在合理的范围则是很困难的。

在标准独立式 PID 控制器中自动整定功能常常是控制器的一个内置功能,自动整定也可以用外部设备来做。把调整器连到过程中作实验(通常是开环实验),调整器给出参数设置建议。设定参数可以人工也可以自动传给 PID 控制器。

由于外部调整器必须要能够与来自不同厂家的 PID 控制器一道工作,所以重要的是:必须让调整器具有关于 PID 执行算法的详细资料。

另一种自动整定方法是用专家系统调整控制器,它在受控对象正常运行过程中进行。专家系统等待设定值改变或大(主要)的负荷干扰,然后评价闭环系统的特性。估计出诸如阻尼、振荡周期和静态增益这样一些特性参数,然后按照内置的规则,模仿一个有经验的控制工程师的行为去改变控制器参数。

Ziegler 和 Nichols 曾描述过早期已推导的一个很简单的启发式方法确定 PID 控制器参数,它基于临界增益和临界周期。用不同人得出的修正经验式可以获得具有较好阻尼特性的系统。其中的一种修正方法对于确定 K_P 和 T_i 很理想,它

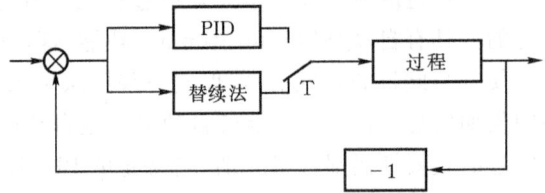

图 1.51　替续自动整定原理图

采用替续自动整定法(relay),见图 1.51。需要整定时,开关置于 T,它意味继电器反馈起作用,而 PID 控制器断开。当建立起稳定的临界循环(临界振荡)时,计算出 PID 参数,进而将 PID 控制器连到过程。显然,此法不是为系统工作的(对于系统是不起作用的):第一,对于一个任意的传递函数周期性振荡并没有的唯一边界;第二,PID 控制并非适应于所有过程。替续自动整定法建立在经验的基础上,对于大型系统所遇到的过程控制问题能发挥很好的作用。

2. 编排增益表

许多情况中,已知道过程动态特性是如何随过程运行条件而变化。其动态特性变化的一个来源可能是已知的非线性。于是就有可能通过监测过程运行条件而改变控制器参数。这一思想称作编排增益表(gain scheduling),因为该方案最初是用来只提供改变过程增益的。增益进程表是一个特殊类型的非线性反馈,它有

一个线性控制器,而这个线性控制器的参数则按预定程序随运行条件而变化(作为运行条件的函数)。将控制器参数与辅助参数联系起来的这种思想并不新鲜,但是过去要容易地实现它所需硬件却不可得,直到现在广泛应用了数字控制器,情况就不同了。解析形式的增益进程表迄今仅在特殊场合使用,如高性能飞机的自动导航器。现在计算机控制系统只要有合适的软件支持,很容易实现增益编排。

编排增益表基于过程运行条件之测量,通常它是补偿过程参数变化(或补偿过程已知非线性)的好方法。有争议的是:一个采用增益表的系统是否应视为是自适应系统?因为在一个开环或预先编制程序的方式中其参数是变化的。如果用上面给出的自适应控制器的定义来看,增益表可以认为是一个自适应控制器。增益表对于减小参数变化的影响来说是很有用的方法。事实上,为了处理飞行控制系统中的参数变化问题,它是最早采用的方法。还有许多建筑和商业过程控制系统,采用增益表来补偿静态及动态非线性。

分程控制器(split-range 控制器)对过程输出的不同范围采用不同的控制器参数设定,也可以认为是一种特殊的编排增益表控制器。

在实际过程中,有时能找到与过程动特性关联性很好的一些辅助参数,于是便可通过使控制器参数随这些辅助参数变化,来减小参数变化的影响,见图 1.52,这样的增益表便可视为是一个反馈控制系统,其反馈增益可以用前馈补偿加以控制。

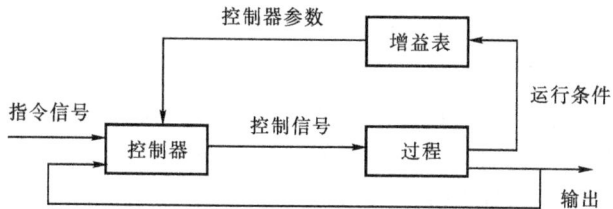

图 1.52　编排增益控制框图

设计带增益表的控制系统主要问题是要找出合适的进程变量或制表变量(scheduling variables)。通常,这要基于系统的机理知识。一旦表变量确定下来,便可以用一些合适的设计方法计算出在诸运行条件下,它的控制器参数值。于是该控制器便是针对每一运行条件而整定或标定的。通过模拟的方法评价系统的稳定性和控制特性;特别要注意在两个不同运行条件之间的过渡(transition),如果需要的话,可以增加进程表中登录的条目。但要注意,不存在来自闭环系统特性对控制器的反馈。

增益进程表的一个缺点是:它属于开环补偿,对于不正确的进程表不能够进行反馈补偿。另一缺点是设计很费时,必须为许多运行条件确定控制器参数,还必须通过扩大仿真来考核其性能。优点是控制器参数能够响应过程变化而快速改变。由于不发生参数估计,其限制因素取决于辅助测量对过程变化的响应有多快。

3. 自整定控制器

　　开发一个控制系统包含许多任务,如建模,设计控制规则,实施和确认。自整定调节器或自整定控制器(self-tuning regulator(STR)或 self-tuning controller)力图自动地动完成一些这样的任务。如图 1.53 所示。

　　它给出一个采用自整定控制器的过程控制框图,假定过

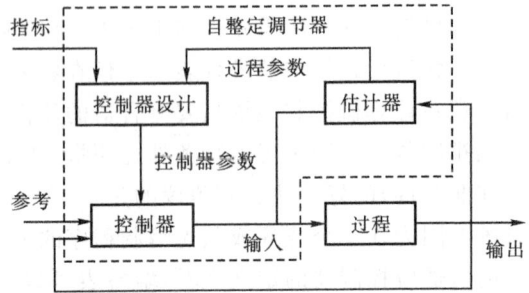

图 1.53　自整定控制器框图

程模型的结构形式是确定的,而模型参数要在线地估计。其中的"估计"框给出过程参数的估计值,它是自整定控制器的基本功能,它是一个回归式估计器。"控制设计"框包含:用指定的方法执行控制器设计所需要的计算,以及可以外部选择的若干设计参数。对于具有已知参数的系统,该设计问题叫作 underlying(潜在的,隐含的,基础的)设计问题。"控制器"框是执行控制器任务,而控制器参数已由控制设计得到了。

　　"自整定控制器"的名称来自早期的一些论文。采用自适应控制器主要理由是过程或过程的环境是不断变化的,要分析这样的系统很困难。为了使问题简化,可以假定过程具有恒定的、但未知的参数。用自整定这个词来表达这样的性质:控制器参数汇聚到那个曾经设计过的控制器(如果过程已知的话)。一个有用的结果是,即使模型结构不正确也能进行设计。

　　框图中所示的诸项任务可以以多种不同的方式执行。模型和控制器结构有许多可能的选择,估计可以连续执行,或者批处理执行,以数字方式执行最普遍。在数字式执行中对于控制器和估计器可以采用不同的采样速率。还有可能用混合方式:执行控制是连续地进行,而参数更新则是不连续的。可以有许多方法进行参数估计。诸方法还有许多不同的变种手段用于控制系统设计。也可以考虑非线性模型和非线性设计方法。虽然有许多估计方法将提供参数不确定性的估计,但在控制设计中一般不采用,就像是真的在设计控制器一样,来处理估计出的参数,这便叫作确定性等价原理。

　　模型结构的选择及其参数化(确定其模型参数)对于自整定控制器是很重要的内容。直接的途径是估计过程传递函数的参数,它给出一种间接自适应算法,控制器参数不直接更新,而是间接地通过过程模型估计而更新。

4. 模型参考自适应系统

模型参考自适应控制系统 MRACS(model-reference adaptive system)由参考模型、受控过程、反馈控制器和调整控制器参数的自适应机构等部分组成,如图 1.54 所示。

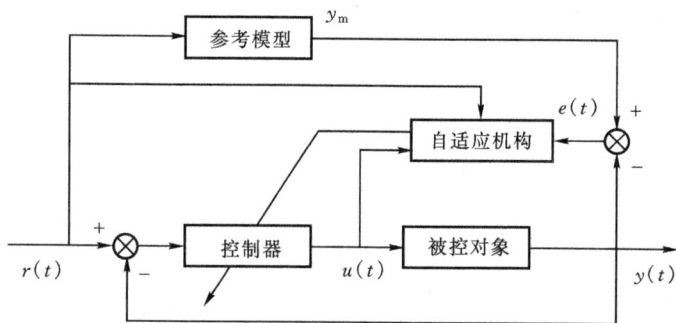

图 1.54　模型参考自适应控制系统

可以看出,这类控制系统包含两个环路:内环和外环。内环是由被控对象和控制器组成的普通反馈回路,而控制器的参数则由外环调整。

参考模型的输出 y_m 直接表示了对象输出应当怎样理想地响应参考输入信号 $r(t)$。当参考输入 $r(t)$ 同时加到系统和模型的入口时,由于对象的初始参数不确定(事先未知),控制器的参数不可能整定得很好,因此系统的输出 $y(t)$ 与模型的输出 $y_m(t)$ 是不会完全一致的,结果产生偏差信号 $e(t)$,当 $e(t)$ 进入自适应调整回路后,由 $e(t)$ 驱动自适应机构,产生适当的调节作用,直接改变控制器的参数,从而使系统的输出 $y(t)$ 逐步地与模型输出 $y_m(t)$ 接近,直到 $y(t)=y_m(t)$,即偏差 $e(t)=0$ 后,自适应调整过程就自动停止。由此可见,尽管系统的初始参数未知,但通过对参考模型和对象输出的测量和比较,以及相应的控制器参灵敏的自适应调整,系统初始参数不确定对系统运行性能的影响将逐步减小,经过一段时间运行,系统对输入的动态响应最终将自动调整到与所希望模型的动态响应一致。这就是模型参考自适应的基本原理。

设计这类自适应控制系统的核心问题是如何综合自适应律,即自适应机构所应遵循的算法。目前,自适应律的设计有两种不同的设计方法。一种设计方法为局部参数最优化方法,即利用最优化技术搜索到一组控制器的参数,使得预定的性能指标达到最小,这种方法的缺点是不能保证参数调整过程中,系统总是稳定的。另一种设计方法是基于稳定性理论的方法,其基本思想是保证控制器参数自适应调节过程是稳定的,然后再尽量使这个过程收敛快一些。由于自适应控制系统是本质非线性的,所以目前使用较多的设计工具是李雅普诺夫(Lyapunov)稳定性理论和波波夫(Popov)的超稳定性理论。由于保证系统稳定是系统设计的基本要求,所以基于稳定性理论的设计方法近年来引起了广泛的关注。

1.8　多回路控制系统

制冷空调中,尤其是在建筑暖通空调系统中,由于控制目的与控制要求的多样性,控制应用的系统形式不仅仅只是简单的单回路控制系统,还用到一些多回路控制系统。与单回路控制相比,多回路控制的系统结构较复杂,所采用的控制器件(传感器、变送器、控制器、执行器等)在数量上也不像单回路控制那样单一。因而所执行的功能也有所扩展或使控制品质获得改善。下面介绍制冷空调中所用到的一些多回路控制的基本构成和原理,包括:串级控制、前馈-反馈控制、分程控制、自动选择控制和比值控制。

1.8.1　串级控制系统

串级控制是改善控制系统控制品质的有效方法之一,在工业过程控制中有广泛的应用。在制冷及空调系统的控制中也有重要应用。

1. 组成

串级控制系统的典型结构框图如图 1.55 所示。

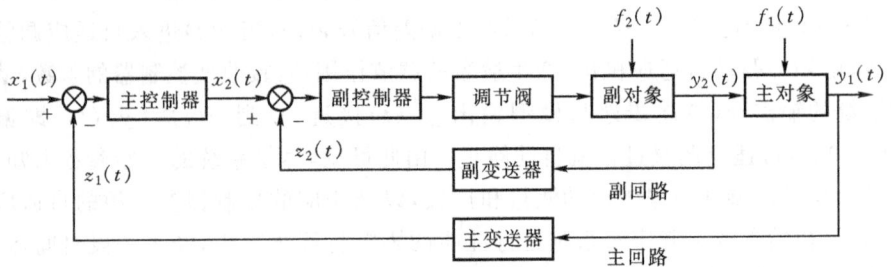

图 1.55　串级控制系统的典型结构框图

系统中有两个控制器:主控制器和副控制器。

①包围副控制器的内环称为副回路;包围主控制器的外环称为主回路。主控制器的输出量做为副控制器的给定量。

②主回路包括:主参数测量变送器,主控制器,副回路等效环节,主对象。

③副回路包括:副参数测量变送器,副控制器,执行器,副对象。

④因主控制器与副控制器串连,故称串级控制系统。

⑤主控制器所控制的参数称为主参数 $y_1(t)$,即工艺过程中主对象所要求的受控参数;副控制器所检测和控制的参数称为副参数 $y_2(t)$,它是为了稳定主参数而引入的辅助受控参数。

2. 串级控制的特点

与单回路控制相比,串级控制的系统结构中增加了副回路,对于改善控制品质起到很好的作用。主要特点如下。

(1)减少了对副对象的干扰   把作用在副对象的干扰(副回路内部的干扰)用副控制器加以校正。由于校正作用在内部干扰影响到主参数之前,因此减少了副回路干扰对主参数的影响。

(2)改善了对象的特性   副回路的惯性由副回路给予调节可以提高整个系统的响应速度。

对于包含了两个容量的对象,每个容量都是一阶惯性环节,若用单回路控制系统,则受控对象总的容量迟后和总的惯性较大,使得控制反应慢,克服干扰不容易立刻实现。若运用串级控制,则副回路取代了一部分对象,相当于是主回路的一个环节,称它为"等效对象"。将等效对象的传递函数与副对象的传递函数相比较,便可看出对象特性的改善。以图 1.56 所示的串级控制系统传递函数方框图为例,分析如下。

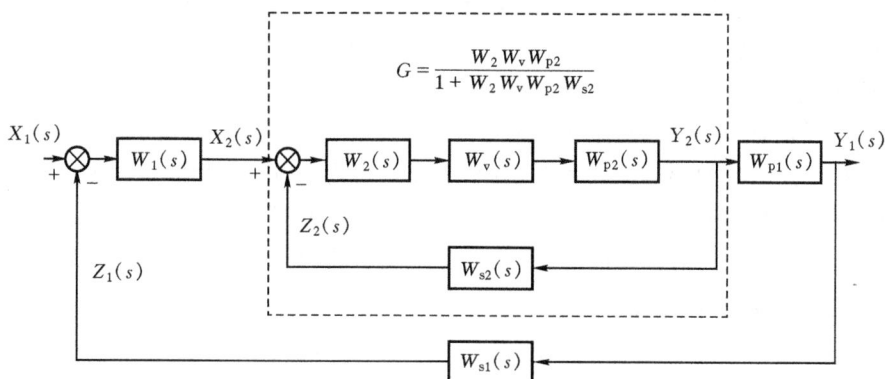

图 1.56 串级控制系统传递函数方框图

等效对象(图中虚线框部分)的传递函数为

$$G(s) = \frac{Y_2(s)}{X_2(s)} = \frac{W_2 W_v W_{p2}}{1 + W_2 W_v W_{p2} W_{s2}} \tag{1.116}$$

设备环节的传递函数分别为

$$W_2(s) = K_{c2} \tag{1.117}$$

$$W_v(s) = K_v \tag{1.118}$$

$$W_{p2}(s) = \frac{K_{p2}}{(T_{p2}s + 1)} \tag{1.119}$$

$$W_{s2}(s) = K_{s2} \tag{1.120}$$

将它们代入内回路的等效传递函数式(1.116)得

$$G(s) = \frac{Y_2(s)}{X_2(s)} = \frac{\dfrac{K_{c2}K_vK_{p2}}{1 + K_{c2}K_vK_{p2}K_{s2}}}{1 + \dfrac{T_{p2}}{1 + K_{c2}K_vK_{p2}K_{s2}}s} = \frac{K'_{p2}}{1 + T'_{p2}s} \tag{1.121}$$

式中:

K'_{p2} 为等效对象的放大系数,即

$$K'_{p2} = \frac{K_{c2}K_vK_{p2}}{1 + K_{c2}K_vK_{p2}K_{s2}} \tag{1.122}$$

T'_{p2} 为等效对象的时间常数,即

$$T'_{p2} = \frac{T_{p2}}{1 + K_{c2}K_vK_{p2}K_{s2}} \tag{1.123}$$

将等效对象传递函数 $G(s)$ 的表达式(1.121)与副对象传递函数 $W_{p2}(s)$ 的表达式(1.119)相比较,由于恒有 $1 + K_{c2}K_vK_{p2}K_{s2} > 1$,所以 $T'_{p2} < T_{p2}$; $K'_{p2} < K_{p2}$。

这说明等效对象 $G(s)$ 的时间常数和放大系数都减小了,从而使得整个对象的容量迟后大大减小,对象特性得到了改善,有利于控制。在同等条件下,可以将主控制器的放大系数整定得大些(比单回路时),便于改善控制品质。

(3)可以兼顾主参数与副参数两个变量 副回路中的参数变化,由副回路加以控制,对主控参数的影响大大减弱,有利于提高工艺品质。典型的冷库温度控制的串级系统,提高温度控制精度到 ±0.2℃。同时兼顾了库温与蒸发压力(温度)两个变量的控制,既使库温控制品质提高,又使制冷系统的工作参数更为合宜。

3. 串级控制的应用场合

控制品质要求高、简单控制不能满足时,串级控制是一个可供考虑的解决方案。串级控制大体适用于以下场合。

(1)对象中存在变化较剧烈、变化幅度比较大的局部干扰 这种对象采用单回路时往往不易得到好的控制品质,系统不稳定。而用串级控制将变化快、变化幅度大的干扰纳入副回路解决,则可大大增强系统的抗干扰能力,提高控制品质。

(2)迟后大、时间常数大的对象 由于对象的可控性较差,采用单回路控制难以获得好的控制品质。如果使用串级控制,只要副参数和副回路选择得当,可使迟

后时间缩短,超调量减小。

串级控制系统中控制器类型的选择:在串级控制系统中主、副控制器所担负的任务不同。副控制器的任务是迅速克服副回路中的干扰,并不要求它对副参数实现无差控制(副参数仅是工艺过程中的一个中间变量),所以一般都采用比例控制器。主控制器的任务是保证主控参数符合工艺规定的高要求,因此必须含积分作用,即采用比例积分(PI)控制器。

对于计算机控制而言,串级控制系统的典型结构如图 1.57 所示。

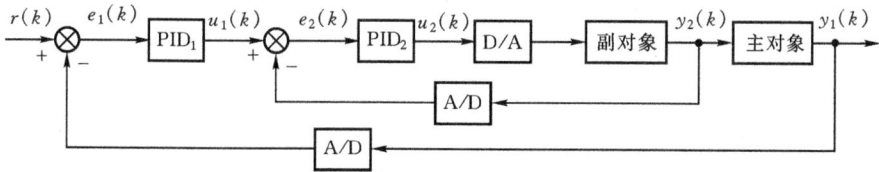

图 1.57 计算机串级控制典型结构

串级控制系统的顺序是先主回路(PID_1),后副回路(PID_2)。控制方法有两种:一种是异步采样控制,一种是同步采样控制。

一般串级控制系统中主控对象响应速度慢、副控对象响应速度快。异步采样控制针对这一特点,取主回路的采样周期 T_1 是副回路采样周期 T_2 的整数倍。

而同步采样控制则是主回路的采样周期 T_1 与副回路采样周期 T_2 相同。这时应依照副回路受控对象选择采样周期,因为副回路的响应速度较快。

1.8.2 前馈＋反馈控制系统

按照一个控制系统中用什么信息产生控制作用,可将所有的控制系统分为两大类:开环系统和闭环(反馈)系统。

对象过程受扰动后,工艺参数变化后偏离给定指标值。所以,干扰是产生偏差的原因,偏差是干扰作用的结果。

闭环控制是从结果上提取信号实施控制的,即根据偏差的检测信号给出调节指令。反馈控制的过程是:干扰作用于过程后,造成结果—出现偏差—偏差被检测到—控制器才产生调节校正作用。所以,控制作用落后于干扰作用,因而动态偏差会比较大。

而开环控制则是直接从源头上提取信号,即检测干扰量的大小,对干扰进行补偿,以抵消它对受控参数的影响。这种开环控制叫做干扰补偿控制,即前馈控制。与反馈控制相比,由于前馈控制的调节校正作用将几乎与干扰同时,使得干扰在尚未影响到受控参数时就直接被补偿掉。就这一点而言,它是比较理想的方式。

1. 前馈控制

基于上述前馈控制的思路,图 1.58 给出干扰补偿控制系统(即前馈控制系统)方框图。

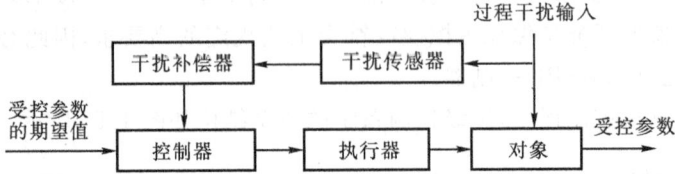

图 1.58　干扰补偿控制系统

图 1.59 是前馈控制的一个示例。要求热交换器出水温度恒定,若主要干扰来自进水量 q 变化,则可通过检测进水量变化,按一定的规律调节加热蒸汽流量,如果能够实现完全补偿的话,可以达到较高的控制精度。

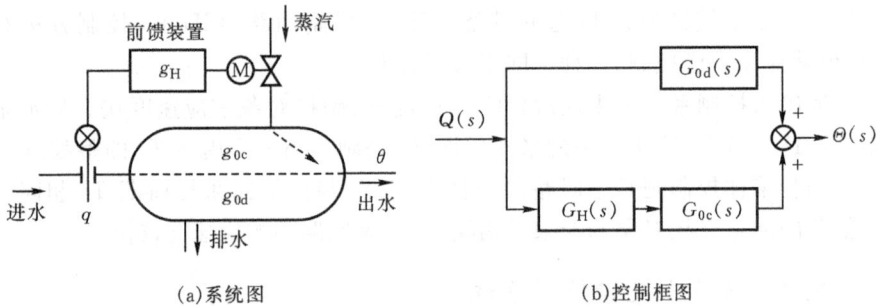

图 1.59　前馈控制例

完全补偿的条件是

$$\frac{\Theta(s)}{Q(s)} = G_{0d}(s) + G_H(s) \cdot G_{0c}(s) = 0 \tag{1.124}$$

即

$$G_H(s) = -\frac{G_{0d}(s)}{G_{0c}(s)} \tag{1.125}$$

式中:$G_{0d}(s)$,$G_{0c}(s)$ 分别为对象干扰通道和控制通道的传递函数;$G_H(s)$ 为前馈补偿装置的传递函数;$\Theta(s)$,$Q(s)$ 分别为受控参数(出水温度)和干扰量(进水流量)的拉氏变换。

由式(1.125)可见,前馈装置的控制规律取决于对象干扰通道和控制通道的动态特性。式中的负号表示控制作用与干扰作用的方向相反。

实际上实现完全补偿是很困难的,但即使采取部分补偿也可以取得显著效果。

执行这种控制方案要求：

(1)必须能测量干扰。

(2)必须能估计干扰对受控参数的影响,才能补偿它。

这会很费事,而且有时不知道干扰的真实大小,无法准确估计它的影响。以供暖房间温度控制为例来说明。房间热负荷受室外温度、太阳辐射、漏气、人员、照明、设备、内热源等因素的影响。要控制供暖设备的输出热以维持房间温度,首先需要测量内部、外部干扰因素的变化。然后应当有一个精确的数学模型将这些内、外参数对热负荷的影响关联起来。开环控制对于像这样的一个简单任务,要精确控制室温,即便是能实现,所需的控制系统也将十分复杂。

要解决这种复杂性问题,用系统最终的目标,即受控参数作为控制决策的参考量,便使问题大大简化了,也是很有效的。这便是闭环反馈系统的优点。

2. 前馈控制的特点

(1)直接针对干扰进行补偿,属于开环控制方式　是根据干扰量大小所进行的控制,而不是根据受控参数偏差量大小所进行的控制。

(2)前馈补偿控制装置的控制规律由对象特性决定　前馈补偿控制是不同于PID的专用控制器,要想获得完全补偿,必须准确地知道对象的传递函数(它建立在掌握对象精确数学模型的基础上)。否则无法实现完全补偿。

(3)前馈控制只能克服少数可测而不可控的干扰　一个前馈控制器只能针对一种干扰,顾及不了别的干扰。而反馈控制偏差则是干扰(不管多少种干扰)的综合结果。

3. 前馈补偿的应用场合

(1)被控对象中存在变化频率高、幅度大、可测而不可控的局部干扰,而工艺要求的控制精度又比较高。

(2)对象控制通道的迟后大、控制通道的时间常数又大于干扰通道的时间常数,这时反馈控制的控制作用不及时,控制品质差。可以用前馈控制或前馈＋反馈控制。

(3)当考虑串级控制方案,却无法将主要扰动包含在副回路时或者副回路的迟后过大时,串级控制系统克服干扰的能力就会较差,这时可采用前馈控制。

(4)当干扰对被控对参数的影响十分显著,面单纯用反馈控制又难以满足生产工艺要求时,可采用前馈控制。

4. 前馈＋反馈控制

如前所述,按偏差信息产生控制作用的是闭环反馈控制,按干扰信息产生控制作用的是开环前馈控制,二者各有优点和局限性。将前馈与反馈控制的特点结合起来,用前馈控制补偿对象中最主要的干扰或反馈控制不容易克服的干扰;用反馈控制对付其它的干扰。于是,既发挥了前馈控制校正及时的优点,又保持了反馈控制能克服多种干扰的长处,这便是前馈＋反馈控制。

前馈＋反馈控制系统如图 1.60 所示。系统的主要扰动作用为 d,通过前馈补偿器 $G_f(s)$ 作用,其输出与反馈控制器的输出相迭加。因此控制操作量 u_c 实际上是偏差控制和扰动控制的结合,也称为复合控制系统。两种控制相互补充,构成了有效的控制方案。

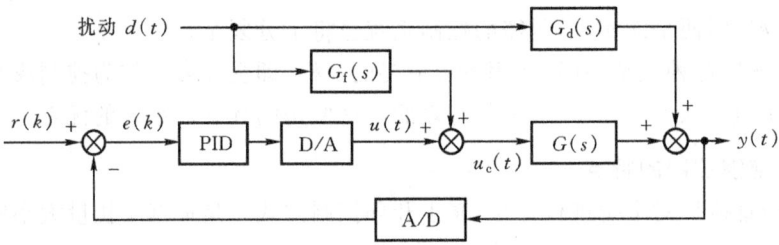

图 1.60　前馈＋反馈控制系统

图 1.61 是用前馈＋反馈控制系统控制换热器出水温度的实例。前馈控制器 FC 用来克服进水量变化对出水温度的影响;而反馈控制器 TC 则处理其它干扰的影响。控制作用是前馈控制器与反馈控制器输出信号的迭加,两个信号经加法器 JT 运算,然后将操作指令给蒸汽调节阀。这样的控制可以取得满意效果。

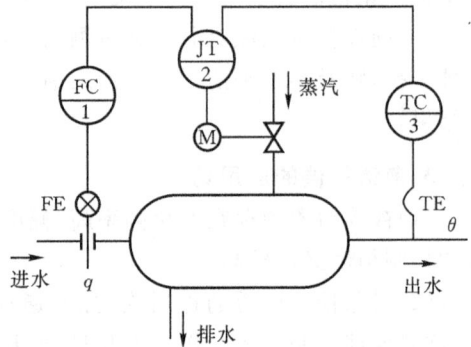

图 1.61　前馈＋反馈控制例

1.8.3　分程控制系统

某种过程,在维持一个受控参数时,需要改变几个操作量。针对这种过程控制需要,产生了分程控制系统。这种系统与前面的系统不同处在于,它不是用一个控制器去控制一个调节阀(执行器,也就是一个操作量),而是用一个控制器去控制两个或两个以上的调节阀(多个操作量),各个调节阀在控制器输出的不同信号区间内起作用,整个控制是分程进行的。

分程控制系统按调节阀电/气开关形式的不同和分程信号区段的不同,可分为

下面两类:

(1)调节阀同向动作　　见图 1.62,图(a)为两个调节阀均选择为电开型。随着控制器输出信号从 0 V 开始增大到 5 V 的过程,阀 A 的开度从 0 逐渐增大。当信号为 5 V 时,阀 A 全开(开度达到 100%);同时阀 B 开始打开。随着控制器输出信号从 5 V 向 10 V 增大的过程,阀 B 开度从 0 逐渐增大。当信号增大到 10 V 时,阀 B 开度达到 100%。图 1.62(b)为两个调节阀均选择为电关型时,相应的动作情况。

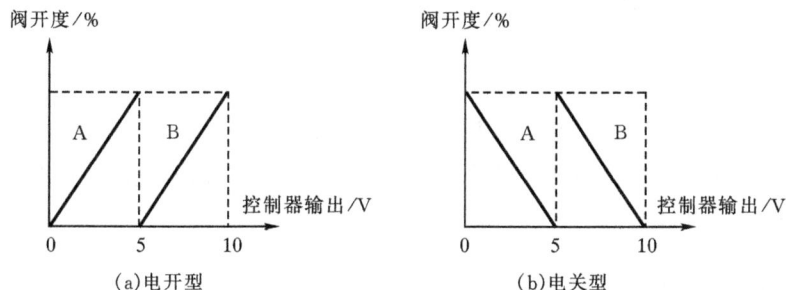

图 1.62　调节阀同向动作示意

(2)调节阀异向动作　　见图 1.63,图(a)表示阀 A 选择电开型、阀 B 选择电关型的情况。图(b)表示阀 A 选择电关型、阀 B 选择电开型的情况。

为了实现分程控制,应采用带有阀门定位器的电动调节阀(或气动调节阀)。

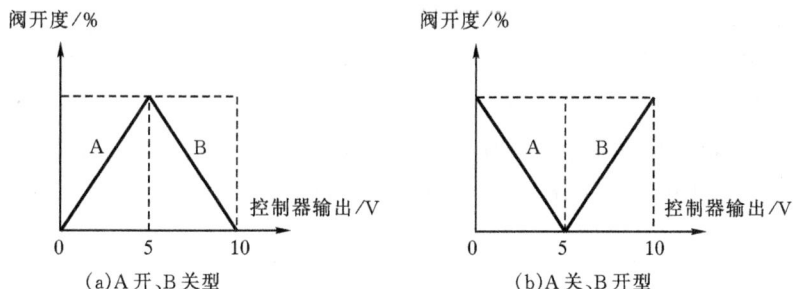

图 1.63　调节阀异向动作示意

(3)分程控制系统的应用场合

①按工艺要求和节能目的更换调节量,保证工艺参数稳定和避免发生事故。例如,在暖通空调系统中,为保持空调区送风温度的分程控制如图 1.64 所示。空调系统中出于节能的考虑,充分利用新风的自然冷源,以减少机械制冷的电耗。控制器控制加热盘管的热水调节阀、新风阀和冷却盘管的冷水调节阀,进行三程控

制,以满足冬季、过渡季、和夏季的要
求。热水调节阀采用电关型;新风阀
采用电开型;冷水调节阀采用电开型。
控制器以正作用方式给出控制操作指
令,即正偏差增大时控制器的输出增
大。同时,系统中包括了最小新风量
控制,以保证健康要求。

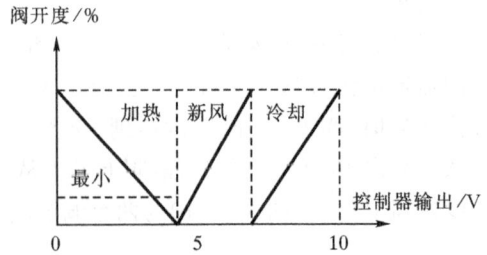

图 1.64　空调分程控制例

　　②满足工艺生产在不同负荷时的
控制要求。在生产中使用分程控制,
可以使工艺过程在开车时和停车前小流量运行,而在正常工况下大流量运行,或者
令生产过程能够适应负荷的大幅度变化。用分程控制可以避免低负荷时调节阀经
常处于过小的开度。

1.8.4　自动选择控制系统

　　自动选择控制的特征是:具有两个控制器,将它们输出的信号送到选择器,经
过选择,取其中一个合适的输出(符合生产要求或安全性要求的)作为控制指令信
号,实施控制操作。

　　这是出于安全和经济运行的考虑,对生产过程有必要的约束条件,把这些约束
条件构成的逻辑关系迭加到常规的控制系统上,形成组合的一种控制方法。

　　如果控制系统中受控参数的数目多于控制操作量的数目,比如两个控制器控制
一个调节阀),那么就要通过选择,按优先要保证的那个量的指令去执行控制操作。

　　自动选择控制系统按选择器的位置有两种。

　　(1)选择器在控制器之后,如图 1.65 所示。两个控制器控制一个调节阀,从两
个控制器的输出中作出选择,将选择结果给执行器。在暖通空调系统中常用这种

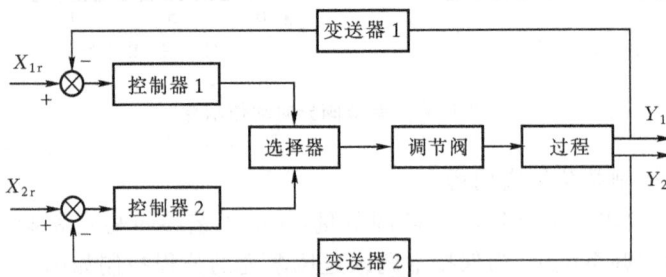

图 1.65　对控制器输出信号进行选择的自动选择控制系统

选择控制方式。

(2)选择器在传感器之后,如图 1.66 所示。两个传感器,一个控制器,从两个传感器的检测信号中作出选择,将选择结果给控制器。

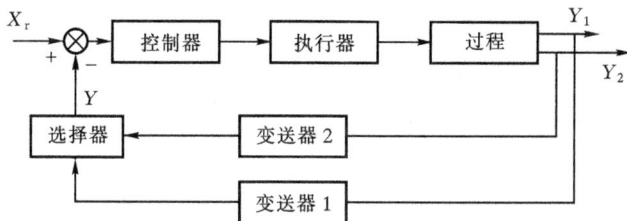

图 1.66　对变送器输出信号进行选择的自动选择控制系统

自动选择控制有以下主要应用。

1. 对设备进行软保护

以锅炉蒸汽压力的选择性控制说明进行软保护的应用,见图 1.67。图中 PC1 为蒸汽压力控制器,供正常运行时使用。PC2 为燃料气压力控制器,在生产出现异常的情况下使用。用低值信号选择器从二者之中选择。

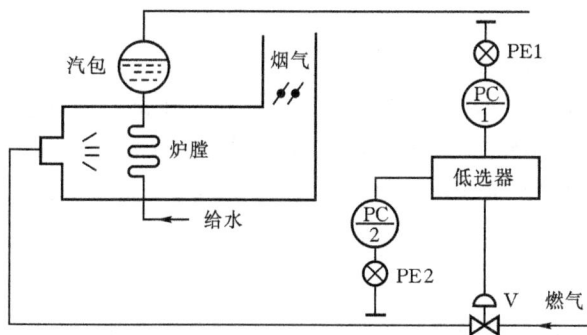

图 1.67　自动选择控制系统在锅炉蒸汽压力控制上的应用例

在锅炉运行中,蒸汽负荷随用户的用量经常波动。正常情况下,根据蒸汽压力的检测信号,由控制器 PC1 控制燃气量来维持蒸汽压力稳定。当蒸汽用量增加时,蒸汽总压力会下降,于是在 PC1 的控制下,将燃气调节阀 V 开大,增加燃气的供给量,同时燃气压力也随着燃气量的增加而升高。当燃气压力超过某一安全极限时,会发生脱火现象,导致事故。利用图 1.67 的自动选择控制系统,可以自动选择一个能适应生产安全的控制信号作用在调节阀上,以控制燃气量在安全范围之内。将控制器 PC2 的给定值按低于脱火压力安全限设定。正常情况下,燃气压力低于脱火压力,控制器 PC1 的输出信号小于控制器 PC2 的输出信号,通过低值选择器由控制器 PC1 按蒸汽压力变化来控制调节阀的开度,使燃气量适应蒸汽的负荷而改变。

当蒸汽压力不断降低、而燃气压力不断升高并接近脱火压力时,控制器 PC1 的输出信号将大于控制器 PC2 的输出信号。于是由 PC2 取代 PC1 去操纵调节阀开度。直至蒸汽压力逐渐回升后,正常运行控制器 PC1 再次被选中,控制系统恢复到正常工况控制。

2. 多输入受控参数的选择控制

以空调温湿度选择控制为例。在夏季用表面冷却器进行降温和除湿的空调系统中,当对空调温度和湿度控制均有一定的精度要求时,表面冷却器的冷水调节阀应当由温度、湿度中偏差大的那个参数来控制。因此,要在温度和湿度这两个参数的检测信号中进行选择,作为控制器的输入,然后给出调节指令。从而保证同时维持温、湿度都具有一定的控制精度。

1.8.5　比值控制系统

比值控制是用来保证生产过程中的两个参数维持一定比值关系的自动控制系统。实际应用中多为流量的比值控制。

1. 应用比值控制的生产背景

如化工生产,要求两种或两种以上物料按一定比例混合或参加化学反应(一旦比例失调会影响产品质量、出废品,更甚时可能造成事故和危险)。又如燃烧过程,出于燃烧的经济性、安全性及控制环境污染考虑,要求进入炉膛的燃料量与空气量之比一定。通过比值自动控制来满足这类生产要求。

2. 比值控制的种类

(1)单闭环比值控制系统　只保证两个流量参数的比值恒定。

(2)双闭环比值控制系统　不仅保证两个流量比值恒定,还控制流量。

(3)具有辅助参数调整的比值控制系统　保证两个流量的比值恒定,并按另外一个参数的控制要求调节流量的大小。

这三种比值控制系统原理如图 1.68 所示。图中 q_a、q_b 分别表示物料 a、物料 b 的流量。要求二者具有比例关系:$q_b = k q_a$。

图 1.68(a)是单闭环比值控制系统。只在 b 流中设闭环流量控制系统,用流量控制器 C 控制流量 q_b。控制过程是:检测 q_a,信号经比值器 K 处理,以 $k q_a$ 作为控制器的给定值,与流量 q_b 的检测值相比较,根据偏差,按比例或比例积分控制规

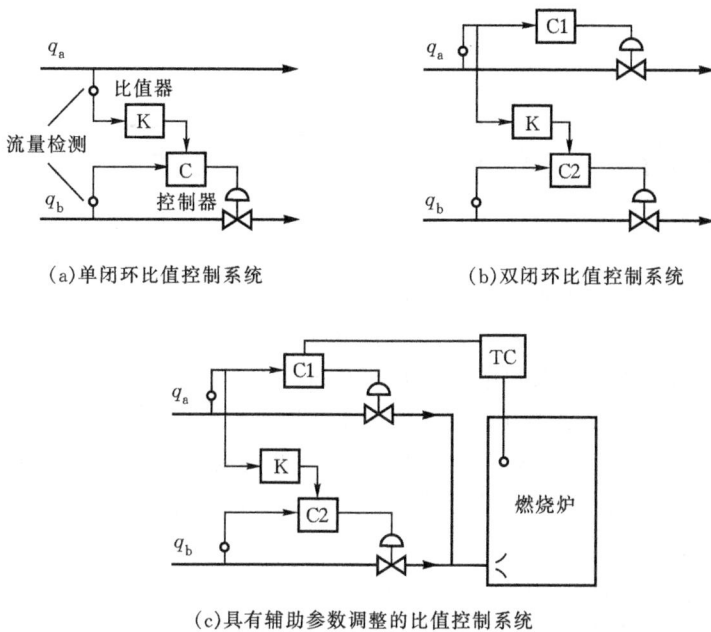

（a）单闭环比值控制系统　　　　　　（b）双闭环比值控制系统

（c）具有辅助参数调整的比值控制系统

图 1.68　比值控制系统

律,改变 b 流道上的调节阀开度。

　　这种比值控制系统结构简单、调整方便,两个流量之间的比值比较精确,应用广泛。

　　图 1.68(b)是双闭环比值控制系统。当系统不仅要求维持 q_a 和 q_b 之间的比值关系,而且 q_a 和 q_b 的流量值也要求维持稳定时,可采用此种比值控制系统。它的特点是:q_a 和 q_b 变量有各自的控制回路,两个回路之间用比值器 K 相联系。这种控制系统所用的仪表较多,应用上受到一定的限制。

　　图 1.68(c)是具有辅助参数调整的比值控制系统。如燃烧炉过程控制,既要保证燃料、空气流量之间的比例关系,又要求控制炉膛的温度。可以将三个控制回路(1 个温度,2 个流量)联系起来。

　　先用比值器 K 将 q_a 和 q_b 两个流量按比值 K 的关系联系起来。温度控制器TC 的输出作为流量控制器 C 的给定值。当炉膛的温度低于或高于给定值时,炉温控制器 TC 的输出就促使 q_a 和 q_b 增大或减小。

第2章 制冷系统的自动调节

制冷装置是由封闭的制冷系统(制冷剂回路)与热交换对象组成的热工装置。由于对象负荷的变化及外部环境变化的干扰因素,制冷系统的工作参数(即运行工况)将不断发生改变。制冷装置自动控制系统的基本任务是在负荷和外部条件变化时,及时通过适当的调节作用保证制冷工艺要求的温度控制指标,并使制冷系统的运行工况始终维持在合理、安全范围内;进一步的要求是在满足上述基本任务的前提下,尽可能提高在各种变动条件下的运行经济性(节能),提高能效。后者需要通过整体优化控制实现。

制冷系统是压缩机、节流机构和热交换器的串联组合。使制冷系统适应负荷及外部条件变化的的调节,概括地说有三方面:制冷剂流量调节、压缩机能力调节和热交换器能力调节。制冷剂流量调节是通过节流机构改变供入蒸发器的制冷剂液体量(蒸发器供液量调节);压缩机能力调节是改变压缩机的实际产冷能力;热交换器能力调节包括改变冷凝器热交换器能力和蒸发器热交换能力,以控制冷凝压力和蒸发压力。这些调节既是为了满足指定的制冷温度要求,也是为保证制冷装置安全可靠的工作所必需的。从系统总体出发,这三方面的调节又是相互关联的。

2.1 制冷剂流量调节

实际运行过程中,冷量与负荷之间的不平衡是客观存在的。

以改变制冷剂循环量使制冷量与负荷相适应为目的的调节方法有许多种。例如:在压缩机方面,进行能量调节;在蒸发器方面,主要是控制蒸发压力和调节供液量。

调节向蒸发器的供液量,保证单位时间送入蒸发器的液量等于负荷侧吸热能够使之蒸发掉的制冷剂液体量,这是使机器正常无故障运行所必须的。否则,若蒸发器过量供液,造成吸气带液,会损坏压缩机;若供液不足,造成蒸发器缺液,装置也无法达到指定的工艺要求,甚至发生故障。蒸发器负荷会随时变化,装置必须具有随时自动调节制冷剂流量的功能。

蒸发器形式和装置的特点不同,采用的制冷剂流量调节元件不同。常见的种类有:手动膨胀阀、毛细管、各种型式的自动膨胀阀(如定压膨胀阀、热力膨胀阀、热电膨胀阀、电子膨胀阀)。另外,对于有自由液面的满液式蒸发器或者其它贮液容器,以液位发信调节流量的元件有高压浮子阀、低压浮子阀以及液位调节阀和液位控制器。

手动膨胀阀利用节流阻力调节供液量。通常情况下它与其它控制元件配合使用。一般只在短时期内使用,例如在冷冻初期辅助送液,或者在自动膨胀阀出故障时做为旁通备用,以便更换自动膨胀阀。

2.1.1　毛细管

作为制冷剂流量控制元件,毛细管是结构最简单的一种,它广泛用在工厂大批量生产的小型制冷装置(如家用电冰箱、冷柜、除湿机、空调器)中。毛细管是内径范围大约 0.2～2.0 mm 的细长铜管,将它焊在冷凝器与蒸发器之间,利用制冷剂在细长管中的流动阻力起节流降压作用。因系统中不设高压贮液器,故制冷剂充灌量少,少数情况下在吸气侧设小集液包。毛细管不像热力膨胀阀那样在较宽的工况范围有效工作,它只在给定的工作条件下发挥预期效果,其主要优点是简单、便宜。不过,在较大型装置中它不如热力膨胀阀应用广泛。设计时,毛细管尺寸与装置的匹配以及系统中制冷剂的充灌量必须经过反复实验确认,否则不能实用。再则,毛细管出口处会产生喷流噪声,这些均是其不足之处。

1. 毛细管的工作原理

制冷剂流经毛细管的热力过程可能有两类情况。若毛细管与外界无热交换(绝热毛细管),为绝热膨胀过程。若毛细管与外界有热交换(如冰箱中通常将一部分毛细管穿入回气管中),是有热交换的毛细管,制冷剂在其中经历放热的膨胀过程。

忽略毛细管高差引起的位能变化,并近似取毛细管入口处的流速为零,在毛细管任何截面上制冷剂的能量方程为

$$h + \frac{w^2}{2} + \Delta q = h_1 \tag{2.1}$$

式中:h 为制冷剂的比焓(J/kg);w 为制冷剂流速(m/s),h_1 为毛细管入口截面处制冷剂的比焓(J/kg);Δq 为从入口到该截面每千克制冷剂通过毛细管壁的传热量(J/kg)。

对于绝热毛细管有

$$\Delta q = 0 \tag{2.2}$$

用图 2.1 描述制冷剂沿毛细管流动时,其压力、温度的变化过程。现以绝热膨胀过程为例说明(图 2.1 中的实线所示)。设毛细管入口处制冷剂为过冷液体态(p_1,t_1),则流态将出现纯液相流动和汽液两相流动两个阶段。纯液体从入口截面

A 进入毛细管,由于液态流动阻力较小,制冷剂压力呈较平缓的线性变化(下降)。压力下降时,纯液体制冷剂的比体积(因而流速)基本不变,由式(2.1)可知,比焓维持不变,温度也不变。当压力降到与 t_1 对应的饱和压力值(图中的 B 点),制冷剂状态逐渐由过冷液变为饱和液体,这个阶段为纯液相流动。此后的流动过程随着压力下降,液体中出现闪蒸气体,转变成气液两相流动。流体中的气泡使制冷剂平均比体积增大,流速提高,流动阻力明显增大,故沿流动方向制冷剂压力降低得越来越快。温度则随压力按饱和对应关系变化,直到毛细管出口。

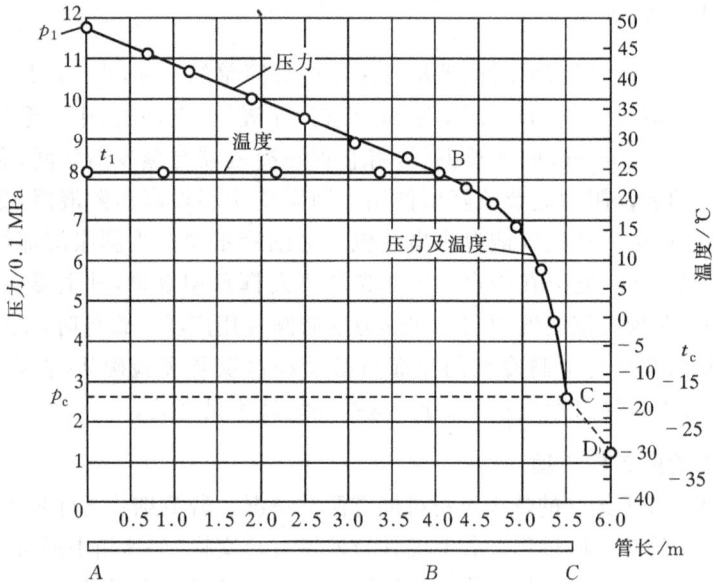

图 2.1　制冷剂在毛细管内的绝热膨胀过程

　　蒸发器压力 p_0 是毛细管的出口背压,制冷剂在毛细管出口处的状态与背压 p_0 有关。一定尺寸的毛细管,在入口制冷剂状态一定的条件下,存在一个对应的临界出口状态(p_c, t_c)。当背压高于临界压力时,制冷剂在毛细管出口处的压力等于背压(蒸发压力),即毛细管出口压力随蒸发压力下降而下降,毛细管流量也随蒸发压力下降而增大。但当背压 p_0 降到临界压力 p_c 时,出口流速达到当地声速,毛细管出现流动壅塞,这时其通流量达到最大,以后 p_0 再怎么降低,毛细管出口仍保持上述临界状态,即流量 q 不再增大,出口压力 p_2 仍为 p_c。以临界状态进入蒸发器的制冷剂,在蒸发器中中自由膨胀,其压力由临界压力变为蒸发压力,该过程在图 2.1 中用 CD 表示。

　　制冷装置中使用的毛细管,蒸发压力多低于临界压力。所以,一定尺寸的毛细管流量主要取决于入口条件,而与蒸发压力的变化几乎无关。

　　毛细管中纯液相流动向两相流动的转变点 B 的位置与进口处制冷剂过冷度有关。进口过冷度越大,液相流动段越长;进口无过冷或含有气体时,整个毛细管中全部呈两相流动,且流量减小。

　　有回热的毛细管中,制冷剂的放热膨胀过程与绝热膨胀过程的区别在于液体流动段不可能保持恒温,而是降焓降温。两相流动段的起始点后移,而且液体中的蒸气量减少,毛细管出口干度变小。总的来说,毛细管阻力变小、流量增大。

　　由上述分析可知,毛细管尺寸一定时,其通流能力与制冷剂进口状态(冷凝压力,过冷度)有关,与蒸发压力关系不大,甚至无关(在蒸发压力低于临界压力以后)。毛细管通流截面固定,不像膨胀阀那样可调。它作为流量调节元件,对流量的变化具有一定的自补偿能力;进出口压差增大时,流量有增大的趋势。但流量增大,流速提高,引起阻力增大,将抑制流量随压差成比例增加;反之,压差减小,流量有下降的趋势。但流速降低,阻力变小,又抑制流量随压差成比例下降。因而毛细管只能对流量作微小调整,适用于负荷较稳定的装置。

2. 毛细管特性

　　根据使用和预定的运行条件选择毛细管。对该问题的处理涉及到容量平衡的概念。毛细管的阻力应当能足以在其进口侧保持一段液封,又不至有过多液体积存在冷凝器(见图 2.2(a)),这时,制冷系统可以在容量平衡的条件下工作。对于给定的制冷压缩机排气压力,只存在一个这样的平衡点。对应于不同的排气压力,平衡点不同。不同排气压力下的平衡点的变化曲线叫做系统的平衡特性。图 2.3 示出一个典型风冷式

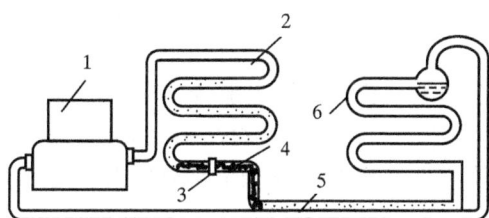

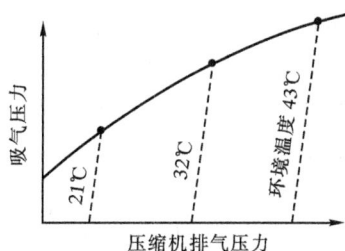

(a)合适

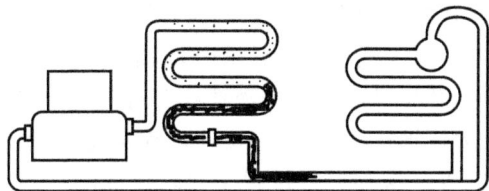

(b)冷凝器积液过多

图 2.2　毛细管阻力对制冷剂分布的影响

1—压缩机;2—冷凝器;3—过滤器;

4—液封;5—毛细管;6—蒸发器

图 2.3　毛细管平衡特性

制冷系统的平衡特性。

3. 采用毛细管的系统设计考虑和使用注意

系统的高压侧必须仔细设计,防止冷凝器积液过多。若冷凝器积液过多,会使蒸发器液量不足。对此类问题可以用减小高压侧容积的办法改善,以便能够只用少量制冷剂提高排气压力,达到平衡条件。但另一方面,还得顾及到为了不使高负荷时冷凝压力过高,为此提供足够的积液容积往往又是必须的。因而,高压侧总容积要综合考虑取折中值。此外,高压侧总容积还应能容纳下来系统中充入的全部制冷剂,以防毛细管阻塞时造成压缩机的液击破坏。

对于以间歇启、停方式运行的装置,在停机期间制冷剂将通过毛细管继续从高压侧流入低压侧直至达到整个系统压力平衡。系统设计中要考虑这个期间液管能够顺畅地向毛细管排液。否则,若有液体积在高压侧,停机时积液将蒸发,暖蒸气进入低压侧,又在蒸发器中凝结,会加给蒸发器潜热。此外,高压侧积液还将延长停机后压力平衡所需的时间,平衡时间太长的话,压缩机有可能在尚未充分卸载的情况下又接通启动。

总充灌量和充灌裕度是低压侧设计中要考虑的重要因素。使运行性能最佳的充灌量应为总充灌量的最小值,但是考虑到运行中制冷剂分布变化的影响,应该在保证使运行最佳的充灌量之外,再加一定的充灌裕度。蒸发器中的制冷剂量在停机时最多;在运行时最少。为了降低或消除这种制冷剂分布变化造成的不良影响,有时必须在吸气管上设一只小集液包。

吸气管与毛细管有热交换时,多余的毛细管应盘绕起来,置于该热交换器的某一侧。虽然把多余的毛细管放在靠蒸发器的一侧对传热会更有效,但若放在靠冷凝器的这一侧,会有利于增强系统的稳定性。弯曲和盘绕毛细管时要注意尽量减少局部阻力。

不能把全部毛细管都置于蒸发器附近或者放在普通气液热交换器的液管之后,若这样布置会使进入吸气管的过充量制冷剂支配热交换器中高、低压侧之间的传热关系,引起系统运行严重的不稳定。因为吸气管中带液时,毛细管前制冷剂液体过冷增强,使得毛细管通液能力变大,结果是冷凝器中液体积存过少。

采用毛细管的装置停机后系统压力逐渐平衡,再次启动时压缩机无压差负荷,故均配用小功率、启动转矩低的廉价电机。这种配置反过来要求避免刚一停机又很快启动的操作,否则系统内压力来不及平衡,电机不能胜任带载启动,有可能烧毁。

毛细管细而长,易受堵塞,必须严格保证系统的清洁度,在毛细管前设精滤网。毛细管的互换性差,装置维修时不得任意更换毛细管。毛细管出口端的喷流噪声可以用管外包扎异丁橡胶管的办法改善。

4. 毛细管尺寸初选

制冷系统用毛细管作节流机构时,在选配上不像用膨胀阀那样可以由设计计算直接决定选型。毛细管的尺寸及系统中制冷剂充灌量应使得装置在预定运行条件下制冷量充分发挥、能效最佳。原则上讲,毛细管的尺寸必须与制冷能力与运行工况相匹配,即满足阻力降和指定的制冷剂流量要求。毛细管的阻力应能足以在其入口侧建立起一段制冷剂液封,又不能有过多液体积存在冷凝器(见图 2.2)。设计中需要按要求的制冷剂流量 q,在给定蒸发压力 p_0 和毛细管入口参数 p_1,t_1 条件下,确定毛细管尺寸。尽管基于理论分析建立毛细管中两相流动的热力模型可以进行相应的计算,但除主要因素外,影响毛细管流量的附加因素很多。比如:盘绕安装的毛细管,弯径和圈数都将影响它的流量特性,系统中的润滑油、安装中的加工变形、毛细管的内径偏差均引起阻力变化。另外,装置运行条件不可能始终维持与设计条件一致,也将引起毛细管流量变化。上述种种原因使得毛细管选择不可能单凭理论计算解决,还需要丰富的经验积累和实验资料。目前的作法是先计算初选毛细管尺寸,再经过装置运行实验调整到毛细管最佳尺寸和最佳充灌量。生产厂往往针对自己的产品有毛细管尺寸选择的经验公式和选择软件。

2.1.2　热力膨胀阀

这里将说明热力膨胀阀工作原理、容量特性、流量特性、控制特性,以及热力膨胀阀的选择与使用。

1. 热力膨胀阀的特点及要求

热力膨胀阀是温度型自动膨胀阀,在干式蒸发器的供液中最常使用。它以调节供液量与负荷相匹配为目的,使供入的制冷剂液量到蒸发器出口处能够全部蒸发掉,既避免过量供液,又保证蒸发器的传热面积得到充分利用。所以,它以检测蒸发器出口处制冷剂的过热度为信号来调节供液量。图 2.4 示出一个采用热力膨胀阀供液的系统。

粗略地说,热力膨胀阀属于比例调节阀。对它的性能要求:①感温响应快;②比例带宽;③机械稳定性好;④使用温度范围宽;⑤在使用温度范围内,过热度大体恒定。响应速度快,可以保证在负荷降低时迅速调节(减少供液),防止回液。比例带宽,能够扩大阀容量的可调范围。冷量变化范围过大时,可以考虑用几个膨胀阀并联供液,在不同的负荷变化范围内加以切换。机械稳定性好,可以延长阀的寿命。上述性能要求的第④、⑤,针对冷量变化范围大的装置。对于小型装置,工作点大体在设计点附近,阀的整定和调节动作都比较稳定。

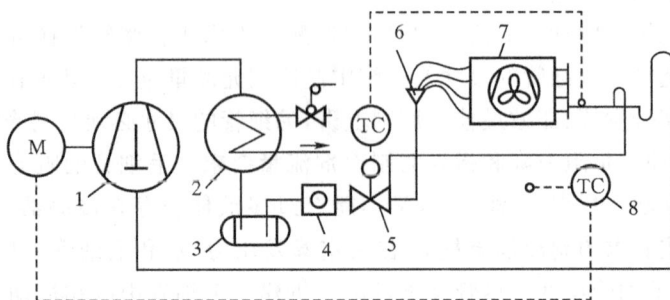

图 2.4 采用热力膨胀供液的系统

1—压缩机；2—冷凝器；3—贮液器；4—视液镜；5—热力膨胀阀；

6—分液器；7—蒸发器；8—温度控制器

2. 热力膨胀阀的结构

热力膨胀阀有各种结构形式。有固定节流口的，有节流口组件可更换的；有静过热度可调的，有静过热度不可调的；有只允许单流动方向的，有允许双向流动的；有适用于氟里昂类制冷剂的，有适用于氨制冷剂的。热力膨胀阀的主要组成部分有：热力头、阀件、过热度调整机构和阀体。

热力头包括感温包、毛细管和动力头（膜片或波纹管）。为使感温响应快，温包用导热良好的黄铜制作，与吸气管的接触面上加工有沟槽，以改善温包与管的接触。温包压力通过毛细管传递到动力头。要求毛细管材料柔软，强度高，多用外径 2~3 mm，内径为 0.8~1.2 mm 的铜管。动力头若用膜片式，采用 0.1~0.2 mm 厚的特殊不锈钢板，要求其厚度和硬度均匀；若用波纹管式，则用磷青铜或不锈钢薄板制作。

阀件由节流孔、阀芯、阀杆和阀座组成。由于开关动作、制冷剂流过时的磨损以及汽蚀等因素，阀件应采用耐腐蚀、刚性好的金属。阀杆受动力头推动，带动阀芯升降，使节流孔口开度改变。

过热度调整机构用来改变热力膨胀阀的设定过热度。小型热力膨胀阀直接用螺钉改变弹簧的预压缩量实现调节。中型以上的用齿轮机构改变弹簧压力，采用这种调节方式应注意齿轮每一转所对应的设定过热度变化量。

阀体上设有进口和出口，进、出口尺寸按热力膨胀阀的最大容量设计，管口连接方式有锥螺纹、法兰连接或者直接焊接。小型的在阀进口处内装过滤网，大型的要另外安装过滤器。外平衡式热力膨胀阀还有外平衡引管接口（通常为 6 mm）。安装时该引管必须接上，否则阀就不能正常工作。

各种结构型式的热力膨胀阀如图 2.5 所示。

图 2.5(a)为整体式、针形阀、膜片型、内平衡式,过热度可调(用螺栓直接调节)。用于小型装置。

图 2.5(b)为整体不可变过热度的热力膨胀阀。在配管安装之前,先调整好设定过热度,确定保阀与蒸发器能力的正确匹配。配管接上后,过热度不再调整。它结构简单、价格便宜,适合在批量产品上直接使用,但对于一般装置需要在试运转中调节过热度的场合不适合。

图 2.5(c)为整体式、针形阀、膜片型、内平衡式,过热度可调。节流组件可拆

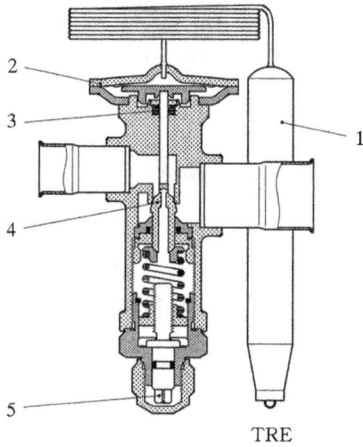

TRE

1－温包;2－热力头;3－压力杆密封;
4－两路平衡口;5－静过热度设定螺杆

(a)

TUB

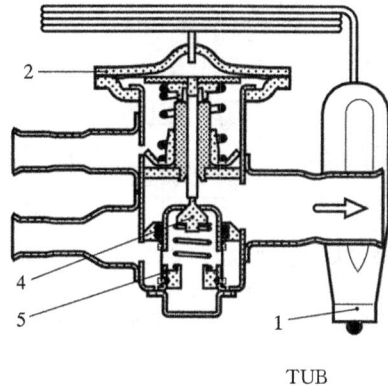

1－温包;2－热力头;3－静过热度设定螺杆;
4－固定节流孔;5－过滤器

(b)

T2

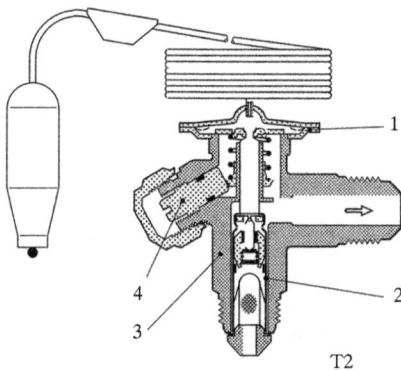

1－热力头;2－可拆换的节流孔组件;
3－阀体;4－过热度设定杆

(c)

TE55

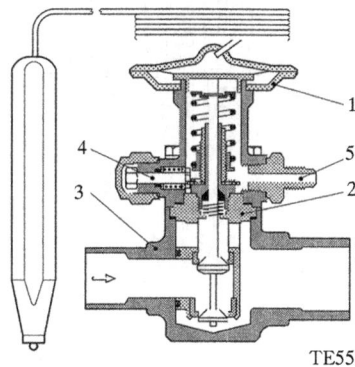

1－热力头;2－可拆换的节流孔组件;3－阀体;
4－过热度设定杆;5－外平衡管接口

(d)

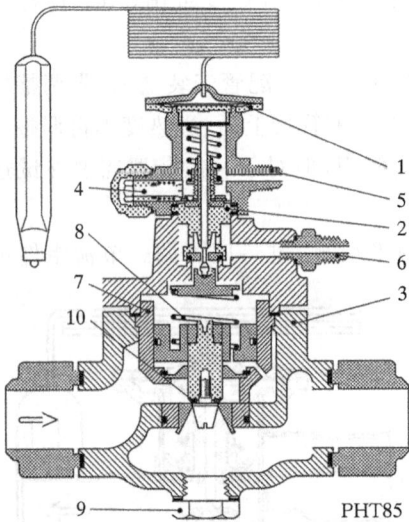

1-热力头;2-可拆换的节流孔组件;3-阀体;
4-过热度设定杆;5-外平衡管接口;6-导阀接口;
7-主阀内衬;8-主弹簧;9-堵头;10-阀板

(e)

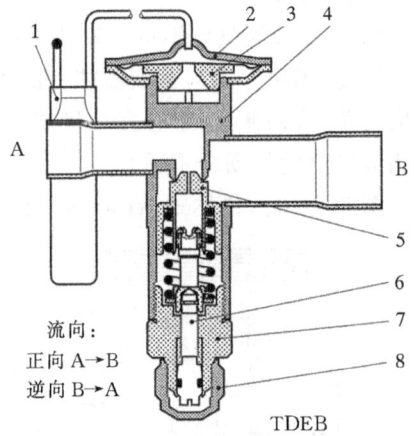

1-温包;2-热力头;3-推力垫;4-阀体;
5-节流芯组件;6-静过热度设定螺杆;
7-设定杆组件;8-护盖

(f)

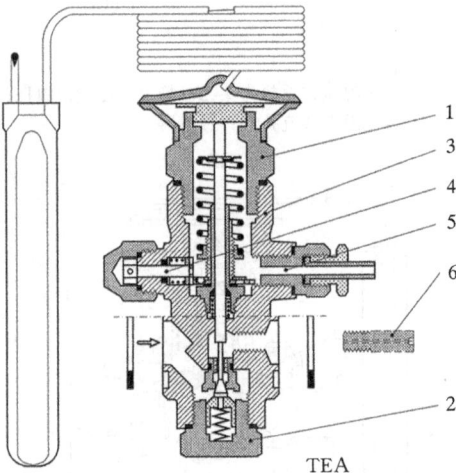

1-热力头;2-可拆换的节流孔组件;3-阀体;
4-过热度设定杆;5-外平衡管接口;
6-出口节流管

(g)

图 2.5　各种结构型式的热力膨胀阀

换,能够在不改变阀体的条件下,通过更换节流组件改变阀容量,现场调节很方便。

图 2.5(d)为分体式双节流孔的大型膨胀阀。膜片下方的阀杆上连着两个阀板,能够用较小的节流孔进行较大流量范围的调节,并且从结构上保证抵消掉作用

于顶杆的流体推力,使膜片的动力得以正确传递。

图 2.5(e)为导阀与主阀组合式,用于满足更大容量要求。上部热力膨胀阀作导阀,下部主阀起放大执行作用。

图 2.5(f)为允许制冷剂双向流动的热力膨胀阀,它具有双向流动平衡口结构,专为制冷剂有正反两个方向流动需求的制冷装置开发(如热泵、空调、冷水机、冷集装箱等)。对于系统中需要制冷剂两个方向流动的场合,使用这种热力膨胀阀可以使系统流程简化。正常流向为 A→B,阀能力为 100%;逆流向为 B→A,阀能力为 80%。

图 2.5(g)为氨用热力膨胀阀,它的所有部件均用钢或合金钢制作,以满足与氨制冷剂的相容性要求。由于氨液中即使有少量蒸气也会对整个膨胀机构产生气蚀,而且这种作用会因制冷剂中混有杂质和制冷剂高速通过阀孔而加剧,所以在针阀出口处设有一段节流管。节流管承担了总压降中的一部分、使制冷剂流经针阀的压降减少,流速降低,减少闪蒸。如果阀后接分液器,分液器起节流管的作用,可以不再用节流管。

3. 热力膨胀阀的工作原理

热力膨胀阀的控制原理如图 2.6 所示,其中图(a)是阀的基本结构示意图,图(b)是阀与蒸发器的连接图。感温包装在蒸发器出口处,感应蒸发器出口温度 t_1。温包内充注一定的感温介质,温包内的压力 p_1 随其感应的温度 t_1 变化。这个压力通过引压毛细管传递到阀的膜片上方,力图使阀打开。膜片下方作用着节流后制冷剂的压力 p_2 和弹簧力 p_3,这两个力力图使阀关闭。膜片上的力平衡条件为

$$p_1 = p_2 + p_3 \tag{2.3}$$

若忽略节流后至蒸发器出口这段流动过程的阻力损失,有

$$p_2 = p_0(t_0) \tag{2.4}$$

于是式(2.3)可写作

$$p_1(t_1) = p_0(t_0) + p_3 \tag{2.5}$$

图 2.6(c)中示出上述压力随温度的变化曲线及它们之间的作用关系,可以看到,只要开阀压力线 p_1 处于关阀压力线($p_0 + p_3$)的下方,要使阀打开或者维持在某一开度下平衡,t_1 就必须大于 t_0,即蒸发器出口处必须有一定的过热度 $\Delta t = (t_1 - t_0)$,才能使阀开启。当过热度 Δt 增大时,膜片的平衡位置下移,阀开大,增大供液量;反之,Δt 减小时,阀关小,减少供液量。热力膨胀阀就是这样根据蒸发器出口过热度大体上成比例地调节供液量,使之与蒸发器的负荷相适应,保证送入量的液体制冷剂在蒸发器中完全蒸发,并在出口处稍有过热。

热力膨胀阀过热度控制过程中的几个术语。

①静态过热度 SS(static superheat)　蒸发器出口制冷剂所必须具有的刚刚

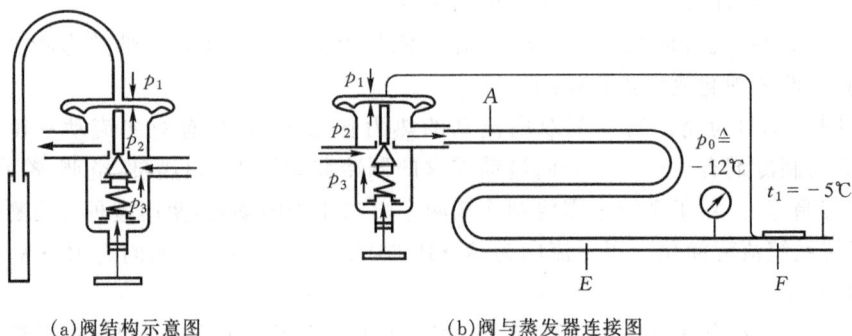

(a)阀结构示意图　　　　　　　　　(b)阀与蒸发器连接图

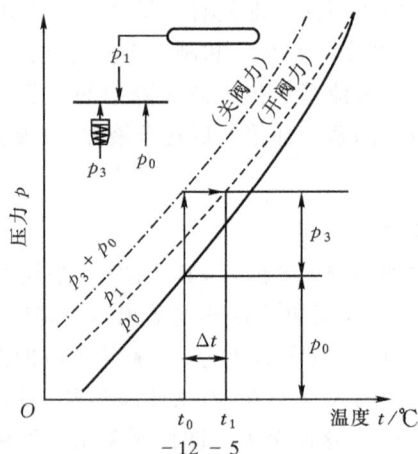

(c)过热度控制原理

图 2.6　热力膨胀阀的控制原理

能够使阀打开的过热度,称作静态过热度。阀处于关闭位置时,弹簧力 p_3 最小(预先调节的给定弹簧预紧力),静态过热度是克服弹簧预紧力所对应的过热度。这是热力膨胀阀控制下的最小过热度,故又称之为最小过热度。

②打开过热度 OS(opening superheat)　在阀从开始打开到全开(对应于阀100%标称能力的开度)的全行程过程中,弹簧受压缩,弹簧力由预紧力逐渐增到最大,这段过程中过热度的变化值(为维持力的平衡)称作打开过热度,又叫可变过热度。

③工作过热度 OPS(operating superheat)　膨胀阀处于某一开度下工作时所对应的过热度称作工作过热度。

SS 可以通过设定弹簧调节。SS 设定的标准值:对于无 MOP 功能的阀为5 K;有 MOP 功能的为 4 K。从开始打开到达到额定能力的打开过热度 OS 为

6 K。总过热度 SH＝SS＋OS＝5＋6＝11 K。

在蒸发温度、冷凝温度、阀前液
体温度（或过冷度）一定的条件下，绘
制出热力膨胀阀的静态特性曲线，如
图 2.7 所示。它反映了阀按照过热
度信号的流量（用相对阀能力表示）
调节特性。可以看出：热力膨胀阀属
于比例型调节器，即在标称能力范围
内，可以按照蒸发器出口过热度与阀
的设定静态过热度之间的偏差，成比
例地调节流量。其中，可变过热度
OS 是比例带。此外，还注意到：每只
阀在标称能力之外尚有 20% 的能力
裕度。

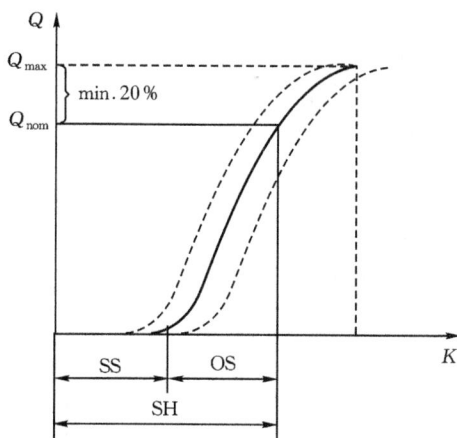

图 2.7　热力膨胀阀的静态特性曲线

当 t_0 一定时，调整弹簧预紧力
可以改变热力膨胀阀静态过热度的设定值，但是有一定的调整范围。还应注意：即
使处在过热度的调整范围之内，若冷库温度 t_c 被限定后，超过 (t_c-t_0) 的过热度调
节事实上也不可能实现。此外，由于安装时温包与吸气管之间用绝热带包扎，将会
抵消一部分过热度，引起热力膨胀阀响应速度慢的不良后果。

4. 内平衡与外平衡式热力膨胀阀

图 2.6(a) 示出的膨胀阀是以节流后的制冷剂压力直接作用于膜片下部，平衡
力来自阀内部，称作内平衡式热力膨胀阀。如果考虑到节流后到蒸发器出口这段
流动中制冷剂的压力损失 Δp_0，则内平衡式热力膨胀阀膜片上力的平衡关系将不
再是式(2.5)，而变成

$$p_1(t_1) = p_0(t_0) + \Delta p_0 + p_3 \tag{2.6}$$

可见关阀力中又要增加 Δp_0 的成分。这种情况下膨胀阀控制的过热度将大于由
弹簧力 p_3 设定的过热度。过热度提高意味着蒸发器缺液，传热面积得不到充分利
用，制冷量下降、蒸发温度降低，运行经济性变差。为了消除这种影响，可以采用外
平衡式结构，如图 2.8(a) 所示。在膜片下部分隔出一个平衡压力腔，将节流后的
制冷剂与膜片下部的联系断开。用外平衡引管把蒸发器出口的压力即蒸发压力直
接引入平衡压力腔中，作用于膜片下部。这样保证了膜片仍按式(2.5)的平衡关系
调节阀的动作。由于平衡力是从阀的外部引入的，这种阀称作外平衡式热力膨胀
阀。其控制原理如图 2.8(b) 所示。

外平衡热力膨胀阀结构上复杂些，并多了外平衡引管，安装也麻烦些。若阻力

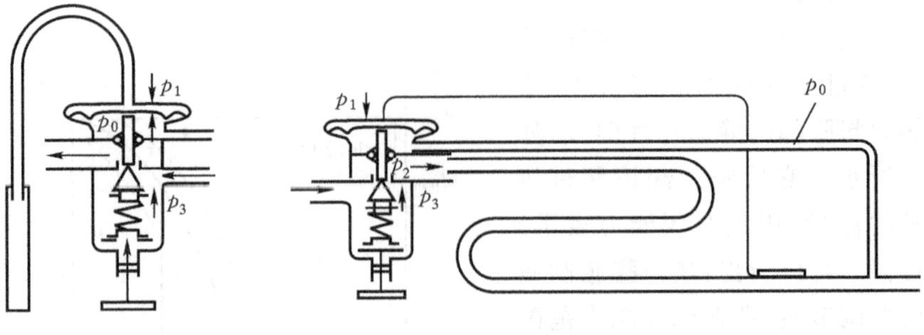

(a)结构示意   (b)与蒸发器的连接

图 2.8 外平衡式热力膨胀阀

降 Δp_0 较小,对过热度的影响不大,采用内平衡式就可以满足要求。通常将 Δp_0 引起的附加过热度控制在 $1\sim2\,℃$,若超过此控制值,必须采用外平衡式热力膨胀阀。低温下微小的压力变化也会引起饱和温度的明显改变,所以低温装置中采用外平衡式。蒸发器用分液器多路供液的场合,分液器上压降较大,也采用外平衡式。

5.热力膨胀阀的温包充注

由热力膨胀阀过热度控制原理(图 2.6)可以看出,制冷系统的工质一定时,阀的过热度控制特性取决于温包压力(开阀压力曲线)与蒸发压力加弹簧力(关闭压力曲线)之间的匹配关系。对于一定的制冷系统和弹簧力预调定后,关阀压力曲线客观上是确定的,则阀的过热度控制特性取决于开阀压力曲线即 $p_1(t_1)$。它是温包中感温充注物的压力-温度属性,所以通过各种不同的温包充注方式,改变压力曲线 $p_1(t_1)$,以适应系统的要求,改善热力膨胀阀的控制特性。

热力膨胀阀的主要充注方式及相应的控制特点如下。

(1)液体充注 同工质液体充注的温包中注入与系统所用制冷剂相同的感温介质液体,液体充入量足够多(约占温包容积的 $70\%\sim80\%$),保证在任何温度下温包中总有液体,且自由液面始终维持在温包内。因此温包内压力 p_1 为感应温度 t_1 所对应的介质饱和压力。采用这种充注的热力膨胀阀过热度控制原理如图 2.9 所示。

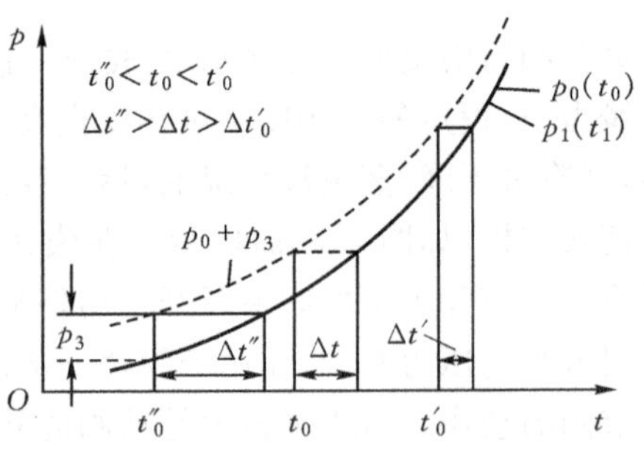

从图中可以看出,由于感温与制冷是相同工质, $p_1(t_1)$ 曲线与 $p_0(t_0)$ 曲线重合。工质的饱和压力线在低温区愈

图 2.9 同工质液充膨胀阀的过热度控制

来愈平坦,所以,该充注的阀在预紧弹簧力一定时,静过热度随蒸发温度下降而增大,控制特性变差。低蒸发温度的场合,高过热度对系统制冷量的影响更明显。所以它不宜在低温装置中使用。一般使用的蒸发温度在 $-40℃$ 以上。

除此而外,同工质液充阀的主要特点还有:①膨胀阀的工作不受环境温度影响,因为热力头系统中的压力 p_1 仅由温包处的温度决定。②停机后,蒸发器温度达到平衡时关阀压差仅由弹簧预紧力提供,阀的关闭不是很严,所以热力膨胀阀只起流量调节作用,不能兼作截止阀使用,需要在它前面加装电磁阀起截止作用。③压缩机开机时,p_1 很快降低,但温包不会立即变冷,较高的温包压力使阀开启过大,会使回气过热度很小甚至可能带液。另外,由于阀的开度大,使蒸发器一开始就得到充分的供液,故在压缩机启动后的抽空(pulldown)阶段,吸气压力降低缓慢。由于较长时间处于高吸气压力,容易引起电机过载。④由于温包内液量多,热惯性较大,反应滞后相对较大,使阀在调节过程中的流量波动较大。一般液充的热力膨胀阀都不具备抗振荡特性。⑤若温包暴露在高温处,会使热力头中的内压过高。比如在停机时,若温包处于较暖的位置,温包内压力升高会足以使阀打开,蒸发器进液,这又成为压缩机启动时引起液击的另一可能因素。

液充的热力膨胀阀多用在大容量的氨系统中和一些特殊装置中。

(2)气体充注(MOP 充注)　它的特点是:温包中充入的介质与系统中的制冷剂相同(或者不同),但将温包中的充注量控制得使包内的液体在设计最高蒸发温度时能够全部汽化。这种充注特征使得在工作温度范围内,温包压力随感应温度按介质的饱和压力关系变化,具有与液体充注同样的过热度控制特性;当温包超过设计最高蒸发温度时,由于其中的液体已蒸发完,包内成为过热蒸汽,于是压力-温度曲线变得平坦(近似不变)。根据这个特点,可以用来限制蒸发器的最大工作压力 MOP (maximum operating pressure),所以又将这种充注和这种充注的阀叫作MOP 充注和 MOP 阀。图 2.10 示出同工质气体充注阀的控制特性。

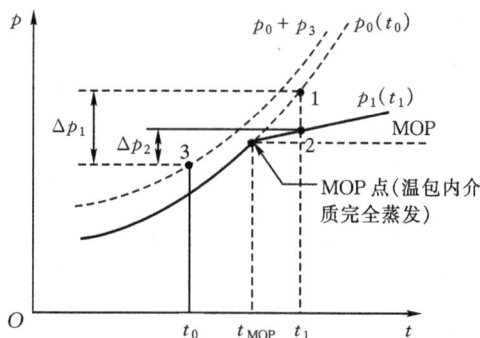

图 2.10　同工质气体充注阀的控制特性
1—$t_1 > t_{MOP}$ 时,液充阀膜片上方压力点;
2—$t_1 > t_{MOP}$ 时,气充阀膜片上方压力点;
Δp_1—液充阀启动时膜片上的压力差;
Δp_2—气充阀启动时膜片上的压力差;
$t_1 > t_{MOP}$ 时,$\Delta p_2 < \Delta p_1$

MOP 阀的特点:①从图 2.10 上所示的压力关系可以看出,蒸发温度高于

MOP 点对应的温度时，开阀力 p_1 小于关阀力（p_0+p_3），所以阀就不能打开。启动时，只有当蒸发压力降到 MOP 值以下，阀才能开启，向蒸发器供液。因此可以防止电机超载。②停机时温度升高，但温包内的压力比 MOP 值高不多，因此阀关闭较严。③高温时能保护阀头内的弹性元件免受高压的作用。这一点对于热泵装置和除霜运行十分重要，因为这时温包将感受较高的温度。④由于温包内感温介质的充注量很少，蒸汽将在热力头组件（温包、毛细管、波纹管腔等）中的最低温度部位凝结，因此温包压力 p_1 受该最低点温度的影响。为了避免由此引起的感温介质迁移，MOP 阀使用中，必须确保使温包处于热力头组件中的最低温度。否则，不能按温包处的温度正确传递压力，造成误动作。

　　气充阀的最大工作压力值（MOP）视制冷系统的用途而异。根据热力膨胀阀的工作温度（蒸发温度）的不同范围，一般来说，MOP 点的温度比热力膨胀阀温度范围的上限高 5℃。表 2.1 是 T2、TE2 热力膨胀阀的 MOP 值的示例。

表 2.1　T2、TE2 热力膨胀阀的 MOP 值

工作温度范围 制冷剂	范围代号 N −40～+10℃	范围代号 NM −40～−5℃	范围代号 NL −40～−15℃	范围代号 B −60～−25℃
	MOP 点蒸发温度和蒸发压力（表压力 10^{-1}MPa）			
	+15℃	0℃	−10℃	−20℃
R22	6.9	4.0	3.6	1.5
R407C	6.6	3.1	2.1	
R134a	5	3.1	2.1	
R404A/R507	9.3	6.2	4.4	3.1

　　MOP 阀除采用同工质气体充注外，还有不同工质气体交叉充注。同工质气充的 MOP 阀在高蒸发温度时，静态过热度小，调节灵敏，但向低蒸发温度扩展时，过热度增大，机组的产冷量下降，因而使用受到限制，多在空调装置中使用。不同工质气体交叉充注的 MOP 阀，能够在较宽的蒸发温度范围内保持静态过热度大体恒定（见图 2.11），因此使装置在整个温度范围有良好的制冷效果，特别适用于商业制冷和低温系统。这种充注方式已成为热力膨胀阀

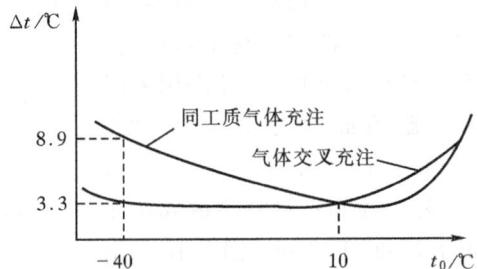

图 2.11　两种充注方式 MOP 阀的过热度比较

发展的主流。

（3）气体镇压充注（惰性充注）　当打算改变气充阀的时间反应时，可以采用气体镇压充注。它是在气充的温包中装入惰性片，惰性片用化学中性材料（与充注物不起化学反应）制作，利用它的热惰性延缓温包压力对温度变化的反应，使阀的动作缓慢。惰性片实际上是一个热稳定件。我们通过以下比较说明。

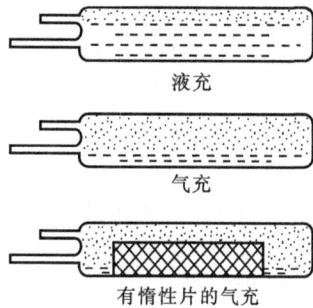

图 2.12　液充、气充、镇压充注的温包

液充、气充和镇压充注的温包如图 2.12 所示。

①液充温包。由于液体导热性良好，温包反应快。回气温度上升时，阀很快打开；回气温度下降时，包内液体很快降到回气管壁温度。包内蒸气在液体表面凝结，压力下降，阀很快关闭。

②气充温包。由于温包内液体充注量很少，回气温度升高时，液体很快被加热蒸发，包内压力立即上升，所以阀打开得更快一些。同理，回气温度下降时，阀关闭得也比液充阀更快一些。

③镇压温包。惰性片由多孔材料制作，这些小孔提供了相当大的表面积。回气温度升高时，包内液体受温包壁加热，很快蒸发，从液面逸出。但惰性片传热慢，其温度的升高滞后于液体。于是，部分逸出的蒸气又重新在惰性片上凝结，阻止包内压力很快上升，这个过程要持续到惰性片与温包壁温度相同为止。包内压力升高缓慢的结果是使阀的开启动作缓慢。当回气温度降低时，包内的蒸气先很快在内壁上凝结，温包压力很快下降。但由于惰性片的降温慢，过一段时间后，便开始影响包内蒸气继续凝结的速率（即温包内压力下降的速率）。所以，温包受冷脉冲

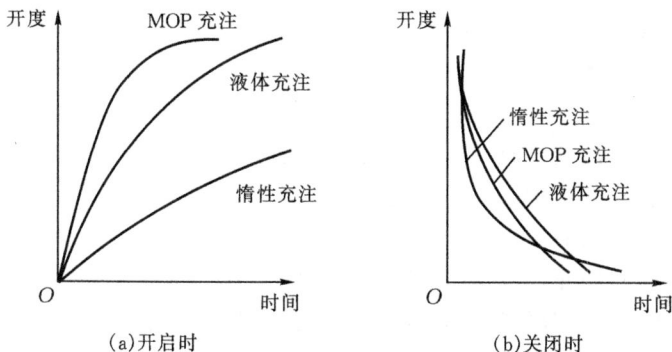

图 2.13　液充、气充、惰性充注阀的开启与关闭特性

作用后,膨胀阀开度先很快减小,再逐渐关闭,关闭速度比前两种充注更缓慢。以上三种情况下阀的开启和关闭时间比较如图 2.13 所示。

惰性充注的上述特点使膨胀阀对温包降温反应迅速;而对温包升温反应迟缓。也就是说,需要减小蒸发器供液量是可以迅速奏效;而需要增大流量时奏效较慢。所带来的好处是:在温包感受蒸发器不稳定区的温度波动信号时,阀的工作平稳,能够有效地抑制阀的振荡现象发生。同时,还允许将静态过热度调得更低些,充分利用蒸发器传热面积。另外,如果温包与动力头温度逆反(指后者的温度低于前者),感温介质从温包向动力头迁移的不利现象也不会象在气充中那样显著。

上述特点说明:在传热系数大、具有高热流冲击的蒸发器上使用镇压充注阀很有利。例如,空调装置的蒸发器一般与风扇之间距离短,空气冷却好,运行中还有湿表面。使用经验表明:若用普通气充或液充阀对这种蒸发器,为了避免调节振荡,只能将静过热度设定得较高。而改用镇压阀,静过热度设定值可比液充阀的低 $2\sim4℃$。

需指出,镇压阀事实上是 MOP 阀。故可以用在要求使用 MOP 阀的所有制冷或冻结装置中。

(4)液体交叉充注 由于同工质液体充注存在低温时过热度大的缺点,因而有了液体交叉充注。它采用与系统制冷剂不同的流体作感温介质;温包内的液体充量足够多,使任何温度下温包内都有液体,并将自由液面维持在温包中;所选择的感温介质应该是这样的:在工作温度范围内它的饱和压力曲线与制冷剂的饱和压力曲线呈如图 2.14 所示的交叉特性(图中的曲线 p_1 和 p_0)。

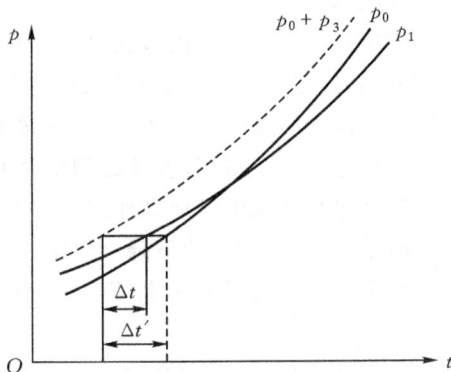

图 2.14 交叉充注的控制特性

可以看出,采用这种充注与同工质液体充注相比,低蒸发温度时过热度变小;高蒸发温度时,过热度增大。它的主要优点是:①压缩机停机时,阀关闭得快。因为当蒸发器变暖时,蒸发压力 p_0(关阀力)比温包压力 p_1 上升得快。②压缩启动时能够降低负荷,防止回液,并迅速将吸气压力降下来。因为蒸发温度高时,阀控制的过热度大。等到吸气压力降到正常运行范围时,过热度也降到正常值,于是能最大限度地利用蒸发器面积。③能够从根本上降低振荡。因为阀对吸气压力变化的反应比对温包温度变化的反应更为敏感,该特点有助于降低或消除系统振荡。

(5)吸附充注　在温包中充入固体吸附剂和被吸附气体。吸附剂具有毛细孔粘连性能,将气体分子粘连在毛细孔内,被吸附的气体滞留在毛细孔中,只产生内部分子力,而对热力元件的压力不起作用。吸附剂对气体的吸附能力随温度变化。温度降低时吸附能力增强,温包容积内气体分子密度减少,故压力降低;温度升高时,吸附吸能减弱,粘连在毛细孔内的气体脱逸出来,使温包压力升高,由此获得温包压力随温度的一定变化关系。

图 2.15(a)以活性炭－CO_2 吸附充注为例,示出温包中的压力-温度曲线。对应于每一定的活性炭和 CO_2 充量,有一条压力曲线。压力曲线上存在一个拐点,相应的温度 t_v 为转折温度。活性炭含量一定时,CO_2 充入量越多,压力越高,但相应的一组压力曲线的转折点温度却是相同的。如果 CO_2 含量一定,活性碳含量增加,t_v 向高温方向移动。由此可见,吸附充注的适应性强,因为采用同样的吸附对,只需调整吸附与被吸附气体的含量比例,即可获得多条压力曲线,故能够方便地按系统控制要求加以选择。

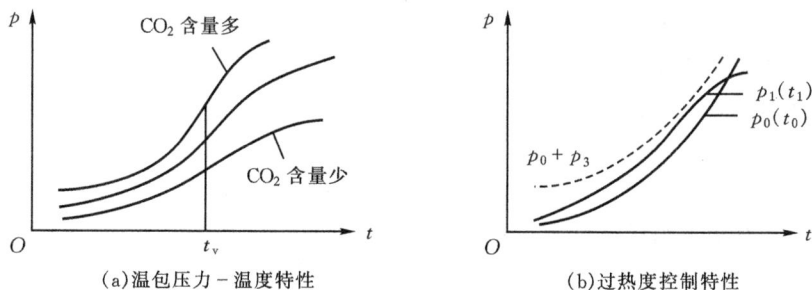

图 2.15　吸附充注

吸附充注不存在感温介质的凝结问题,使阀、波纹管腔和毛细管处的环境具有较大的独立性。不需要采取预防波纹管腔变冷的措施,因为只有温包温度才是压力 p_1 的决定因素。同时它还具备气充阀所具有的最高压力限制功能,因而综合了同工质液体充注与气体充注的主要优点。其过热度控制特性如图 2.15(b)所示。

吸附充注应注意提高温包的响应速度,可以把温包沿轴线方向冲压成形,使之与回气管有良好的金属接触。吸附充注在相当程度上改善了阀的调节性能,但也有局限性。进一步的研究是在更宽的使用温度范围以小过热度工作和改善热力头的动态特性,以适应先进调节技术的要求。

各种充注下热力膨胀阀过热度控制特性的比较见图 2.16。图 2.17 示出使用液充、交叉充注、气充的膨胀阀的系统,压缩启动后,系统吸气压力降低过程的比较。

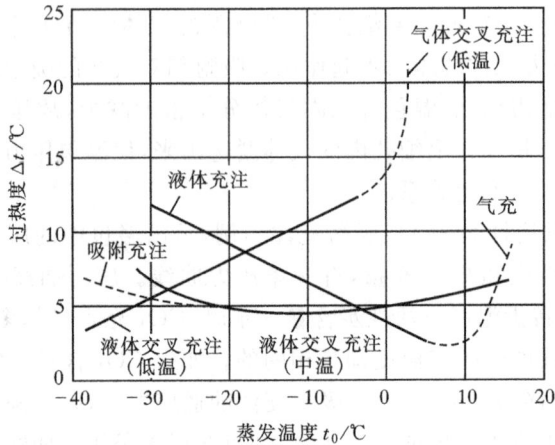

图 2.16   各种充注下热力膨胀阀的典型过热度控制特性

6. 热力膨胀阀与蒸发器组合的控制稳定性问题及静态过热度的最佳整定

热力膨胀阀不能保证调节的精确性,在间歇启停压缩机的制冷系统中有很大的压力波动、温度波动和能耗波动,这带来了热力膨胀阀过热度整定的复杂性。

以过热度 SH 为信号进行蒸发器供液量调节的系统,处理不当时,会出现振荡现象。其表现为:压缩机回气管中出现周期性的带液,使得制冷系统无法稳定工作。究其原因,通常是由于热力膨

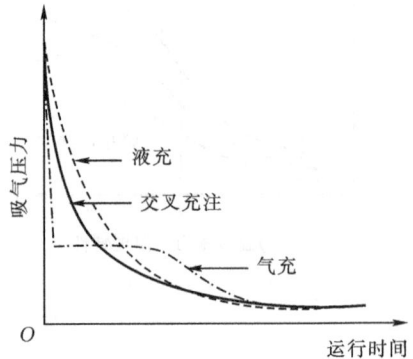

图 2.17   采用不同充注阀的系统启动抽空过程比较

胀阀选择不当或调整不当所造成的。DANFOSS 通过实验研究蒸发器过热度控制问题中的振荡问题,首次给出完整的振荡机理说明,总结出调整静态过热度 SS 的稳定性准则和方法。

制冷剂在干式蒸发器的管内沿程蒸发,由于气态比体积是液态比体积的 $70\sim80$ 倍,所以流速越来越快,这种两相流动具有很复杂的特征。概念上,我们可以说按制冷剂在其中的流动状态,可将蒸发器管分成有液体的两相段和完全蒸干后的过热段。但事实上,条件一定的情况下,制冷剂在蒸发器管内的蒸干点位置却并不是固定的,而是在一个范围反反复复地变动。图 2.18 给出干式蒸发器和热力膨胀

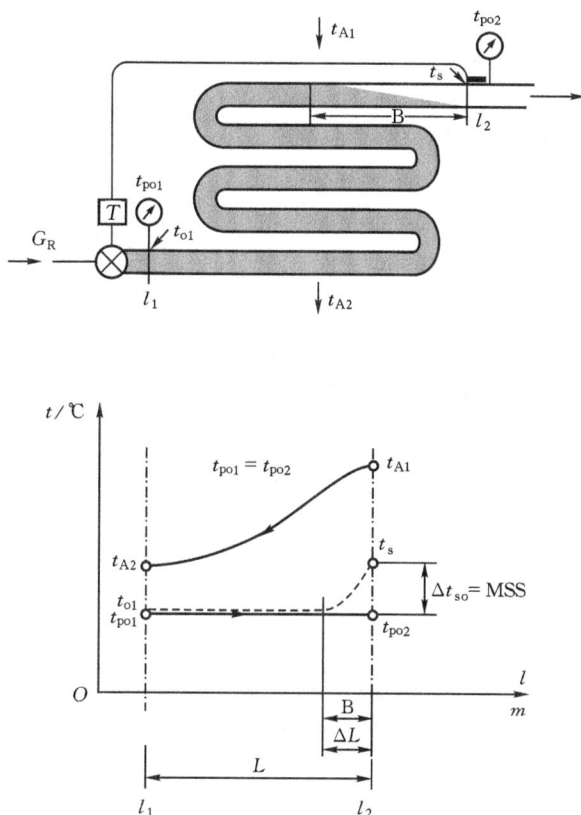

图 2.18　干式蒸发器和热力膨胀阀的温度信号

阀组合系统的温度信号。制冷剂蒸干点的变动范围在图中表示为 B。制冷剂供液量少时,B 在蒸发器中向上游方向移动;供液量增多时,B 向下游方向移动。若 B 的前端在蒸发器出口(即热力膨胀阀温包安放点)之前,那么在蒸发器出口处总能够检测到过热度信号,但过热度较大意味着蒸发器面积利用率不够。若 B 的位置使得温包安放点处于 B 之中,那么制冷剂蒸干点时而在蒸发器出口之前,时而在蒸发器出口之后,于是在蒸发器出口处便无法得到稳定的过热度信号。若 B 的位置恰如图所示,即 B 的前端刚达到温包安放点。这时既能避免 B 区的不稳定气液混合物进入压缩机吸气管,又能能保证蒸发器面积充分利用。

　　由以上分析可知:制冷剂在接近蒸发器出口处有一段不稳定带(B 带)。对蒸发器来说,客观上存在一个避免 B 带不稳定的汽液混合物进入压缩机的最小出口过热度,称作最小稳定信号 MSS(minimum stable signal),最小稳定信号的大小与蒸发器负荷 Q 有关。对任何一个已知的蒸发器,在不同负荷下做实验,绘出负荷与最小稳定信号的关系曲线,该曲线称作最小稳定信号线(MSS 线)。在负荷-过热度(Q-Δt)坐标平面上,最小稳定信号线是蒸发器与膨胀阀组合控制的稳定性界限。如图2.19所示。MSS 线将平面分为不稳定区和稳定区。膨胀阀若控制在 MSS 线的条件下回气,就既能保证不带液,又能充分利用蒸发器面积。若膨胀阀控制的过热度 Δt＞MSS,则阀的动作稳定,回气不带液,但蒸发器面积利用率下降;若 Δt＜MSS,则阀的动作失稳,回气带液。所以,要根据稳定工作条件调整热力膨胀阀的静态过热度。

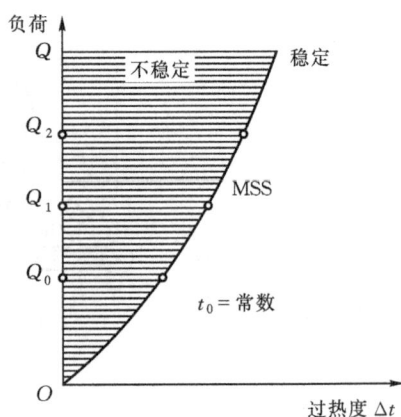

图 2.19   最小稳定信号线

蒸发器能力与热力膨胀阀能力(容量)匹配得当时,用热力膨胀阀的调整机构调节静态过热度 SS 的设定。基于上述机理而总结出最佳静过热度的整定方法如下:测量蒸发器出口温度 t_s。静过热度设置得小时,t_s 出现具有固定振幅的自激振荡。如图 2.20(a)所示。于是,逐渐调整,增大静过热度设定,则波动幅逐渐变小。一直调整到 t_s 的振荡消除,如图 2.20(b)所示,表明这时的过热度是最小稳定过热度 MSS。

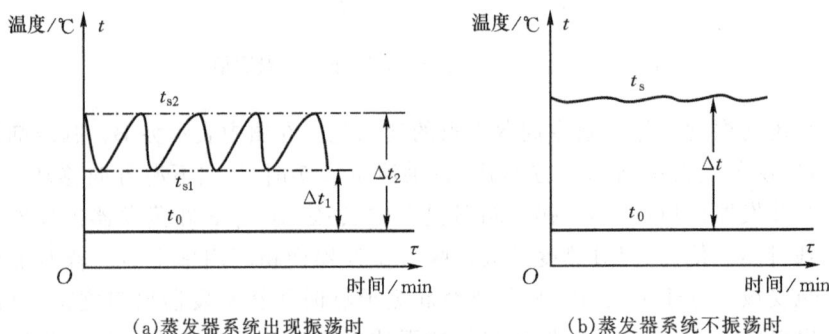

图 2.20   最佳静过热度整定中的 t_s 和 t_0 记录曲线

如果蒸发器能力与热力膨胀阀能力明显不匹配,那么,无论如何调整都不可能获得最小稳定过热度。这时应当重新选择热力膨胀阀的能力,然后再调整静态过热度。

此外,由于阀机械结构方面的制约,选阀时还必须注意它的容量特性与负荷变动范围相适应。

图 2.21 示出二者的匹配关系。设蒸发器制冷量 Q_0 与最小稳定信号的关系为 MSS 曲线(最小稳定信号线)。与之匹配的膨胀阀 1 在静过热度 SS 和 SS′时对应的阀容量曲线分别是 K_1 和 K_1'。可以看到,制冷负荷为 Q_{01} 时,若采用静态过热度 SS,那么在这种匹配下,工作点处于不稳定区,造成吸气带液。为此,必须将阀 1 的静态过热度调到 SS′,才能使阀的工作过热度与最小稳定信号相等,保证工作稳定。但这时,阀 1 处于大约 1/3 的容量下工作。如此匹配,从阀的寿命和装置的效率角度看都不够理想。若改用小一些、容量特性为 K_2 的膨胀阀 2,由于 K_2 与 MSS 匹配较好,即使静过热度调到最低限,阀和蒸发器都能稳定而良地工作。所以,阀 2 是较好的选择。

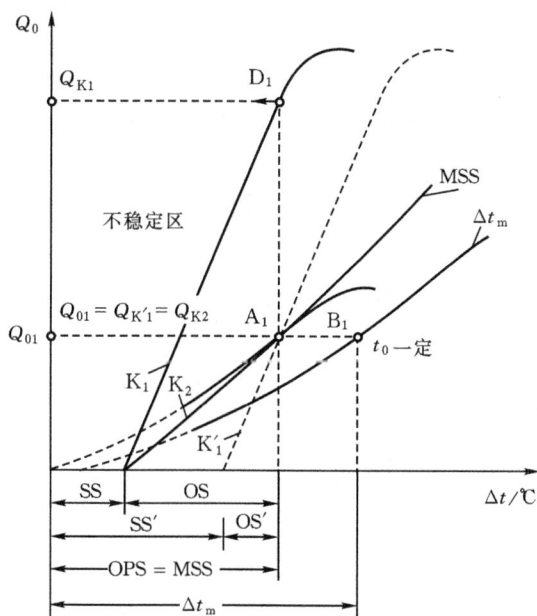

图 2.21　热力膨胀阀与蒸发器的匹配关系

MSS—蒸发器最小稳定信号线;K_1,K_1'—膨胀阀 1 在静过热度 SS 和 SS′时的能力曲线;K_2—膨胀阀 2 在静过热 SS 时的能力曲线;OS—可变过热度;OPS—工作过热度;t_0—蒸发温度;Δt_m—蒸发器对数平均温差

7. 热力膨胀阀的能力(容量)特性及选型

热力膨胀阀的容量是指在一定工况下,热力膨胀阀全开时,制冷剂通流能力

(kg/s)所对应的制冷能力(kW)。

　　膨胀阀的容量 Q 由下式给出

$$Q = m(h_2 - h_1) \quad \text{kW} \tag{2.7}$$

$$m = CA\sqrt{2\rho\Delta p} \tag{2.8}$$

式中：m 为通过膨胀阀的制冷剂流量，kg/s；h_1，h_2 分别为蒸发器入口、出口处制冷剂的比焓，kJ/kg；A 为阀的通流截面积，m^2；Δp 为阀前后的压力差，Pa；ρ 为阀入口处制冷剂的密度，kg/m^3；C 为流量系数，

$$C = 0.02005\sqrt{\rho} + 0.634v_2 \tag{2.9}$$

式中：v_2 为膨胀阀出口处制冷剂气、液混合物的比体积，m^3/kg。

　　尺寸一定的膨胀阀，它的能力取决于：制冷剂、阀前后压力差、蒸发温度和阀前液体过冷度。要注意几点：①每只阀只能用于它规定的制冷剂系统中；②相同开度下，阀前后压力差影响制冷剂经过阀的流速乃至流量；③随着蒸发温度的降低，阀能力变小。

　　阀前液体过冷度影响到节流后两相制冷剂的干度，对阀的流量系数产生影响。阀容量随阀前液体过冷度增加而增大，见表2.2。膨胀阀入口处必须避免有气体闪发，否则严重影响阀容量。冷凝器至阀前的液管段有阻力降时，必须通过增加阀前液体过冷度的方法，来防止阀前产生汽化。

表2.2　阀前液体过冷度对阀能力的影响因子

制冷剂	过冷度 Δt									
	4K	10K	15K	20K	25K	30K	35K	40K	45K	50K
R22	1.00	1.06	1.11	1.15	1.20	1.25	1.30	1.35	1.39	1.44
R410A	1.00	1.08	1.15	1.21	1.27	1.33	1.39	1.45	1.50	1.56
R407C	1.00	1.08	1.14	1.21	1.27	1.33	1.39	1.45	1.51	1.57
R134a	1.00	1.08	1.13	1.19	1.25	1.31	1.37	1.42	1.48	1.54
R404A/R507	1.00	1.10	1.20	1.29	1.37	1.46	1.54	1.63	1.70	1.78

　　热力膨胀阀的额定能力和能力特性表：额定能力指阀在额定工况下的能力，能力特性表给出阀在各种许可工况下的能力。热力膨胀阀的能力是膨胀阀的重要特性参数，热力膨胀阀的能力特性表是选择阀尺寸的依据。

　　可靠的膨胀阀能力特性由生产厂家提供的热力膨胀阀能力特性表中查取。表2.3是T2和TE2系列热力膨胀阀能力特性表的示例。（阀的型号中包含了阀形式、所适用的制冷剂和阀尺寸的信息，型号中用字母E表示外平衡式，无字母E表示内平衡式。

表 2.3　T2 和 TE2 系列热力膨胀阀能力特性表示例(阀前液体过冷度为 4K)

R22 能力/kW									范围(N 类):-40～+10℃							
阀型号	阀前后压降 Δp 10⁻¹ MPa								阀前后压降 Δp 10⁻¹ MPa							
	2	4	6	8	10	12	14	16	2	4	6	8	10	12	14	16
	蒸发温度+10℃								蒸发温度 0℃							
TX2/TEX2-0.15	0.37	0.48	0.55	0.60	0.63	0.65	0.65	0.67	0.37	0.48	0.55	0.59	0.63	0.65	0.66	0.66
TX2/TEX2-1.0	3.0	4.0	4.7	5.1	5.4	5.6	5.8	5.8	2.6	3.4	4.0	4.3	4.6	4.8	4.9	5.0
TX2/TEX2-2.3	8.1	10.8	12.5	13.8	14.5	15.0	15.4	15.5	6.9	9.1	10.5	11.5	12.2	12.7	13.0	13.2
TX2/TEX2-3.0	10.2	13.6	15.7	17.2	18.3	18.9	19.3	19.5	8.8	11.6	13.3	14.6	15.5	16.1	16.4	16.6
TX2/TEX2-4.5	12.6	16.7	19.3	21.0	22.3	23.1	23.5	23.7	10.8	14.2	16.3	17.8	18.9	19.6	20.0	20.2
	蒸发温度-10℃								蒸发温度-20℃							
TX2/TEX2-0.15	0.37	0.47	0.53	0.57	0.60	0.63	0.64	0.64		0.44	0.50	0.54	0.57	0.60	0.61	0.61
TX2/TEX2-1.0	2.2	2.9	3.3	3.6	3.8	4.0	4.1	4.1		2.4	2.7	2.9	3.1	3.2	3.3	3.3
TX2/TEX2-2.3	6.8	7.6	8.7	9.5	10.1	10.5	10.8	10.9		6.2	7.1	7.7	8.2	8.5	8.7	8.8
TX2/TEX2-3.0	7.4	9.6	11.0	12.0	12.8	13.3	13.6	13.8		7.9	9.0	9.8	10.3	10.8	11.0	11.2
TX2/TEX2-4.5	9.1	11.8	13.5	14.7	15.6	16.2	16.6	16.8		9.6	11.0	11.0	12.6	13.1	13.5	13.7
	蒸发温度-30℃								蒸发温度-40℃							
TX2/TEX2-0.15		0.40	0.45	0.49	0.52	0.55	0.56	0.57			0.42	0.45	0.48	0.50	0.52	0.53
TX2/TEX2-1.0		1.9	2.2	2.3	2.5	2.6	2.6	2.7			1.7	1.9	2.0	2.0	2.1	2.1
TX2/TEX2-2.3		5.0	5.7	6.2	6.6	6.8	7.0	7.1			4.6	4.9	5.2	5.4	5.6	5.7
TX2/TEX2-3.0		6.4	7.2	7.8	8.3	8.6	8.8	9.0			5.8	6.3	6.6	6.9	7.1	7.2
TX2/TEX2-4.5		7.8	8.8	9.6	10.1	10.5	10.8	11.0			7.1	7.7	8.1	8.4	8.7	8.8
							范围(B 类):-60～-25℃								
	蒸发温度-25℃								蒸发温度-30℃							
TX2/TEX2-0.2	0.69	0.83	0.94	1.0	1.1	1.1	1.1	1.2	0.66	0.70	0.80	0.96	1.0	1.1	1.1	1.1
TX2/TEX2-0.6	1.7	2.1	2.4	2.6	2.8	2.9	2.9	3.0	1.5	1.9	2.2	2.3	2.6	2.6	2.6	2.7
TX2/TEX2-0.8	3.0	3.8	4.3	4.7	5.0	5.2	5.3	6.3	2.7	3.4	3.9	4.2	4.4	4.6	4.7	4.8
TX2/TEX2-1.2	4.4	5.6	6.4	6.9	7.3	7.6	7.8	7.9	3.9	5.0	5.7	6.2	6.5	6.8	7.0	7.1
TX2/TEX2-2.0	6.8	8.7	9.8	10.7	11.3	11.8	12.1	12.3	6.1	7.8	8.8	9.0	10.1	10.5	10.8	11.0
	蒸发温度-40℃								蒸发温度-50℃							
TX2/TEX2-0.2	0.60	0.81	0.80	0.86	0.92	0.96	0.98	0.90	0.54	0.65	0.72	0.78	0.82	0.86	0.87	0.88
TX2/TEX2-0.6	1.2	1.6	1.7	1.9	2.0	2.1	2.1	2.1	1.0	1.3	1.4	1.5	1.6	1.7	1.7	1.7
TX2/TEX2-0.8	2.2	2.8	3.1	3.4	3.5	3.7	3.8	3.9	1.8	2.3	2.6	2.7	2.9	3.0	3.1	3.1
TX2/TEX2-1.2	3.2	4.0	4.6	4.9	5.2	5.4	5.6	5.7	2.6	3.3	3.7	4.0	4.2	4.4	4.5	4.6
TX2/TEX2-2.0	5.0	6.3	7.1	7.6	8.1	8.4	8.7	8.8	4.1	5.1	5.6	6.2	6.6	6.9	7.1	7.2
	蒸发温度-60℃															
TX2/TEX2-0.2	0.50	0.60	0.66	0.71	0.75	0.77	0.79	0.80								
TX2/TEX2-0.6	0.9	1.1	1.2	1.3	1.4	1.4	1.4	1.4								
TX2/TEX2-0.8	1.6	1.9	2.2	2.3	2.4	2.5	2.6	2.6								
TX2/TEX2-1.2	2.2	2.8	3.1	3.4	3.6	3.7	3.8	3.9								
TX2/TEX2-2.0	3.5	4.4	4.9	5.3	5.6	5.8	6.0	6.1								

R404A/R507 能力/kW	范围(N类)：−40～+10℃														
阀型号	阀前后压降 ΔP 10⁻¹MPa								阀前后压降 ΔP 10⁻¹MPa							
	2	4	6	8	10	12	14	16	2	4	6	8	10	12	14	16
	蒸发温度+10℃								蒸发温度0℃							
TS2/TES2−0.11	0.28	0.35	0.40	0.42	0.43	0.43	0.42	0.41	0.30	0.37	0.41	0.42	0.43	0.43	0.43	0.41
TS2/TES2−0.21	0.67	0.82	0.90	0.94	0.96	0.86	0.93	0.90	0.68	0.80	0.87	0.90	0.92	0.93	0.91	0.87
TS2/TES2−0.6	2.32	3.00	3.39	3.61	3.73	3.74	3.68	3.59	2.06	2.84	2.95	3.13	3.22	3.25	3.21	3.11
TS2/TES2−1.2	4.15	5.36	6.03	6.43	6.63	6.66	6.55	6.39	3.68	4.72	5.27	5.59	5.75	5.80	5.73	5.55
TS2/TES2−2.2	7.91	10.17	11.43	12.16	12.53	12.56	12.34	12.03	6.97	8.92	9.95	10.52	10.83	10.90	10.76	10.43
TS2/TES2−2.6	9.71	12.47	13.98	14.86	15.29	15.31	15.05	14.66	8.57	10.93	12.16	12.85	13.21	13.30	13.12	12.72
	蒸发温度−10℃								蒸发温度−20℃							
TS2/TES2−0.11	0.30	0.37	0.40	0.42	0.42	0.42	0.41	0.41		0.35	0.38	0.40	0.39	0.40	0.39	0.38
TS2/TES2−0.21	0.65	0.76	0.82	0.84	0.87	0.87	0.85	0.83		0.70	0.75	0.77	0.79	0.79	0.79	0.76
TS2/TES2−0.6	1.76	2.24	2.50	2.62	2.69	2.71	2.68	2.60		1.85	2.04	2.14	2.17	2.18	2.16	2.09
TS2/TES2−1.2	3.14	4.02	4.47	4.69	4.81	4.84	4.79	4.65		3.32	3.66	3.83	3.89	3.90	3.86	3.75
TS2/TES2−2.2	5.93	7.57	8.39	8.81	9.02	9.08	8.99	8.73		6.20	6.86	7.17	7.29	7.31	7.23	7.05
TS2/TES2−2.6	7.28	9.27	10.26	10.76	11.00	11.08	10.97	10.65		7.60	8.39	8.75	8.91	8.93	8.84	8.61
	蒸发温度−30℃								蒸发温度−40℃							
TS2/TES2−0.11			0.35	0.37	0.38	0.37	0.36	0.35			0.32	0.33	0.33	0.33	0.32	0.32
TS2/TES2−0.21			0.67	0.70	0.70	0.70	0.69	0.67			0.60	0.61	0.62	0.61	0.60	0.59
TS2/TES2−0.6			1.63	1.69	1.71	1.70	1.68	1.64			1.27	1.32	1.33	1.31	1.28	1.24
TS2/TES2−1.2			2.93	3.04	3.07	3.06	3.02	2.93			2.28	2.36	2.38	2.36	2.31	2.24
TS2/TES2−2.2			5.45	5.68	5.74	5.74	5.67	5.52			4.25	4.41	4.45	4.43	4.36	4.24
TS2/TES2−2.6			6.66	6.94	7.02	7.01	6.93	6.75			5.19	5.39	5.45	5.42	5.33	5.19
	范围(B类)：−60～−25℃															
	蒸发温度−25℃								蒸发温度−30℃							
TS2/TES2−0.21	0.57	0.67	0.72	0.73	0.74	0.85	0.74	0.71	0.53	0.64	0.67	0.70	0.70	0.70	0.69	0.67
TS2/TES2−0.6	1.31	1.65	1.83	1.91	1.93	1.93	1.90	1.85	1.18	1.47	1.63	1.69	1.71	1.70	1.68	1.64
TS2/TES2−1.0	2.35	2.97	3.28	3.42	3.47	3.46	3.42	3.32	2.12	2.65	2.93	3.04	3.07	3.06	3.02	2.93
TS2/TES2−1.4	3.45	4.37	4.82	5.04	5.11	5.12	5.06	4.93	3.09	3.88	4.28	4.47	4.52	4.51	4.46	4.35
TS2/TES2−1.9	5.40	6.80	7.49	7.81	7.93	7.93	7.85	7.64	4.83	6.06	6.66	6.94	7.02	7.01	6.93	6.75
	蒸发温度−40℃								蒸发温度−50℃							
TS2/TES2−0.21		0.56	0.60	0.61	0.62	0.61	0.60	0.59		0.49	0.53	0.54	0.54	0.53	0.52	0.50
TS2/TES2−0.6		1.17	1.27	1.32	1.33	1.31	1.28	1.24		0.91	0.99	1.02	1.02	1.01	0.98	0.95
TS2/TES2−1.0		2.09	2.28	2.36	2.38	2.36	2.31	2.24		1.63	1.78	1.84	1.84	1.81	1.78	1.72
TS2/TES2−1.4		3.03	3.34	3.47	3.50	3.48	3.42	3.33		2.36	2.60	2.69	2.71	2.68	2.63	2.58
TS2/TES2−1.9		4.73	5.19	5.39	5.45	5.47	5.33	5.19		3.69	4.04	4.20	4.22	4.18	4.12	4.00
	蒸发温度−60℃															
TS2/TES2−0.21			0.46	0.48	0.47	0.45	0.45	0.43								
TS2/TES2−0.6			0.78	0.80	0.80	0.78	0.75	0.72								
TS2/TES2−1.0			1.40	1.44	1.43	1.40	1.36	1.30								
TS2/TES2−1.4			2.04	2.11	2.11	2.07	2.03	1.96								
TS2/TES2−1.9			3.16	3.28	3.30	3.25	3.18	3.07								

制冷剂用如下字母代表

字母	X	Z	N	S
制冷剂	R22	R407C	R134a	R404A/R507

阀孔尺寸用数字表示。例如,基本系列为 T2 的热力膨胀阀,型号 TX2-0.15 代表适用于 R22 系统、内平衡式,阀孔尺寸编号为 0.15。型号 TES2-1.2 代表适用于 R404A 或者 R507 系统,外平衡式,阀孔尺寸编号为 1.2。)

以上表中,是按阀前制冷剂液体过冷度为 4K 时给出的阀能力。若过冷度为其它值时,应将表中的值乘以过冷度影响因子(见表 2.2),加以修正。

热力膨胀阀选配时注意它的技术参数(生产厂提供的品样本中给出),如:制冷剂、阀的工作温度范围、MOP 点、过热度特性(SS,OS,SH＝SS＋OS)。

按照阀能力特性表,正确选择阀的尺寸。热力膨胀阀一般有 20% 的能力裕度,即实际阀容量可以达到样本给出值的 120%。选择能力满足系统制冷量要求的阀。若阀配得过大,不仅价格高,而且容易造成阀工作失稳,调节时只作开关动作,不能随负荷成比例地作出连续的平稳响应,此外,还影响阀的寿命。

例 2.1　某制冷系统的设计条件为:工质 R22,制冷量 $Q_0＝12\ \mathrm{kW}$,冷凝温度 $t_k＝25℃$;蒸发温度 $t_0＝-10℃$;液管管径 $d＝12.7\ \mathrm{mm}$,管长 $L＝25\ \mathrm{mm}$;蒸发器分 6 路并联,安装位置比贮液器高 $h＝6\ \mathrm{m}$。试为该系统选配热力膨胀阀。

解　(1)确定阀前后的压力降 Δp　从冷凝器到蒸发器的总压降 (p_k-p_0) 包括了阀前后的压降 Δp 和这段管系中的各种压力损失,故 $\Delta p＝(p_k-p_0)-\Sigma\Delta p_i$。

$\Sigma\Delta p_i$ 中包含的各部分损失和计算如下:

①液管磨擦阻力 Δp_1 可以从制冷工程设计手册中利用管道阻力计算线图得出(这里略去计算过程),$\Delta p_1＝17\ \mathrm{kPa}$。

②干燥器、视镜、截止阀、管接头等局部阻力 Δp_2 利用有关资料计算得出 $\Delta p_2＝20\ \mathrm{kPa}$。

③上升液管 $h＝6\ \mathrm{m}$ 的静压损失,查表 2.5,得 $\Delta p_3＝70\ \mathrm{kPa}$。

④分液器和分液管的阻力损失 Δp_4,通常这两部分压降各为 50 kPa,故 $\Delta p_4＝50＋50＝100\ \mathrm{kPa}$,所以 $\Delta p＝(p_k-p_0)-(\Delta p_1＋\Delta p_2＋\Delta p_3＋\Delta p_4)＝(1355-354)-(17＋20＋70＋100)＝800\ \mathrm{kPa}＝0.8\ \mathrm{MPa}$。

(2)确定阀尺寸　查样本给出的阀容量表 2.3,型号为 TX 2/TEX 2-3.0 的阀在 $t_0＝-10℃$ 和阀前后压差 $\Delta p＝0.8\ \mathrm{MPa}$ 时的能力为 12 kW,故可选择。

(3)确定阀型　低压侧仅分液器和分液管上的阻力损失就有 100 kPa,已远超过采用内平衡式热力膨胀阀许可压力损失的限制值,故采用外平衡式。最终选择型号为 TEX 2-3.0。

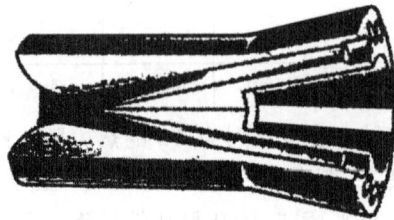

(a)剖视图

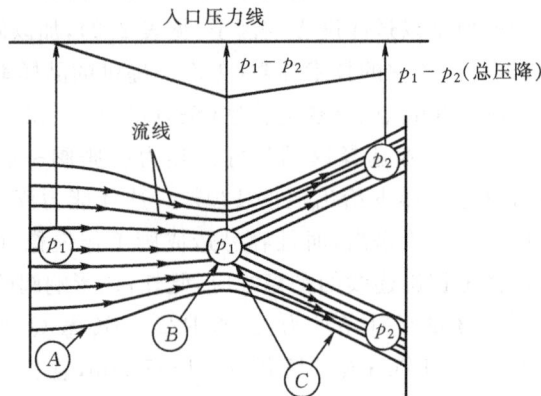

(b)流动过程图

图 2.22　文丘里分液器

A—渐缩部分;B—最窄截面;C—分流部分,速度头逐渐减小,流线均匀,无明显紊流

8.分液器和分液管

蒸发器常采用多路盘管并联的结构型式。膨胀阀向这样的蒸发器供液时,保证各路分液均匀是很重要的。从膨胀阀流出的制冷剂要用分液器向各路盘管分配。

分液器有多种型式:离心式、多孔型、压降型和文丘里管型。最常用的是文丘里管型分液器。

文丘里管型分液器(69G)的外形和原理见图 2.31。制冷剂从截面 A 进入后,先轻微收缩到 B,再减速扩压到 C,靠压力能均匀分流。管内收缩与扩张段采用平滑过渡,带个流动过程中不发生紊流,所以压力损失小。

分液管指分液器出口端的接管,设计中应当根据装置的制冷量要求,参照生产厂家产品样本中提供的分液管容量,正确选择分液管的尺寸。

分液管的额定能力定义为管长 1 m、压降 $\Delta p = 50$ kPa 时,其允许制冷剂通流量所具有的制冷能力。如表 2.4 所示。图 2.23 所示的分液管能力线图给出 1 m 长分液管的额定能力与压降、制冷剂、蒸发温度、和管径尺寸的关系。

表 2.4　1 m 长的分液管在压降为 50 kPa 时的能力　　　　　　　　kW

蒸发温度 /℃	分液管外径															
	5 mm				6 mm				8 mm				10 mm			
	R22 R407C	R134a	R404A R507	R410A	R22 R407C	R134a	R404A R507	R410A	R22 R407C	R134a	R404A R507	R410A	R22 R407C	R134a	R404A R507	R410A
+10	2.4	2.1	1.9	2.6	5.1	4.2	3.8	5.6	9.7	8	7.2	10.7	15.8	13.1	12	17.4
+5	2.2	1.8	1.6	2.4	4.5	3.7	3.4	5.0	8.5	7	6.4	9.4	14	11.6	10.6	15.4
0	1.9	1.6	1.5	2.1	4	3.3	3	4.4	7.4	6.1	5.6	8.1	12.3	10.1	9.3	13.5
−5	1.6	1.3	1.3	1.8	3.4	2.8	2.6	3.7	6.4	5.3	4.6	7.0	10.6	8.7	8	11.7
−10	1.4	1.2	1.1	1.5	2.9	2.4	2.2	3.2	5.5	4.5	4.2	6.1	9.1	7.4	6.9	10
−15	1.2	0.99	0.93	1.3	2.4	2	1.9	2.6	4.7	3.8	3.5	5.2	7.7	6.3	6.8	8.5
−20	0.99	0.87	0.76	1.1	2.1	1.7	1.6	2.3	4	3.3	3	4.4	6.5	5.4	5	7.2
−25	0.87	0.7	0.64	0.96	1.7	1.5	1.3	1.9	3.3	2.7	2.5	3.6	5.6	4.5	4.2	6.2
−30	0.7	0.58	0.52	0.77	1.5	1.2	1.1	1.7	2.8	2.3	2.1	3.1	4.7	3.8	3.5	5.2
−35	0.58	0.47	0.47	0.64	1.2	0.99	0.93	1.3	2.3	1.9	1.7	2.5	3.9	3.1	2.9	4.3
−40	0.52	0.41	0.41	0.57	1.1	0.87	0.81	1.2	2	1.7	1.5	2.2	3.3	2.7	2.5	3.6
−45	0.47	0.35	0.35	0.52	0.87	0.76	0.7	0.96	1.7	1.4	1.3	1.9	2.8	2.3	2.2	3.1
−50	0.41	0.29	0.29	0.45	0.76	0.64	0.6	0.81	1.5	1.2	1.1	1.7	2.4	2	1.9	2.6
−55	0.35	0.23	0.23	0.39	0.64	0.52	0.52	0.70	1.3	1	0.93	1.4	2.2	1.7	1.6	2.4
−60	0.29	0.2	0.18	0.32	0.52	0.47	0.47	0.57	1.2	0.81	0.76	1.3	1.9	1.4	1.5	2.1

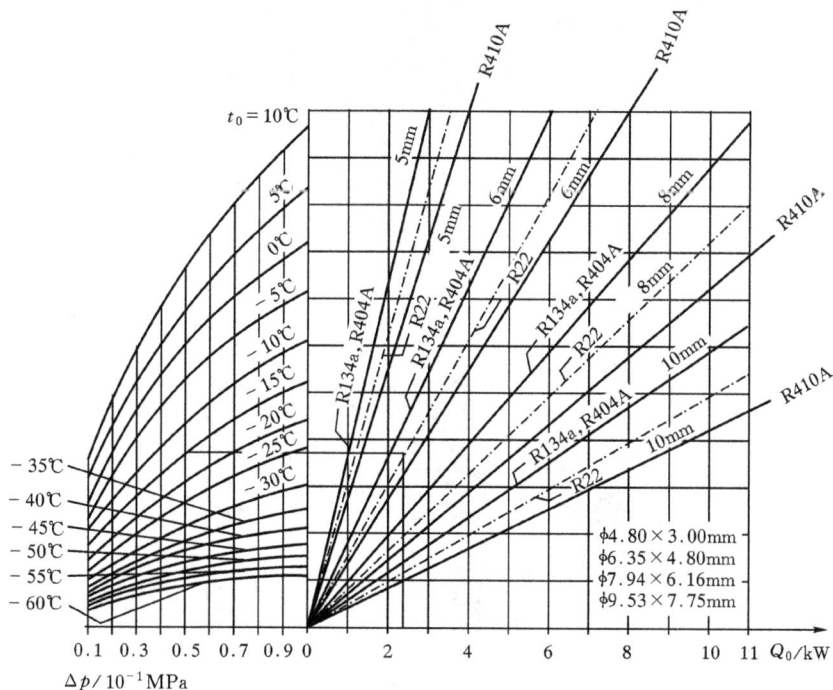

图 2.23　分液管能力线图

例 2.2　已知:制冷剂 R22;蒸发器制冷量 $Q_0=24$ kW;蒸发温度 $t_0=-15℃$;分液路数 $n=10$;确定分液管管径。

解　每路要求的制冷能为 $Q=Q/n=24/10=2.4$ kW。用表 2.4 或图 2.23,可以找到,对于 R22 蒸发温度 $-15℃$ 尺寸 $\phi 6.35\times 4.80$ 长 1 m 的分液管具有 2.4 kW的额定能力,可以选用。

使用要点:分液器输出口数目应与蒸发器的分路数相同。否则,不管哪一种分液器都会出现流动不对称,造成分液不均匀。分液器与膨胀阀之间的管段应尽可能短,并应避免二者之间有阀件或狭窄处,否则会产生附加压降,影响分液效果。上述管段还应避免弯曲,否则会因离心力破坏分液器中的流型和流动均匀性,也造成分液不均。分液器应当垂直安装,避免重力差对分液均匀性的影响。

9.膨胀阀的正确安装和使用

不同型式的热力膨胀阀应遵照相应的说明书指导的方法正确安装和使用,气充阀的热力头不应朝下。焊接阀的接口时,应当采取如图 2.24(a)所示的措施,确

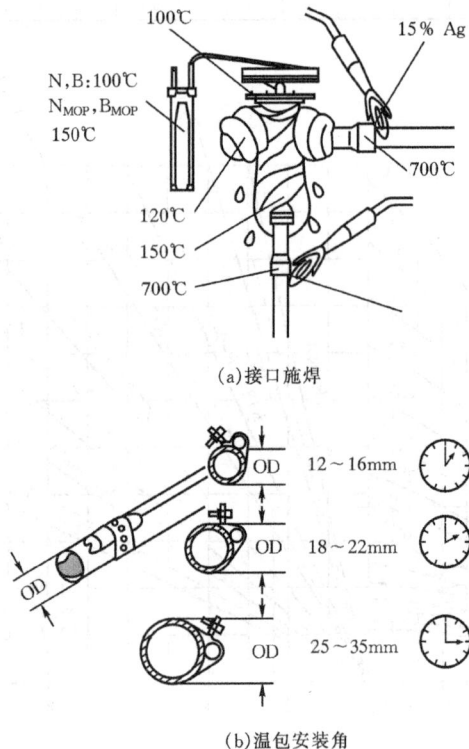

(a)接口施焊

(b)温包安装角

图 2.24　热力膨胀阀

保阀体不得超过许可的最高温度。

　　由于阀的控制动作由温包发信决定,故必须保证温包正确地反映蒸发器回气温度。温包应该装在冷室内蒸发器回气管的水平段上,以最方便地获得过热度信号为目的。温包在水平回气管上的安装位置角随回气管径而异,见图 2.24(b)。

　　图 2.25 给出温包安装正、误的示例。温包应隔热,并与回气管有良好的金属接触,要注意避免热风或热辐射对温包的干扰(见图 2.25(a))。温包不应安装在靠近管接头、阀门或其它大的金属部件处,以免影响温包与吸气管之间的传热,而造成反应迟后(见图 2.25(b))。温包也不能安装在气液热交换器之后的回气管上,否则它感应的不是蒸发器出口过热度,而是回热后的过热度(过大),使阀误开过大(见图 2.25(c))。安装温包的管段上若有积油、积液、阀会出现不稳定工作状态。所以,若回气管必须上升时,应设集油(液)弯,把温包装在集油弯的上游。外平衡式热力膨胀阀的外平衡引压管应在温包下游,并且从回气管的顶部引出(见图 2.25(d))以免积液或积油对引出压力的影响;此外蒸发器出口有阻力件时,不能从阻力件后引压(见图 2.25(b))。有分液器的蒸发器,如果空气吹过时,风量的分布不均匀,则每路盘管的负荷会不均匀,低负荷分路中的未完全蒸发的制冷剂将以液态流出。在这种场合,若把温包安装在蒸发器的立集管上,温包不能感受液态制冷剂的温度,会使阀开度过大,造成液击,见图 2.25(d)最右边的虚线,正确的作法应如该图中的实线所示,将温包装在回气管的水平段上。每根分液管上的温度若不相等,对分液器均匀分液会产生不利影响,蒸发器设计中应当考虑到这一点,使空气与制冷剂顺流或逆流,避免叉流(见图 2.25(e)),以免分液不均,影响蒸发器效率。

　　膨胀阀是组成制冷系统的四主要件之一。与压缩机、蒸发器、冷凝器相比,它虽然尺寸小得多,但它的流量调节性能对制冷系统的运行特性却有重要影响。整个制冷机控制中,流量控制是一大主要控制,在制冷机节能研究中居重要的地位。流量调节的研究在于提高蒸发器的利用率、调节稳定,响应快,对变负荷的适应能力强。

　　热力膨胀阀有很长的发展历史和生产制造经验。尽管为改善其流量调节特性进行了不少工作(例如采用不同的温包充注),但依据它的工作原理而进行的控制存在某些固有的缺点是无法跨越的。这些缺点是:工作温度范围窄;温包热惰性引起反应滞后和调节波动甚至出现调节振荡;必须的最小稳定过热度使蒸发器不能得到充分利用也限制了制冷系统最大能力的发挥;阀能力受冷凝温度的影响,等等。进一步的改进有赖于从控制方法上更新,即从简单的闭环反馈、比例调节到有可能采用新的更高级的调节方式。为此,相继发展了各种电子膨胀阀及控制器,为制冷剂流量调节问题提供了很好的解决。电子膨胀阀及控制见第 6 章。

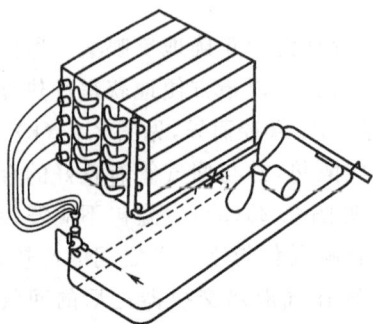

(a)避免送风对温包感温产生影响   (b)回气管上有大热容件或阻力件时,温包和外平衡管的安装

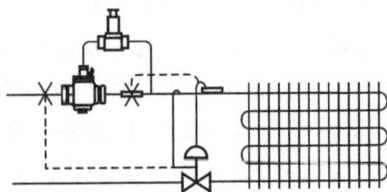

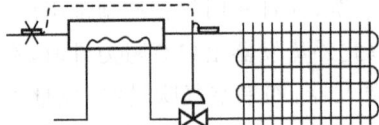

(c)有气液热交换器时温包的安装   (e)保证蒸发器各路负荷均匀的空气流动方向

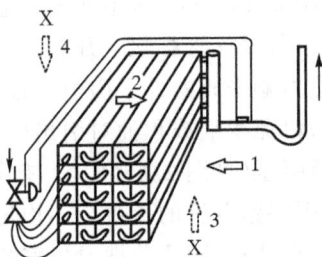

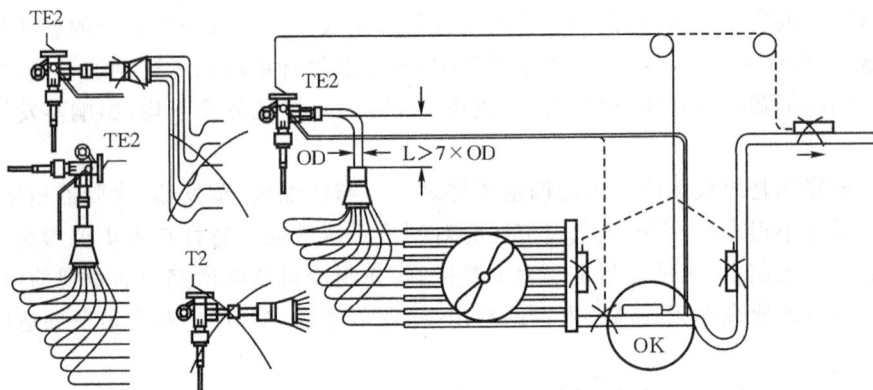

(d)吸气管直立上升时温包和外平衡管的安装

图 2.25 热力膨胀阀温包安装正误示例

2.2 液位控制

在 2.1 节中介绍了用于干式蒸发器供液量调节的各种膨胀机构。大型的制冷装置(特别是工业制冷和大型冷水机组)中较多采用满液式蒸发器。它虽然存在充

灌量大、回油有难度的缺点,但其传热系数高,容易实现装置的稳定运行,便于冷量分配,所以用量也颇大。

对于满液式蒸发器,供液量调节不可以用过热度作为检测参数(因为不管负荷如何变化,出口总是饱和气体)。若供液量大于从蒸发器引出的气体量,则制冷剂的液面升高,反之液面下降。也就是说,反映供液量与负荷之间的匹配关系的检测参数是蒸发器中制冷剂的液位高度。所以,其供液量调节是控制液位维持在指定范围。

除了满液式蒸发器,制冷系统有自由液面的设备、容器中也都要求保持规定的液位,以保证制冷装置正常、安全运行。例如,需要保持中间冷却器、低压循环液桶等容器中的制冷液位,在油系统中需要控制油分离器、集油器和曲轴箱中的油位,并根据油位控制排油和加油。这些都属于液位控制的范畴,下面介绍制冷装置中的液位控制。

目前,制冷装置中使用的液位控制系统有机械式和电子式两类,基于液位变化进行的流量调节方式有位式调节和连续调节。控制器件有:浮子调节阀,热力式液位调节阀,液位控制器+电磁阀,电子式液位控制系统。本节只说明机械式液位控制,电子式液位控制见 6.3.6 节。

2.2.1　浮子调节阀

浮子调节阀是以液位为信号的机械式流量调节装置,用浮子感应液位变化,调节流入(或流出)容量的流量。有高压浮子阀和低压浮子阀。

高压浮子阀是以浮子感应高压侧容器(冷凝器或者高压贮液器)中的液位来调节向蒸发供液。它的动作规律是:当高压容器中液位升高时阀开大,增加蒸发器供液量;反之阀关小,减少供液量。

低压浮子阀是以浮子感应低压侧容器(蒸发器或者低压贮液器)中的液位来调节向蒸发器供液。它的动作规律是:当低压容器中液位升高时阀关小,减少蒸发器供液量;反之阀开大,增加供液量。

浮子调节阀的流量调节特性有比例调节(如 SV 型)和非比例调节(如 HF1 型)。

1. HF1 型高压浮子阀

用高压浮子阀控制从冷凝器膨胀到低压侧的制冷剂流量是有效而节省的方法。图 2.26 是采用板式热交换器的制冷系统应用高压浮子阀(HF1)的示例。

HF1 型高压浮子阀的结构和调节特性如图 2.26 所示。HF1 用法兰直接安装在冷凝器的出口,浮子室与冷凝器连通。浮子随液位上下时,带动滑阀板运动,改变阀口的开度。其阀口设计得使阀具有如图中的曲线所示的调节特性。当浮子室中液位在 a 位置时,阀关闭;液面升至 b 位置时,浮子带动滑阀板运动到总行程的

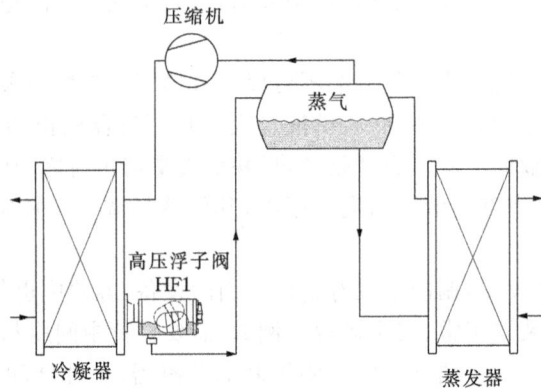

(a)应用示例

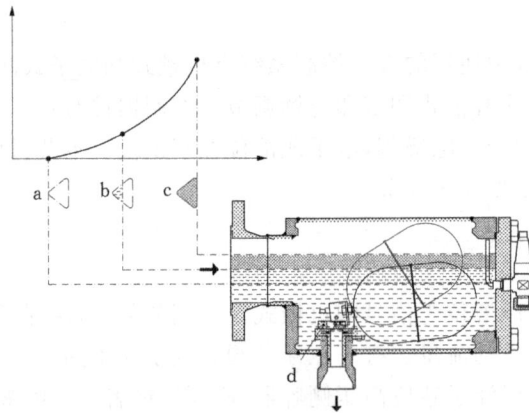

(b)结构和调节特性

图 2.26　HF1 型高压浮子阀

一半,而阀能力只有最大能力的 25% 左右;液面升至 c 位置时,阀全开,达到最大能力。曲线表明随着液位的升高,能力的增加比滑阀板移动得快,保证从部分负荷到满负荷的整个范围都能很好地进行能力调节。

　　当阀关闭时,仍有少量制冷剂可以通过旁通越过阀座,于是残留的液体便慢慢与低压侧平衡。这样在停机期间,系统将会自动达到压力平衡,压缩机可以在无高背压的情况下重新启动。旁通尺寸的大小要预先确定,在调整浮子组件时设定。如果需要的话,最好将旁通设置到最小(把滑板调整到 d 位置)。

　　计算与选型时,按指定运行条件下的负荷进行阀能力选择,阀能力应当高于额定工况时以及装置启动期间的能力需求。 表 2.5 和表 2.6 分别给出 HF1 的额定

表 2.5　HF1 的额定能力

阀型号	额定能力/kW(R 717,−10/+35℃)	阀常数 K
HF1040FD	400	16.79
HF1050FD	800	33.58
HF1060FD	1200	50.36

表 2.6　高压浮子阀 HF1 的能力特性表

HF1 040 - R 717 能力/kW													
冷凝温度/℃	蒸发温度/℃												
	−40	−35	−30	−25	−20	−15	−10	−5	0	5	10	15	20
50	475	480	480	475	475	475	470	460	455	445	430	415	395
45	460	460	460	460	455	455	445	440	430	420	405	385	360
40	440	440	440	440	435	430	425	415	405	390	375	350	325
35	420	420	420	415	415	405	400	390	375	360	340	315	280
30	400	400	400	395	390	385	375	360	345	325	300	270	230
25	380	380	375	370	365	360	345	330	315	290	260	220	160
20	360	355	355	350	340	330	315	300	280	250	210	155	
15	340	335	330	325	315	300	285	265	240	200	150		
10	315	310	305	295	285	270	250	225	195	140			
5	290	285	280	270	255	240	215	185	135				
0	270	260	255	240	225	205	175	125					
−5	245	235	225	210	190	165	120						
−10	220	210	200	180	155	115							
HF1 050													
50	955	955	955	955	950	945	935	925	910	890	865	830	790
45	920	920	920	915	910	905	895	880	860	835	805	770	725
40	880	880	880	875	870	860	850	830	810	780	745	700	645
35	845	845	840	835	825	815	800	780	755	720	680	625	560
30	805	800	800	790	780	765	750	725	695	655	605	540	455
25	765	760	755	745	730	715	695	665	630	580	520	440	320
20	720	715	705	695	680	660	635	600	555	500	420	310	
15	675	670	660	645	630	605	570	530	480	405	295		
10	630	625	610	595	570	645	505	455	385	285			
5	585	575	560	540	515	480	430	365	270				
0	540	525	505	485	450	405	345	255					
−5	490	475	455	425	385	325	240						
−10	440	420	395	360	305	230							

HF1 060												
50	1430	1435	1435	1430	1425	1420	1405	1385	1365	1335	1295	1245	1190
45	1380	1380	1380	1375	1370	1360	1340	1320	1290	1255	1210	1155	1085
40	1325	1325	1320	1315	1305	1290	1270	1245	1215	1170	1120	1055	970
35	1265	1265	1260	1250	1240	1220	1200	1170	1130	1080	1020	940	840
30	1205	1205	1195	1185	1170	1150	1120	1085	1040	980	905	810	685
25	1145	1140	1130	1115	1100	1075	1040	995	940	870	780	660	485
20	1080	1070	1060	1045	1020	990	950	900	835	750	635	465	
15	1015	1005	990	970	940	905	860	795	715	605	445		
10	945	935	915	890	860	815	755	680	580	425			
5	875	860	840	810	770	720	645	550	405				
0	805	785	760	725	675	610	520	380					
−5	735	710	680	635	575	490	360						
−10	660	635	595	540	460	340							

能力和不同工况时的能力特性表(制冷剂为 R717)。采用其它制冷剂时阀的质量流率 G 按下式计算(适用于液体密度在 $500\sim700$ kg/m³ 的制冷剂)。

$$G = K \sqrt{\Delta p \times \rho}　\text{kg/h}$$

式中: Δp 为压力差, 10^{-1} MPa; ρ 为液体密度, kg/m³; K 为阀常数(见表 2.5)。

2. SV 型浮子阀

SV 型浮子阀为比例型调节阀,有高压阀也有低压阀,其结构分别如图 2.27 和图 2.28 所示。

高压浮子阀 SV(H)用于小型冷凝器或高压贮液器的液位控制,液位上升时,浮子(2)向上运动,带动针阀(15)将阀开大,让多量液体流出。氟里昂制冷剂过冷度小、压降大时会有大量闪蒸气。这个气液混合物要通过接头(C)引出,进入液体管。如果此管尺寸太小,会造成 SV(H)阀能力明显减小,意味冷凝器或贮液器中有液体贮集失误的危险。连接在(C)处的液管尺寸按以下原则考虑:R717 过冷液在其中的最大流速控制在 1 m/s 左右;氟里制冷剂过冷液在其中的最大流速控制在 0.5 m/s 左右。SV 上有手动节流阀(10),接头(C)与手动节流阀可以串连(S 接口),也可以并联(P 接口)。并联时,浮子孔关闭的 SV 阀所具有的能力与手动节流阀(10)的开度相对应;串连时,节流阀 10 的作用,对于 SV(L),是一个前置节流孔,对于 SV(H),便是后置节流孔。如图 2.29 所示。

SV 适用于 R717,R22,R134a,R404A 及其它氟里昂制冷剂;允许介质温度范围: $-50\sim+65$℃;比例带 35 mm;浮子孔的 k_v 值为 0.06 m³/h(SV1)和 0.14 m³/h(SV3);额定能力见表 2.7。

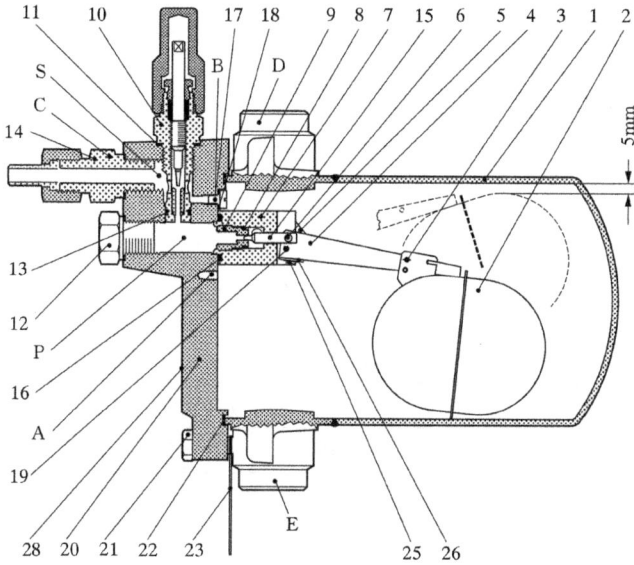

图 2.27　低压浮子阀 SV

C—螺纹接套;D—平衡管接口;P—与 C 并联接口(螺栓 25 在 A 的位置);S—与 C 串连的接口(螺钉 25 在 B 位置);1—浮子室;2—浮球;4—浮球杆;7—阀座;9—浮子孔;10—手调节流阀;8,13,16—"O"形圈;11,18,22—垫圈;12—堵头;14—导压接头(备用件);15—针阀孔;26—弹簧垫圈

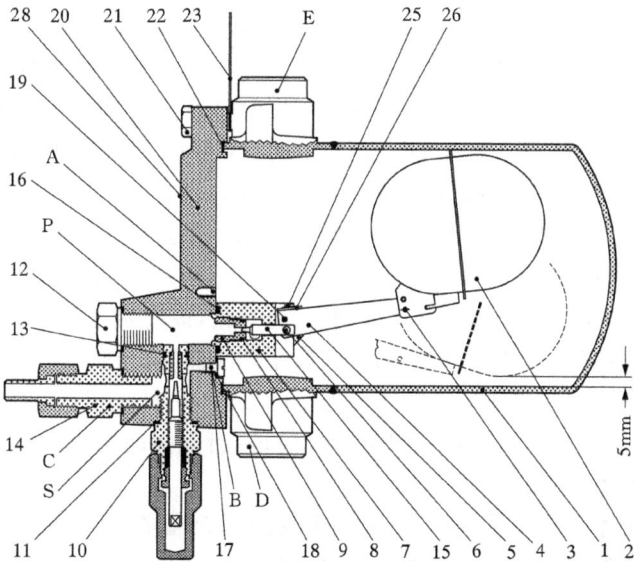

图 2.28　高压浮子阀 SV

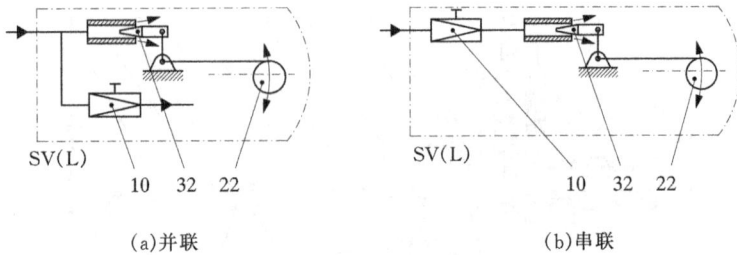

(a)并联   (b)串联

图 2.29   C 接口的连接方式

表 2.7   浮子阀 SV 的额定能力(条件:$t_e = +5℃$,$t_c = +32℃$,$t_1 = +28℃$)

型号	额定能力/kW					
	R717	R22	R134a	R404A	R12	R502
SV1	25	4.7	3.9	3.7	3.1	3.4
SV3	64	13	10.0	9.7	7.9	8.8
SV1	25	4.7	3.9	3.7	3.1	3.4
SV3	64	13	10.0	9.7	7.9	8.8

SV 浮子阀的尺寸较小,虽可以在小系统中单独使用,但主要是作为导阀,与主阀一道使用。

图 2.30 给出它的各种应用方式。其中,(a)和(b)分别是与主阀一道使用根据满液式蒸发器液位和根据高压贮液器液位调节向蒸发器供液的应用;(c)和(d)分别是单独使用根据吸气分离器液位和高压贮液器液位调节向蒸发器供液的应用。

图 2.31 给出高压浮子阀 SV(H)与主阀 PMFH 组合应用的示例。图 2.32 给出低压浮子阀(SV4)与主阀(PMFL)组合应用的示例。

从这两个图可以看到浮子阀与主阀组合的控制过程。例如图 2.31 中示出的是两级压缩制冷系统。在导阀即高压浮子阀 SV(H)感应高压贮液器中的液位变化,改变出口导阀开度,造成导压管中的压力变化,该液体力作用于主阀 PMFH 的活塞上腔,使主阀开度变化,从而调节从高压贮液器流出到中间冷却器去的制冷剂流量。在主阀的控制引压通道上还串连了电磁阀(导阀)。电磁阀可以接受指令控制主阀关闭、使系统停止工作。图中的情况是:当中间冷却器液位超高报警时,同时电磁导阀关闭,主阀关闭。

使用高压浮子阀的系统特点:系统中制冷剂充灌量少;阀可以在常温处安装,阀体不需隔热处理,检修方便;浮子根据液位偏差成比例地调节阀的动作,具有较好的线性流量特性;系统中的制冷剂绝大部分容纳在蒸发器中,贮液器(或冷凝器)

(a)低压浮子阀与主阀组合　　　　　　(b)高压浮子阀与主阀组合

(c)低压浮子阀 SV(L)单独使用　　　　(d)高压浮子阀 SV(H)单独使用

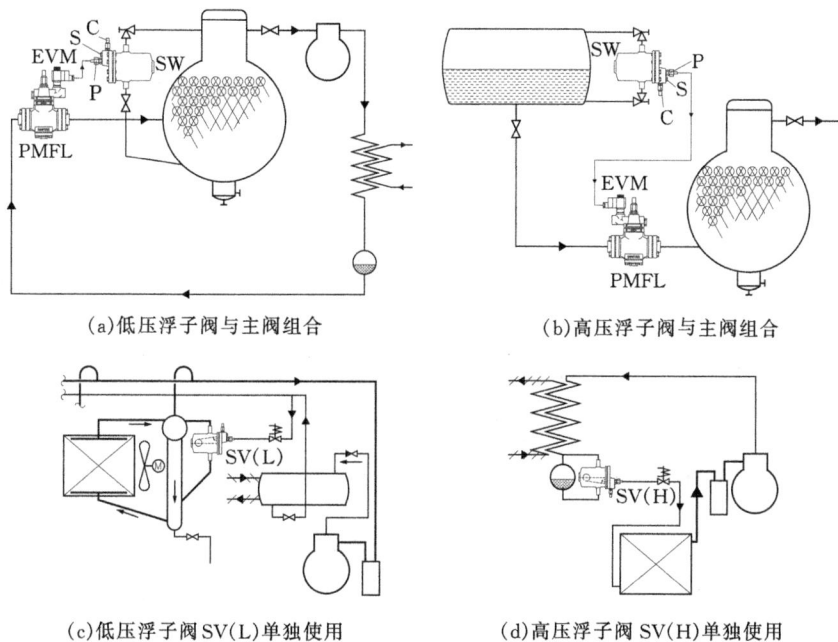

图 2.30　浮子调节阀 SV 的各种应用方式

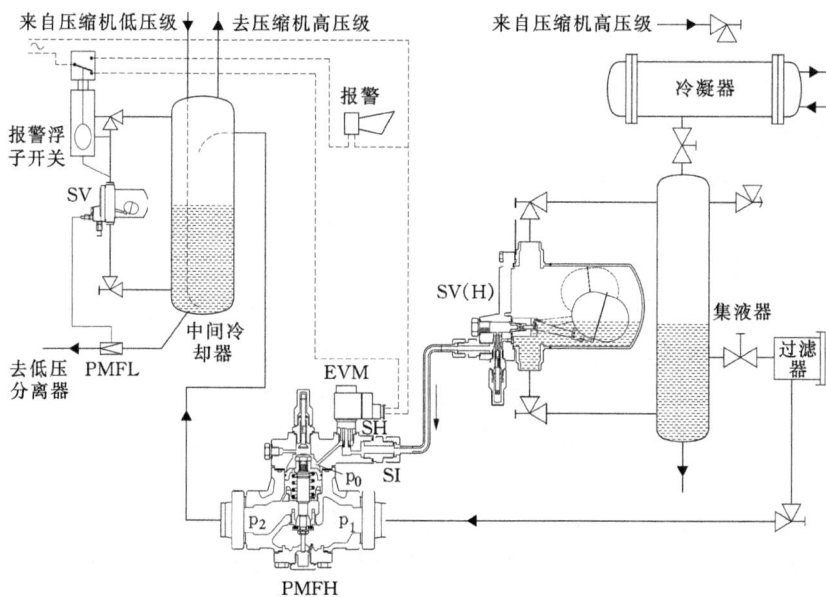

图 2.31　伺服式高压浮子阀 PMFH 的应用示例

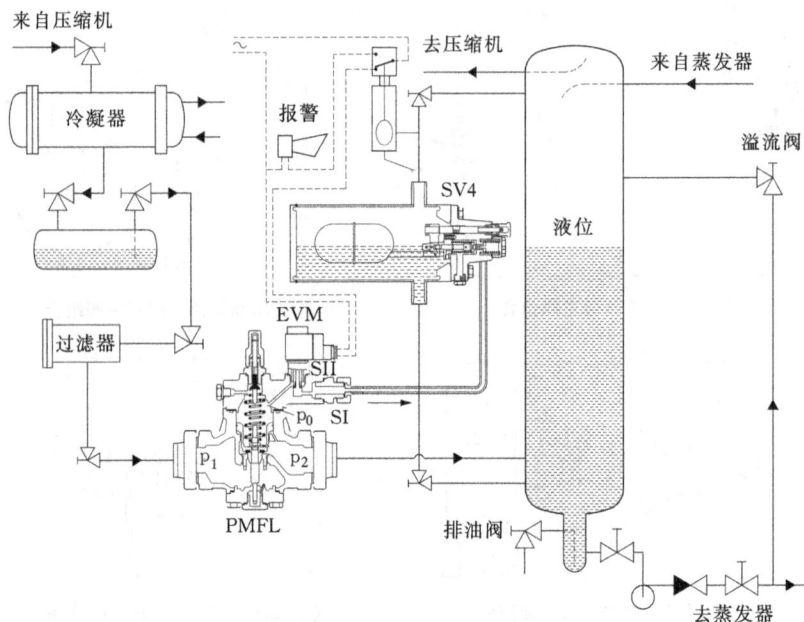

图 2.32　伺服式低压浮子阀 PMFL 的应用示例

出口的集液包尺寸很少。设计中需要根据蒸发器的制冷量,冷凝器液量与压缩机能力的平衡,正确确定系统的制冷剂充灌量,充量过多会引起液击;过少会降低系统的制冷能力。

3. 浮子阀的选配和使用

一般来说,浮子阀可以供各种制冷剂使用,不会因制冷剂比重的差异对液位控制产生很大影响。选阀时,按样本提供的一定压力差 Δp、蒸发温度 t_0 和进口条件下的阀容量正确选择阀尺寸。若选阀尺寸过大,会只作开关动作;阀尺寸过小,即使阀全开,也无法维持液位一定,对此应予特别注意。

使用中要保证阀工作可靠,便于检修。低压浮子阀处于低温工作条件,需要隔热。由于施工后再调整液位较麻烦,故设计时应仔细考虑好控制液面的位置。压缩机停机时应停止供液,所以在浮子阀前安装电磁阀,它与压缩机连动。蒸发器底部的污物会堵塞接管,影响供液,所以进液管应足够粗,并且不要接在蒸发器底部,管子安装还要有一定的斜度。如果液面波动厉害,浮子的振荡幅度过大会造成断续供液,这种情况下要使用气侧平衡管上的手动阀节流使工作稳定。

2.2.2　热力式液位调节阀

热力式液位调节阀根据液位变化对流量实行比例调节。图 2.33 显示其结构和在系统中的应用。图 2.34 显示其工作原理。

热力式液位调节阀类似于热力膨胀阀。阀的主体部分和热力膨胀阀一样,不同处在于它的感温包内装有电加热器。装置工作时电加热器处于通电状态,对温包施加过热负荷。温包安放在要控制的液位处。当液面低于控制值时,因加热作用,温包温度比容器内的饱和液体温度高,使阀打开。当液位上升浸没温包时,由于温包中的热量得以通过制冷剂液体散失,包内压力降低,使阀节流或完全关闭。这种液位调节阀的优点是:直接动作,不像浮子液位控制器与电磁阀组合动作那

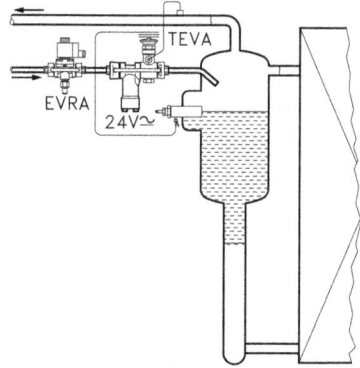

图 2.33　热力式液位调节阀在系统中的应用

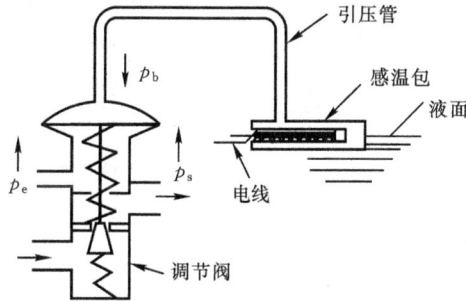

（a）结构示意

阀的动作	开	供液	闭
作用在膜片上的压力关系	p_b ↓ ↑ ↑ p_e　p_s	p_b ↓ ↑ ↑ p_e　p_s	p_b ↓ ↑ ↑ p_e　p_s
液面位置			

（b）动作原理

图 2.34　热力式液位调节阀的结构示意和动作原理

么复杂;体积小,安装方便,安装位置灵活。这种阀用于满液式蒸发器、中间冷却器和气液分离器的液位控制。主要针对 R717 制冷剂系统,也可以用于 R22 系统;允许介质温度范围:-50～+10℃;阀的最高工作压力为 1.9 MPa,温包采用吸附充注,其中的电加热器规格有 24 Vac,10 W(Danfoss),也有 115 V 和 230 Vac,15 W(Aspera)。

使用时注意:热力式液位调节阀的关闭不是很严,在该阀前需设电磁阀。电磁阀与压缩机连动,停机时切断供液。温包正确感温十分重要,应特别注意防止液位中油膜造成的传热不良。制冷剂为 R717 时,从温包室底部引液相平衡管,便可以回油,该管要倾斜安装。制冷剂为 R22 时,因为油浮在液面上,需要在温包室液面附近设回油管。回油方式如图 2.35 所示。这种阀几乎全是外平衡式,必须安装外平衡管。由于容器是是满液式设备,外平衡管的连接位置不同成问题,最好接在能检测蒸发压力的部位。

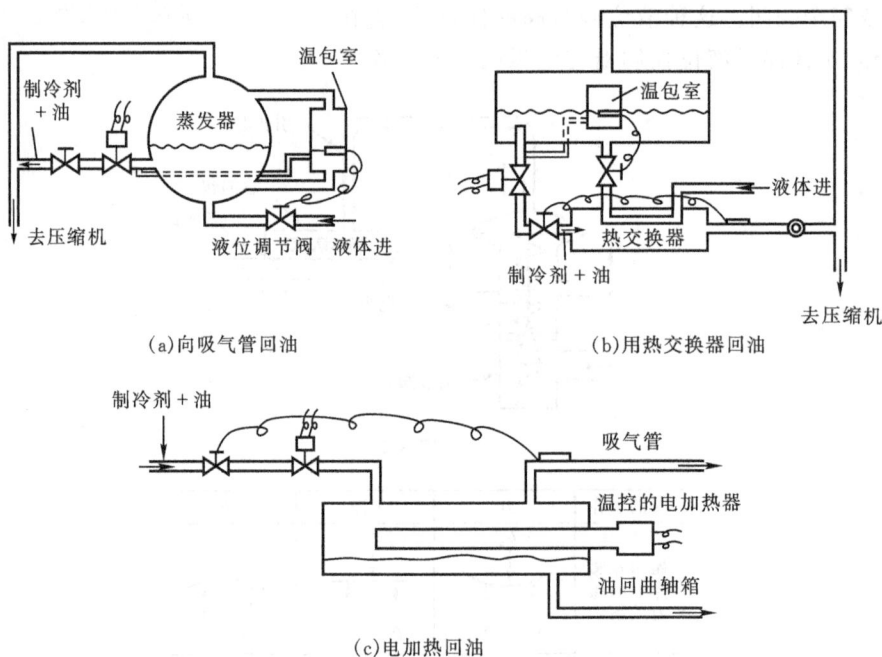

(a)向吸气管回油

(b)用热交换器回油

(c)电加热回油

图 2.35 热力式液位调节阀的温包回油方式

选阀方式与热力膨胀阀一样,也是根据阀前后压差 Δp 和蒸发温度 t_0,从样本上查取容量满足系统制冷量要求的阀。热力式液位调节阀的能力特性见表 2.8。

表 2.8　热力式液位调节阀的能力特性表

R717(NH₃)能力/kW							−50～+10℃	
型号	阀前后压差 Δp/10⁻¹MPa							
	2	4	6	8	10	12	14	16
TEVA 20								
TEVA20 - 1	1.7	2.4	2.9	3.2	3.5	3.7	3.8	4.0
TEVA20 - 2	3.6	4.9	5.8	6.5	7.0	7.4	7.8	8.1
TEVA20 - 3	5.5	7.4	8.6	9.7	10.5	10.9	11.5	12.0
TEVA20 - 5	9.2	12.4	14.8	16.3	17.6	18.5	19.4	20.4
TEVA20 - 8	14.5	19.8	22.7	25.6	27.7	29.0	30.8	32.0
TEVA20 - 12	22.1	29.7	33.7	39.0	41.9	44.2	46.5	48.8
TEVA20 - 20	36.6	50.0	58.0	64.5	70.4	74.4	77.9	81.4
TEVA 85								
TEVA 85 - 33	60.5	82.0	96.0	107	116	122	130	135
TEVA 85 - 55	98.9	137	160	179	192	201	213	224
TEVA 85 - 85	150	207	243	276	298	312	329	340

2.2.3　热力式液位控制器

热力式液位控制器采用与上述类似的电加热型温包感应液位,通过毛细管传递温包压力信号,与容器内液体的饱和压力比较,推动电触头板使电路通、断。它主要是作为安全开关和液位报警控制使用,防止液位过高。还可以用于对液位进行双位调节(在允许液位幅差大到±40 mm 的场合,保持恒定的平均液位)。它的结构见图 2.36。温包的压力作用于下部波纹管,用平衡管引接容器内的压力,作用于上部波纹管。调节弹簧用来根据制冷剂种类调节定位。液位升高浸没温包时,下部压力降低,电触头断开,电磁阀关闭,停止供液;液位下降,温包压力升高时,电触点接通,电磁阀打开供液。

RT281A 型热力式液位控制器的技术条件:

制冷剂:R717,R22;

温包:吸附充注;允许最高温度 80℃;

电加热器:DC/AC　24 V,10 W;

压力:最高工作压力 2.2 MPa,最高试验压力 2.5 MPa;

介质(R22,R717)温度:−30～+20℃;

环境温度：－50～＋70℃；

控制液位差：安全条件下，液面最大波动速度为每分钟 15 mm，液位上升偏差约 10 mm；液位下降偏差约 20 mm。在不利条件下工作时，必须按液位上升偏差 20 mm，液位下降偏差 60 mm 考虑。

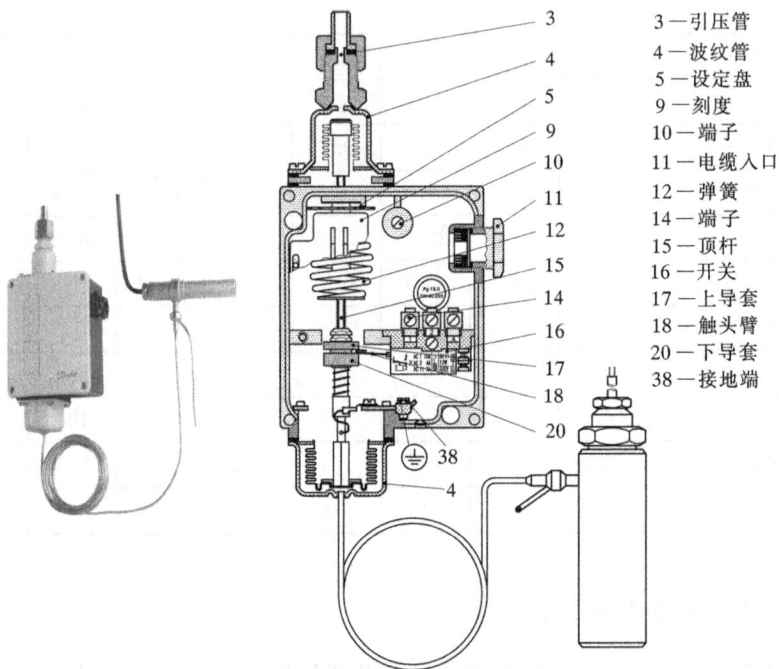

3—引压管
4—波纹管
5—设定盘
9—刻度
10—端子
11—电缆入口
12—弹簧
14—端子
15—顶杆
16—开关
17—上导套
18—触头臂
20—下导套
38—接地端

图 2.36　热力式液位控制器(RT281A)外形及结构图

2.3　蒸发压力控制

制冷系统运行中，外界条件或负荷变动时，膨胀阀供液量改变会引起蒸发压力波动。出于以下原因，需要控制蒸发压力。

从保证制冷温度(冷库温度、载冷液体温度等)控制精度来考虑：制冷装置中蒸发器作用于被冷却对象，是冷源。为了使被冷却对象温度维持在工艺要求的指定值，就需要有较恒定的蒸发温度。蒸发压力波动过大，不仅影响被冷却对象的温度控制精度，而且使装置运行稳定性变差。冷库用的蒸发器，在蒸发压力过低时，其表面温度过低，蒸发器降湿(结霜)作用增强，会加剧冷藏食品的干耗，增加商业经济损失。冷水机组中的蒸发器，在蒸发温度过低时，会造成冷水结冰，冻破传热管。

此外,对于设计中采用一台压缩机配多个温度互不相同的蒸发器的制冷工艺系统,由于压缩机只可能以一种吸气压力回气,也必须通过蒸发压力控制,使各个蒸发器在它们设计指定的蒸发温度下工作。

蒸发温度控制是通过蒸发压力控制来实现的。控制蒸发压力的方法是:在蒸发器出口处安装蒸发压力调节阀 EPR(evaporaing pressure regulator),构成蒸发压力反馈的流量调节系统。它的基本调节原理是:蒸发压力调节阀感应阀前制冷剂压力(即蒸发压力 p_0)动作:当 p_0 高时,阀全开。随着负荷减小,p_0 下降,阀开度变小,使从蒸发器流出的气体量减少,通过这种节流作用使阀前压力 p_0 高于阀后压力(吸气压力)。也就是说,低负荷时,虽然由于膨胀阀减少供液,压缩机吸气压力降低,但通过蒸发压力调节阀的节流作用,筑高了阀前压力,故仍能维持蒸发器中有较高的压力。当 p_0 低于设定值时,阀关闭。

根据蒸发器容量大小,蒸发压力调节阀(EPR)有直动式和导阀与主阀组合控制式。前者用于小型装置,后者用于大型装置。

2.3.1　用直动式蒸发压力调节阀控制蒸发压力

用直动式蒸发压力调节阀控制蒸发压力恒定的调节原理如图 2.37 的所示。图(a)为一台压缩机配一个蒸发器的系统中的蒸发压力调节,图(b)为一机多蒸发温度系统中的蒸发压力调节。除了最低温度的那个蒸发器外,在每个高温蒸发器的出口处安装一只蒸发压力调节阀(KVP),把每个 KVP 按需要的 p_0 值设定。运行时,高温蒸发器出口的制冷剂蒸气经过 KVP 节流到与低温蒸发器相同的压力,然后一道向压缩机回气。这种系统的循环原理如图中(c)所示。在低温蒸发器的出口处往往安装一只止回阀,其作用是防止停机时因各蒸发器压力不同,制冷从高温蒸发器倒流向低温蒸发器。

直动式蒸发压力调节阀 KVP 的结构如图 2.38 所示。阀体下面的接口与蒸发器出口管连接,阀体右边的接口连到压缩机吸气管。蒸发压力 p_0 由下部作用于阀板。p_0 高于设定值(由设定螺钉 3 调节主弹簧 4 设定)时,阀板上移、阀开启。阀的开度只取决于入口压力。由于有平衡波纹管、出口侧压力的变化不影响阀的开度。平衡波纹管的有效面积与阀座的有效面积相同。该调节阀中装有高效阻尼机构,能抑制制冷装置中通常所出现的脉动,还能保证阀的寿命而不影响调节精度。另外,这种调节阀还能防止蒸发压力过低,当蒸发器中压力降到设定值时阀关闭,例如用在冷水器中可以起到防止冷水结冰的保护作用。

使用时,在装置运行过程中调整:在压力表接口上安装压力表,一边调节设定螺钉,一边观察压力表读数,到蒸发压力达到需要的值为止。

蒸发压力调节阀(KVP 型)的调节特性如图 2.39 所示,它是比例型调节器,表

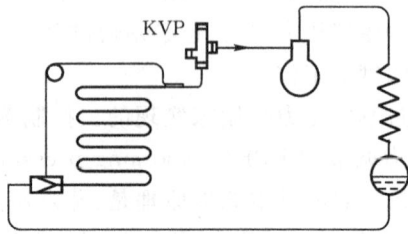

(a)一机一蒸发器系统

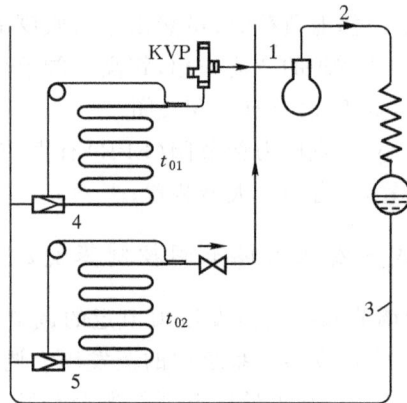

(b)一机多蒸发温度系统

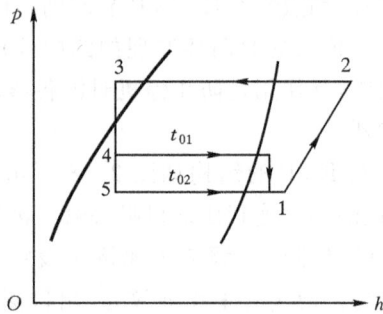

(c)一机多蒸发温度系统的循环原理

图 2.37　用直动式蒸发压力调节阀控制蒸发压力

征其调节特性的参数是:比例带和偏移量(即偏差)。

　　比例带定义为:使阀板从关闭到全开位置所需的压力变化值。例如,若设定 KVP 阀在 0.4 MPa 时开始打开,比例带是 0.17 MPa,则当入口压力上升到 0.57 MPa时,阀全开,达到最大能力。

偏移量定义为蒸发压力变化的允许量,它等于期望的工作压力与允许的最低压力之间的差值,偏移量始终处于比例带中的一部分。例如:R22 制冷系统,要求工作蒸发温度(期望值)为 5℃,最低不得低于 0.5℃。即蒸发压力期望值 0.49 MPa,最低 0.41 MPa,则偏移量为 0.08 MPa。

蒸发压力调节阀的产品样本中给出它所适用的制冷剂种类、蒸发压力的设定范围、最大比例带 p'、通流能力特性 k_v 值、额定能力、能力特性表。依据这些,在系统设计时进行选型。

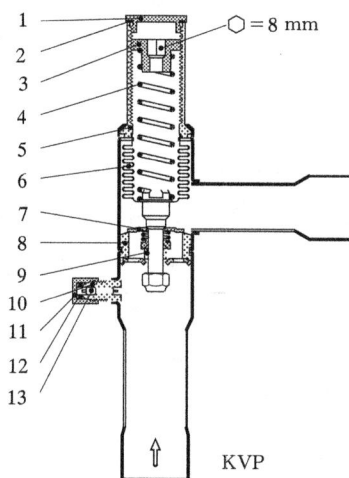

图 2.38　蒸发压力调节阀 KVP

1—护盖;2—垫圈;3—设定螺栓;4—主弹簧;5—阀体;
6—平衡波纹管;7—阀板;8—阀座;9—阻尼;
10—压力表接头;11—盖;12—垫片;13—堵头

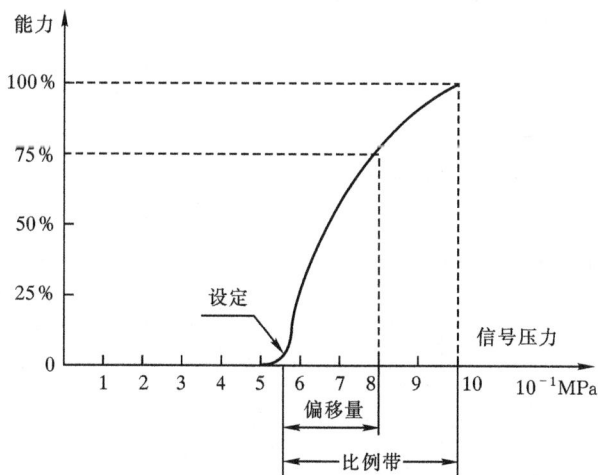

图 2.39　调节特性图

KVP 系列蒸发压力调节阀(适用于所有 CFC,HCFC,和 HFC 类制冷剂)的主要技术性能及数据:

蒸发压力的设定范围可调:调节范围是 0～0.55 MPa(出厂设定为 0.2 MPa)。

最大比例带 p':KVP12/15/22 型为 $p'=0.17$ MPa,KVP28/35 型为 $p'=0.28$ MPa。

最大比例带时阀的流量系数：KVP12/15/22 型为 $k_v = 2.5$ m³/h；KVP28/35 型 $k_v = 8.0$ m³/h。

偏移量为 0.06 MPa 时阀的流量系数：KVP12/15/22 型为 $k_v = 1.7$ m³/h；KVP28/35 型为 $k_v = 2.8$ m³/h。

介质温度：最高 100℃；最低 −40℃。

额定能力见表 2.9。能力特性见表 2.10。

表 2.9　蒸发压力调节阀 KVP 的额定能力

型号	额定能力/kW				额定条件
	R22	R134a	R404A/R507	R407C	蒸发温度、冷凝温度、阀上压降和偏移量分别为：
KVP12	4.0	2.8	3.6	3.7	
KVP15	4.0	2.8	3.6	3.7	$t_e = -10℃$
KVP22	4.0	2.8	3.6	3.7	$t_c = +25℃$
KVP28	8.6	6.1	7.7	7.9	$\Delta p = 0.02$ MPa
KVP35	8.6	6.1	7.7	7.9	偏移 $= 0.06$ MPa

表 2.10　蒸发压力调节阀(KVP)的能力特性表

型号	阀上压降 $\Delta p/10^{-1}$ MPa	蒸发温度 t_e/℃							
		−30	−25	−20	−15	−10	−5	0	5
R22 能力/kW									
KVP12 KVP15 KVP22	0.1	1.9	2.1	2.3	2.6	2.9	3.2	3.5	3.8
	0.2	2.5	2.9	3.2	3.6	4.0	4.4	4.9	5.3
	0.3	3.0	3.4	3.8	4.3	4.8	5.3	5.9	6.5
	0.4	3.3	3.8	4.3	4.9	5.5	6.1	6.7	7.4
	0.5	3.4	4.1	4.7	5.3	6.0	6.7	7.4	8.2
	0.6	3.6	4.2	5.0	5.7	6.4	7.2	8.0	8.8
KVP28 KVP35	0.1	4.0	4.5	5.0	5.6	6.2	6.8	7.5	8.2
	0.2	5.4	6.2	6.9	7.7	8.6	9.5	10.4	11.4
	0.3	6.3	7.3	8.2	9.3	10.3	11.5	12.6	13.9
	0.4	7.0	8.1	9.2	10.4	11.7	13.0	14.4	15.8
	0.5	7.4	8.7	10.0	11.4	12.8	14.3	15.9	17.6
	0.6	7.6	9.1	10.6	12.2	13.8	15.4	17.1	18.9

型号	阀上压降 $\Delta p/10^{-1}$ MPa	蒸发温度 $t_e/℃$							
		-15	-10	-5	0	5	10	15	20
R134a									
KVP12 KVP15 KVP22	0.1	1.8	2.1	2.3	2.6	2.9	3.2	3.6	3.9
	0.2	2.5	2.8	3.2	3.6	4.0	4.5	5.0	5.5
	0.3	2.9	3.4	3.8	4.3	4.9	5.4	6.0	6.6
	0.4	3.2	3.7	4.3	4.9	5.5	6.1	6.8	7.6
	0.5	3.4	4.0	4.6	5.3	6.0	6.8	7.5	8.3
	0.6	3.5	4.2	4.9	5.7	6.4	7.3	8.1	9.0
KVP28 KVP35	0.1	3.9	4.5	5.0	5.6	6.2	6.9	7.6	8.4
	0.2	5.3	6.1	6.9	7.8	8.7	9.6	10.6	11.7
	0.3	6.3	7.2	8.2	9.3	10.4	11.6	12.9	14.2
	0.4	6.9	8.0	9.2	10.5	11.8	13.2	14.6	16.2
	0.5	7.3	8.6	10.0	11.4	12.9	14.5	16.1	17.9
	0.6	7.5	9.0	10.5	12.1	13.8	15.6	17.4	19.3

型号	阀上压降 $\Delta p/10^{-1}$ MPa	蒸发温度 $t_e/℃$							
		-35	-30	-25	-20	-15	-10	-5	0
R404A/R507									
KVP12 KVP15 KVP22	0.1	1.4	1.6	1.8	2.1	2.3	2.6	2.8	3.2
	0.2	1.9	2.2	2.5	2.8	3.2	3.6	4.0	4.4
	0.3	2.2	2.5	3.0	3.5	3.9	4.4	4.8	5.4
	0.4	2.4	2.9	3.3	3.9	4.3	4.9	5.5	6.2
	0.5	2.5	3.1	3.6	4.2	4.8	5.5	6.1	6.8
	0.6	2.6	3.2	3.9	4.4	5.1	5.8	6.5	7.4
KVP28 KVP35	0.1	2.9	3.4	3.9	4.4	5.0	5.5	6.0	6.8
	0.2	4.0	4.7	5.4	6.2	6.8	7.7	8.4	9.6
	0.3	4.7	5.5	6.4	7.3	8.2	9.2	10.3	11.6
	0.4	5.1	6.1	7.2	8.2	9.3	10.5	11.7	13.2
	0.5	5.5	6.6	7.7	9.0	10.2	11.4	12.9	14.5
	0.6	5.7	6.9	8.2	9.6	10.9	12.4	13.8	15.7

阀能力数据基于膨胀阀前液体温度 $t_1=25℃$,调节阀压力偏移$=0.06$ MPa,阀前为干饱和气体。

以上技术数据中的"k_v 值"表示在阀前后压力差 $\Delta p = 0.1$ MPa,阀的偏移压力(即蒸发压力与设定的阀关闭压力之差)为 0.06 MPa 时,水通过阀的流量。"额定能力"是对应于下述条件下的阀能力:蒸发温度 $t_0 = -10℃$;冷凝温度 $t_k = +25℃$;阀前后压差 $\Delta p = 0.02$ MPa;偏移压力 $= 0.06$ MPa。

表 2.11　蒸发压力调节阀(KVP)能力修正

(a)液体温度 t_1 修正因子									(b)偏移压力修正因子							
t/℃	10	15	20	25	30	35	40	45	50	偏差/10^{-1} MPa	0.2	0.4	0.6	0.8	1.0	1.2	1.4
R134a	0.88	0.92	0.96	1.0	1.05	1.10	1.16	1.23	1.31	KVP12							
R22	0.90	0.93	0.96	1.0	1.05	1.10	1.13	1.18	1.24	KVP15	2.5	1.4	1.0	0.77	0.67	0.59	
R404A/ R507	0.84	0.89	0.94	1.0	1.07	1.16	1.26	1.40	1.57	KVP22							
										KVP28		1.4	1.0	0.77	0.67	0.59	0.53
R407C	0.88	0.91	0.95	1.0	1.05	1.11	1.18	1.26	1.35	KVP35							

利用表 2.10 进行阀的尺寸选择时须注意:表中的阀能力数据是对应于流阀前制冷剂液体温度 $t_1 = 25℃$,阀偏移压力为 0.06 MPa 的值。若实际情况与此不符,应对装置的蒸发器能力(制冷量)Q_0 加以修正,再按修正后的蒸发器能力选择阀的尺寸。对应于不同液体温度 t_1 的修正因子和不同偏移压力的修正因子分别见表 2.11(a)、(b)。

选阀示例　R134a 机组,蒸发器制冷能力 $Q_0 = 4.2$ kW。蒸发温度 $t_0 = +5℃$($p_0 = 0.25$ MPa),为了防止冷水结冰,要求低负荷时蒸发温度不得低于 1.4℃(最低蒸发温度 $t_0' = 1.4℃$),膨胀阀前液体温度 $t_1 = 30℃$,据此条件选配蒸发压力调节阀。

解　设定当蒸发温度降到 $t_0' = 1.4℃$(相应的 $p_0' = 0.21$ MPa)时,蒸发压力调节阀关闭。先按设计运行工况确定蒸发器能力修正因子:查表 2.16,对应于 R134a,液体温度 $t_1 = 30℃$ 的修正因子为 1.04。偏移压力为 $p_0 - p_0' = 0.25 - 0.21 = 0.04$ MPa,查表 2.11,相应的修正因子为 1.4。故蒸发器能力修正值为 $1.04 \times 1.4 \times 4.2 = 6.2$ kW。据此,选择在可以接受的阀压差下,阀能力与之相当的型号。查阀能力表(表 2.10),在 $t_0 = 5℃$ 时,KVP12 或 KVP15 或 KVP22 型在阀前后压差 $\Delta p = 0.06$ MPa 时的能力为 6.4 kW;而 KVP28 或 KVP35 型阀在阀前后压差 $\Delta p = 0.01$ MPa 时的能力为 6.2 kW。也就是说,若用 KVP12/15/22,阀上压降大;若用 KVP28/35 阀上压降小。从中选择哪个,视系统设计可以接受多大的阀压差而定。此例中根据阀的接管情况,可选 KVP15。

2.3.2　组合式蒸发压力控制

组合式蒸发压力调节是将压力导阀(控制阀)与主阀组合使用控制蒸发压力。

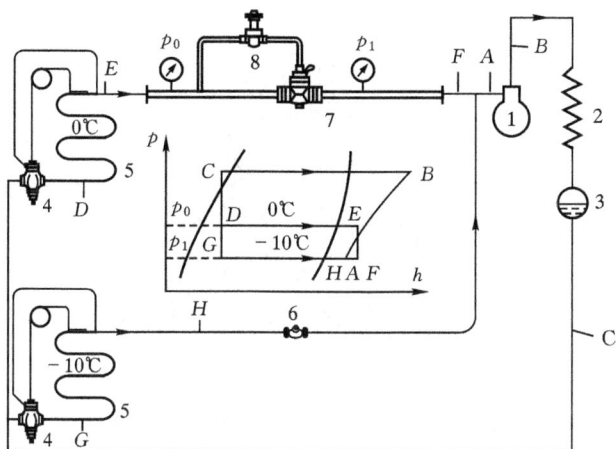

图 2.40　恒压阀＋主阀组合控制蒸发压力

1—压缩机；2—冷凝器；3—贮液器；4—膨胀阀；5—蒸发器；6—止回阀；7—主阀；8—压力导阀

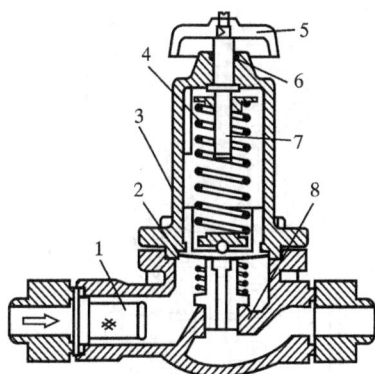

图 2.41　定压阀

1—滤网；2—膜片；3—弹簧座；4—弹簧；5—手轮；6—O 形圈；7—调节杆；8—阀座

它的系统布置如图 2.40 所示。压力导阀又叫恒压阀或定压阀，它的结构如图2.41 所示。主阀的结构见图 2.42。它们组合使用用时，用压力引管将蒸发器出口的压力信号引入导阀膜片的下部，当蒸发压力 p_0 高于设定值时，克服膜片上部的弹簧力，膜片向上移动，导阀开启，将制冷剂蒸气引入主阀的控制压力接口 10。制冷剂蒸气压力推开主阀上的单向阀片 13，蒸气进入主阀驱动腔（即活塞上部的腔室）。在这里发生信号压力的放大作用，（活塞上部的作用力＝$p_0 S$，S 为活塞上部的受力面积）推动活塞 11 向下运动，使主阀开启。p_0 越高，导阀的开度越大，主阀的开度

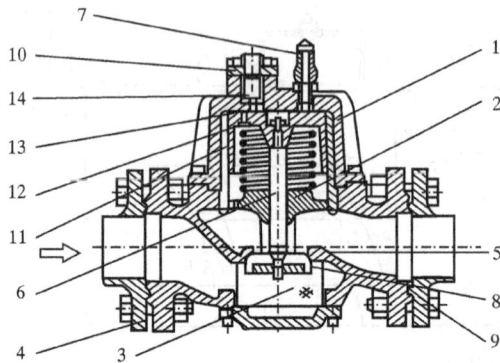

图 2.42 主阀

1—活塞筒体;2—弹簧座体;3—主过滤网;4—进口法兰;5—密封环;6—推杆;7—手动强开阀;
8—阀板;9—出口法兰;10—接管法兰;11—活塞;12—平衡孔;13—止回阀片;14—过滤网

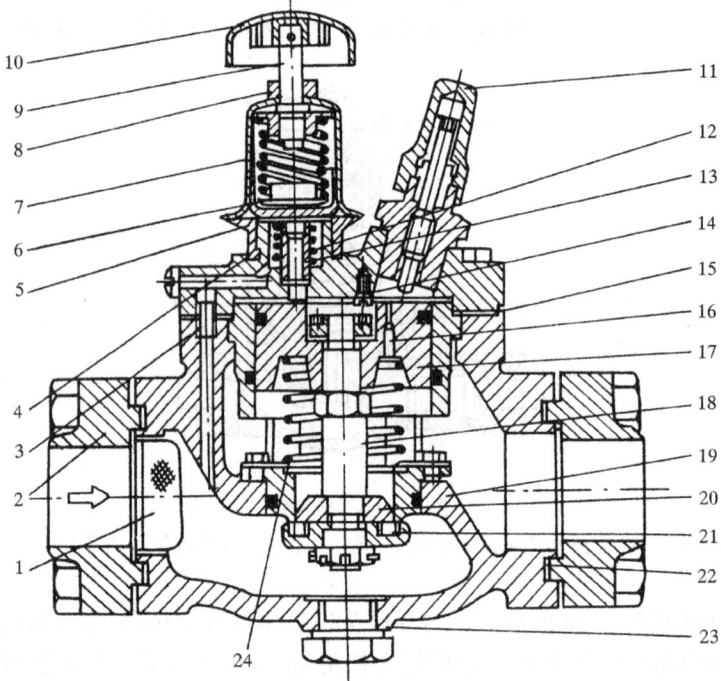

图 2.43 恒压主阀

1—主滤器;2—进口接管;3—辅助孔道;4—垫片;5—膜片;6—辅节流阀;7—辅助弹簧;
8—密封圈;9—调节杆;10—手轮;11—手动强开机构;12—辅阀座;13—过滤网;
14—止回阀片;15—垫片;16—压力平衡小孔;17—活塞;18—推杆;19—"O"形圈;
20—主调节阀芯;21—主阀板;22—垫片;23—泄放塞;24—主弹簧

也越大；导阀全开时，则主阀全开。反之，当 p_0 降低时，导阀开度变小，主阀开度也变小。p_0 低于导阀弹簧力的设定值时，导阀关闭，切断主阀的导压通道，主阀活塞上腔的制冷剂气体经过活塞上的平衡孔 12 泄到吸气侧，在主阀活塞下部弹簧的作用下，主阀关闭。为了结构紧凑，还可以将导阀调节器直接连在主阀上，称为恒压主阀，它是控制式蒸发压力调节阀，如图 2.43 所示。采用恒压主阀调节蒸发压力的系统安装如图2.44所示，连接时省去了外部引压管，由阀体内的辅助通道 8 引导控制压力信号。

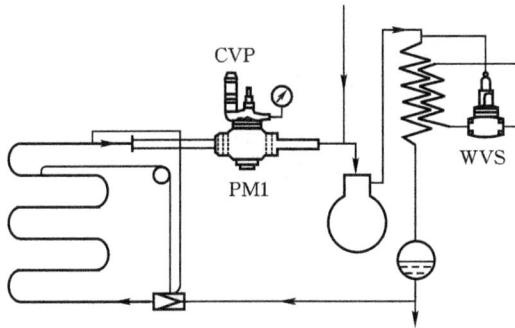

图 2.44　恒压主阀使用示例

　　从调节特性上分析，定压阀与主阀组合的阀（或恒压主阀）属于比例型调节阀。阀的开度与蒸发压力变化成比例。虽然调节过程中存在一定的静态偏差，但由于导阀和主阀的比例系数较大，主阀的灵敏度高，所以 p_0 波动较小，基本上可以维持蒸发器恒定的蒸发压力（或蒸发温度）。例如，由 CVP＋PM 控制的蒸发压力调节比例带为 0.02 MPa（CVP 和 PM 分别是恒压阀和主阀的型号）。

　　组合式蒸发压力调节阀的选配方法与前相同。导阀作为调节器为通用型，主阀按厂家给出的主阀能力表选择满足装置制冷要求的型号。

　　还有一种采用系统高压侧压力作动力源的组合式蒸发压力调节阀 PKV/PKVS。它特别适用于对控制精度和最小开阀压降有要求的系统。主要优点是：①由导阀控制高侧压力（作为开阀动力）的引入，能够以非常小的低压侧压降将阀打开，从而使系统节能运行。②伺服式调节阀使蒸发压力调节方便。③若再附加一只控制电磁阀（电磁导阀），还具有电磁切断特性，可以用于热气除霜。④它采用常开型结构，可以不用手工操作使系统排空。

　　这种阀（PKV 型）的结构和工作原理如图2.45所示。PKV 是常开型阀。用制冷系统的高压侧压力（p_c）使它关闭。当高压源压力释放时，由弹簧力（p_3）使阀打开。因此不需要制冷剂流体压降来维持其打开位置。在导阀上通过调节弹簧力 p_1 设定蒸发压力。在 p_1 和外平衡压力 p_e（即蒸发压力）的作用下控制导阀孔"A"

的启闭。当蒸发压力下降时,"A"孔关闭。高压源压力 p_c 作用在主阀活塞上,p_c 超过 p_3,使得主阀关小,减少从蒸发器引出的蒸气量。于是蒸发压力 p_e 上升,当 p_e 上升超过设定弹簧力 p_1 时,导阀孔"A"打开,作用在主阀活塞上部的高压经 A 孔,通过溢流管释放到压缩机吸气侧。这时主阀弹簧力 p_3 成为最高压力,又将主阀打开,即增加从蒸发器引出的蒸气量。

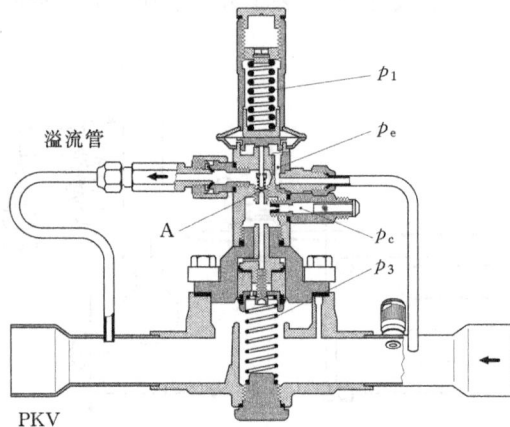

图 2.45　采用系统高压源驱动的蒸发压力调节阀(PKV)

　　若再在 PKV 的溢流管上安装电磁导阀,电磁导阀 EVR3 与它的组合即构成电磁主阀 PKVS(PKV＋EVR3＝PKVS),使之具备电磁通断特性,还可以用来进行强制性控制和热气除霜。正常运行时,电磁导阀 EVR3 应处于通电开启状态。

　　图 2.46 是它的应用示例。图中所示的是多蒸发器、共吸气管的制冷系统,配备有几台压缩机,各压缩机连到吸气总管。系统中,每个蒸发器出口用 PKVS 控制蒸发压力。每个蒸发器装一根热气旁通管,热气旁通管上安装常闭型电磁阀(EVR NC),供除霜用。

　　正常制冷运行时,电磁阀 ENR NC 关闭,电磁导阀 EVR3 打开,按前述的 PKV 功能保持各蒸发器中的蒸发压力。

　　当需要热气除霜时,主阀溢流管上的电磁导阀 EVR3 关闭。于是,高压 p_c 作用在主阀活塞上腔,立即使 PKVS 关闭。同时,热气旁通管上的电磁导阀 EVR NC 打开,于是便可以用热气对蒸发器除霜。除霜完成后,热气旁通管上的电磁阀 EVR NC 关闭,停止热气进入蒸发器。主阀上的控制电磁导阀 EVR3 通电,使主阀活塞上腔失压,主阀全开,压缩机可以迅速将蒸发器抽空。于是,PKVS 阀又重新开始调节。

　　除霜用的热气旁通管应接在蒸发压力调节阀上游的吸气管处,而且热气旁通管上的电磁阀通电与控制电磁阀的断电应同时完成。

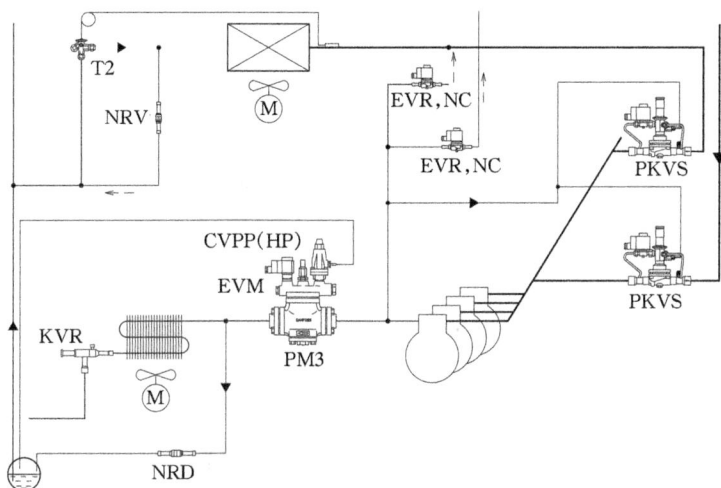

图 2.46　PKVS 控制蒸发压力和热气除霜的应用例

2.4　导阀与主阀

　　导阀与主阀组合的控制阀门在制冷装置(尤其是大型工业制冷)中有广泛的应用。导阀起接受和引导信号、控制主阀动作的作用,是控制阀;主阀则是放大执行机构,是调节阀。这种组合阀控制方式的优点在于:主阀根据装置容量要求制成系列尺寸规格,而导阀只需一种尺寸规格,具有通用性,能够与各种尺寸规格的主阀灵活组合,适应多种控制要求。导阀按照它的控制信号分,有:压力导阀(恒压阀或定压阀)、温度导阀(恒温阀或定温阀)、压差导阀(差压阀)、电磁导阀、电动导阀、电子导阀等等。不仅可以用一个导阀,也可以用几个导阀联合控制主阀动作,取得多种控制效果。前面已经涉及这类控制式阀的使用,后面将接触到更多,本节集中介绍各类导阀和主阀的特性。

2.4.1　导阀

　　导阀由阀体和调节器两部分组成。导阀的功能由调节器决定,调节器与导阀体螺纹连接成一体就构成各种导阀。例如将压力调节器 CVP、压差调节器 CVPP、温度调节器 CVT、电磁头 EVM 等旋在导阀体 CVH 上,就分别构成恒压、差压、恒温和电磁导阀。可与 PM 系列主阀配用的各类导阀的结构见图 2.47。各类导阀的主要特性示于表 2.12。

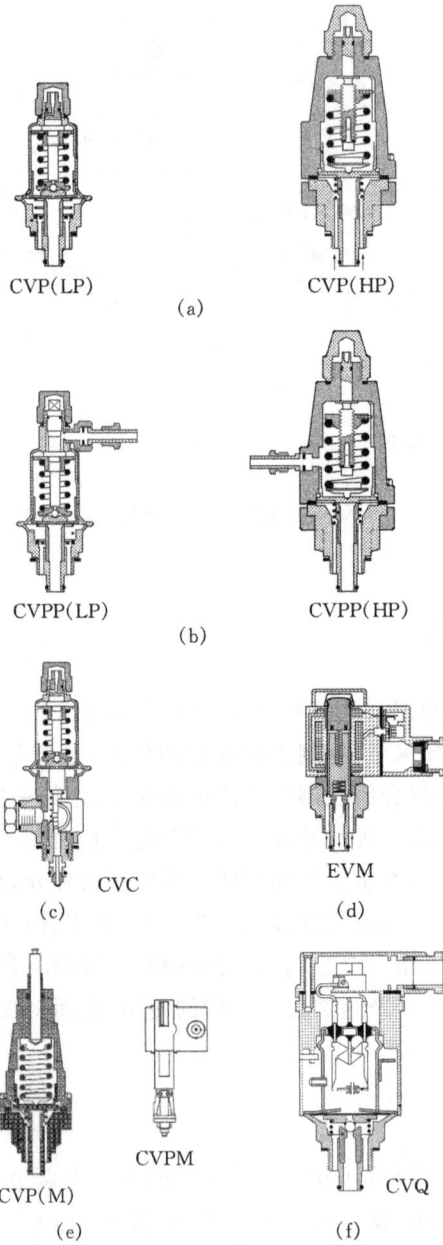

CVP(LP) CVP(HP)

(a)

CVPP(LP) CVPP(HP)

(b)

CVC EVM

(c) (d)

CVP(M) CVPM CVQ

(e) (f)

图 2.47 各种导阀图

表 2. 12　各种导阀的主要特性

名称	代号	控制范围	备注
恒压阀	CVP(LP)	0～0.7 MPa(G)	最高工作压力(MWP)
		−0.066～0.2 MPa(G)	1.7 MPa(G)或 2.8 MPa(G)
	CVP(HP)	0.4～2.2 MPa(G)	
		0.4～2.8 MPa(G)	温度范围 −50～120℃
恒压阀	CVC	0.045～0.7 MPa(G)	CVC 是带参考压力接头的恒压阀
			MWP=2.8/1.7 MPa(G)
差压阀	CVPP(LP)	Δp=0～0.7 MPa	MWP=1.7 MPa(G)
	CVPP(HP)	Δp=0～0.7 MPa	MWP=2.8 MPa(G)
		Δp=0.4～2.2 MPa	温度范围 −50～120℃
恒温阀 (与压力无关)	CVT	−40～0℃	MWP=2.2 MPa(G)
		−10～25℃	最高温度 150℃
		20～60℃	
		80～140℃	
	CVTO	−40～0℃	
		−10～25℃	
		20～60℃	
电子恒压阀 (与压力相关)	CVQ	−0.1～0.5 MPa(G)	
		0～0.6 MPa(G)	
		0.17～0.8 MPa(G)	
电动式恒压阀	CVPM	−0.066～0.7 MPa(G)	由伺服电机 AMV523 和导阀 CVP(M)组成。电机电源条件: 24 V ac,±10%;230/240 V ac, +6%/−10%;耗电 12 VA 电机 执行三位控制(开,中,关)
电磁阀	EVM(NC) EVM(NO)	最大工作压差 2.1 MPa (G)	MWP=3.5 MPa(G)

2.4.2　主阀

　　主阀与导阀组合时,可以采用控制信号引管外接导阀,也可以把导阀的调节器直接旋在主阀上部的控制信号接口上。PM 系列的主阀按其信号接口数目不同,有 PM1 型和 PM3 型两种。PM1 型主阀的信号接口有一个,PM3 型有 3 个信号接口,各接口与主阀的连接关系如图 2.48 所示。

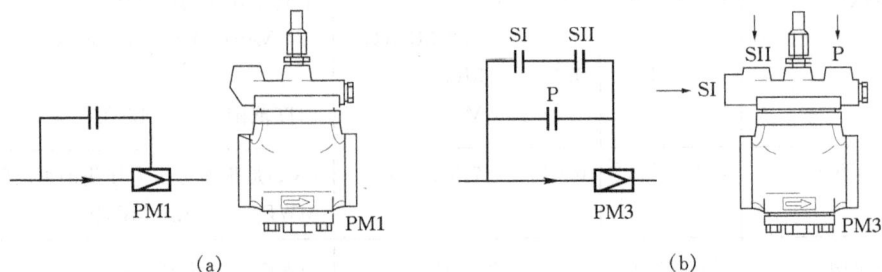

图 2.48　PM 系列主阀及其控制信号接口的连接关系

PM1 和 PM3 型主阀的内部结构见图 2.49。动作原理:由于有阀体内通道 1b,阀出口压力 $p_4 = p_3$。主阀开度由作用在伺服活塞上下的压力差 $(p_2 - p_3)$ 即 $(p_2 - p_4)$ 决定。阀前压力为 p_1。p_2 为由导阀开度所决定的控制信号压力。$(p_2 - p_4) = 0$ 时,主阀全关;$(p_2 - p_4) \geqslant 0.02$ MPa 时,主阀全开;$(p_2 - p_4)$ 在 $0.007 \sim 0.02$ MPa 之间变化时,主阀的开度成比例变化。

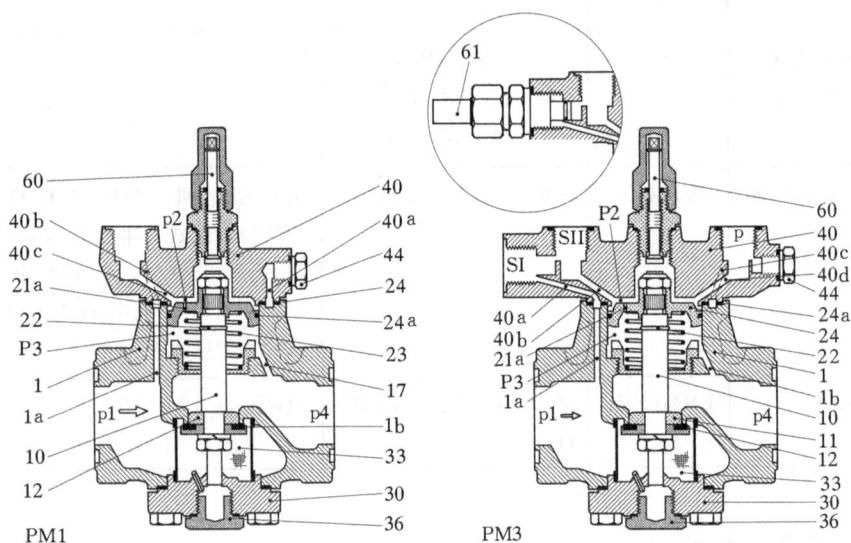

图 2.49　主阀 PM 结构与动作原理

　　PM3 可以接 1 个、2 个或 3 个导阀,故可以构成多达 3 种控制功能。按照导阀的功能,PM 调节特性可以是:ON/OFF,比例、积分、串级。所以,特别适合于用以构成各种形式的温度、压力调节系统。

　　主阀的动作只取决于作用在主阀上的控制信号压力 p_2。该控制信号压力要么来自导阀,要么来自外部引导的压力。PM 主阀顶盖上有压力表接头,可以测量入口压力(比如在进行主阀功能设置时,或者调整导阀调节特性时)。为了配合电子控制的需要主阀的底部可以安装 AKS45 电子式位置指示器以便用电子方式读出阀芯的位置(阀开度)。当它由导阀操纵时,可以很小压差全开(0.02 MPa),同时也只有在正流向时方能完全关闭。PM 的阀芯形线为 V 形或对数曲线,使得能够具有最好的精细调节特性。

　　PM 系列主阀的口径从 20~150 mm。复盖了很宽的能力范围。适用于氨及氟里昂类制冷剂;温度范围:−60~120℃。

　　PM 主阀可以安装在系统的高压侧、低压侧、湿吸气管、干吸气管以及无相变的液管上。所以 PM 阀的能力也按它这些不同的安装位置而分别给出(可从产品资料中获取)。例如,表 2.13 是 PM 用于氨液管时的阀能力。

表 2.13　PM 主阀用于氨液管时的阀能力特性

型号	k_v /m³·h⁻¹	蒸发温度 T_a							
		−50℃	−40℃	−30℃	−20℃	−10℃	0℃	10℃	20℃
PM5	1.6	161	164	166	168	170	172	174	175
PM10	3	302	307	311	316	319	322	325	328
PM15	4	403	410	415	421	426	430	434	437
PM20	7	706	717	727	736	745	752	759	765
PM25	11.5	1159	1177	1194	1210	1224	1236	1247	1256
PM32	17.2	1734	1761	1786	1809	1830	1849	1865	1879
PM40	30	3025	3071	3115	3156	3192	3225	3253	3277
PM50	43	4335	4402	4465	4523	4576	4622	4663	4697
PM65	79	7965	8088	8203	8310	8406	8492	8567	8629
PM80	141	14216	14435	14640	14831	15004	15157	15290	15401
PM100	205	20669	20987	21286	21563	21814	22036	22231	22392
PM125	329	33171	33682	34161	34605	35009	35365	35677	35936

R717 能力/kW

针对压差的能力修正($f_{\Delta P}$)		针对液体温度的能力修正因子	
$\Delta p/10^{-1}\text{MPa}$	修正因子	液体温度	修正因子
0.2	1.00	$-20℃$	0.82
0.25	0.89	$-10℃$	0.86
0.3	0.82	$0℃$	0.88
0.4	0.71	$10℃$	0.92
0.5	0.63	$20℃$	0.96
0.6	0.58	$30℃$	1.00
		$40℃$	1.04
		$50℃$	1.09

额定条件
液体温度 $T_1=30℃$
压差 $\Delta p=0.2\times10^{-1}\text{MPa}$

2.4.3　主阀与导阀组合的控制应用例

用导阀＋主阀组合的方式在满足制冷系统中有关压力、温度控制目的的同时，通过灵活配置导阀，操纵主阀，还可以实现多种控制功能。

具有一个控制信号接口的主阀，用定压阀、差压阀、定温阀、电磁阀作导阀时，分别可以进行压力调节、压差调节、温度调节，以及自动打开或截止的控制功能。

表 2.14 给出 PM1 主阀受不同的导阀控制时的信号连接及控制作用示例。

表 2.14　PM1 主阀受不同的导阀控制时的信号连接及控制作用示例

1.定压阀 CVP＋PM1 定压调节，控制蒸发压力	2.差压阀 CVPP＋PM1 按压差调节，控制热气除霜	3.定压阀 CVC＋PM1 定压调节，控制吸气压力	4.定温阀 CVT＋PM1 温度调节	5.电磁阀 ＋PM1 电磁阀控制接通或截止

具有三个控制信号接口的主阀，由于可以受多个导阀控制，可以在上述基本功能的基础上增加附加控制功能。应用更加多样化。

以蒸发压力控制为例，将组合阀安装在蒸发器出口管上。主阀用 PM3，基本导阀是定压阀(CVP)，若再增加电磁导阀(EVM)，便可派生出一些附加控制功能。见表 2.15。其中，例 1 是 PM3 的两个串联信号接口处(SⅠ,SⅡ)分别安装电磁导阀和定压导阀，而将并联信号接口(P)不用(用堵头堵上)。于是，便可实现蒸发压力调节和电气关闭主阀的作用。即电磁阀接通时,主阀在定压阀的控制下调节开度,控制蒸发压力;电磁阀截止时,主阀关闭,使蒸发器制冷作用停止。

表 2.15　PM3 主阀与导阀组合的控制应用示例

控制功能示例	导阀对主阀的控制示意	导阀在 PM3 上的安装
1.定压调节 ＋电磁截止 −66～700 kPa	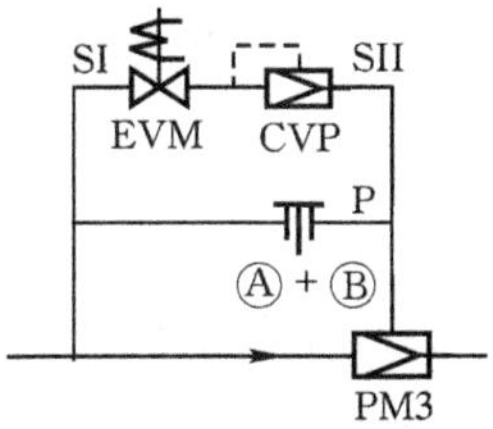	
2.定压调节 ＋电磁全开 −66～700 kPa	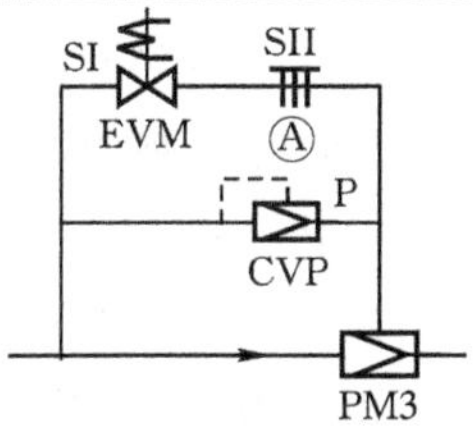	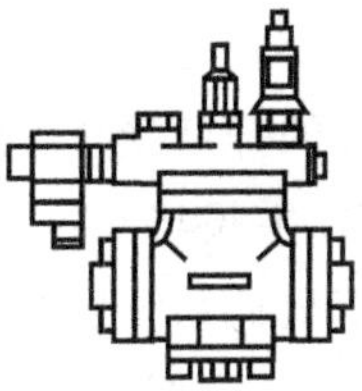
3.定压调节 ＋电磁截止 ＋电磁全开 −66～700 kPa	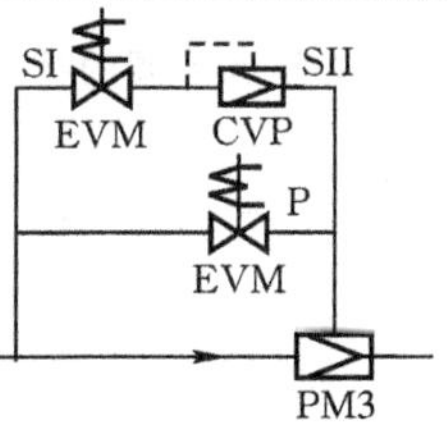	
4.可以在两个蒸发压力设定值之间切换的定压调节	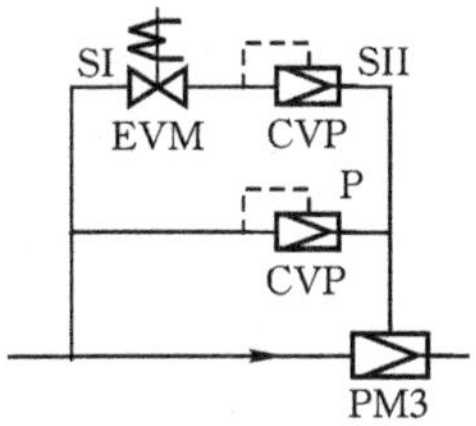	

　　按表 2.15 中例 2 的方式连接控制导阀,可以实现蒸发压力调节和电气控制主阀全开的作用。

　　表中例 3 使用了两个电磁导阀,可以实现蒸发压力调节＋电气控制主阀全开＋电气控制主阀关闭的三种控制作用。

　　表中例 4 可以实现在两个设定蒸发压力之间切换的蒸发压力控制。图中使用了两个定压阀,并行进行主阀的控制。两个定压阀按不同的蒸发压力设定,设定值高的定压阀安装在串连接口 SⅡ,并在它前面的串连接口 SⅠ 安装电磁阀;在并联接口 P 安装设定值低的定压阀。电磁阀接通时,按高设定值调节主阀,控制蒸发压力;电磁阀关闭时,按低设定值调节主阀,进行蒸发压力控制。

以上只是从大量可能的控制应用中选出的几例,借以说明导阀与主阀组合在实现所期望控制功能方面的灵活性。

2.4.4　用于热气旁通能量调节的组合式控制阀(PMC＋CVC)

PMC 系列主阀,也有 1 个控制信号和 3 个控制信号接口的,即 PMC1 和 PMC3 型。其结构及工作原理与 PM 系列类似。PMC 系列主阀主要用于压缩机的热气旁通管上,因此它与 PM 系列主阀的技术参数不同,PMC 主阀上的压降较大。当阀接受到的控制压力与阀后压力之差$(p_2-p_4)=0$ 时,全关;当$(p_2-p_4)\geqslant$ 0.07 MPa 时,全开;(p_2-p_4) 在 0.03～0.07 MPa 之间变化时,开度成比例变化。于是主阀的开度受压力 p_2 控制,而 p_2 由导阀开度决定。

PMC 主阀与 CVC 导阀组合(PMC＋CVC)作为热气旁通能量调节,与定容压缩机及变负荷系统匹配,可以用在各种形式的制冷系统中(如直接膨胀、液泵循环、自然循环)。它们的主要技术参数和作为能量调节主阀的额定能力见表 2.16。

表 2.16　伺服式热气旁通能量调节阀的技术参数和主阀的额定能力

型号		制冷剂	开启压差 $\Delta p/10^{-1}$MPa	比例带	介质温度 /℃	最高工作压力 $P_b/10^{-1}$MPa	最高试验压力 $p^*/10^{-1}$MPa
PMC 1 PMC 3		R22 R134a R404A, R717 (NH₃)等		设在导阀 CVC:约 0.02 MPa	−50～+120	28	42.0
CVC					−50～+120	17/28	26.5/42.0
EVM	ac:10W dc:20W		ac:0～21 dc:0～14		−50～+120	35	46.0

阀尺寸	额定能力/kW						k_v
	R22	R134a	R404A	R12	R502	R717	m³/h
PMC 5	36	19	36	20	34	96	1.7
PMC 8	67	35	65	37	61	179	3.2
PMC 12	82	47	88	51	83	244	4.2
PMC 20	140	74	136	78	130	367	6.5

注:额定能力条件:蒸发温度 $t_e=-10℃$,冷凝温度 $t_c=+32℃$,吸气饱和温度偏移量 $\Delta t_s=4$ K。

对于热气旁通能量调节阀而言,阀能力的定义如图 2.50 所示。

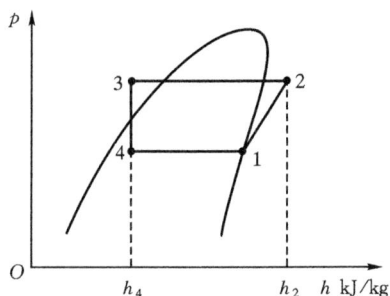

热气旁通能量调节阀的能力 Q_h

$$Q_h = \dot{m}_b(h_2 - h_4) \text{ kW}$$

式中

$\dot{m}_b$ ——通过热气旁通阀的制冷剂质量流量 kg/s

$h_2 - h_4$ ——比焓差 kJ/kg

图 2.50 热气旁通能量调节阀能力的定义

选择示例 用于压缩空气干燥的 R134a 制冷机组要用热气旁通进行能量调节,要求调节范围为 100%~0。热气直接从膨胀阀后喷到蒸发器。压缩机能力 $Q_e = 12$ kW,对应的条件是 $t_e = 0$℃,$t_c = +30$℃。最低吸气饱和温度 $t_{s\,min} = 0$℃,吸气饱和温度的最大偏移量为 $\Delta t_s = 2$ K。试选择合适尺寸的 PMC。

表 2.17 PMC1 和 PMC3 阀的热气能力特性

尺寸	温度下降后吸气温度 t_s/℃	kg/s				kW			
		冷凝温度 t_c/℃							
		20	30	40	50	20	30	40	50
5	10	0.019	0.122	0.156	0.194	3	19	24	29
	0	0.072	0.12	0.154	0.192	15	19	24	29
	−10	0.092	0.118	0.152	0.192	15	19	24	29
	−20	0.092	0.118	0.151	0.192	15	19	24	29
	−30	0.092	0.118	0.151	0.192	15	19	24	29

修正因子 K	对设定偏差(即吸气温度降低值)							
制冷剂	吸气温度 t_s 温度降低后的 /℃	$t_c = 20$℃ 和 30℃				$t_c = 40$℃ 和 50℃			
		吸气温度降低 Δt_s/K							
		1	2	3	4	1	2	3	4
R134a	+10	0.1	0.4	0.8	1.0	0.4	0.8	1.0	1.0
	0	0.3	0.7	0.9	1.0	0.4	0.7	0.9	1.0
	−10	0.3	0.6	0.8	1.0	0.3	0.6	0.8	1.0
	−20	0.3	0.6	0.8	1.0	0.3	0.6	0.8	1.0
	−30	0.3	0.6	0.8	1.0	0.3	0.5	0.8	1.0

解 蒸发器最低负荷 $Q_{e,min}=0$ kW,则 PMC 需具有的能力 $Q_h=12-0=12$ kW。由 PMC 的 R134a 能力特性表(表 2.17)查 PMC-5 在 $t_e=0℃$,$t_c=+30℃$ 和 $\Delta t_s=4$ K 时能力为 19 kW。针对偏移量 $\Delta t_s=2$ K 的情况,阀能力修正因子为 0.7,这时 PMC-5 的能力应为 $19×0.7=13.3$ kW。于是,选 PMC-5 可以在稍低于 2 K 的温度偏移下产生与压缩机能力相同的热气能力。

2.5 吸气压力控制

压缩机的吸气压力若在额定值以上会引起电机负荷过大,甚至烧毁电机。低温装置长期停车后启动时,或者结束除霜转入制冷运行时,吸气压力会很高。另外,蔬菜类高温冷藏库采用压缩机与蒸发器一一匹配的制冷系统,为了减少食品干耗,蒸发温度与室温之差应尽可能小,蒸发温度较高,则吸气压力也会较高,发生上述事故的可能性较大。因此需要限制吸气压力,通过控制,避免吸气压力 p_s 过高,就可以使压缩机配用较小容量的电机,提高电机运行效率、减小绕组发热。这对吸气冷却电机的全封闭或半封闭式压缩机尤其有益。

控制吸气压力的方法是在吸气管上安装吸气压力调节阀 SPR(suction pressure regulator)。它受阀后压力(即 p_s)控制,当 p_5 升高时,阀关小,使高蒸发压力的回气节流,以较低的吸气压力进入压缩机。

吸气压力调节阀又叫曲轴箱压力调节阀,有直动式和伺服式(导阀与主阀组合),以适应不同的能力要求。

直动式吸气压力调节阀(KVL 型)结构见图 2.51。阀出口侧为吸气压力,吸气压力 p_s 作用于阀板下部,阀板在 p_s 和上部弹簧力作用下动作,用设定螺钉调整弹簧力给出最高吸气压力的设定值,只有当 p_s 降到设定值以下时,阀才打开。随着 p_s 的降低,阀的开度增大。平衡波纹管用来平衡阀入口侧的压力,保证阀的开度只取决于出口压力,而不受入口压力变化的影响。阻尼机构能抑制制冷装置正常出现的脉动,同时保证阀有较长的寿命而又不影响调节精度。

吸气压力调节阀是比例型调节器,用比例带表征其调节特性,比例带是使阀从关闭到全开所需的压力区间。如图 2.52 所示。例如,KVL 型吸气压力调节阀设定的关闭压力值为 0.4 MPa,比例带为 0.2 MPa。那么,当吸气压力高于 0.4 MPa 时,阀关闭。吸气压力低于设定压力的差值在 0.2 MPa(比例带)以内时,阀的开度与上述压力差的大小成比例变化。p_s 低到使该压力差等于 0.2 MPa 时,阀全开。p_s 更低,压力差超过 0.2 MPa 时,则阀继续维持全开。

用一定条件下吸气压力调节阀能够提供的制冷剂通流能力折算成相应工况下的制冷量表示吸气压力调节阀的能力(容量)。制冷剂和阀型一定时,阀能力与阀前后的压降、最高吸气压力设定值、比例带和阀后制冷剂气体的温度(该温度可用蒸发温度近似)有关。厂家产品样本中提供的阀能力表给出上述参数不同时的阀能力,是选阀的依据。

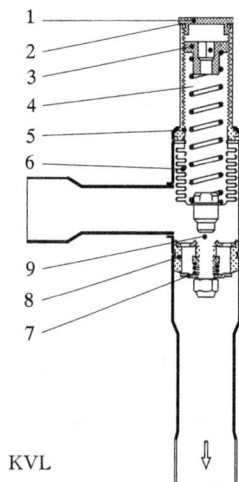

图 2.51　吸气压力调节阀(KVL)
1—护盖;2—垫圈;3—设定螺丝;4—主弹簧;
5—阀体;6—平衡波纹管;7—阀板;8—阀座;
9—阻尼机构

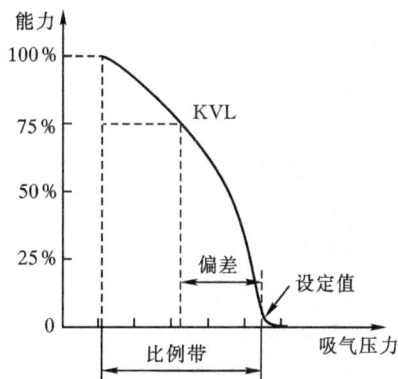

图 2.52　吸气压力调节阀(KVL)调节特性

表 2.18 给出 KVP 型吸气压力调节阀的技术数据和额定能力。表中的额定

表 2.18　KVP 型吸气压力调节阀的技术数据和额定能力

型号	额定能力/kW				技术参数
	R22	R134a	R404A/R507	R407C	制冷剂:CFC,HCFC,HFC
KVL 12	7.1	5.3	6.3	6.5	调节范围:0.02~0.6 MPa,工厂设定0.2 MPa
KVL 15	7.1	5.3	6.3	6.5	最高工作压力:1.4 MPa
KVL 22	7.1	5.3	6.3	6.5	介质温度:最高 150℃,最低 −200℃
KVL 28	17.8	13.2	15.9	16.4	最大比例带:0.2 MPa(KVL12/15/22) 0.15 MPa(KVL28/35)
KVL 35	17.8	13.2	15.9	16.4	最大比例带时阀的 K_v 值:3.2 m³/h(KVL12/15/22) 8.0 m³/h(KVL28/35)

能力是对应于蒸发温度－10℃、冷凝温度 25℃、阀前后压降 0.02 MPa、比例带 0.13 MPa2、阀全开时的能力。

使用吸气压力调节阀时要注意,接管尺寸不宜选得太小。否则,若入口处气流速度超过 40 m/s 会引起气流噪声。

直动式吸气压力调节阀在系统中的使用见图 2.53。

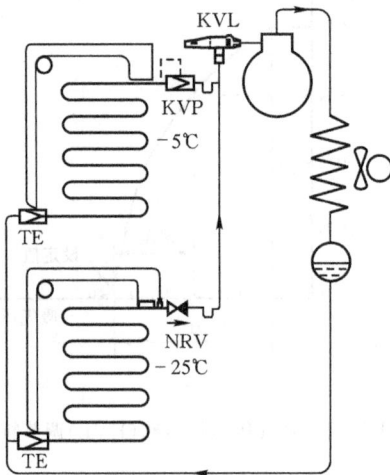

图 2.53　直动式吸气压力调节阀应用例

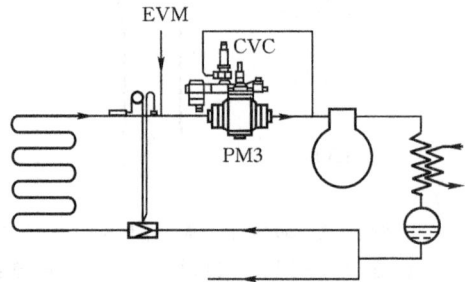

图 2.54　伺服式吸气压力调节阀应用例
（兼有电磁阀强制切断吸气管功能）

伺服式吸气压力调节阀的应用见图 2.54。定压调节器(导阀)CVC 直接旋在主阀 PM 的控制阀接口上。用信号引管从吸气主管引吸气压力作用于定压导阀 CVC。当吸气压力降到 CVC 的设定值以下时,导阀 CVC 打开,使主阀受吸气压力作用开启,并随吸气压力的降低逐渐成比例增大开度至全开,从而调节吸气压力。如果在 PM3 的另一个控制接口上再安装一只电磁导阀(如图所示的 EVM),从蒸发器侧导引压力信号 p_0 作用于主阀,还具有在 EVM 接通时强制关闭主阀的功能。

此外,若如图 2.55 那样运用主阀和导阀,可以起到同时控制蒸发压力和吸气压力的作用。正常情况下,左侧的定压阀控制主阀动作,起控制蒸发压力的作用。若由于高温或负荷过大等,造成吸气压力超过设定值时,右侧的定压阀打开,由左侧定压阀引导的蒸发压力气体经过右侧的定压阀旁通到吸气侧,而不施加于主阀活塞上,于是主阀关小使吸气压力降低。

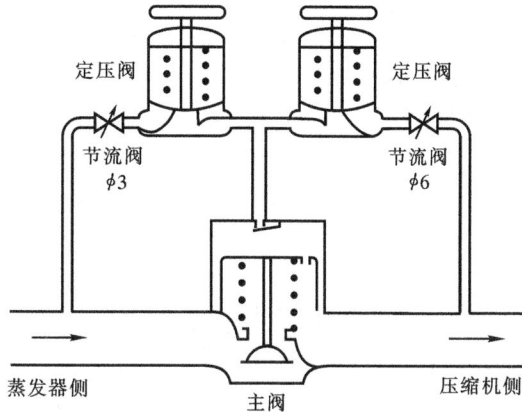

图 2.55　导阀与主阀组合控制蒸发压力和吸气压力的应用例

2.6　冷凝压力控制

　　制冷装置运行过程中,当负荷变化、冷凝器中冷却介质(空气或水)的温度和流量发生变化时,都会引起冷凝压力 p_k 改变。p_k 升高,使制冷循环的吸排气压力比提高,排气温度上升,制冷量减少,性能系数下降,而且还造成压缩机耗功增加,甚至引起电机超载。因此,在夏季运行时,通过调节尽可能使冷凝压力低一些,对循环特性和压缩机的工作都是有利的。但是冬季运行时,冷凝压力过于低的话,又会出现以下问题:对于采用膨胀阀供液的系统,由于膨胀阀的通流能力是阀前后压力差的函数,p_k 过低则膨胀阀前后压差太小,供液动力不足,无法向蒸发器提供足够的制冷剂液体。从冷凝器到膨胀阀的输液管道若穿过温暖房间或者直立向上时,由于传热或静压损失,制冷剂很容易在液管中发生汽化,阀前液体汽化也严重影响膨胀阀的能力,造成供液不足。制冷剂流量过低,不仅会影响机组的制冷能力,还会造成系统回油困难,妨碍机组正常运行。对于采用热气除霜的装置,冷凝压力过低,则排气温度低,使热气除霜不能有效地进行。对于用低压控制压缩机启、停的装置,冷凝压力过低,影响到吸气压力过低,吸气侧压力达不到低压开机的控制值时,还会使压缩机不能正常启动。全年运行、采用冷却塔循环水系统的水冷式冷凝器或者室外安装的风冷式冷凝器和蒸发式冷凝器的装置,每年寒冷季节冷凝压力会相当低,如若不加控制,很可能出现上述麻烦。由此可见,冷凝压力过高或过低都是不利的,有必要将冷凝压力控制在合适的范围。这一点对用于制造业领域全年负荷一定的制冷装置,尤其显得重要。冷凝压力控制是通过调节冷凝器的热交换能力而实现的。冷凝器的种类不同,调节冷凝器换热的具体方法亦有所不同。

2.6.1　水冷式冷凝器

1.冷却水一次性流过的水冷式冷凝器

对这类冷凝器,采用调节冷却水流量的方法改变冷凝器的换热能力,从而控制冷凝压力。在冷却水管上安装水量调节阀,水量调节阀根据冷凝压力检测值与设定值的偏差动作。当 p_k 降低时,阀自动关小,减小水流量;反之,增大水流量,从而维持 p_k 在指定的范围。制冷机停机时,水量调节阀自动关闭。图 2.56 示出水量调节阀在系统中的布置。阀的压力控制可靠,水侧压力的变化不影响阀的设置。万一冷凝器的冷却水供应出了问题,为保护制冷装置免遭高压头破坏,需要在高压侧安装 KP 或 RT 高压控制器作保护性开关。

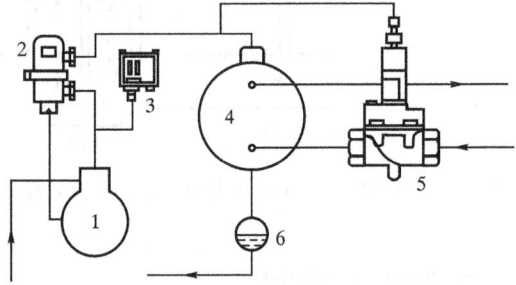

图 2.56　用水量调节阀控制水冷式冷凝器的冷凝压力的系统
1—压缩机;2—油分离器;3—高压控制器;4—水冷式冷凝器;
5—水量调节阀;6—高压贮液器

水量调节阀按容量大小有直动式和伺服式结构。水管口径 Dn 在 40 以下的阀,多采用直动式(即直接作用式),口径更大的阀,则采用伺服式(即间接作用二次开启式)。

水量调节阀的结构和动作原理如图 2.57 所示。图 2.57(a)为直接作用式。由接头 30 引冷凝压力信号作用于波纹管。p_k 升高时,波纹管受压缩,推动调节螺杆 27 下移,带动阀芯 8,使阀开大;反之,p_k 降低时,弹簧 26 向上顶调节螺杆,阀关小。旋转调节螺杆的六角头使弹簧座 16 升降,以调整 p_k 的设定范围。

水量调节阀的一侧是制冷剂,一侧是水,密封问题特别重要。阀体用热压黄铜制做,它与其它阀部件一起经过抗腐蚀表面处理。阀芯 8 用黄铜制做,T 形圈 23 用人造橡胶形成柔性密封,座落在阀座上。O 形圈是冷却水侧的外密封。阀芯导套 6 和 6a 都经过专门处理,以阻止冷却水的水垢在活塞内部沉积,同时将阀中的摩擦降到最小。调节杆 27 用于调整使阀打开的冷凝压力值。

图 2.57(b)所示的水量调节阀是间接作用二次开启式,它的主阀和导阀组件及节流通道用铜或不锈钢制作,镍丝网过滤器 20 装在节流通道前,避免杂质堵塞通道。压力 p_k 通过接头 1 引入,作用在波纹管 3 上,推动推杆 4,带动导阀阀芯 8。p_k 达到设定的开启压力值时,推杆向下推开阀芯 8,使主阀 15 上腔的水泄入主阀

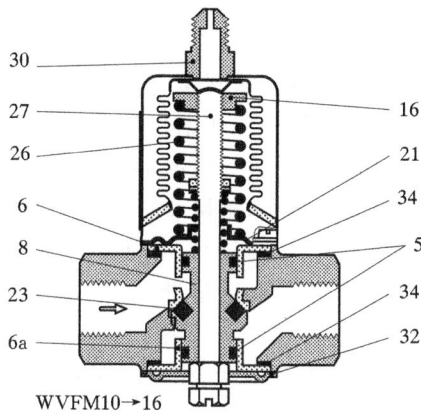

WVFM10→16

5—"O"形圈 6,6a—上、下导刷 8—阀芯 16—弹簧座 21—顶板
23—"T"形圈 26—调节弹簧 27—调节杆 30—压力接头 32—底板
34—密封垫

(a)直接作用式

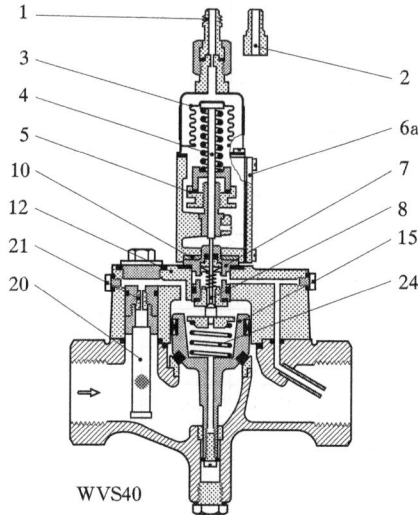

WVS40

(b)间接作用式

图 2.57　水量调节阀

5—"O"形圈；6,6a—上、下导刷；8—阀芯；16—弹簧座；21—顶板；23—"T"形圈；
26—调节弹簧；27—调节杆；30—压力接头；32—底板；34—密封垫

出口,因而主阀上部压力降低,使主阀在阀前后水流压力差的作用下自动打开。p_k
越高,主阀开度越大,成比例地增加冷却水流量。p_k 低于开启压力的设定值时,导
阀在弹簧 24 的作用下关闭,主阀上部压力升到与下部压力相同,由于主阀上部的

承压面积大于下部的承压面积,在上、下压力差和弹簧 24 的张力作用下主阀关闭。阀体底部有泄放塞。在阀停止使用时,打开泄放塞,放出阀中的积水,以免水在阀内长期积存腐蚀部件或者万一结冰冻裂阀体。

水量调节阀的调整应当与装置的工作条件相适应,要保证停机时水量调节阀处于关闭状态。因而,将关闭压力调整为冷凝器环境处夏季最高温度所对应的制冷剂饱和压力以上。压缩机启动时,水量调节阀保持关闭状态。开机后,冷凝压力逐渐上升到阀的开启压力值时,阀逐渐打开。停机时,水量调节阀还要继续开启一段时间,待 p_k 逐渐降低到关闭值时,阀才逐渐关闭。通常水量调节阀的关闭压力比开启压力低 50 kPa 左右。

水量调节阀的主要技术参数见表 2.19。水量调节阀的能力(流量)特性见图 2.58。

表 2.19 水量调节阀的主要技术参数

型号	凝结侧				液体侧			k_v /m³·h⁻¹
	制冷剂	控制压力可调关闭压力 /10⁵ Pa	最高工作压力 P_b/10⁵ Pa	最高试验压力 p'/10⁵ Pa	冷却介质	最高工作压力 P_b/10⁵ Pa	最高试验压力 p'/10⁵ Pa	
WVFM 10		3.5~10.0	15.0	16.5		10	10	2.4
WVFM 16		3.5~10.0	15.0	16.5		10	10	2.4
WVFX 10		3.5~16.0	26.4	29.0		16	24	1.4
WVFX 10²⁾		4.0~23.0	26.4	29.0		16	24	1.4
WVFX 15	CFC HCFC HFC	3.5~16.0	26.4	29.0	清水 中性盐水 海水	16	24	1.9
WVFX 15²⁾		4.0~23.0	26.4	29.0		16	24	1.9
WVFX 20		3.5~16.0	26.4	29.0		16	24	3.4
WVFX 20²⁾		4.0~23.0	26.4	29.0		16	24	3.4
WVFX 25		3.5~16.0	26.4	29.0		16	24	5.5
WVFX 25²⁾		4.0~23.0	26.4	29.0		16	24	5.5
WVFX 32		4.0~17.0	24.1	26.5		10	10	11.0
WVFX 40		4.0~17.0	24.1	26.5		10	10	11.0
WVS 32	CFC HCFC HFC R717 (NH₃)	2.2~19.0	26.4	29.0	清水 中性盐水	10	16	12.5
WVS 40		2.2~19.0	26.4	29.0		10	16	21.0
WVS 50		2.2~19.0	26.4	29.0		10	16	32.0
WVS 65		2.2~19.0	26.4	29.0		10	16	45.0
WVS 80		2.2~19.0	26.4	29.0		10	16	80.0
WVS 100		2.2~19.0	26.4	29.0		10	16	125.0

注:k_v 值是当阀前后压差 $\Delta P = 10^5$ Pa 时,密度 $\rho = 1000$ kg/m³ 的水的流量。

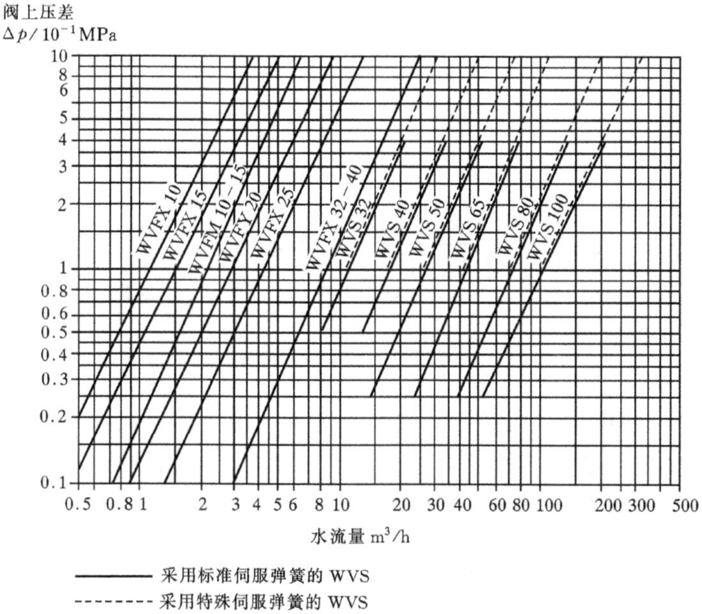

阀上压差
$\Delta p / 10^{-1}$ MPa

型号	$\Delta p / 10^5$ Pa
WVFM $10 \sim 16$	2.5
WVFX 10	2.0
WVFX 15	2.5
WVFX 20	3.0
WVFX 25	3.5
WVFX $32 \sim 40$	3.0
WVS 32	0.6
WVS 40	0.7
WVS $50 \sim 80$	0.8
WVS 100	0.9

注：表中的能力在以下压力偏差（冷凝压力升高）、阀开度处于 85% 时达到。

―――― 采用标准伺服弹簧的 WVS
-------- 采用特殊伺服弹簧的 WVS

图 2.58　水量调节阀的通流能力（水流量）特性

表 2.19 中示出各种型号阀所适用的制冷剂种类和水介质的种类。图 2.58 给出各种型号的阀在 85% 开度条件下，水流量与阀前后压差（水压差）之间的关系。阀的开度取决于信号压力与设定值的偏差，即冷凝压力与设定压力值的偏差 Δp。图中的"注"给出对于各种型号的水量调节阀，使阀达到 85% 开度所对应的信号压力与设定值的偏差量。

2. 采用冷却塔循环水的水冷式冷凝器

这类冷凝器的热传递过程是：制冷剂热气→循环冷却水→环境空气。所以，通过调节冷却水温度进行冷凝压力控制。调节方法有以下两类。

一种办法是调节冷却塔的冷却能力。通过改变冷却塔的通风量，使经空气冷却后的水温升高，从而避免冷凝压力过分降低。改变风量的办法有：在冷却塔的进风口处设阻风阀，降低风机转速或者减少风机的运行台数（冷却塔配多台风机的场合）。

另一种办法是调节冷却水的循环量，如图 2.59 所示。用三通水阀在冷却水的进、出水管之间设旁通调节。图中三通调节阀装在冷凝器出水管上（也可以装在冷凝器进水管上，而把旁通管接到出水管上）。三通水量调节阀用冷凝压力 p_k 发信，根据 p_k 与设定值的偏差，成比例地调节旁通水量，维持 p_k 在允许的范围。

　　图 2.60 示出用 p_k 控制的三通水
量调节阀,图中给出将它安装在冷却
水进口侧时的三个接口的连接关系。

2.6.2　风冷式冷凝器

　　风冷式冷器要特别注意避免冬
季运行时冷凝压力过低。调节风冷
式冷凝器的热交换能力有两种途径:
从空气侧调节和从制冷剂侧调节。
从空气侧调节是改变冷凝器的吹风

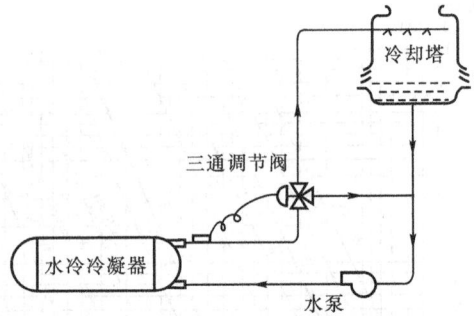

图 2.59　用三通调节阀调节冷凝压力

量,即从冷凝器外侧调节换热能力。从制冷剂侧调节则是从冷凝器内侧调节换热
能力。从空气侧改变风量的调节在室外环境温度大约 4℃ 以上时比较有效;从制
冷剂侧的调节在室外环境温度低于 4℃ 时仍然有效。

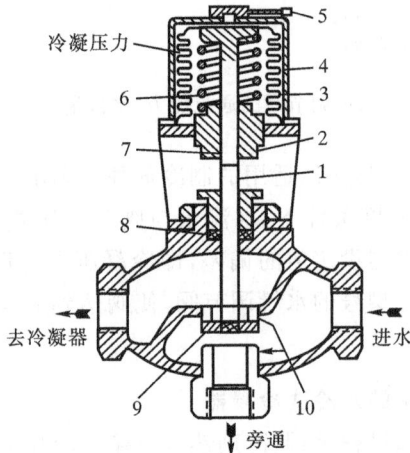

图 2.60　三通水量调节阀

1—阀杆;2—调节螺栓;3—波纹管;4—外壳;5—引压管;

6—弹簧;7—阀杆;8—密封圈;9—阀板;10—阀座

1. 从空气侧调节

　　改变风量的办法有:冷凝器风扇电机变转速;冷凝器进风口或出风口上安装阻
风阀;冷凝器配备多台风扇的场合,还可以改变风扇运行台数。

　　(1)用风扇运行台数来调节风量即风扇 ON/OFF 控制时,可以根据环境温度,
相继使一台或数台风机 OFF。但注意:必须维持至少有一台风机在工作。风机
ON/OFF 的控制方法不宜在冷凝器只配一台风扇的装置上使用,否则冷凝压力波

动太快,风机频繁启、停,装置无法稳定工作。风扇 ON/OFF 控制的缺点是冷凝压力波动大。

(2)用阻风阀使空气节流吹过冷凝器也是降低风量、提高冷凝压力的办法。采用这种方法时应考虑到风机的特性曲线对工况变化的适应能力,有些型号的风机伴随节流、风量下降,风阻和功率上升,效率下降明显,应避免使用。

(3)风扇变速调节风量具有理想效果,它比风扇 ON/OFF 控制能够获得稳定的冷凝压力。有电子风扇转速控制器可供风冷式冷凝器变风量控制冷凝压力。

电子风扇转速控制器系统(ALCO)如图 2.61(a)所示。它是压力作用的风扇转速控制系统。由控制模块、信号连线和动力模块组成。控制模块根据冷凝压力的检测值,给出 $0\sim10$ V 的直流输出信号,通过信号连线输入到动力模块,动力模块驱动风扇变转速运转,风扇转速取决于动力模块的 $0\sim10$ V 输入信号。有驱动单相风扇的动力模块(最大电流 5 A、8 A),也有驱动三相风扇的动力模块(最大电流 3×4 A)。

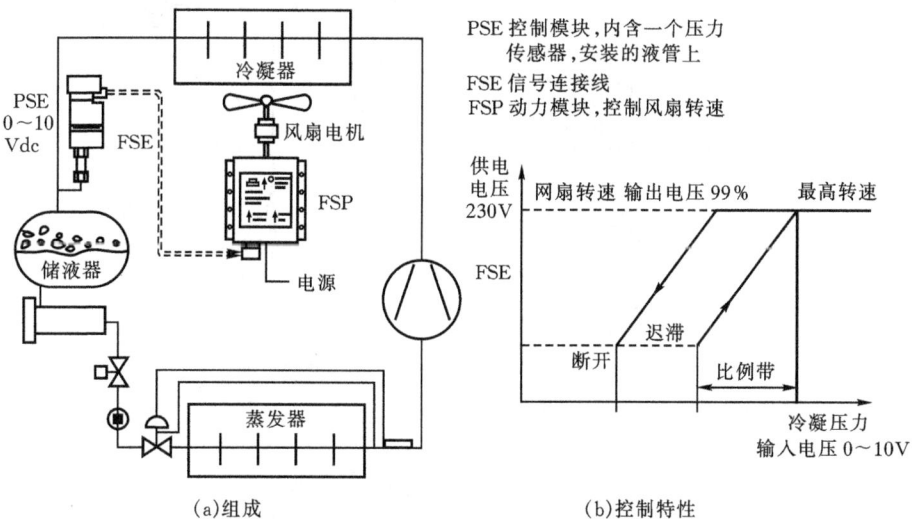

图 2.61 电子风扇转速控制系统

控制特性如图 2.61(b)所示。图中上面的曲线是冷凝压力下降,控制风扇转速下降的过程,下面的曲线是冷凝压力升高的控制过程。高冷凝压力时风扇全速,在比例带范围风扇转速随压力下降而减小。若压力降到指定限以下,则风扇停止。在最大冷凝压力范围,该控制使动力模块提供恒定的输出电压(此电压大约比供电输入电压低 1%),令风扇以最高速运行。使输出电压在最大值与最小值之间改变的冷凝压力范围是比例带。

此外,还设置一个较大的迟滞以避免风扇在停机压力点上出现短循环:风扇再启动之前冷凝压力必须升到高于停机点压力大约 0.1 MPa。这样,在部分负荷期间风扇可以全速再启动,有助于风扇克服摩擦,或者防止在进入比例带之前受风的作用发生风扇旋转。

三相电机风扇的比例范围是 20%～100%,单相电机风扇的比例范围是 30%～100%。

2. 从制冷剂侧调节(冷凝器回流法)

从制冷剂侧调节,控制冷凝压力的基本思想是:通过使冷凝器内部制冷剂部分积液,占据一部分有效传热面积,降低排热能力,以维持冷凝压力在较高的水准。

这是一种既便宜又有效的调节方法,用高压调节阀与差压调节阀联合作用,保证装置运行中有足够高的冷凝压力。

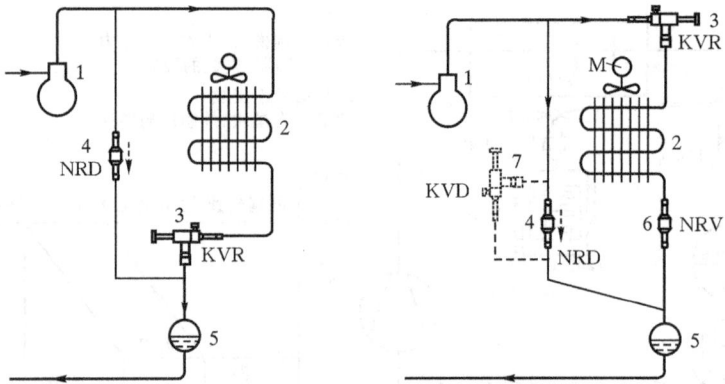

(a) 高压调节阀在冷凝器出口液管上　　　(b) 高压调节阀在冷凝器入口热气管上

图 2.62　从制冷剂侧控制风冷式冷凝器的压力
1—压缩机;2—冷凝器;3—高压调节阀;4—差压调节阀;
5—高压贮液器;6—止回阀;7—贮液器压力调节阀

(1)控制原理说明　参见图 2.62。其中(a)是基本的系统布置。高压调节阀 3 (KVR)安装在冷凝器出口的液管上;差压调节阀 4(NRD)安装在高压排气到贮液器之间的旁通道上。利用高压调节阀与差压调节阀的配合动作实现调节。高压调节阀 3 是一只受阀前压力(即冷凝压力)控制的比例型调节阀,其开度与冷凝压力相对于开启压力(设定值)的偏差成比例:低于设定值时阀关闭;达到设定值时阀开始打开;正常时阀全开。差压调节阀 4 是受阀前后压力差控制的比例型调节阀:压差大时阀开大;压差小时阀开度变小;压差低于开阀压差设定值时阀全关。而该差压的大小取决于高压调节阀 3 的节流程度,阀 3 节流越多,该压差便越大。也就是说,在调节过程中,阀 3 开度变小时,阀 4 开度便增大。

冷凝压力控制过程为:冬季压缩机开机前,冷凝器和贮液器中的压力都很低。这时高压调节阀 3 和差压调节阀 4 都关闭着。开机后,在冷凝压力升至高压调节阀 3 的开启设定值之前,高压调节阀 3 仍然关闭。这段过程压缩机排出的制冷剂积存在冷凝器中,积液使冷凝器的内部空间和有效传热面积减小,随着排气的不断进入,冷凝器内压力逐渐上升。

由于调节的真正目的是保持贮液器有足够的压力(才能为膨胀阀提供足够的供液动力),所以再用差压调节阀 4 与阀 3 配合。差压调节阀 4 在阀前后建立起压力差时打开,将压缩机排气通到贮液器,使贮液器中压力升高。冷凝压力升高到高压调节 3 的开启值以上时,阀 3 稍开启。由于高压调节阀的节流,差压调节阀 4 前后的压力差仍然存在,使它的开启状态仍然保持。运转达到稳定平衡时,高压调节阀 3 部分打开,造成冷凝器部分积液,同时差压调节阀 4 部分打开,有一些热气旁通到贮液器。随着外界气温的变暖,维持正常冷凝压力平衡时,高压调节阀 3 的开度增大,而差压调节阀 4 的开度变小,直至高压调节阀 3 全开、差压调节阀 4 全关,制冷剂走正常循环路径。

这种冷凝压力控制方式由于在调节过程中,制冷剂液位在冷凝器中逐渐升高,故又叫做"冷凝器回流法"(尽管事实上并不真有制冷剂逆向回流到冷凝器)。采用这种调节方法必须注意:①制冷系统中必须设单独的高压贮液器,②高压贮液器的容积要足够大,系统中的制冷剂充注量要足够多。充注量多到能够保证在冷凝器可能的最大积液量时,高压贮液器中仍有液体制冷剂(仍有一定的液位),即在膨胀阀前有液体。否则,高压排气旁通,使膨胀阀前有气体,系统无法正常工作。高压贮液器大到能保证当冷凝器中不积液时,能够容纳系统中的全部液体制冷剂。

(2)可能的系统布置方式　除了用图 2.62(a)的布置方式外,还可以采用如图 2.62(b)的布置方式。将高压调节阀(KVR)安装在冷凝器入口的气相管上,这时为了防止来自差压调节阀所控制的热气对冷凝器液体的逆冲作用,需要再在冷凝器出口的液管上加装一只止回阀(NRV)。

此外,差压调节阀(如 NRD),还可以改用贮液器压力调节阀(如 KVD)代替。布置方式如图 2.62(b)中虚线所示。贮液器压力调节阀 7 是受阀后压力(即贮液器压力)控制的比例型调节阀。它的动作规律是:贮液器压力低时它打开,随着贮液器压力升高它逐渐关小,贮液器压力升到阀的设定压力值时阀关闭。这样,由高压调节阀 3 与贮液器压力调节阀 7 配合动作:直接用贮液器压力控制旁通热气量,用冷凝压力控制进入冷凝器的热气量(阀 3 安装在冷凝器入口热气管上)或者流出冷凝器的液体量(阀 3 安装在冷凝器出口液管上),其效果与高压调节阀＋差压调节阀的调节一样。

　　大型风冷式冷凝器采用冷凝器回流法控制冷凝压力时,可采用如图 2.63 所示的布置方式。考虑到大型机组的具体特点,高压调节阀采用导阀与主阀组合的形式(图中 CVMH＋PM1)安装在冷凝器入口处,而在冷凝出口处增设一只单向阀 NRV,用来防止经差压调节阀 NRD 旁通到贮液器的热气向冷凝器倒流,其调节原理与上面基本相同。

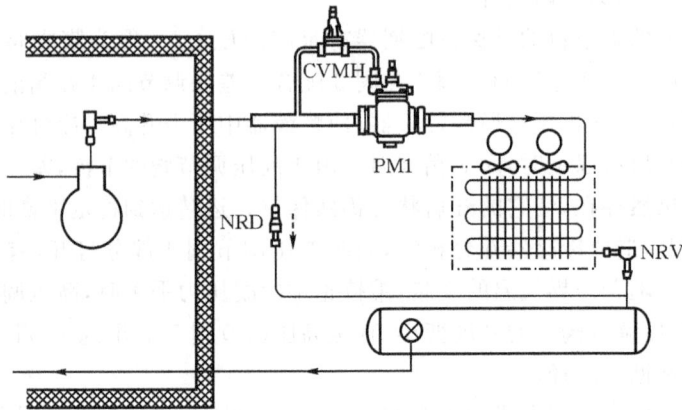

图 2.63　大型风冷式冷凝器的冷凝压力控制应用

　　(3)控制器结构特性及选型　高压调节阀(KVR)和差压旁通调节阀(NRD)的结构见图 2.64,也有高压调节阀与差压调节阀将这两个阀作成一体的产品,叫冷凝压力调节阀。

　　KVR 的调节特性如图 2.65。KVR 开阀压力设定的调节范围0.5～1.75 MPa,出厂设定 1.0 MPa。介质工作温度－40～130℃。有两种比例带0.62 MPa和0.5 MPa。NRD 阀的开启压差为 0.14 MPa,全开压差为 0.3 MPa。表 2.19 给出它们用于热气管时和用于液管时的额定能力。

　　贮液器压力调节阀(KVD)的结构见图 2.66。表 2.20 是 KVR 的能力特性表。

　　选择示例　R22 风冷式制冷系统,蒸发器能力 $Q_e=100$ kW,蒸发温度 $t_e=-40℃$,冷凝温度 $t_c=30℃$。考虑采用冷凝器回流法控制,以防止冬季运行冷凝压力过低。高压调节阀在冷凝器出口的液管上布置。试选择阀型。首先利用表2.22对蒸发器能力进行修正。表中给出 R22 在蒸发温度－40℃时的修正系数为 0.92。修正后的蒸发器能力 $Q_e=100×0.92=92$ kW。从表 2.21 高压调节阀(KVR)的

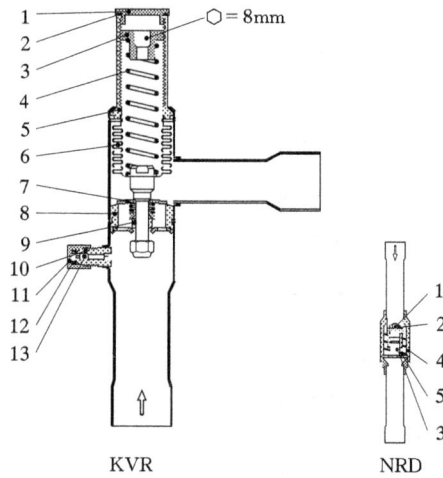

图 2.64　高压调节阀 KVR 和差压调节阀 NRD 的结构

高压调节阀 KVR：1—密封盖；2—垫片；3—房室螺钉；4—主弹簧；5—阀体；

6—平衡波纹管；7—阀板；8—阀座；9—阻尼机构；

10—压力表接头；11—盖；12—密封垫；13—塞子

差压调节阀 NRD：1—活塞；2—阀板；3—活塞导套；4—阀体；5—弹簧

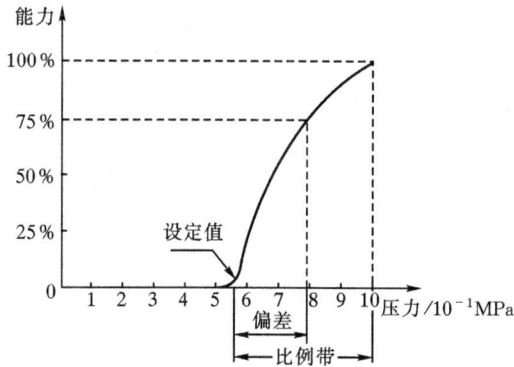

图 2.65　高压调节阀 KVR 的调节特性

能力特性表（R22）中选择阀能力与修正后的蒸发器能力相当的型号。表中给出：KVR12/15/22 型在冷凝温度 30℃，阀上压差 0.8×10^{-1}MPa 时，R22 的液体能力为 100.9 kW。可以选用。

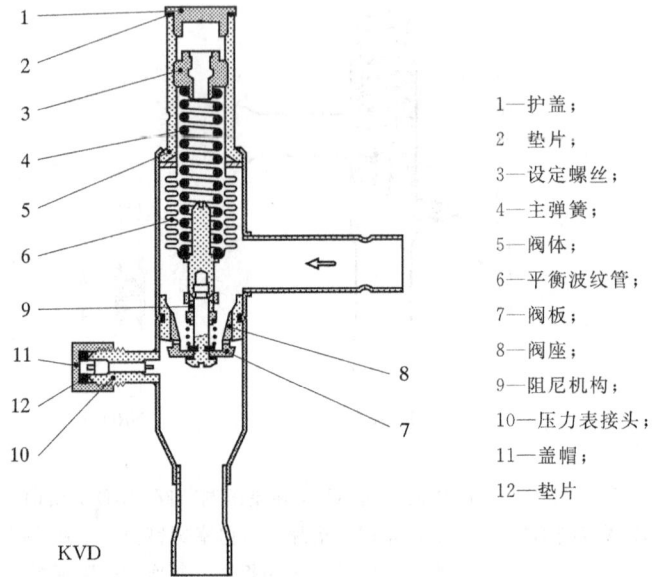

1—护盖；

2　垫片；

3—设定螺丝；

4—主弹簧；

5—阀体；

6—平衡波纹管；

7—阀板；

8—阀座；

9—阻尼机构；

10—压力表接头；

11—盖帽；

12—垫片

图 2.66　贮液器压力调节阀(KVD)

表 2.20　高压调节阀的额定能力

型号	额定液体能力(蒸发器能力)/kW				额定热气能力(蒸发器能力)/kW			
	R22	R134a	R404A/R507	R407C	R22	R134a	R404A/R507	R407C
KVR 12								
KVR 15	50.4	47.3	36.6	54.4	13.2	11.6	12.0	14.3
KVR 22								
KVR 28								
KVR 35	129	121	93.7	139.3	34.9	30.6	34.9	37.7

注:额定能力基于的条件如下:蒸发温度−10℃,冷凝温度30℃,热气能力的阀上压差:
　　$\Delta p = 0.02$ MPa,液体能力的阀上压差:$\Delta p = 0.03$ MPa,信号偏差压力为 0.3 MPa。

表 2.21　高压调节阀(KVR)的最大能力

型号	冷凝温度 t_c/℃	液体能力/kW(蒸发器能力) 压力偏差 0.3 MPa 阀上压差 Δp/10^{-1} MPa					热气能力/kW(蒸发器能力) 压力偏差 0.3 MPa 阀上压差 Δp/10^{-1} MPa				
		0.1	0.2	0.4	0.8	1.6	0.1	0.2	0.4	0.8	1.6
R22											
KVR 12	10	42.5	60.2	85.1	120.4	170.5	6.0	8.4	11.8	16.3	22.2
KVR 15	20	39.2	55.4	78.4	110.9	157.0	6.3	8.9	12.5	17.4	23.9
KVR 22	30	35.6	50.4	71.3	100.9	142.9	6.6	9.4	13.2	18.4	25.4
	40	32.0	45.3	64.0	90.6	128.3	6.9	9.8	13.7	19.3	26.7
	50	28.2	39.9	56.4	79.9	113.1	7.1	10.1	14.2	20.0	27.7
R134a											
KVR 12	10	40.7	57.5	81.4	115.0	163.0	5.4	7.6	10.7	14.7	19.6
KVR 15	20	37.1	52.5	74.2	105.0	149.0	5.6	7.9	11.1	15.4	20.8
KVR 22	30	33.4	47.3	66.9	94.7	134.0	5.8	8.2	11.6	16.1	21.9
	40	29.7	42.0	59.4	84.1	119.0	6.0	8.5	11.9	16.6	22.8
	50	25.9	36.6	51.8	73.3	104.0	6.1	8.6	12.1	16.9	23.3
R404A/R507											
KVR 12	10	32.9	46.4	65.6	92.9	131.3	5.8	8.1	11.3	15.8	21.6
KVR 15	20	29.4	41.6	58.8	83.2	117.6	6.1	8.4	11.8	16.5	22.7
KVR 22	30	25.9	36.6	51.8	73.3	103.7	6.1	8.5	12.0	16.8	23.2
	40	22.4	31.6	44.7	63.3	89.7	6.1	8.6	12.1	16.9	23.2
	50	18.8	26.6	37.6	53.2	75.4	6.1	8.6	12.1	16.9	23.2
R407C											
KVR 12	10	45.9	65.0	91.9	130.0	184.1	6.5	9.1	12.7	17.6	24.0
KVR 15	20	42.3	59.8	84.7	119.8	169.6	6.8	9.6	13.5	18.8	25.8
KVR 22	30	38.4	54.4	77.0	109.0	154.3	7.1	10.2	14.3	19.9	27.4
	40	34.9	49.4	69.8	98.8	139.8	7.5	10.7	14.9	21.0	29.1
	50	31.0	43.9	62.0	87.9	124.4	7.8	11.1	15.6	22.0	30.5

注:表中能力基于蒸发温度 -10℃。其它蒸发温度时,蒸发器能力的修正系数见表 2.22。

表 2.22　不同蒸发温度 t_e 时的能力修正系数

$t_e/℃$	−40	−30	−20	−10	0	+10
R22	0.92	0.95	0.98	1.0	1.02	1.04
R134a	0.88	0.92	0.96	1.0	1.04	1.08
R404A	0.85	0.90	0.95	1.0	1.05	1.09
R407C	0.89	0.93	0.96	1.0	1.03	1.07
R507	0.84	0.89	0.95	1.0	1.05	1.10

2.6.3　蒸发式冷凝器

蒸发式冷凝器在室外屋顶安装,特别要防止冬季运行时冷凝压力过低。控制冷凝压力的调节方法有以下几种。

(1)风量调节　以冷凝压力发信控制风机启、停。这在某种负荷条件下会使风机启、闭频繁,可以用调速风机代替。也可以用冷凝压力发信控制阻风阀。阻风阀可以安装在空气进口、或者出口。

(2)进风湿度调节　如图 2.67 所示,在冷凝器进风管和出风管之间设一个旁通风管,用旁通风阀 8 改变旁通风量,使一部分排出的湿空气与进风混合,提高蒸发式冷凝器的进风湿度,降低蒸发冷却的效果,从而使冷凝压力回升。

(3)干盘管运行　使水喷淋系统停止工作,这样蒸发式冷凝器就相当于一台干式风冷冷凝器,冷却能力下降,冷凝压力提高。但此法若单独使用,由于盘管由喷水到不喷水冷却能力相差太大(尤其是光盘管),停水后,冷凝压力迅速上升,压力控制器会令水泵频繁启、停,影响水泵电机和磁力开关的寿命。另外,盘管处于干、湿交替变化的工作条件,会加剧腐蚀,而且水垢有脏物在盘管表面的

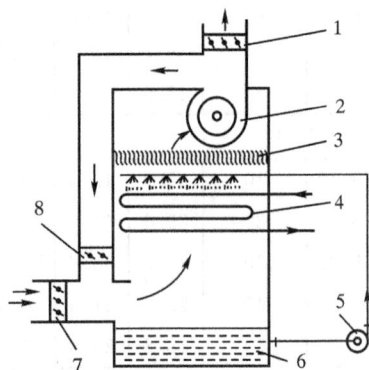

图 2.67　蒸发式冷凝器的冷凝压力控制
1—出口风阀;2—风机;3—挡水板;
4—冷凝盘管;5—水泵;6—水池;
7—入口风阀;8—旁通风阀

附着加快。所以,此法常与其它某种方式结合起来使用,可以提高调节的灵活性和稳定性。如果环境温度低于 0℃,停泵的同时必须及时将水排除,水池中还要设电热器,防止池水结冰。

2.7　压缩机能量调节

压缩机是制冷系统的主机。压缩机能量调节是指改变压缩机的产冷能力，使之与装置负荷变化相适应的一类调节。前面曾讲到的蒸发器供液量调节也是使冷量与负荷匹配的一种调节方法。但单有供液量调节，压缩机容量固定时，吸气压力随流量的变化而改变。负荷过低时，吸气压力过低，不仅运行经济性差，甚至导致频繁停车，使装置发生故障。因此，负荷变化大的装置有必要从压缩机产冷能力入手加以调节，使既降低制冷量，又保证吸气压力在正常范围。

主机的制冷量与负荷之间的匹配情况可以从吸气压力的变化上反映出来。运行过程中，吸气压力升高表明负荷在增大；吸气压力降低，表明负荷在减小。所以压缩机能量调节以吸气压力（或蒸发温度）为控制参数。

以容积式压缩机为例，它在一个工作周期的平均产冷量 Q 可以用下式表达

$$Q = \lambda V_h n Z q_v \tau_p / \tau \tag{2.10}$$

式中：λ 为压缩机容积效率；V_h 为一个气缸的行程容积；n 为压缩机转数；Z 为气缸数；q_v 为运行工况下的单位容积制冷量；τ 为工作周期；τ_p 为在一个工作周期中的开机时间。

改变上式右边的任何一个因子，都可以改变压缩机的产冷能力。所以，能量调节的方法很多。归纳起来，主要有：压缩机启、停控制（改变 τ_p），吸气节流（改变 q_v），附加余隙容积（改变 λ），气缸卸载（改变 Z），转速调节（改变 n），热气旁通。对于压缩机群（或多联机），往往采用运行台数控制或者运行台数与气缸卸载结合的方法进行多级能量调节。

针对装置的具体工作要求和压缩机配置情况情况选择合适的能量调节方法。

2.7.1　吸气节流能量调节

在压缩机吸气管上安装蒸发压力调节阀，使来自蒸发器的气体节流后进行压缩机。负荷越低，节流作用越强，增大吸气比体积，减小压缩机能力，而维持蒸发压力一定。循环原理如图 2.68 所示。

此法简单易行，但不经济，因为人为地提高了压力比，单位功耗和排气温度上升，而且吸气压力也不允许过分下降，所以它只能作小范围的能量调节。

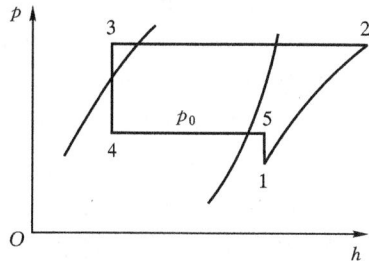

图 2.68　吸气节流能量调节的循环原理

2.7.2 压缩机启、停控制

这是最简单的能量调节方法。在配用一台无变容能能力压缩机(所谓无变容能力的压缩机是指:压缩机定转速驱动,而且自身又不带能量卸载机构)的小型制冷装置中,广泛采用使压缩机间歇运行的 ON/OFF 控制方式。

如果制冷系统是用热力膨胀阀供液的,则往往用吸气压力控制器(低压控制器)控制压缩机的启/停。当吸气压力降到控制器设定的下限时,使压缩机停止运行;吸气压力回升到控制器设定的上限时,重新接通压缩机电源,使之运行。

如果制冷系统是用毛细管节流的,则直接用冷房温控器控制压缩机启/停。当制冷温度达到控制器设定的下限时,压缩机停机;温度回升到控制器设定的上限时,压缩机重新启动运行。

启/停控制方式简单易行,但电动机启动时伴随有较大电流冲击,因此,该能量调节方式适用于负荷变化不太剧烈的装置,并需要仔细注意装置负荷与压缩机容量的正确匹配。否则,由于压缩机能力过大或负荷变化过大、过频,会造成压缩机短循环(即频繁启、停)。短循环的危害不仅电能损失大,而且运行不稳定,影响压缩机寿命(如吸气压力波动很大,曲轴箱内油沸腾,压缩机大量失油,电机过热和运动件过度磨损等等)。

2.7.3 有级能量调节——压缩机气缸卸载及运行台数控制

中、大型装置的主机配置往往是用一台带有能量卸载机构的压缩机或者是采用多台压缩机组合(其中的压缩机或有能量卸载机构,或无能量卸载机构)。这种情况下,用压缩机气缸卸载、或改变投入运行的压缩台数、或二者相结合的方法实现有级能量调节。

有级能量调节的控制方式:简单的用压力或温度控制器控制各能级的运行,高级的用程序控制器。

1. 用压力控制器进行的能量调节

在大型冷库等工业制冷装置中,按照组成机群的压缩机台数和每台压缩机的容量,将能量划分成若干等级。第一能级(最低能级)为基本能级,受库房温度控制启、停。以后各能级所对应的压缩机的启、停分别用吸气压力(或者蒸发温度)控制。将 p_s(或 t_0)分成若干个设定值与各能级一一对应。按照运行中吸气压力(或蒸发温度)的变化,自动地启、停压缩机,使机群的能量自动增、减到指定的能级上。

例如,某冷库配 4 台压缩机,分别是:1 号机 4V12.5,2 号机 8S12.5,3 号机 8S12.5,4 号机 4V12.5。

从 1 号到 4 号机依次投入运行,能级的划分为:1/6,1/2,5/6 和 1。能量调节方案:1 号机受库房温度控制,仅它工作时处于基本能级,另外三台压缩机分别受三个压力控制器控制启、停。控制值如表 2.23 所示。

表 2.23　压缩机开停机的压力设定值

压缩机	2 号机	3 号机	4 号机
压力控制器	LP₂	LP₃	LP₄
上限接通压力 p_s/MPa(表)	0.20(−9℃)	0.22(−7℃)	0.30(−2℃)
下限断开压力 p_s/MPa(表)	0.09(−20℃)	0.11(−18℃)	0.15(−14℃)
差动值/MPa	0.11(11℃)	0.11(11℃)	0.15(12℃)

分级能量调节过程为:任何一个库房温度达到设定值的上限时,温度控制器使 1 号机启动运行。半小时后,若吸气压力 p_s 升到 0.196 MPa,2 号机的压力控制器 LP₂ 使 2 号机运行。2 号机运行后若 p_s 降到 0.088 MPa,LP₂ 使它停机;若 p_s 继续上升到 p_s = 0.216 MPa,3 号机的压力控制器 LP₂ 使 3 号运行后,若 p_s 降到 0.108 MPa,LP₂ 使 3 号机停;若 p_s 继续升到 0.294 MPa,则 4 号机的压力控制器 LP₄ 使 4 号机运行。LP₄ 令 4 号机退出运行的 p_s 值为 0.147 MPa。所有库房温度都降到设定值的下限后,1 号机停止运行,整个制冷系统停止工作。

这种能量调节方法简单易行,能级划分较粗,能够获得较粗的调节效果,比较适合于负荷变化不太频繁的装置。应用时注意:①不要设计成几台压缩机同时启动,否则启动电流过大,电源负荷突变。②各台压缩机之间应有均压、均油措施,以免运行不当。③尽量避免选择完全相同的数台压缩机组配,最好用容量不同的压缩机,由大到小逐渐停机,基本能级用容量最小的压缩机担任。

2. 油压比例调节器所进行的压缩机气缸卸载能量调节

在几乎所有的高速多缸活塞式压缩机上都配有气缸卸载机构,起压缩机能量调节作用。卸载机械能够将气缸的吸气阀顶开,使机器运行过程中卸载缸不起压缩作用,这是一种较经济的能量调节方法。通常用气缸卸载的方法可以使一台八缸压缩机处于 50%,75% 和 100% 能级工作,使一台六缸机处于 33%,67% 和 100% 能级工作。除了在运转过程中可以根据负荷进行能量调节外,还可以轻载启动,不必配备大容量的电动机。

常用的是油压比例调节器控制气缸卸载。油压比例调节器不需要使用任何电器元件,结构紧凑,安装在压缩机上,自动根据吸气压力的变化控制向卸载机构提供油压。其工作原理说明如下。

图 2.69 是油压比例调节器的结构,图 2.70 是它的工作原理说明图。调节器包括三部分:信号接受器(由波纹管 19、设定弹簧 20 和调节螺钉 2 组成),喷嘴档

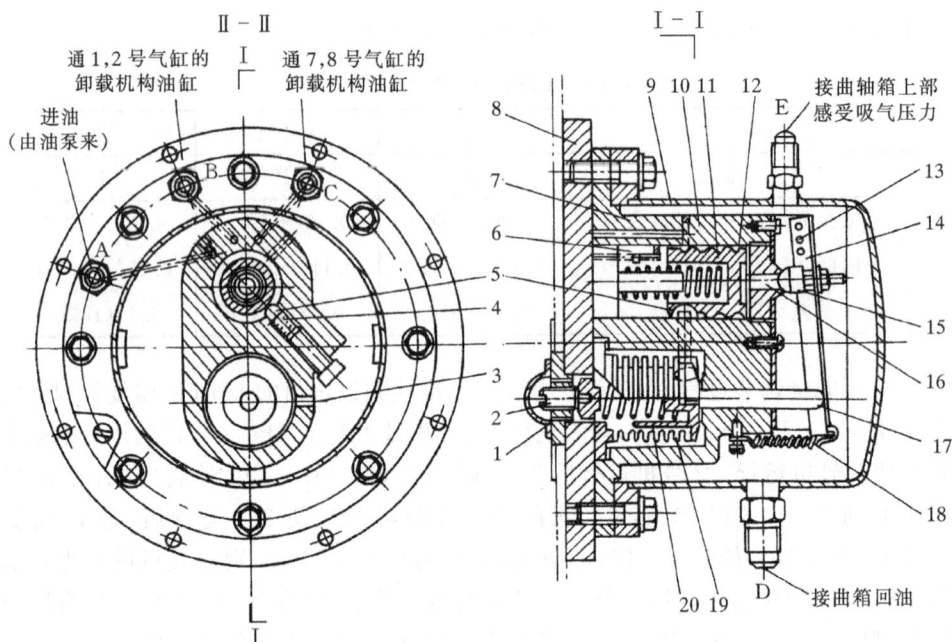

图 2.69　比例式油压调节器

1—通大气孔；2—调节螺钉；3—孔道；4—能级弹簧；5—限位钢珠；6—配油室；7—本体；
8—底板；9—外罩；10—配油滑阀；11—滑阀弹簧；12—恒节流孔；13—杠杆支点；
14—杠杆；15—球阀；16—变节流孔；17—顶杆；18—拉簧；19—波纹管；20—设定弹簧

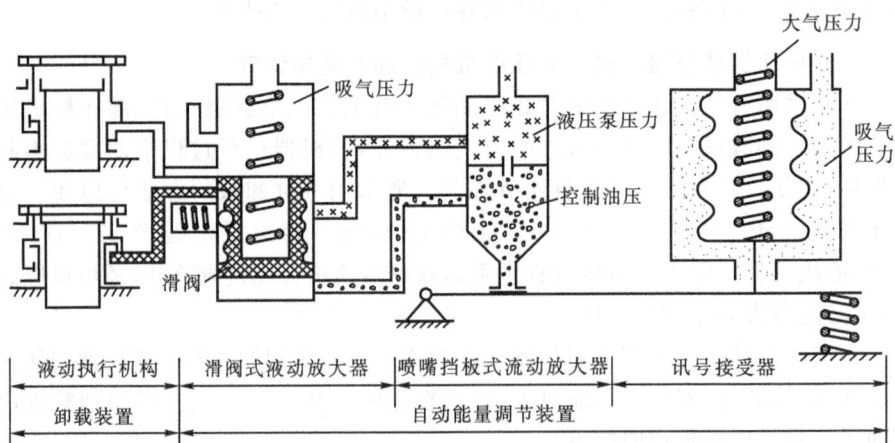

图 2.70　比例式油压调节器工作原理

板式液动放大器(由恒节流孔 12,配油室 6、限位钢珠 5、能级弹簧 4、外罩 9 和配油滑阀 10 组成)和液动放大器。滑阀液动放大器外罩 9 的法兰上设有三个油管接口 A,B,C。A 与压缩机油泵出口相连;B,C 分别与一组卸载油缸相连接。在本体 2 的内部有油孔和油道,使接口 A,B,C 分别与配油室 3 内壁上的三个孔 A1,B1,C1 相通。

　　调节器的输入信号是吸气压力与给定值的偏差。给定值(定值弹簧力＋大气压)可以用设定弹簧 20 调整。波纹管 19 的外侧作用着吸气压力;内侧作用着给定压力,使它在内外侧压力差作用下变形。变形位移量由顶杆 17 传递到杠杆 14,使杠杆转角改变。连接在杠杆上的球阀 15 压向或离开节流孔 16,使孔腔中的压力成比例变化,引起配油滑阀 10 移动,接通或关闭配油孔,使通往调节缸卸载机构的油压接通或释放。

　　下面是油压比例调节器对一台八缸压缩机的能量调节过程。能级安排为1/2,3/4 和 4/4。用低压控制器控制压缩机开、停机;用油压比例调节器控制两级调节缸的上载或卸载。控制压力设定值见表 2.24(R134a,按空调工况设定)。

表 2.24　控制压力设定值

控制器	吸气压力/MPa		工作气缸数	能量/%
	工作状态	卸载状态		
液压比例调节器	0.24	0.20	8	100
	0.23	0.19	6	75
低压控制器	0.22(接通)	0.13(断开)	4	50

　　在图 2.69 中,压缩机启动前,油泵不工作,油压等于曲轴箱压力。配油滑阀 10 被滑阀弹簧 11 推到最右侧,所有通往卸载机构的高压配油孔都关闭,调节缸的吸气阀片全部被顶开。所以,启动时只有压缩机的 4 个基本工作缸工作(50% 能级)。启动后,油泵同时运行,油压升高到额定值。若 4 缸工作冷量不足,吸气压力将上升,波纹管 19 受压缩,其位移量经过顶杆 17、拉簧 18 及杠杆 14 的传递,球阀 15 将变节流孔 16 关小,作用在配油滑阀 10 右侧的油压上升,滑阀受到向左的推力,对应于 $p_s=0.23$ MPa 时,滑阀向左移动使钢珠进入第 2 个槽中,并被钢珠限位。于是,孔 B 与油压孔 A 接通,第一组调节缸上载,压缩机处于 6 缸工作的能级。若这时制冷量仍不足,吸气压力继续升高,继续上述动作。当吸气压力升到 $p_s=0.24$ MPa 时,滑阀向左移动,使钢珠进入第 1 个槽中。于是,第二组调节缸上载,压缩机处于 8 缸满负荷工作。

　　当负荷减小时,吸气压力降低。波纹管 19 伸长,推动球阀 15 离开变节流孔

16,配油滑阀 10 右侧的控制压力下降,于是滑阀受到向右的推力。对应于 p_s = 0.20 MPa时,滑阀被推动,钢珠进入第二个凹槽中,有一组调节缸的配油孔被堵塞。该组调节缸卸载,压缩机降到 75% 能级。如果吸气压力继续降到 p_s = 0.19 MPa时,滑阀再次被向右推动,钢珠进入第三个凹槽中;又一组调节缸的配油孔被关闭,并卸载。于是压缩机处于 4 缸工作状态,能级降到 50%。吸气压力如果继续下降,到 p_s = 0.13 MPa 时,低压控制器触点断开,切断电源,压缩机停机。

使各调节缸投入与退出工作的压力控制值之间有一个差动值,该差动值一般为 40 kPa。差动值过小,会造成卸载机构动作频繁,压缩机工作不稳定。对此应予以注意。

3. 用程序控制器进行的压缩机能量调节

由具有气缸卸载机构的多台压缩机所组成的压缩机群中,将压缩机运行台数和气缸卸载结合起来,整个装置可以划分成更多能级,因而能级也就分得的细。这样,能量调节追随负荷变化的契合性更好,虽是执行的位式调节,达到的效果也接近连续调节。

对于这种要求精细能量调节的场合,有专用的程序能量调节控制器,如国产 TDF 步进程序调节器。

TDF 控制器以"定点延时、分级步进"的程序控制方式进行有级能量调节。先将信号参数——吸气压力 p_s(或者蒸发温度 t_0)设置 4 个定点。这 4 个定点值分布在吸气压力 p_s(或者蒸发温度 t_0)设计值的附近,分别是:过低限、低限、高限、过高限。控制时,根据传感器检测反映出的 p_s(或 t_0)的当前值与预先设置的定点值的关系,自动地使机组在当前所处能级基础上,延时递增或递减或维持不变。

下面用示例说明"定点延时、分级步进"能量调节过程。

某肉联厂用三组压缩机(高压压缩机/低压压缩机)构成两级氨压缩制冷系统。每台压缩机都有气缸卸载结构,可以分别按 1/4,3/4,1 负荷工作。若以低压四缸与高压两缸组合的产冷量为 q,则上述压缩机配置下有可能构成以下 9 个能级:$1q$,$3q$,$4q$,$5q$,$7q$,$8q$,$9q$,$11q$ 和 $12q$。实际上,按需要划定能级和分级数目。比如设六个能级:$3q$,$4q$,$7q$,$8q$,$11q$,$12q$。

系统的设计蒸发温度为 −30℃。定点布置为:过低限 −34℃;低限 −32℃;高限 −28℃;过高限 −25℃。若以吸气压力发信,相应四个定点的压力值(表压力,MPa)分别为 0.000,0.010,0.035 和 0.050。见图 2.71。

延时分级能量调节的控制程序为:当 p_s 在高限与低限之间时,说明制冷机的产冷量与负荷基本匹配,机组维持原有能级运行;当 p_s 处于高限与过高限之间时,说明负荷已明显大于制冷量,每延时 16 min,能量提高一级;当 p_s 高于过高限时,

```
    -34        -32        -30        -28        -25    蒸发温度/℃
   过低限      低限       设计点      高限      过高限  （蒸发压力）
```

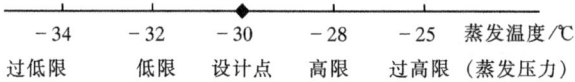

图 2.71　定点设置

说明负荷远超过制冷量，应加速调节，故每延时 2 min，能量提高一级。相反，当 p_s 处于低限与过低限之间时，每延时 16 min 能量降低一级；当 p_s 低于过低限时，每延时 2 min 能量降低一级。

TDF 型是冷库能量调节专用的步进程序调节器。它是一种电子式能量调节器，体积小、工作可靠、使用方便。该仪表面板上有八个能级状态显示、有灯光指示能量与负荷的对应关系，还有手动增、减能级的按钮。在底板上可以进行 4 个定点值的设定，还可以设定延时时间，高限、低限的延时时间 τ 在 30 min 内可调，过高限和过低限的延时时间为 $\tau/8$。

它有 TDF－01 型和 TDF－02 型两种规格。若能量调节以压力信号 p_s 发信，用 YSG－01 型电感压力变送器与 TDF－01 型调节器配合，二者之间传递 $0\sim10$ mA 直流电信号。若能量调节以温度信号 t_0 发信，则用 BA2 型铂电阻与 TDF－02 型调节器配合。TDF－02 型调节器是在 TDF－01 型的基础上增加了一块将电阻信号转换为 $0\sim10$ mA 电流信号的转换电路板。图 2.72 是 TDF 程序调节器的原理框图。

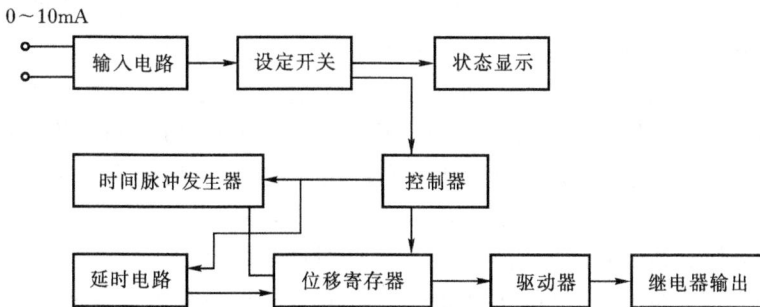

```
0~10mA
  ┌──────────┐    ┌──────────┐    ┌──────────┐
  │  输入电路 │───▶│ 设定开关  │───▶│ 状态显示  │
  └──────────┘    └──────────┘    └──────────┘
                        │
                        ▼
  ┌──────────────┐    ┌──────────┐
  │ 时间脉冲发生器 │◀──│  控制器   │
  └──────────────┘    └──────────┘
  ┌──────────┐    ┌──────────────┐    ┌──────────┐    ┌──────────┐
  │  延时电路 │───▶│  位移寄存器   │───▶│  驱动器   │───▶│ 继电器输出│
  └──────────┘    └──────────────┘    └──────────┘    └──────────┘
```

图 2.72　TDF 程序调节器原理框图

2.7.4　热气旁通能量调节

热气旁通能量调节的道理是：在负荷下降使吸气压力降低时，将压缩机排出的高压热气旁通一部分到低压侧，用于补偿因负荷下降而减少的蒸发器回气量，保持压缩机连续运行所必须的最低吸气压力。它能使压缩机的能力与蒸发器的实际负荷相适应,在蒸发器负荷下降时,来自高压侧的热气为其提供一个虚负荷。

1. 使用场合和调节原理

热气旁通能量调节的使用场合如下:

(1)用在压缩机没有气缸卸载机构的小型装置中　大型压缩机中广泛采用气缸卸载机构,但在 7.5 kW 以下的小型压缩机中考虑到造价太高,一般不设气缸卸载机构,比较多地采用低压控制器控制压缩机启、停。但这种方式存在下述问题:①在空调装置中,启停控制很不舒适,而且造成湿度控制困难;②负荷变化大时,启停频繁,影响压缩机寿命;③更主要的是启动电流冲击大,增加运行费用,不经济。因此,热气旁通是一种解决方法,它把热气旁通到吸气管,给压缩机施加负荷,使之连续运转,可以提高经济性和寿命。

(2)用在有能量卸载的压缩机上　启动时和降负荷调节到最低档时,压缩机都处于基本能级。如果还希望启动负荷更小,或者希望在负荷小到几乎是空载时仍要压缩机不停止运行的场合,可以在最低能级档再设热气旁通,实现该范围内的无级能量调节。

采用热气旁通能量调节在系统布置上应考虑以下问题:①吸气过热度不要太大;②不造成液击;③不影响系统回油。

用图 2.73 说明热气旁通能量调节原理。热气旁通能量调节的基本实施是在系统的高低压侧旁通管上安装热气旁通调节阀,(或称能量调节阀),如图 2.73(a)所示。能量调节阀是一种受阀后压力(即吸气压力)控制的比例型气用调节阀。它按照吸气压力与设定的阀开启压力之间的偏差成比例地改变阀的开度,调节高压气体向低压侧的旁通流量。图 2.73(b)表示其旁通能力特性。图 2.73(c)给出采用旁通能量调节与不采用旁通能量调节机组工作特性的比较。图中 A 为压缩机能力曲线,B 为能量调节阀的能力曲线(热气造成的虚负荷曲线)。能量调节阀打开时,由于压缩机损失掉旁通流量所具有的制冷能力,故机组实际制冷量为 $Q = Q_A - Q_B$。设正常情况下机组蒸发温度 $t_0 = -8\ ℃$,额定制冷量为 18.5 kW。当负荷降低时,蒸发温度将下降。若将能量调节阀设定到相应于蒸发温度 $-11\ ℃$ 的吸气压力时开启。那么,当负荷降到使 $t_0 = -11\ ℃$ 时,能量调节阀打开。打开后,由于高压气体对低压侧的的补充,使低压侧压力不会随负荷继续减少而下降得太快。从图中可以看出,例如,负荷降到 9.9 kW 时,吸气压力可以维持在 80 kPa(G),相应的蒸发温度是 $t_0 = -15\ ℃$。(尽管压缩机在 $-15\ ℃$ 吸气压力时的能力是 15.7 kW,但能量调节阀的虚负荷能力有 $Q_A = 5.8$ kW,所以这时蒸发器的实际负荷为 $Q_A - Q_B = 9.9$ kW)。如果没有采用热气旁通能量调节,压缩机与蒸发器能力相匹配,当负荷降到同样值 9.9 kW 时,系统的蒸发温度须降到 $-23\ ℃$。制冷系统在这样低的蒸发温度下运行极为不利。可见,热气旁通使系统得以在低负荷时以

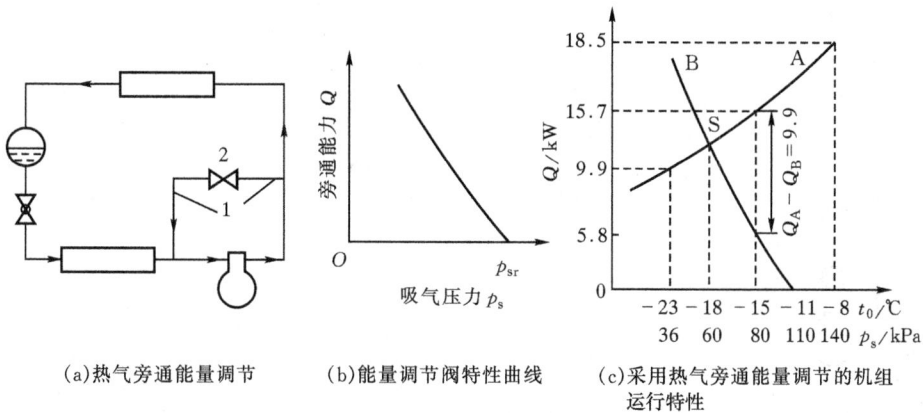

(a)热气旁通能量调节　　　(b)能量调节阀特性曲线　　　(c)采用热气旁通能量调节的机组
运行特性

图 2.73　热气旁通能量调节原理

1—旁通管;2—能量调节阀;p_w—开阀压力设定值;p_s—吸气压力;t_0—与 p_s 对应的蒸发湿度

较高的吸气压力维持压缩机连续运转。从图中还可以看出,曲线 A、B 之交点 S 所对应的蒸发温度是 -18℃。它代表机组工作的最低蒸发温度。到 $t_0=-18$℃时装置的实际负荷为零,即 100% 卸载。换句话说,即使装置的负荷为零,吸气压力还能维持在 -18℃所对应的值上。

2. 应用方式及分析

图 2.74 示出热气旁通能量调节的几种布置方式。(a)是最简单的方法,将能量调节阀(热气旁通阀)装在吸、排气之间的旁通管上,热气阀在 ps 低于设定值时打开,热气向吸气管旁通。这种布置虽然简单,但热气旁通时间太久的话,压缩机有过热的危险。另外,负荷过低时,热力膨胀阀供液过少,蒸发器中制冷剂流速太低,会影响系统回油。为了避免热气旁通引起吸气过热,可以采用图(b)的布置方式,即再用一只喷液阀,从液管引制冷剂液体喷入吸气管,使热气冷却,降低过热度。也可以如图(c)那样,从贮液器顶部引高压饱和蒸汽旁通,由于旁通气的温度不高,与蒸发器回气混合后不会引起吸气过热太高,但要注意防止将液体抽回压缩机产生液击的危险。图(d)的布置方式是将热气向蒸发器出口处旁通,而将热力膨胀阀的温包安装在旁通点下游至少 2 m 远处。其结果是:温包受热气加热作用,控制膨胀阀开度变大,提供过量液体,并在较长的管段上与热气混合,既冷却热气,又避免液击,还能提高蒸发器中制冷剂的流速,有利于回油。图(e)是向蒸发器中部引热气,热气向蒸发器提供虚负荷。图(f)对于并联多路盘管的蒸发器是最好的方法,将热气旁通到膨胀阀与分液器之间。

下面就以上方式摘要作具体说明。

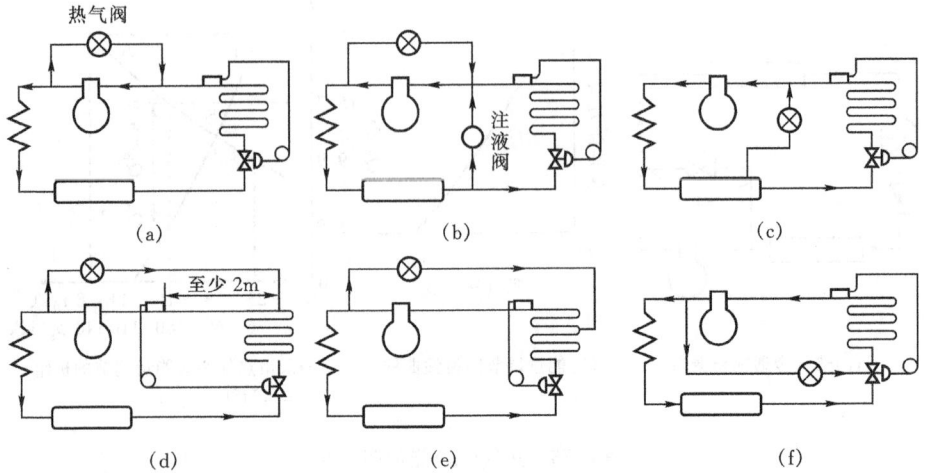

图 2.74　热气旁通能量调节的几种布置方式

（1）采用喷液冷却的热气旁通系统　这是一种典型的实施方式,其系统布置及循环原理如图 2.75 所示。能量调节阀将热气旁通到吸气管,同时喷液阀将液体引入吸气管使吸气冷却。为了保证热气与液体充分混合,应使液体逆喷（喷液方向与吸气管中的气流方向相反）。

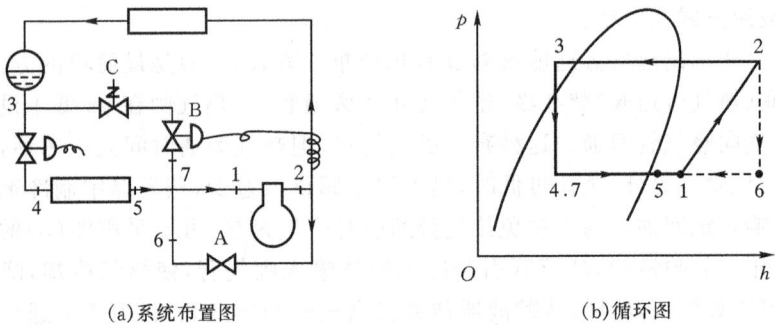

(a)系统布置图　　　　　　　　(b)循环图

图 2.75　热气向吸气管旁通＋喷液冷却
A—能量调节阀;B—喷液阀;C—电磁阀

旁通能量调节阀的典型结构（KVC 型）及其调节特性如图2.76所示,它实质上是一种受阀后压力控制的恒压阀。当装置负荷下降致使吸气压力 p_s 降到规定值时,作用在阀盘 7 下方的力不足以克服弹簧 4 的张力,能量调节阀打开。平衡波纹管用于消除排气压力对阀工作的影响,吸气压力越低,阀的开度越大,成比例地调节旁通热气的流量。

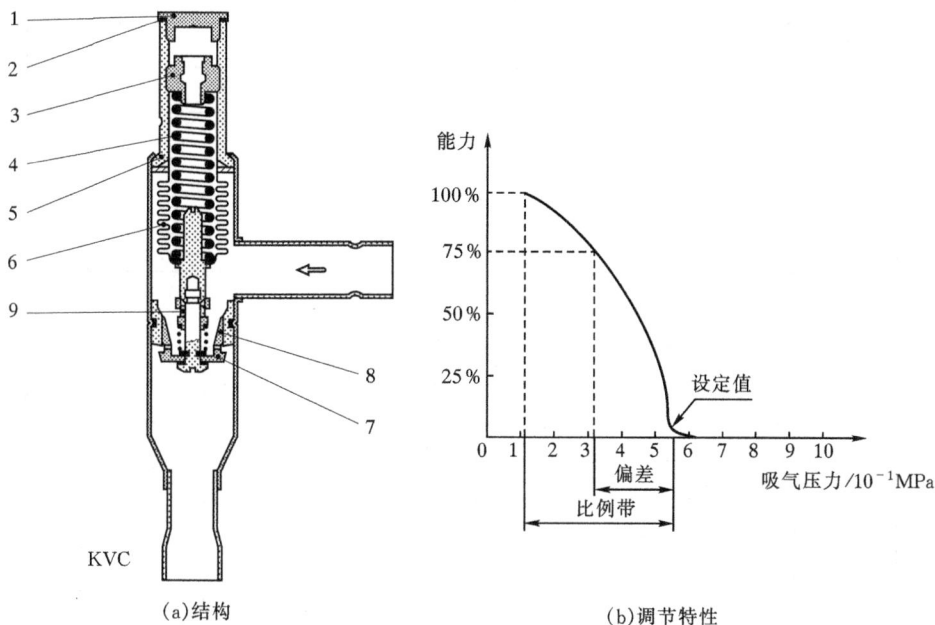

(a)结构　　　　　　　　　　　　　　　(b)调节特性

图 2.76　热气旁通阀(KVC)

1—护盖;2—垫圈;3—设定螺栓;4—主弹簧;5—阀体;

6—平衡波纹管;7—阀板;8—阀座;9—阻尼机构

　　调节特性中,比例带(Bande P)定义为:使阀板从关闭移动到全开位置所需要的压力值。例如:设定阀在压力 0.4 MPa 时打开,比例带为 0.2 MPa。则当阀的出口压力达到 0.2 MPa 时,阀具有旁通最大能力。调节中的偏差,即偏移量则定义为吸气管中允许的压力(温度)变化量。此值按规定的吸气压力与许可的最低吸气压力之差计算。偏移量始终为比例带中的一部分(如图 2.76(b)所示)。以 R404A 为例:设要求压缩机前吸气饱和温度 5℃(吸气压力 0.6 MPa),不得低于 0℃(吸气压力 0.5 MPa)。则吸气压力调节的偏移量为 0.1 MPa。

　　KVC 的技术特性与参数:设定压力的调整范围 0.02~0.6 MPa(出厂设定为 0.2 MPa);最大比例带 0.2 MPa;允许介质温度最高 150℃,最低−200℃;在最高比例带时的流量系数 $k_v = 0.68/L.25/L.85$ m³/h(分别对应于 KVC12/KVC15/KVC22 三种型号)。

　　表 2.25 是热气旁通阀能力特性的一个示例。表中按高压侧饱和温度为 25℃的条件,给出阀在不同的压力偏移量、和对应于不同吸气饱和温度时的旁通能力。不满足此压力条件时,需要修正。修正系数见表 2.26。

表 2.25　热气旁通阀能力特性

R134a 能力/kW

型号	偏差 $\Delta p/10^{-1}$ MPa	阀后吸气温度 t_s/℃						
		−45	−40	−30	−20	−10	0	+10
KVC 12	0.10			1.4	1.4	1.5	1.7	1.7
	0.15			2.1	2.3	2.4	2.5	2.6
	0.20			2.9	3.0	3.1	3.2	3.4
	0.30			3.7	3.9	4.1	4.3	4.5
	0.50			4.2	4.3	4.5	4.8	4.9
	0.70			4.4	4.5	4.8	5.0	5.2
	1.00			4.8	5.0	5.2	5.5	5.8
	1.20			5.1	5.4	5.6	5.8	6.1
KVC 15	0.10			2.1	2.3	2.4	2.5	2.6
	0.15			2.9	3.0	3.1	3.2	3.4
	0.20			3.7	3.9	4.1	4.3	4.5
	0.30			5.1	5.4	5.6	5.8	6.1
	0.50			7.4	7.7	8.0	8.4	8.7
	0.70			8.7	9.1	9.4	9.9	1.02
	1.00			9.9	10.2	10.7	11.3	11.7
	1.20			10.6	11.1	11.6	12.2	12.6
KVC 22	0.10			2.3	2.4	2.5	2.6	2.8
	0.15			3.2	3.3	3.5	3.6	3.7
	0.20			4.3	4.4	4.6	4.9	5.1
	0.30			5.2	5.5	5.7	6.0	6.3
	0.50			8.9	9.3	9.7	10.1	10.5
	0.70			11.0	11.6	12.0	12.6	13.1
	1.00			13.7	14.3	14.9	15.6	16.3
	1.20			15.0	15.7	16.3	17.2	17.8

表 2.26　冷凝温度修正系数

t_1/℃	10	15	20	25	30	35	40	45	50
R134a	0.88	0.92	0.96	1.0	1.05	1.10	1.16	1.23	1.31
R22	0.90	0.93	0.96	1.0	1.05	1.10	1.13	1.18	1.24
R404A/R507	0.84	0.89	0.94	1.0	1.07	1.16	1.26	1.40	1.57
R407C	0.88	0.91	0.95	1.0	1.05	1.11	1.18	1.26	1.35

例 2.3　制冷剂 R134a,允许的最低蒸发温度为−12℃(相应的吸气压力为 0.09 MPa)。压缩机在对应于蒸发温度−12℃时的制冷能力是 15.4 kW,而蒸发器在−12℃时的负荷为 10.0 kW。膨胀阀前液体温度为 35℃。用热气旁通能量调节保证运行条件。

解　先对蒸发器能力进行修正。利用表 2.26,R134a 冷凝温度 35℃时的修正系数为 1.10,修正后的蒸发器能力=10.0/1.1. 于是,需要通过 KVC 旁通的能力=压缩机能力与蒸发器能力之差=15.4−10.0/1.1=4.9 kW。然后,利用产品样本提供的阀能力特性表(见表 2.25),进行阀尺寸选型。取最低吸气饱和温度 $t_s=-20$℃。KVC15 在压力偏移为 0.3 bar 时的旁通能力为 5.4 kW,可以选用。

喷液阀根据压缩机排气温度调节喷液量,其典型结构如图 2.77 所示,其额定能力见表 2.27。

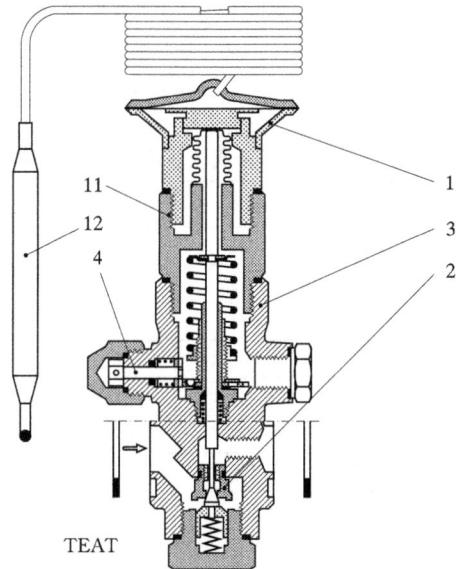

图 2.77　喷液阀 TEAT
1—热力头;2—节流组件;3—阀体;4—设定螺栓;11—中间段;12—温包

热力式喷液阀根据温包感受温度与设定值的偏差调节阀口开度,工作原理类似于热力膨胀阀。它的温包还可以做成螺旋管状(总长 1.8 m),全部缠绕在排气管上并用夹子固紧,保证灵敏、准确地反应排气温度。节流阀事先手动调整好,以限制最大喷液量。这种喷液阀适用于 R717,22,134a,404A 及其它氟里昂制冷剂。使喷液阀打开的温度设定值可调,调节范围有三种选择:35~65℃,55~95℃,90~130℃;比例带 20℃;温包最高温度 150℃。热力头中波纹管有最高耐压限制,故喷

表 2.27　TEAT 的额定能力及 R717 的能力特性

（额定条件:蒸发/冷凝/阀前液体过冷温度 5/32/4℃）

型号	在 $\Delta p = 0.8$ MPa 时的额定能力/kW			
	R717(NH₃)	R22	R134a	R404A
TEAT 20 - 1	3.3	0.8	0.7	0.6
TEAT 20 - 2	6.4	1.5	1.2	1.1
TEAT 20 - 3	9.7	2.3	1.7	1.6
TEAT 20 - 5	18.0	3.6	3.0	2.9
TEAT 20 - 8	25.6	6.2	4.6	4.4
TEAT 20 - 12	38.4	9.2	6.9	6.7
TEAT 20 - 20	64.0	15.4	13.1	12.6
TEAT 85 - 33	106	26	19.5	18.8
TEAT 85 - 55	173	42.4	31.8	30.6
TEAT 85 - 85	274	66.3	50.3	48.4

R717 能力/kW					
阀尺寸	阀上压降 $\Delta p/10^{-1}$ MPa				
	4	6	8	11	15
20 - 1	2.3	2.8	3.3	3.6	4.7
20 - 2	4.8	5.7	6.4	7.2	7.9
20 - 3	7.2	8.5	9.7	10.8	11.7
20 - 5	12.1	14.2	16.0	18.0	19.8
20 - 8	18.6	22.1	25.6	28.5	31.4
20 - 12	29.1	33.7	38.4	43.0	47.1
20 - 20	47.7	57.0	64.0	72.1	79.1
85 - 33	80.2	94.2	106.4	118.6	130.3
85 - 55	136.1	157.0	176.8	197.7	215.2
85 - 85	203.5	239.6	274.5	302.4	334.9

液阀后不允许安装截止阀,防止万一工作时忘记打开此阀,液体压力胀破波纹管。在喷液阀前安装电磁阀,它与压缩机连动,在停机时关闭,起到防止停机时吸气管进液的保护作用。

可以用手动节流阀,电磁阀和温控器取代喷液阀。温控器按设定的排气温度启、闭电磁阀,在电磁阀后面连接手动节流阀,用以调节喷液量。这种情况下喷液量是事先调定的,不能像喷液阀那样可以随着排气温度自动成比例地调节喷液量。

顺便说明:喷液阀的作用是向吸气管喷液防止由于吸气高过热度造成的排气

温度过高。除了在这里所说的压缩机处于热气旁通运行时使用外，亦可用于其它类似场合。比如：压缩机在高冷凝温度、低蒸发温度运行时；两级压缩制冷装置中控制向中间冷却器的喷液（温包装在高压压缩机的排气管上，由制冷剂的压焓图找出运行工况的理论排气温度）；用于螺杆压缩机中的油温调节。

　　(2)热气向蒸发器中部或者向蒸发器前旁通　若担心用喷液阀会因喷液量不当或者混合不充分引起液击，可以将热气旁通到蒸发器中部或者蒸发器前。另外，高压气(无论是用压缩机排出的热气，还是用从高压贮液器顶部引出的饱和气)向吸气管旁通的主要缺点是：负荷低到一定程度，随着旁通量的增多，去蒸发器的制冷剂减少，蒸发器中制冷剂流速过低，造成回油困难。为此，可以采用向蒸发器中部或向蒸发器前旁通热气的方法。这样，由于热气作为热负荷进入蒸发器，膨胀阀开大增加供液，相当于供液冷却热气的过程在蒸发器内部完成，保持正常的吸气温度。在这种情况下需要特别注意：在蒸发器出口处不能安装蒸发压力调节阀。否则，由于蒸发器内的压力降不到设定值以下(即使负荷减小，也只降低蒸发压力调节阀以后的压力，即吸气压力)，热气旁通阀完全不能打开，无法起作用。如前所述，采用这种方法旁通，还能提高蒸发器内的制冷剂流速，有利于蒸器回油。

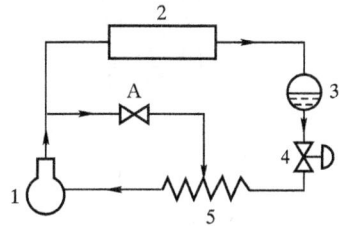

图 2.78　向蒸发器中部旁通热气
1—压缩机；2—冷凝器；3—贮液器；
4—膨胀阀；5—蒸发器；A—能量调节阀

　　图 2.78 示出向蒸发器中部旁通热气。适用于只有一个蒸发器，而且蒸发器是单根盘管的装置。

　　对于用分液器多路供液的蒸发器，热气不宜在蒸发器中部引入，最好的办法是在蒸发器前引入热气。图 2.79 是采用这种方法的系统布置示例。它用 CPCE 型能量调节阀把热气注入到膨胀阀 TE 与分液器 69G 之间。为了不影响分液器的分液效果，采用一个专门的气、液混合头 LG。来自 CPCE 的热气与来自 TE 的液体在 LG 中均匀

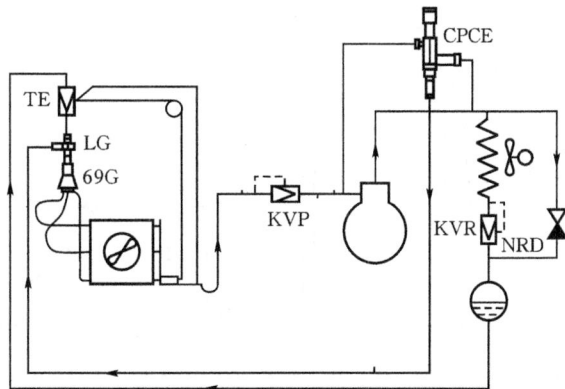

图 2.79　热气向蒸发器前旁通

混合后,进入分液器,保证分液器的功能不致恶化。

　　这里所用的能量调节阀 CPCE 型与前面 KVC 型不同之处在于:KVC 受阀后压力控制;CPCE 则用外平衡引管从吸气侧引控压力,阀根据吸气压力调节热气的旁通量,从而可以避免蒸发器侧压力降对它的影响,其原理与外平衡式热力膨胀阀排除蒸发器侧压力降的作用相同。能量调节阀 CPCE 的结构如图 2.80 所示。

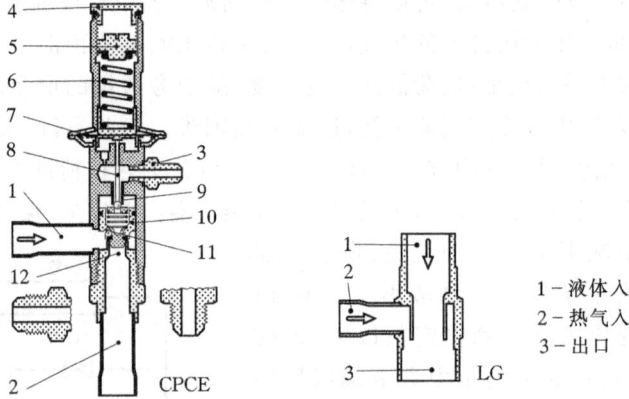

图 2.80　能量调节阀 CPCE 和气液混合头 LG

1—入口;2—出口;3—导压口;4—护盖;5—设定弹簧;6—主弹簧;7—膜片;
8—压杆;9—导阀孔;10—伺膜活塞;11—压力平衡孔;12—主阀孔

　　类似的方式在较大型装置中用主阀下导阀组合控制实现,如图 2.81 所示。其中导阀与主阀组合(CVC+PMC3)特性见 2.4.4 节。

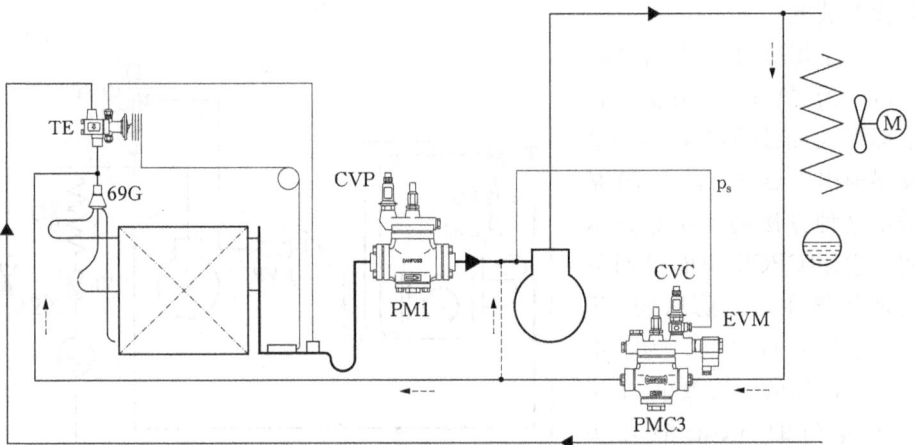

图 2.81　用定压阀 CVC 与主阀 PMC3 组合控制的热气旁通能量调节

这种旁通方式的优点在于:①膨胀阀感受蒸发器出口过热度增大,提供消除过热所必须的附加液量,可以不必为冷却吸气专设喷液阀;②有利于蒸发器回油,如果蒸发器的安装位置低于压缩机,这一点尤其重要。

(3)热气旁通能量调节与100%卸载启动　图 2.82 所示的系统从贮液器顶部引饱和蒸汽向蒸发器入口侧旁通,可以在能量调节时避免排气温度过高。另外,在排气管上安装伺服式自动截止阀、电磁导阀和热气电磁阀,这些是为压缩机启动时100%卸载用的。启动时,热气电磁阀打开;电磁导阀关闭,自动截止阀(主阀)关闭,排气全部旁通到吸气侧,实现 100%卸载。待压缩机达到额定转速、电流也降到正常值时,热气电磁阀关闭;电磁导阀接通,打开排气管上自动截止阀,转入正常运行。为卸载启动用的热气旁通时间不宜过长,否则压缩机会过热。

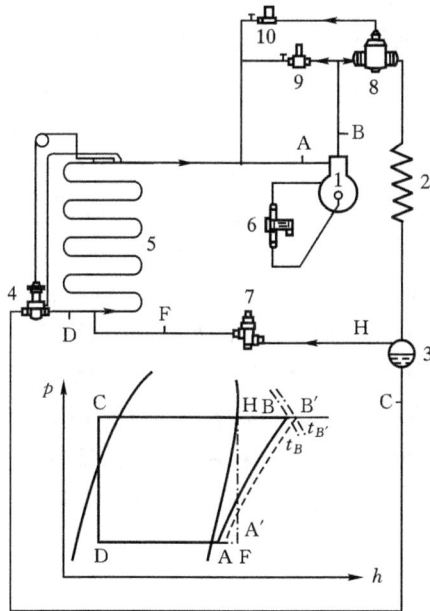

图 2.82　热气旁通能量调节和100%卸载启动
1—压缩机;2—冷凝器;3—贮液器;4—热力膨胀阀;5—蒸发器;6—油压保护;
7—热气旁通阀;8—主阀;9—热气电磁阀;10—电磁导阀

100%卸载启动的控制程度:温度或其它启动控制指令发出后,首先打开热气电磁阀,延时数秒(由吸、排气侧压力平衡所需的时间决定)后,压缩机启动。再延时指定的时间(由转速、电流达到正常所需的时间决定)后,热气电磁阀关闭,电磁导阀打开使自动截止阀接通,进入正常运行。

2.7.5　压缩机变转速能量调节

压缩机为恒转矩负载,压缩机制冷能力及消耗功率与其转速成比例。从循环角度分析,利用改变转速方法进行能量调节有很好的部分负荷运行经济性。压缩机的驱动机主要是感应式电动机。感应式电动机改变转速的方法虽有多种,但用于拖动压缩机,从电动机的转速—转矩特性考虑,适宜的方法是采用变频调速。

制冷装置用变频能量调节具有节能、速冷、温控精度高和易于实现自动控制的优点。目前变频调速作为一种有效的节能控制手段,在包括制冷压缩机在内的许多通用机械产品(如泵、风机、空气压缩机等)的变容控制中广泛采用。

用变频器改变压缩机电机电源的频率。电动机的电源电压随频率成比例变化,故又称变电压变频 VVVF(variable voltage variable frequency)。变频器是利用电力半导体器件的通断作用将工频电源变换为另一频率的电能控制装置。现在使用的变频器主要采用交—直—交方式(VVVF 变频或矢量控制变频):先把工频交流电源通过整流器转换成直流电源,然后再把直流电源转换成频率、电压均可控制的交流电源以供给电动机。变频器的电路一般由整流、中间直流环节、逆变和控制 4 个部分组成。整流部分为三相桥式不可控整流器,逆变部分为 IGBT 三相桥式逆变器,且输出为脉宽调制 PWM(pulse-width modulation)的波形,中间直流环节为滤波、直流储能和缓冲无功功率。控制器时,微电脑按照检测信号控制变频器的输出频率和电压,从而使压缩机产生较大范围的能量连续变化。

变频器输出的频率范围大约在 $30 \sim 130$ Hz 之间。压缩机特性要能适应转速的变化范围。例如,在变频式中央空调器中用 ISPM 高效变频器、永磁同步电机驱动涡旋式压缩机。用无传感三相矢量控制技术,保证变频器输出电流为平滑的谐波曲线,从而使电机运行平稳、高效,同时使谐波电流和电磁噪声得到抑制。

2.7.6　螺杆式压缩机的能量调节

螺杆式压缩机虽然从运动形式上属于回转式,但气体压缩原理与往复活塞式一样,均属于容积式压缩机。以上所列举的各种能量调节方法也适用于螺杆压缩机的制冷系统,只是在利用机器本身卸载机构进行能量调节的方法中,螺杆压缩机与多缸活塞压缩机有不同的特点,后者只能通过若干个气缸卸载获得指定的分级位式能量调节;而螺杆式压缩机利用卸载滑阀可以获得 $10\% \sim 100\%$ 范围的无级能量调节。

螺杆式压缩机结构如图 2.83 所示。阴、阳转子与机壳之间构成的齿间容积相当于往复式压缩机的气缸,利用转子副旋转过程中齿间容积变化实现气体压缩。

在机体上安装卸载机构。它的主要部件是滑动调节阀,简称滑阀。滑阀位于

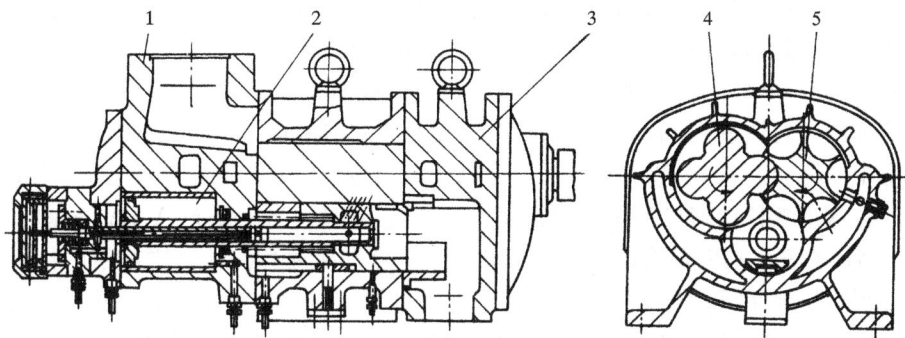

图 2.83　螺杆式压缩机结构

1—吸气端座；2—卸载机构；3—排气端座；4—阳转子；5—阴转子

排气侧机体两内圆的交线处，并且能够在平行于气缸轴线的方向上来回滑动。整个能量调节装置的组成见图 2.84。它包括卸载机构、外部油管路和油路控制阀三部分。卸载机构中有滑阀、油缸、滑活塞和能量指示器。油路控制阀为手动四通换向阀或者是电磁换向阀组，分别用于手动调节或自动调节。

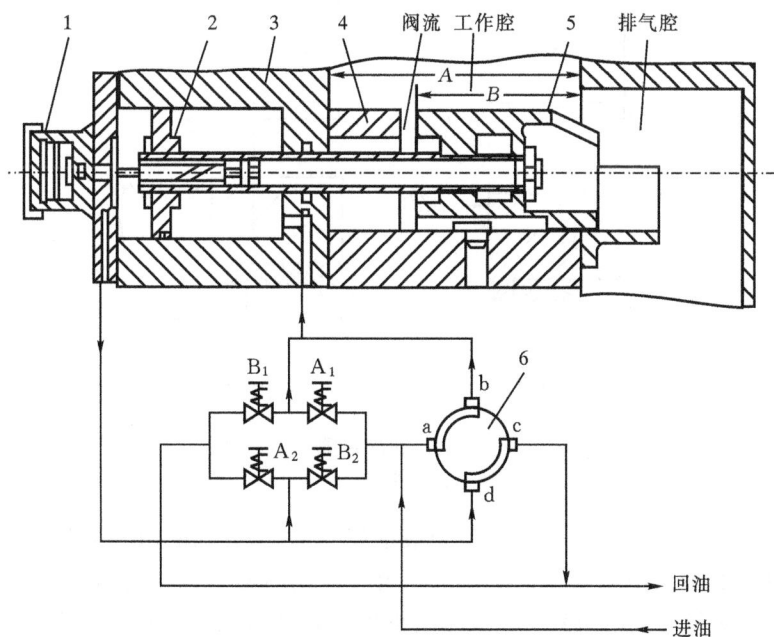

图 2.84　能量调节装置

1—能量指示器；2—油活塞；3—油缸；4—固定块；5—滑阀；

6—手动四通换向阀；A_1、B_1、A_2、B_2—电磁阀

　　滑阀的移动是靠油活塞带动的。当四只电磁阀 A_1、A_2、B_1、B_2 都关闭时,油活塞两侧油路封闭,滑阀停留在某一固定位置,压缩机维持在一定的能量值上。当电磁阀 A_1、A_2 接通,B_1、B_2 关闭(或手动四通换向阀的 a 与 b,c 与 d 分别接通)时,油压从油缸的右侧进入,推动油活塞向左移动,回油从油缸左侧的油孔流出。这时油活塞带动滑阀左移,调节能量增大。移动到滑阀与吸气侧的固定端贴合时,能量为 100％,这里螺杆压缩机工作腔的长度全部有效。相反,当电磁阀 A_1、A_2 关闭,B_1、B_2 开启(或者手动四通换向阀的 a 与 d,b 与 c 分别接通)时,油缸中油压的作用方向与图示情况相反,油活塞向右移动,滑阀离开固定端。二者之间的空隙形成回流孔口。于是,随着转子的运转,齿间(吸气)容积从最大到逐步减小的变化过程(阴阳转子接触线从吸入端向排出端移动的压缩过程)中,在回流口被全部堵断之前,齿间容积变小时,已吸入到齿间容积中的气体经过孔口向压缩机吸气腔回流,这段过程不产生气体压缩作用(即工作腔长度并不完全有效)。直到接触线移动到完全越过回流孔口,才开始发生随齿间容积变小而进行的气体压缩过程,因而压缩机的实际气量变小。该调节原理见图 2.85,图中,滑阀右移的位置决定压缩机卸载的

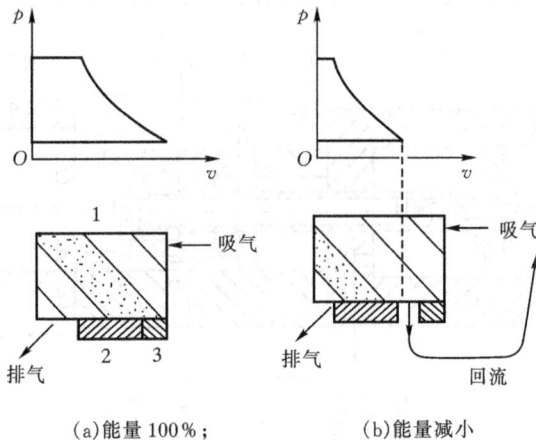

(a)能量 100％；　　　　　　　(b)能量减小

图 2.85　螺杆式压缩机能量调节原理

1—转子;2—滑阀;3—固定端

程度:移到右止点时,机器能量调节到最小值。可见,滑阀能量调节是通过改变螺杆压缩机工作腔的有效长度而实现的。由于滑阀的移动是连续的,所以压缩机可以从 100％ 能量连续卸载到 20％(有的机器能量调节的最小值为满负荷的 10％,视螺杆压缩机的具体设计而异)。滑阀的位置可以用指针示出。卸载机构端部设有能量指示器,通过指针或仪表盘上的指示仪指示出运行中的能量状况。另外,图 2.84 中由四只电磁阀组成的电磁阀组也可以用一只三位四通电磁阀代替,起同样

的控制作用。

2.7.7 离心式压缩机的能量调节

离心式压缩机广泛用在冷水机组中。离心式压缩机依据速度型原理进行气体压缩。可以采用的的能量调节方法有：入口导叶、变速驱动、热气旁通。

容量 500RT(1760 kW) 以上的离心机，用入口导叶进行能力调节，简单有效，价廉。在离心叶轮前安装枢轴传动的活动叶片。这些入口导叶使气体制冷剂在进入压缩机叶轮之前形成旋涡，这种涡流使压缩机制冷能力下降。

离心式冷水机中控制系统如图 2.86 所示。通过蒸发器冷水的出水温度或回水温度反映负荷变化，负荷（温度）信号传给控制器，通过反馈控制，指令叶片的驱动电机使导叶的开度开大或关小，调整制冷机的产冷量，从而使冷供水或回水温度达到设定值。例如，设定冷供水温度为 7℃，建筑负荷减小时冷机供水温度降到 6℃。于是，控制器控制导叶逐渐关小，节制制冷剂气体的进入，直到冷机供水温度回升到 7℃。

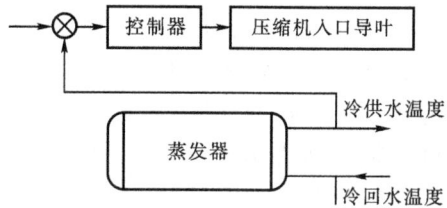

图 2.86 离心式冷水机组的能量控制（用入口导叶调节）

入口导叶方式可以使离心压缩机卸载直到满负荷的 50%。如果再要继续卸载到更低，就要启用热气旁通系统，以免机器发生喘振，损坏离心压缩机。喘振是一种不稳定的运行状况，因制冷剂流量过低而引起的。喘振是速度型压缩机（离心压缩机）特性中所固有的一个问题。

在离心式冷水机组中，热气旁通的目的是维持最小制冷剂气量，或者说在低负荷下的运行稳定性。其缺点是再循环的制冷剂不起制冷作用。热气旁通阀开度受冷水的供回水温差控制，该温差反映负荷状况。当负荷跌到快要接近喘振条件时，旁通阀打开，避开喘振。

另一种替代控制方案是根据入口导叶开度控制热气旁通阀。当入口导叶关闭达到某固定点时，不管冷凝温度如何，都打开热气旁通阀。这导致热气旁通阀打开得比需要的快，比需要的大。优化控制应认定冷却水温度变化，只在需要时才打开热气旁通阀。

更近期所用的部分负荷的高效控制方式是采用可变速的压缩机，通过变频器和变速电动机驱动使其转速改变。离心机的能耗与压缩机转速关系很大。当负荷或系统工作温度差 $(t_k - t_o)$ 减小时，降低转速可以大量节省能量。变速驱动可以实现无极卸载，它能达到比入口导叶控制方式更低的卸载程度，入口导叶控制方式卸载通常在 50% 以上。因此,离心机一般提供变速驱动与入口导叶控制相组合的卸载方式,以实现宽工况范围的有效控制和大量的能量节省。具体作法是:入口导叶全开的情况下,当系统工作温差(即负荷)减小时,转速降低,直降到预定的最小值。当负荷进一步降低时,入口导叶开始关小,同时将压缩机转速提上去。须指出,这样组合控制需要复杂、成熟的控制器和可调整的驱动机构。

　　先进的控制总是与精良的压缩机技术密不可分。航空上的高速支撑技术在离心机上运用,使机器尺寸小型化。新型的 Turbocor 系列无油离心压缩机在能量调节和能效方面很有特色,成为空调冷水机组的优良选择。Turbocor 离心压缩机如图 2.87 所示。它是变速驱动的高速、两级压缩、无油润滑离心压缩机。制冷剂为 R134a 或 R22。制冷能力 60~150RT(210~528 kW)。

图 2.87　Turbocor 离心压缩机

　　它的主要技术特色在于压缩机轴承,采用了先进的磁轴承技术,有径向和轴向磁轴承,将压缩机轴悬浮起来,故完全避免了常规油润滑轴承的高摩擦损失、润滑油管理与控制。磁悬浮轴承系统如图 2.88 所示。

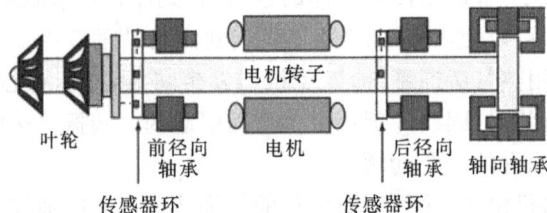

图 2.88　磁悬浮轴承系统

　　由两个径向轴承和一个轴向轴承组成的数控磁轴承系统使压缩机的运动部件(转子转轴和叶轮)在旋转过程中保持悬浮状态。每个磁轴承上的定位传感器为电机转子提供每分钟高达 6 百万次的实时重新定位,能够确保精确调速。

　　另外,采用高效永磁同步电机,向它输入的是脉宽调制(PWM)电压,电机与高速变频的运转相协调,能够保证高速的效率、紧凑,而且能够软启动。电机的冷却方式:采用喷制冷剂液体冷却电机。压缩机内置数控电子设备(微处理控制器)可以控制磁轴承和控制转速。控制器还能提供监控功能,监控压缩机运行,并为外围控制与网络监控全面提供有关机组性能与可靠性的信息。另外,内置的数字电子控制设备还可提供通常冷水机组或屋顶机组的电控面板所具备的控制功能,从而节省了设备成本。

关于这种压缩机的能力调节：采用变频驱动（VFD）压缩机，具有线性能力调节特性。使得部分负荷仍具有高效率，并且能够将启动电流冲击降低到 2 A 以下（电压 460 V）。来自压缩机控制器的信号决定变频器的输出频率、电压和相位，从而调节电机转速。一旦有电力故障，压缩机又可以处于常规的非悬浮状态，并且停车。在冷凝温度下降和/或热负荷下降时，压缩机的转速降低。能力调节从额定负荷的 100% 下降到 30% 的范围内，压缩机都具有最佳能效。因为在此范围电机转速变化连续，可以实现无级调节。

压缩机还内置了入口导叶（IGV）。导叶调节与变速调节相结合，进一步调整压缩机能力，在更低的负荷条件下仍保持压缩机性能优良。从而，在宽广的负荷范围内优化了压缩机的能耗。

还通过一个可供选的、数字控制的负荷平衡调节阀（即热气旁通调节阀），压缩机甚至可在接近零负荷的工况下稳定运行。

图 2.89 给出制冷剂气体从吸气经入口导叶直到排出的流动路径。图 2.90 是采用负荷平衡阀的 Turbocor 离心机制冷系统。

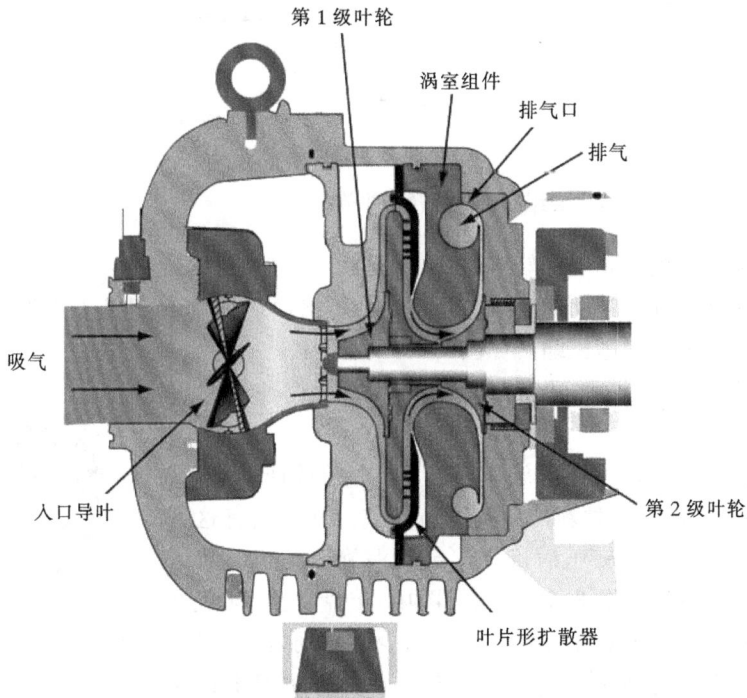

图 2.89　制冷剂在 Turbocor 离心机中的流动路径

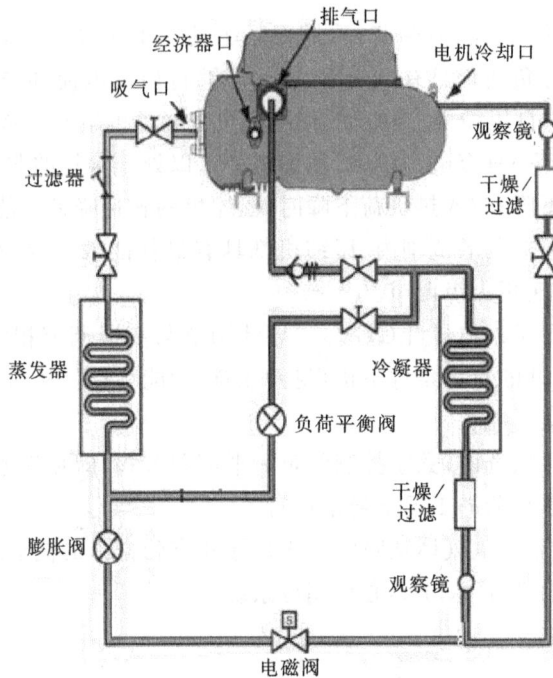

图 2.90　用负荷平衡阀的 Turbocor 离心机制冷系统

2.7.8　涡旋式压缩机的能量调节

涡旋压缩机是高效回转容积式压缩机。它有一对涡旋盘,一个是定盘,一个是动盘。动盘随电机转动时,夹在两个盘的涡旋面之间的容积发生周期性的变化。利用此道理进行气体压缩。如图 2.91 所示。

通常,涡旋压缩机可以用变频驱动进行变速能量调节。

谷轮压缩机公司将涡旋压缩机制造中的轴向柔性技术延伸,开发出了一种新的能量调节方式。并将具有这种能量调节方式的涡旋压缩机称作数码涡旋压缩机。数码涡旋压缩机结构如图 2.92 所示。图中,定盘在上,动盘在下。轴向柔性技术是允许定盘沿轴向少许移动,以确保用最佳力使定盘与动盘始终共同加载。在各种工况下这两个涡旋盘的压合力都处在最佳状态,就使得机器最高效。

图 2.91　涡旋压缩机
工作原理

　　在定盘(上盘)的顶部安装活塞,活塞上移时定盘也上移。活塞的顶部有一个调节室,通过一个 0.6 mm 的孔与排气压力相通。有一个外接电磁阀安装在调节室与吸气侧的连接管上。电磁阀为常闭状态,活塞上下侧为排气压力,由弹簧力使两个涡旋盘共同加载。电磁阀通电时,调节室内的压力释放到吸气的低压。于是活塞上移,上涡旋盘也随之上移。这个动作使上下两个涡旋盘分开,导致失去制冷剂压缩作用,压缩机卸载。电磁阀再次通电,则上下两个涡旋盘重新压合,恢复压缩功能。(须说明,上涡旋盘的移动幅只有 1.0 mm,因而,卸载时,从高压侧释放到低压侧的气量很少。)

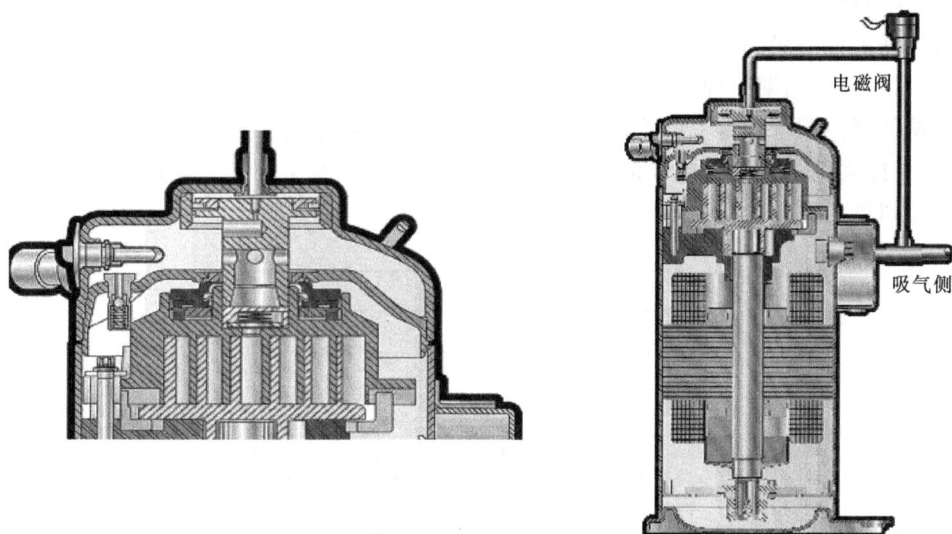

图 2.92　数码涡旋压缩机局部放大图及全图

　　综上所述,在这种方式下,只需控制电磁阀的通、断,便可方便地控制压缩机卸载、上载。于是,可以设定一个时间作为电磁阀通、断循环的周期。卸载时,压缩机能力为 0;上载时,压缩机能力为 1(100%)。控制循环周期中电磁阀以不同的时间比通、断,便获得不同的平均制冷能力。此外,循环周期也是可以变化的。用这样的方法,能够在很宽的范围(10%～100%)任意进行能力调节。图 2.93 给出能力调节的示例。

　　关于这种能量调节方法的几点说明:

　　(1)压力特性　由于涡旋盘的加载和卸载,任何周期内吸气压力和排气压力都会发生波动,这种波动对系统各部件的可靠性无影响。但为了稳定蒸发器供液,要在制冷系统中安装贮液器。谷轮压缩机公司推荐在 6HP 的装置上用 5 L 的贮液

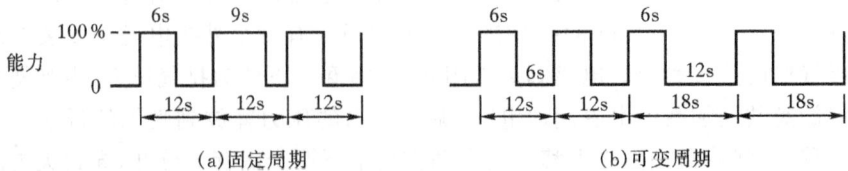

(a)固定周期   (b)可变周期

图 2.93 能力调节示例

器可以满足要求。

(2)功率消耗 卸载状态时,压缩机功率消耗约为满载功率的10%。这一特点保证了数码涡旋压缩机的高效率。

(3)最佳周期 理论上,只要有相同的加载/卸载时间比,用不同的循环周期所获得的能力调节百分数应该相同。事实上,压缩机加载、卸载的循环周期存在最佳值(在此周期下系统的能效最好)。最佳周期的长短与部分负荷率成逆变关系。谷轮公司给出的经验结果如图 2.94 所示。

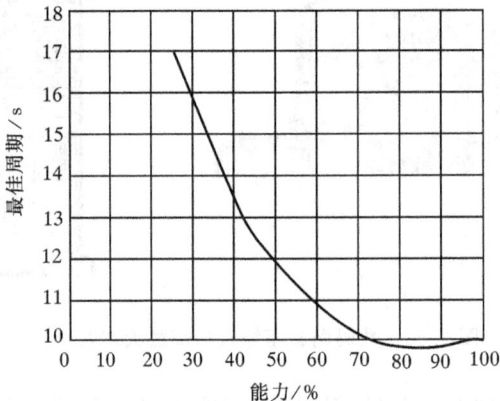

图 2.94 最佳周期与能力调节百分比的关系

(4)回油 回油是多蒸发器、变速压缩机系统的一个主要问题。当前的技术措施是用油分离器和/或复杂的回油循环来处理。而数码涡旋压缩机系统无须如此。它不用变速方式调节压缩机能力,便很容易回油。因为油只在负载(满载)运行时离开压缩机,低负荷时离开压缩机的油很少,而且负载运行时的制冷剂气流速度足以使油返回压缩机。

(5)电磁干扰 变频驱动系统存在电磁干扰问题,在许多国家(尤其是欧洲国家),对任何系统可能散发的电磁干扰有严格限制。数码涡旋压缩机的能力调节方式是机械式操作的,几乎不存在电磁干扰问题,无需昂贵的电磁抑制电子装置,简易、可靠。

以上(4)、(5)是数码涡旋与一般涡旋压缩机变速能量调节方式相比所具有的优点。

2.8　被冷却对象温度控制

使被冷却对象达到并保持在工艺要求指定的温度,这既是装置使用的最终目的,也是制冷装置控制的一个重要内容。保持被冷却对象的温度恒定,意味着机组的工况和产冷量随时适应外界条件和负荷变化的要求,使制冷量与负荷之间始终保持动态平衡。制冷装置由一系列部件组成,从控制的角度看,它包含多个阻容环节,每个环节都有自己的时间常数,存在一定的反应滞后;干扰因素也很多;另外,机组变工况后恢复稳定需要一定的时间。所以,无论采用什么控制方式,被冷却对象的温度波动总不可避免,只能根据工艺提出的恒温控制精度要求,采取相应的控制手段,将被冷却对象的温度波动控制在允许的范围内。

一般的冷藏装置如冷库,由于冷藏物对库房的恒温精度要求并不严格,再加上热容量大,热惯性大,冷量与负荷不平衡时,库温度变化缓慢,所以很多采用简单的双位控制。

对象迟延较大或者负荷变动较大,而且又对温度控制精度要求高的装置,通常是将蒸发器作为副对象,蒸发压力作为副参数,采用串级控制以提高温控精度。有模拟式串级温控系统和电子式串级温控系统。模拟式串级温控的主控制器是比例控制,电子式串级控制的主控制器可以是 PID 控制,所以具有更高的温控精度。

2.8.1 双位控制

双位温控常用的控制方案有:

(1)用温度控制器感应被冷却对象的温度,控制压缩机启、停。此法用于小型装置,如家用冰箱、冷柜、冷藏箱、小型冷库、空调器等。

(2)用温度控制器控制蒸发器的供液管电磁阀。此法用于有多个蒸发器向多个用冷对象供冷的装置。每个对象有各自的蒸发器和供液电磁阀,每个对象各设一只温度控制器控制各自的液管电磁阀通断。各蒸发器都停止供液时,才控制压缩机停止工作。

采用这种温度控制方法时,应考虑到库内温度场不均匀,注意正确选择感温元件的安装点,对于中、大型冷库,温度敏感元件应放在最能反映库内平均温度的地方。对于小型冷库、间冷式冰箱等,可以把温包安放在气流较通畅的位置。若采用冷风机式蒸发器,可以选择冷风机回风口或者出风口处的空气温度发信。回风口处空气温度接近库内最高温度,用它发信利于对库房负荷的变化作出较快反应。出风口处空气温度代表库内最低温度,用它发信利于对机组制冷量的变化作出较快反应。设计中可以根据需要具体掌握。

双位控制压缩机或液管电磁阀启、闭的同时,还可以结合被冷却介质侧流量控制一道进行。例如,电磁阀关闭的同时,控制蒸发器风机停止。

温度双位控制采用的控制器有机械作用式的温控器,和执行双位操作的电子式温度控制器。制冷空调用的机械式温控器详见第3.3节。制冷装置中的电子温度控制器不只是执行单一的双位温度控制,往往具有复合功能,详见第6.3.1节。

2.8.2 串级控制

早期用模拟式器件构成串级温控系统。采用的控制装置为温度式蒸发压力调节阀。其控制原理是:用温包感应被冷却介质的温度,按此温度变化调整蒸发压力调节阀的设定值,蒸发压力调节阀在随机变化的设定下调节蒸发器回气量,使蒸发器制冷能力能够按温度所要求的负荷而变化。

温度式蒸发压力调节阀的结构有直动式和温度导阀＋主阀组合控制式,二者工作原理相同。

图2.95是温度式蒸发压力调节阀(直动型)的结构,它安装在蒸发器出口管上,将它的温包安装在蒸发器的回风口处即可(图2.96(a))。图2.96(b)是温度导阀＋主阀组合式控制的运用方式。

温度导阀(CVT/CVTO)的结构和主要特性(所适用的制冷剂和温度调节范围)如图2.97所示。温度导阀受温包传感的温度动作,而与由该阀所调节的系统压力无关。温度导阀的动作规律有:开度与温度成正变关系的(即阀随温度升高而打开,如CVT),和开度与温度成逆变关系的(即阀随温度升高而关小,如CVTO)。

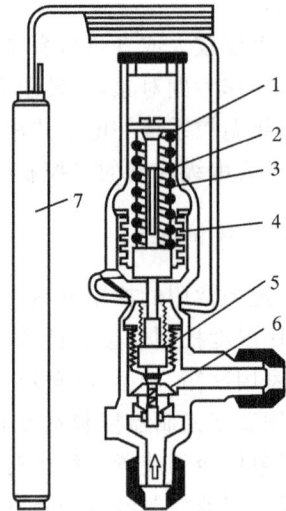

图2.95　温度式蒸发压力调节阀
1—调节杆;2—弹簧;3—波纹管;4—缓冲件;
5—平衡波纹管;6—阀盘

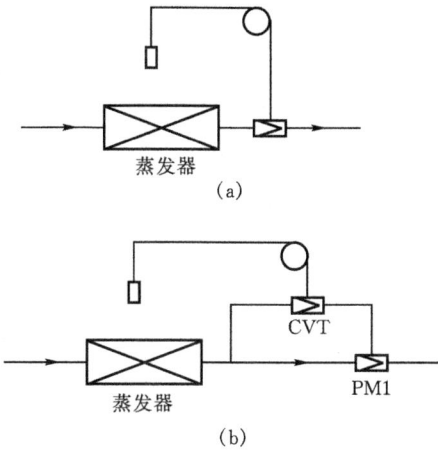

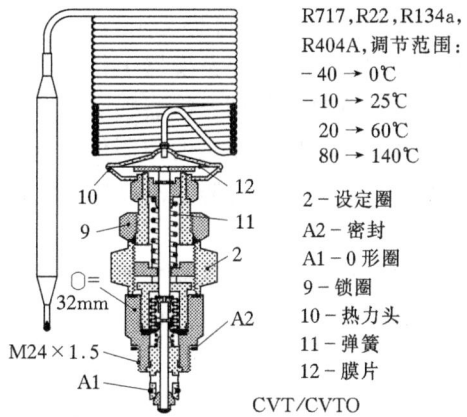

R717,R22,R134a,
R404A,调节范围：

−40 → 0℃

−10 → 25℃

20 → 60℃

80 → 140℃

2 − 设定圈

A2 − 密封

A1 − 0 形圈

9 − 锁圈

10 − 热力头

11 − 弹簧

12 − 膜片

CVT/CVTO

图 2.96　温度式蒸发压力调节（CVT＋PM1）　　　图 2.97　温度导阀的结构和主要特性

　　温度导阀 CVT 的温包感应蒸发器的出口处被冷却介质（空气或冷水）的温度。随温度改变，CVT 的热力头（10）中压力改变，它对设定圈（2）所给出的弹簧力（参考压力）进行调整，使得蒸发压力设定值随温度而改变。并且 CVT 根据蒸发器中的实际压力与此设定压力的偏差，控制主阀 PM1 的开度调节。温度升高时（负荷增大），CVT 开大，PM1 在较高的蒸发压力控制值下调节开度，蒸发器能力和蒸发器压力提高；反之，CVT 关小，PM1 在较低的蒸发压力控制值下调节开度，蒸发器能力和蒸发器压力降低。如此调节蒸发器能力使之与负荷变化相适应，达到使冷房或冷水温度恒定的目的。

　　对于蒸发器，往往需要有多重控制功能，可以用多个导阀控制一个主阀实现。例如，像图 2.98 所示那样运用。在蒸发器出口安装主阀 PM3。主阀受以下三个导阀的控制：定温阀 CVT、定压阀 CVP 和电磁阀 EVM。CVP 和 EVM 串接在控制引管中。在主阀 PM3 上该引

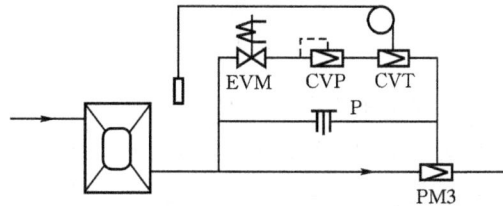

图 2.98　有多重功能的串级温控系统

管的接口与 CVT 的接口串连（参见图 2.48 中示出的 PM3 上各控制接口的连接关系）。定温阀的温包感应库房的代表温度，可以按照库温与设定值的偏差成比例地改变蒸发压力控制值，操纵主阀 PM3 执行蒸发器能力调节，从而控制温度。

　　定压阀 CVP 和电磁阀 EVM 的引入，使该系统除具备上述温度控制功能外，

又增加了保护性控制功能。考虑到负荷变小时,蒸发压力 p_0 降低,如果不允许 p_0 降到某规定值以下,可将定压阀 CVP 按此值设定,于是当 p_0 降到规定值时,CVP 动作,关闭主阀,停止蒸发器工作。电磁阀 EVM 受指令通断,可以起到指定的控制作用。在这里是用温控器感应蒸发器出口空气温度的变化(即反应制冷量的变化),当该温度降到设定的控制值时,温控器使 EVM 断电关闭,切断主阀,蒸发器停止工作。其作用是防止制冷量与负荷悬殊过大时,送风温度过低引起库温波动增大。

类似的控制在冷水器中使用,如图 2.99 所示。把温控器的感温包放在最易结冰的危险部位(即冷水出口处),可以起到防冻保护作用。

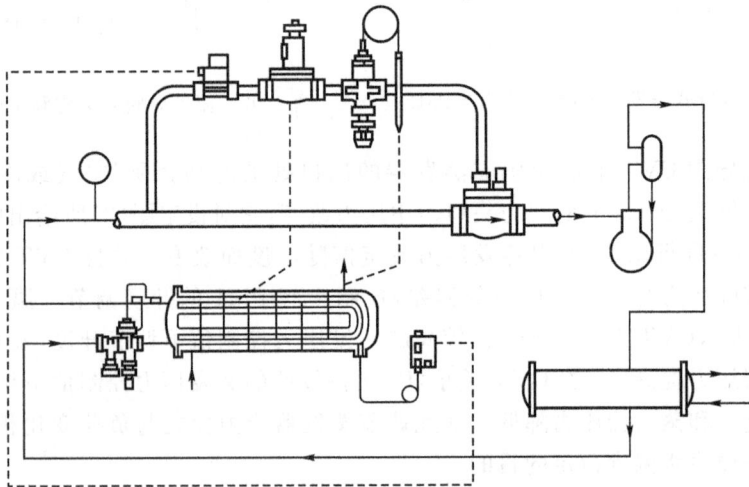

图 2.99 冷水机中串级温度控制的应用

为了电子式串级温度控制的需要,先后开发了电动导阀,脉宽调制的热电式蒸发压力调节阀 KVQ 和脉宽调制的热电式导阀 CVQ。

最初是采用电动导阀和电子控制器,如图 2.100 所示。

它用电动导阀 CVMM 与主阀 PM1 组合控制蒸发器的制冷能力。用 EPT60 控制导阀的电机 AMD。控制过程为:铂电阻温度传感器 EDS 感应库温,将信号送到电子控制器,与给定值比较,控制器输出脉冲控制信号,送入电动导阀 CVMM 的伺服电机 AMD,电机脉冲运转,带动导阀的控制杆动作,改变导阀的控制压力设定值。主阀 PM1 来自蒸发器的压力与随机变动的设定压力相比较,执行开度调节,控制蒸发器的能力使与负荷相适应,从而维持冷库温度恒定。

事实上,前面所谈到的
蒸发压力控制(见 2.3 节)也
是通过控制蒸发压力(温度
维持冷媒温度恒定的一种控
制方法。为了说明采用不同
的方法所获得的温控效果。
我们从控制原理上将上述三
种温度控制系统加以比较,
见图 2.101。

采用定压阀控制的系统
控制原理如图(a)所示。它
是一个简单的反馈控制系

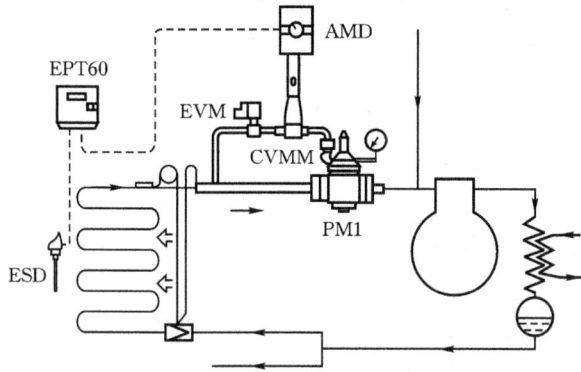

图 2.100　用电动导阀的串级温度控制

统。根据库温要求和蒸发器传热温差,大体确定蒸发压力的给定值 p_{0r},用弹簧定

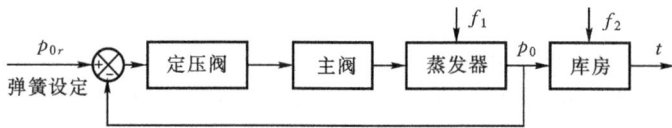

(a)采用定压阀控制的系统

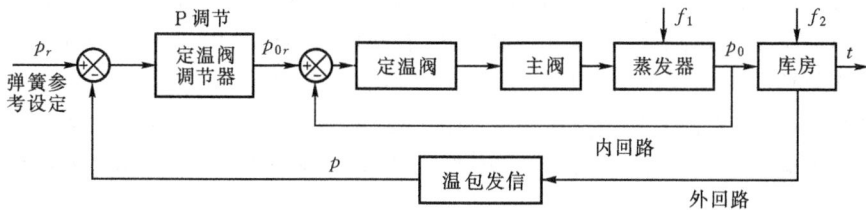

(b) 采用定温阀控制的系统

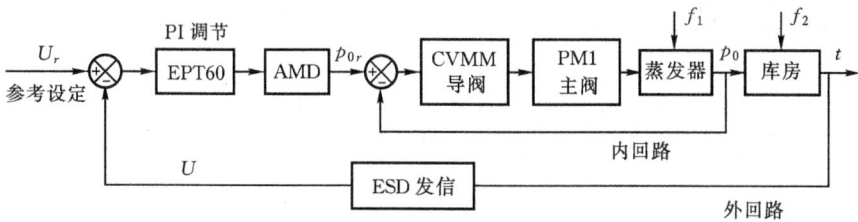

(c)采用电动导阀控制的系统

图 2.101　三种温度控制系统比较

值设定。由于蒸发压力是定值设定的,所以蒸发器能力与负荷的适应性不强。负荷变动大时,此法对库温的控制精度较差。采用定温阀控制的系统控制原理如图(b)所示。它是一个串级控制系统,由两个控制子回路组成。内回路是一个普通的蒸发压力控制回路。外回路是主控制器(定温阀)的参数整定回路。主阀仍然是根据蒸发压力 p_0 与导阀(定压阀)给出的蒸发压力设定值 p_{0r} 的偏差成比例改变开度,但这时控制主阀的蒸发压力设定值 p_{0r} 是可调的。根据库温测量值与给定值(由弹簧参考设定)的偏差由定温阀控制器调整。由于能够根据库温的变化改变蒸发压力的设定值,所以,可以获得较好的控制精度。但控制器参数整定回路(外回路)的控制是比例型的,仍然存在比例控制固有的偏差。再则,温包感温滞后因素的影响,也对控制品质产生不利的作用。

采用电动导阀控制的系统如图中(c)所示。控制系统的模式与(b)相同。但外回路采用铂电阻发信,传感快;另外,外回路的控制器 EPT60 是比例积分控制器。EPT60 的积分控制功能保证只要有库温偏差存在,就不断改变导阀的设定,主阀的调节作用也就继续进行下去,直至消除偏差。因而可以大大提高库温控制精度,采用这种系统可以将冷媒的温度恒定在设定值的±0.2℃范围内。

电动导阀价格高,尺寸也较大。于是,DANFOSS 又开发了更便宜的适于电子操纵蒸发压力调节阀和导阀。它们是脉宽调制的热式蒸发压力调节阀 KVQ 和脉宽调制的热电式导阀 CVQ。

直接作用的蒸发压力调节阀 KVQ 与铂电阻温度传感器 Pt1000 和电子控制器 EKC367 一道,构成串级温度控制系统,在小的制冷装置中使用;导阀 CVQ＋主阀 PM 与铂电阻温度传感器 Pt1000 和电子控制器 EKC361 一道,构成串级温度控制系统,在大型装置上采用。关于它们的详细描述见第 6 章。(KVQ 和 CVQ 的结构原理见 6.2.3 节和 6.2.4 节,控制系统和控制器 EKC367/EKC361 功能见6.3.2节)

2.9　流动的截止和切换

电磁阀是受电气通断信号操纵而执行开关动作的自动阀。电磁阀一般指二通阀。特殊电磁阀有三通、四通电磁阀。二通电磁阀作为自动截止阀,起使流动截止或接通的作用。三通、四通电磁阀作为自动切换阀,起使流动方向改变或切换的作用。

电磁阀是自动控制中的执行机构,在自动化系统中占重要地位。由于使用条件不同,如不同的流体介质(制冷剂、水、油、蒸气、空气)、工作温度(低温、常温、高温)及工作压力等,具体应用的电磁阀在制造工艺、材质选择及相应的技术指标上也各有不同,但基本结构和工作原理都是一样的。

在制冷系统中,电磁阀常作为双位调节或保护性控制的执行机构,通过使管道中介质流动的截止或接通,执行双位调节或保护性操作。例如,用冷库温度控制器控制蒸发器供液电磁阀,对库房温度实行双位控制;用液位控制器控制容器流入或流出管上的电磁阀,进行容器液位控制或液位保护;制冷剂液管电磁阀与压缩机连动,使得压缩机停机时,切断制冷系统的高、低压侧;在热泵系统中用四通电磁换向阀进行制冷、供暖运行的切换;在有热回收的制冷系统中,用三通电磁阀执行冷凝器与热回收器之间的流动切换,等等。

2.9.1　电磁阀的结构及特点

电磁阀由电磁线圈和阀两部分组成。电磁阀有的做成线圈与阀的整体式,更多的是线圈与阀可分式。线圈可以做成具有不同电气参数的标准线圈或通用线圈,按要求选择,与阀配合后使用。

电磁阀的开、闭状态由电磁线圈的通电状态所决定。有常开型(NO)、常闭型(NC)。常开型电磁阀在通电时关闭;常闭型电磁阀在通电时打开。

按结构和动作分,主要有两大类:直接作用式(即直动式)和间接作用式(即伺服式)。间接作用的电磁阀又有膜片型、盘型、活塞型、和组合控制型(电磁导阀＋主阀)。

此外,为适应制冷系统的具体要求,还有无压差开启的电磁阀和两步开启的电磁阀。

1. 直动式电磁阀

直接作用的电磁阀如图 2.102(a)所示。线圈(3)通电后,电枢(16)被电磁力吸起,当进入线圈磁场时,阀直接全开。这意味阀工作允许的流体最小压力差为0。线圈断电后,电磁力消失,电枢在自重和弹簧力作用下落下,电枢下面固定着聚四氟乙烯阀板,将阀口关闭。关闭后,由于入口侧流体力又施加在阀片上部,使阀关得更牢。

由上可知,直动式电磁阀在处于关闭状态时作用在阀板上的关闭力有:电枢重力、弹簧力和作用在阀上的流体力(等于阀前后流体压力差 Δp 与阀孔截面积的乘积)。通电后靠电磁力将阀打开。线圈必需提供足以克服上述关闭力的电磁力。电磁线圈的功率决定了电磁力,也就限定了电磁阀能够打开的阀前后最大流体压差条件。若阀前后的流体压力差超过许可的最大压力差,则线圈通电也无法使之打开。

阀口径越大,打开阀所需的力越大。若用直动式电磁阀,势必造成电磁线圈和电枢尺寸大、耗电多,这是我们所不希望的。所以,仅小型电磁阀采用直动式(口径

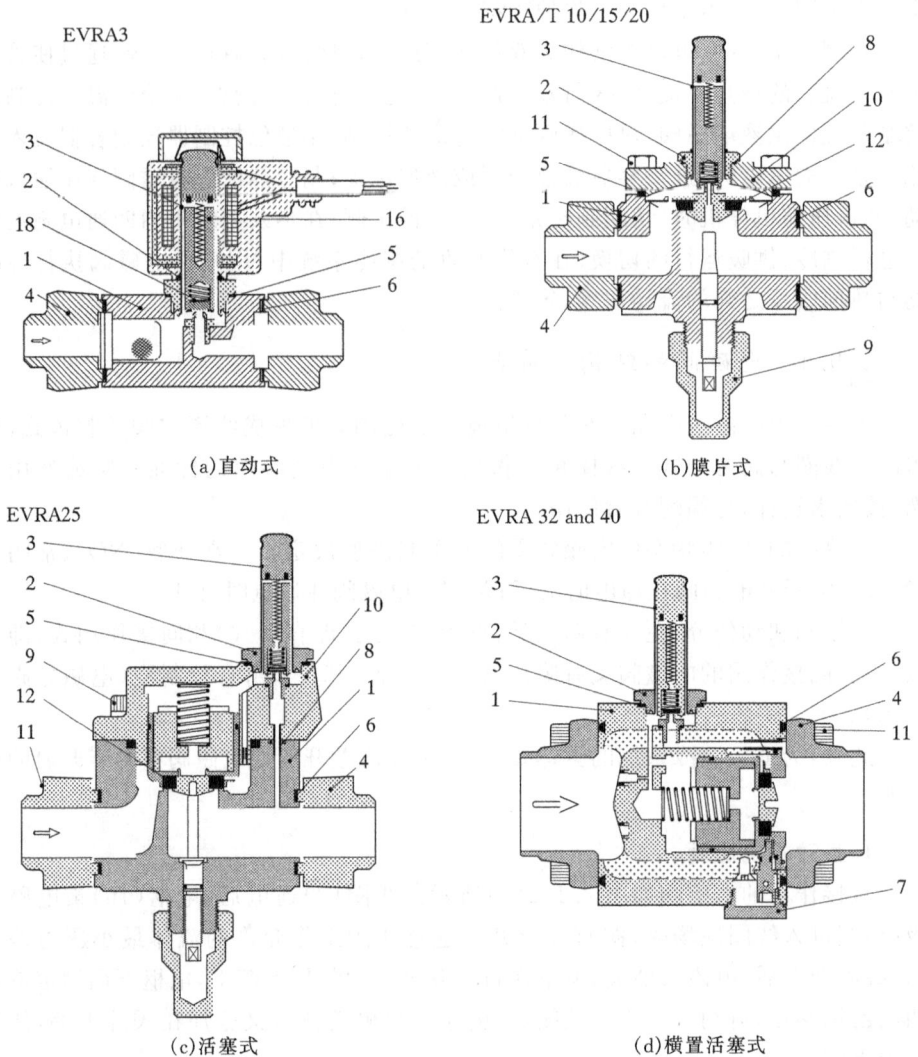

图 2.102　电磁阀(注:图(b),(c),(d)中省略了电磁线圈。)

1—阀体;2—电枢螺母;3—电枢管;4—法兰;5,6,8—垫片;11—固紧件;12—阀座

在 3 mm 以下);而大口径的电磁阀采用间接作用式。它用电磁力将小口径的导阀孔打开,使膜片型(或者活塞型、盘型)阀上的关闭压力从阀的出口侧释放,再靠作用在阀上的流体力将阀打开。因此,可以用小尺寸的电磁头控制大口径阀的启、闭。

2. 伺服式电磁阀

图 2.102(b)是膜片式伺服作用的电磁阀。它由"浮动"膜片(80)进行伺服操作。在膜片中间有个不锈钢的导阀孔(29)。导阀板(18)固连在电枢(16)上。当线圈失电时，主阀孔和导阀孔都关闭。维持阀关闭状态的力来自电枢重力、电枢弹簧力和阀前后流体的压力差。当线圈通电时，电枢受磁力作用向上运动，导阀打开，于是将膜片上方的流体压力释放到阀的出口侧。造成膜片上、下两侧压力不平衡。流体力使膜片离开主阀口，令主阀全开。线圈断电时，电枢落下，导阀孔关闭，膜片上、下侧通过平衡孔再次达到压力平衡，膜片复原，关闭主阀口。也可以用伺服活塞或盘式阀代替膜片，图 2.102(c)和图 2.102(d)都是活塞式伺服作用的电磁阀，其工作原理相同。用伺服活塞可以提供比膜片更大的流体压差作用面积，产生更大的开阀驱动力。

上述伺服作用式电磁阀开启后，还要求阀前后流体有一定的压力差，来维持膜片或活塞处于开启位置。电磁阀的最小工作压力差就是指这个保持阀开启状态所需的最小流体压力差。例如图 2.102 中，对于的 EVRA 10/15/20 型电磁阀，该最小流体压力差为 5 kPa；对于 EVRA25,32 和 40 型电磁阀，该最小流体压力差为 20 kPa。

如果阀尺寸过大，流体压差不足，阀有可能振颤或不能全开。所以应该按厂家提供的阀容量决定阀尺寸的选择，而不是按配用管道或孔径尺寸选阀。

3. 无压差开启的电磁阀

电磁阀用于吸气管时，由于存在上述最小压力差，造成吸气压降，影响装置的制冷能力，尤其在低温装置中即使很小的压降也使制冷量下降很多，因而要求阀能够在无流体压降的条件下维持开启状态。为适应这种要求，有专门的无压差开启电磁阀。

一种是在设计上采用辅助升举结构，来维持阀在打开后的开启位置，而不必由阀前后的流体压差来维持开启状态。例如，EVRAT 10/15/20 就是一种辅助升举的伺服式电磁阀。

另一种是对于大型装置，为了同样的目的可以在吸气侧使用如图 2.103 所示的由导阀操纵的组合式电磁阀(电磁主阀 PML)。它由两个电磁阀导阀(A,B)和主阀 PML 组成。用外压力源作为主阀开启的驱动力(外部压力源可以来自制冷系统的高压侧)，主阀 PML 上有一个外压接口。电磁阀导阀 A 为常闭型(NC)，B 为常开型(NO)。A 控制外压的引入，B 控制主阀驱动压力的的释放。A、B 都通电时：B 关闭，A 打开，将外部压力 P_2 引入，施加到主阀活塞上，使主阀打开。A、B 都断电时：A 关闭，切断外压进入；B 打开，将活塞上部的压力释放到主阀出口，活塞受下部弹簧力作用上移，主阀关闭。由阀 A 引入的控制压力 P_2 只要比阀出口侧(吸气主管)的压力高 0.1 MPa 以上，主阀就可以打开。

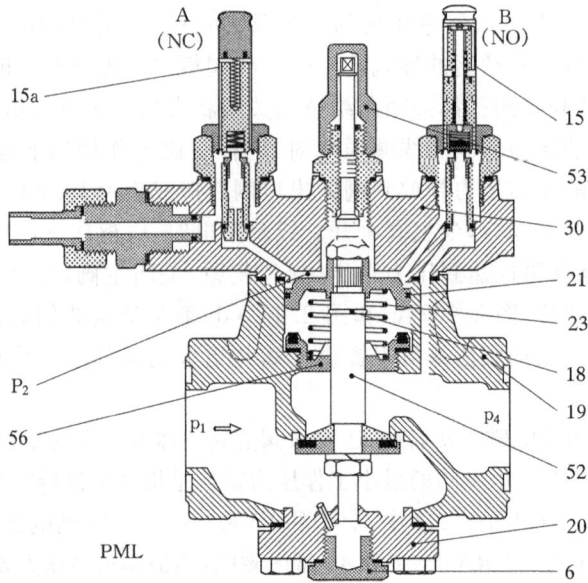

图 2.103　无压差开启的电磁主阀 PML

6—排污堵头；15,15a—导阀；18—锁环；19—阀体；20—底盖；21—活塞；
23—压缩弹簧；30—盖；52—阀杆；53—手动操作；56—衬套

4. 两步开启的电磁主阀

用在吸气管上的电磁阀为了应对高压差打开的情况(例如,大型工业用的氨或氟里昂制冷系统中,吸气管上用的电磁主阀在开始热气除霜时),专门设计了两步开启的电磁主阀。图 2.104 示出这种电磁主阀(PMLX)的结构与工作原理。

它与上述 PML 电磁主阀一样,也是用外部压力源驱动,也可以无压差打开。不同的是:主阀中具有阻尼结构,使之具有两步开启功能。当电磁导阀通电时,A 打开,外压源 p_2 作用到主阀活塞顶部,使主阀第一步打开,该开度具有额定能力的大约10%。同时弹簧23被压缩。打开后,阀前后流体的压力差变小(即开始了入口压力与出口压力的平衡过程),当该压差降到大约 0.15 MPa 以下时,弹簧力便足以使主阀作第二步打开,达到阀的100%额定能力。两步打开过程中的阀进出口压力变化过程如图 2.104(b)所示。这样两步开启的好处是:可以避免在阀打开的过程中出现很高的压力脉动(从图中可以看出:阀出口压力只在第1步和第2步动作的瞬间有轻微脉动)。

2.9.2　电磁阀选择

选择电磁阀时应考虑以下因素:

（1）它所适用的流体介质。

（2）基本的流动配置。例如，两通、三通、常开、常闭……等。

（3）流体的温度和压力。

（4）流体流过阀的许可压降。

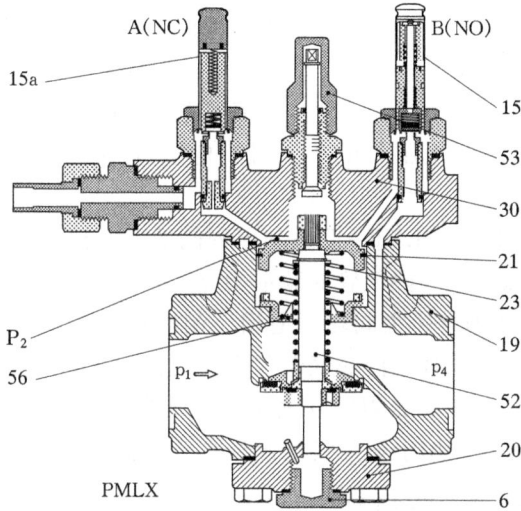

（a）两步开启的电磁主阀构造

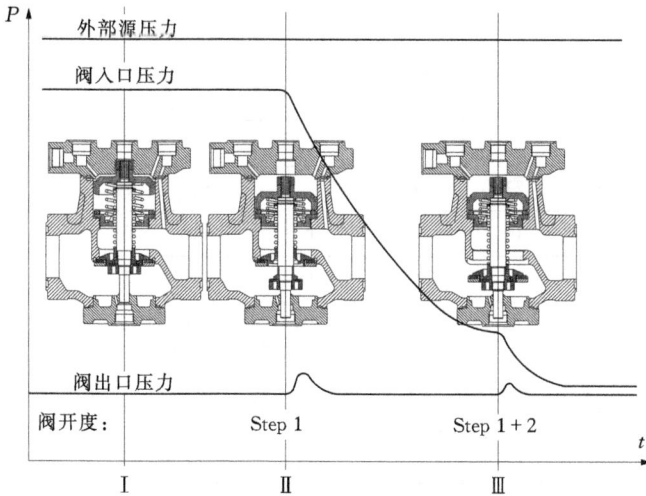

（b）两步开启过程中阀进出口压力变化过程

图 2.104　两部开启主阀

(5)阀能力　依据产品样本给出的阀能力特性表选择合适尺寸的电磁阀。间接作用的阀,尺寸不得使压降低于维持开阀所要求的值。若尺寸过大,阀振颤或不能全开。维持阀开启的最小工作压降从样本上查取。

(6)使常闭型电磁阀开启、常开型电磁阀关闭的允许最大工作压差。对于三通、四通电磁阀,还要注意对工作条件的附加说明。

(7)安全工作压力　不要将该压力与打开阀所要求的压差相混淆。

(8)接管型式、尺寸。

(9)阀安装处的环境温度、湿度　危险环境要考虑设线圈防爆罩。

(10)线圈的电气特性　电压和频率(交流);电压(直流)。

(11)阀的动作频度。

表 2.28 给出 EVRA 和 EVRAT 系列电磁阀的主要技术参数。表 2.29 是它们用于制冷剂液管、吸气管和热气管的额定能力。

PML 和 PMLX 系列电磁主阀均是适用于制冷剂(R717 及氟里昂类)的吸气管,包括泵循环的或重力循环的湿吸气管和干吸气管。选择时,按照设计条件和设计能力,从产品样本给出的阀能力特性表选择合适尺寸的阀。作为示例,表 2.30 给出 PMLX 系列电磁主阀用于氨湿吸气管时的额定能力特性。

表 2.28　EVRA 和 EVRAT 系列电磁阀的技术参数

型号	配备标准线圈的开阀压差 $\Delta p/10^{-1}\mathrm{MPa}$				介质最高工作温度 /℃	最高工作压力 P_B /10^{-1}MPa	k_v 值 m³/h
	最小	Max(=MOPD)liquid					
		10Wac	12Wac	20Wdc			
EVRA3	0.00	21	25	14	−40～105	28	0.23
EVRA10	0.05	21	25	18	−40～105	28	1.5
EVRAT10	0.00	14	21	16	−40～105	28	1.5
EVRA15	0.05	21	25	18	−40～105	28	2.7
EVRAT15	0.00	14	21	16	−40～105	28	2.7
EVRA20	0.05	21	25	13	−40～105	28	4.5
EVRAT20	0.00	14	21	13	−40～105	28	4.5
EVRA25	0.20	21	25	14	−40～105	28	10.0
EVRA32	0.20	21	25	14	−40～105	28	16.0
EVRA40	0.20	21	25	14	−40～105	28	25.0

表 2.29 EVRA 和 EVRAT 系列电磁阀的额定能力/kW

型号	液体				吸气				热气			
	R717	R22	R134a	R404A	R717	R22	R134a	R404A	R717	R22	R134a	R404A
EVRA3	21.8	4.6	4.3	3.2					6.5	2.1	1.7	1.7
EVRA/T10	142.0	30.2	27.8	21.1	9.0	3.4	2.5	3.1	42.6	13.9	11.0	11.3
EVRA/T15	256.0	54.4	50.1	38.0	16.1	6.2	4.4	5.5	76.7	24.9	19.8	20.3
EVRA/T20	426.0	90.6	83.5	63.3	26.9	10.3	7.3	9.2	128.0	41.5	32.9	33.9
EVRA25	947.0	201.0	186.0	141.0	59.7	22.8	16.3	20.4	284.0	92.3	73.2	75.3
EVRA32	1515.0	322.0	297.0	225.0	95.5	36.5	28.1	32.6	454.0	148.0	117.0	120.0
EVRA40	2368.0	503.0	464.0	351.0	149.0	57.0	40.8	51.0	710.0	231.0	183.0	188.0

注 1：液体和吸气的额定能力基于：蒸发温度 $-10℃$，阀前液体温度 $25℃$，和阀前后 15 kPa。热气的额定力基于：热气温度 $65℃$，冷凝温度 $40℃$，过冷度 $4℃$ 和阀前后压差 80 kPa。

例：R717 制冷装置的运行条件为蒸发温度 $=-20℃$，制冷量 $Q_0=100$ kW，泵供液循环倍率 $=3$，最大压差 $\Delta p=0.01$ MPa。选配湿吸气管上用的电磁阀。利用表 2.24，按实际条件将蒸发器能力修正到阀的额定条件下的能力：压差 $\Delta p=0.01$ MPa 和循环倍率 $=3$ 时的压差和循环倍率修正因子分别为 $f_{\Delta P}=0.71$，$f_{rec}=0.9$，于是修正后的能力 $Q_n=Q_0 \times f_{\Delta P} \times f_{rec}=100 \times 0.71 \times 0.9=63.9$ kW。PMLX50 型在蒸发温度 $-20℃$ 时的额定能力为 85 kW，可以选用。

表 2.30 PMLX 系列电磁主阀用于氨湿吸气管时的能力特性 Q_n(kW) 及能力修正因子（Q_n 是基于循环倍率 $=4$，压差 $\Delta p=5$ kPa 时的额定能力）

型号	k_v m³/h	蒸发温度							
		$-50℃$	$-40℃$	$-30℃$	$-20℃$	$-10℃$	$0℃$	$10℃$	$20℃$
PMLX32	22.4	20.5	27	33	40	48	56	64	73
PMLX40	29.4	27	35	43	53	63	73	84	96
PMLX50	47.8	44	57	70	85	102	119	137	156
PMLX65	80.3	73	95	118	143	171	200	231	262
PMLX80	170	155	201	250	304	362	424	488	555
PMLX100	242	221	286	356	432	515	603	695	790
PMLX125	385	352	456	566	688	820	959	1106	1256

压差 Δp 修正因子 $(f_{\Delta P})$		循环倍率修正因子 f_{rec}	
$\Delta p \times 10^{-1}$ MPa	修正因子	循环倍率	修正因子
0.01	2.24	2	0.77
0.03	1.29	3	0.90
0.05	1	4	1
0.08	0.79	6	1.13
0.10	0.71	8	1.20
0.14	0.60	10	1.25

表 2.31 给出制冷电磁阀线圈的电气特性。它们的主要技术参数如下：

工作环境温度：$-40\sim+80℃$（功率 10 W 或 12 W，用在常闭阀的交流线圈）；

$-40\sim+55℃$（功率 10 W，用在常开阀上的交流线圈）；

$-40\sim+50℃$（功率 20 W，用在常开和常闭阀上的直流线圈）。

允许电压波动：$+10\%\sim-15\%$（10 W 和 12 W 的交流线圈。在双频率时为 $\pm10\%$）

$+6\%\sim-15\%$（220$\sim$230 V/380$\sim$400 V 的交流线圈。在双频率时为 $+6\%\sim-10\%$）

$\pm10\%$（功率 20 W 的直流线圈）。

表 2.31 制冷电磁阀标准线圈(018F)的电气特性

	频率	电压	耗电		电磁阀型号
交流线圈	50 Hz	12,24,42,48,115,220$\sim$230,240,380$\sim$400,420	保持时 10 W 21 VA	切入时 44 VA	EVR2$\sim$40(NC) EVR6$\sim$22(NO) EVRC EVRA EVRAT EVRS/EVRST PKVD EVM(NC)
	60 Hz	24,115,220,240	12 W 26 VA	55 VA	
	50/60	110,220$\sim$230			
直流线圈		12,24,42,48,115,220	20 W		EVR2$\sim$15(NC) EVR25$\sim$40(NC/NO) EVR6$\sim$15(NO) EVRC10$\sim$15 EVRA3$\sim$15(NC) EVRA25$\sim$40(NC) EVRAT10$\sim$15(NC) EVRS/EVRST3$\sim$15 PKVD EVM(NC/NO)

2.9.3　电磁阀的正确使用和安装

电磁阀通电后,电磁力要克服弹簧力、电枢重力和作用在阀板上的流体压力差,才能将阀打开。如果流体压力差过大阀就无法打开。对于给定的电磁力,为了获得最大工作压力差,许多阀作成复动式。通电后,电枢先在磁力作用下自由上升,增加动量,然后撞击到阀杆上,靠撞击冲力使阀针离开阀座。具有这种撞击开启特性的电磁阀,要求必须在瞬间以额定电压(允许偏差-15%至+10%)加在线圈上,才能保证阀在额定条件下开启,否则不能打开。如果阀处于开启位置后,线电压降到保持值以下(但不为零),则电枢落下,阀关闭。线电压再回升时,无论采用交流或直流电,阀都不会重新打开,这是由于电压不是在瞬间加到额定值,撞击作用失去。在这种情况下,交流电磁阀将过热并可能烧毁,因为有大启动电流持续通过线圈,而电枢又未被吸上,线圈的所有空气通道都关闭着。

弹簧负荷的电磁阀可以在竖直管或其它管道位置上安装,重力负荷的电磁阀必须在水平管中垂直安装。

每只电磁阀都必须按规定的电气特性使用。瞬时超电压无妨,但持续超电压10%以上就会烧毁线圈。电压不足对交流电磁阀有害,通电情况下因电压低阀打不开也会烧线圈。电磁阀用有限容量的控制变压器供电的场合,变压器必须能够在启动负荷期间提供合适的电压。交流启动电流数倍于保持电流,从线圈引线上检查电压是没有用的。因为这时只输入保持电流。上述使用场合,用启动电流乘以线圈额定电压得出伏安能力,与每个电磁阀同步工作的变压器必须提供这一伏安能力。在直流电磁阀中启动电流与保持电流相等。电磁阀的保险丝尺寸应按保持电流确定,采用慢熔型。为了保护控制开关以及线圈的绝缘性,直流电磁阀安装时在线圈的高压端跨接一只电容器以吸收或破坏线路断开时产生的反向电压冲击。电磁阀若与重载电机同时接通,会发生因电压不足引起的故障,所以要避免,应使二者的接通时刻错开。

通水电磁阀要及时清除水垢。空气电磁阀作气动控制时要求启闭迅速,要考虑它的耐久性。蒸汽电磁阀在工业蒸汽系统中使用。要求线圈耐高温,同时须考虑环境湿度。

第3章 制冷装置的自动保护

自动保护是自动化系统必备的一项内容。各类制冷装置都有其法定的安全工作条件,必须严格遵守。装置必须有一套与之相应的自动保护措施,以使机器设备在安全条件范围内工作。常规的保护功能包括:在运行参数出现不正常时作出处理,防止事故现象发生(如使压缩机故障性停机);以及安全性监视等。使压缩机、泵、风机安全运行,承压容器安全无损,整个系统工作正常、可靠。具体保护内容主要有:压力保护、压差保护、温度保护、压缩机电机保护、流动方向保护以及制冷剂品质监视,等等。

3.1 压力保护与压力控制器

3.1.1 排气压力与吸气压力保护

制冷系统工作时,压缩机吸气压力过低,或者排气压力过高都会危及系统安全运行。必须设高、低压力保护(排气压力保护和吸气压力保护),以防止压缩机排气压力过高和吸气压力过低。

制冷装置运行中有许多非正常因素会引起排气压力过高。例如:操作失误,压缩机启动后,排气管阀却未打开;系统中制冷剂的初充注量过多,使冷凝器积液过多;冷凝器断水或水量严重不足;冷凝器风扇电机出故障;系统中不凝性气体含量过多,等等。制冷系统高压侧压力过高,超过机器设备的承压能力时,将造成人、机事故。

另一方面,如果膨胀阀堵塞,吸气阀、吸气滤网堵塞等,又会引起吸气压力过低。吸气压力过低或者低压侧被过分抽空所造成的危害是:运行经济性变差,制冷系统循环的压力比增大,排气温度上升,效率下降,压缩机工作条件恶化;蒸发温度过低还会不必要地使被冷却对象的温度过分降低,反而造成冷加工品质下降,甚至不能接受。低压侧负压严重时,加剧空气、水分向系统的渗入。水分会造成膨胀阀冰堵;空气又使排气温度和排气压力提高,压缩机工作异常。这对于采用易燃易爆制冷剂(例如氨)的系统更是很危险的。涡旋式压缩机在高真空下运行时会导致内部击穿。

　　单级压缩机只设高、低压力保护。对于两级压缩机,还设中压保护,以防止低压级压缩机的排气压力过高。

　　用压力控制器实现上述压力保护功能。

3.1.2　压力控制器

　　压力控制器是受压力控制的电开关,即压力继电器。它在设定的控制压力值时使电触点断开,切断压缩机电源。各压力控制值按装置的工作要求设定。

　　压力控制器可以作为保护性控制器或者双位控制器使用。

　　按照控制压力的高低,有高压控制器、低压控制器。针对制冷机中常有同时控制高压和低压的要求,制冷用的压力控制器除了有单体的压力控制器外,还有将两个压力控制器作成一体的所谓双重压力控制器。

1. 高压控制器

　　在系统的高压侧压力上升到设定的上限值时切断压缩机电源,使机器停止工作,同时伴随灯光或铃声报警。高压控制器往往只用作保护,故一般不采用自动复位,而是用带有手动复位机构。这样,在保护动作使压缩机故障性停机后,可以避免压力降到高压设定的下限时自动开机。而要经查明和排除故障,手动复位后,控制器触点才重新闭合。

2. 低压控制器

　　低压控制器除了可以用作低压保护,还往往作为能量调节的双位控制器,按吸气压力执行使压缩机、风机等启/停的开关动作。所以,具有后者功能的低压控制器采用自动复位。即它的电触点在系统低压侧压力降低到设定的下限值时断开;在低压侧压力上升到设定的上限时接通。

3. 双重压力控制器

　　兼有两个压力控制功能。它是将两个压力控制器合为一体,两个压力控制的电开关串连。使结构简化。双重压力控制器有高/低压力控制器(HP/LP)和高/高压力控制器(HP/HP)。用一个高低压力控制器便可执行排气压力和吸气压力保护。

　　压力控制器的电开关形式为单刀双掷即 SPDT(single-pole double-throw)或单刀单掷 SPST(single-pole single-throw)。

　　单刀单掷多用在简单的压力限制器上,由不锈钢膜片在压力作用下弯曲或回弹使触点通/断。图 3.1 所示出这类压力控制器(以弹壳形压力控制器 CC20W 为例)及其开关形式与应用。这种压力控制器小巧,直接安装在压力管的引压接口处。开关值按用户设计由工厂设定。表 3.1 是其技术参数。

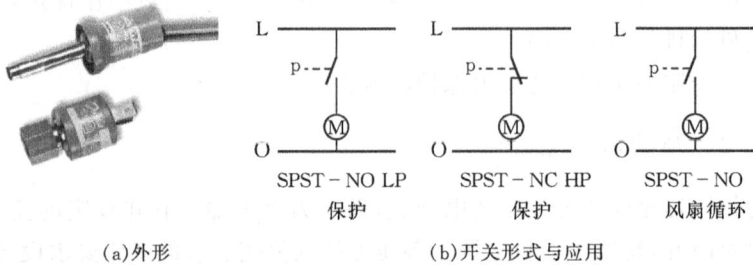

SPST－NO LP　　　SPST－NC HP　　　SPST－NO
保护　　　　　　　　保护　　　　　　　风扇循环

(a)外形　　　　　　　　　　(b)开关形式与应用

图 3.1　压力限制器

表 3.1　压力控制器 CC20W 的技术参数　　　　　　　10^{-1} MPa

压力	工厂设置	最小允差	最小幅差	最佳幅差带
低压(LP)	真空～1	±0.2	0.35	50～70
	1～2	±0.2	0.7	40～65
	2～5.5	±0.4	1	45～70
	5.5～7	±0.5	2	50～75
高压(HP)	7～11	±0.6	2	60～75
	11～16	±0.7	3	60～75
	16～24	±0.7	4	60～75
	24～31	±0.7	5	65～80
	31～50	±1	6	70～80

注:最小允差是开关动作压力与设定的动作压力之偏差;最佳幅差带是对于设定点最经济的幅
　差带＝(低限设定值/高限设定值)×100。

　　双刀双掷(SPDT)开关更多地用在通常的压力控制器上。图 3.2 示出 SPDT
的三种可能情况:标准型、带手动复位型和带死区型。

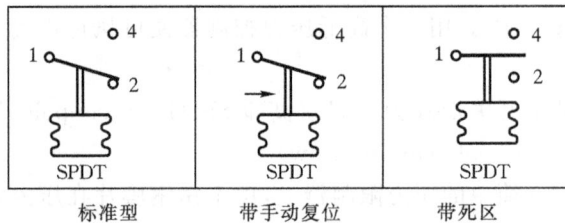

标准型　　　　　带手动复位　　　　带死区

图 3.2　SPDT 的三种形式

表 3.2 给出普通压力控制器和双重压力控制器的电触点系统的主要形式。

表 3.2　压力控制器的电触点系统

压力控制器	电触点系统
普通压力控制器	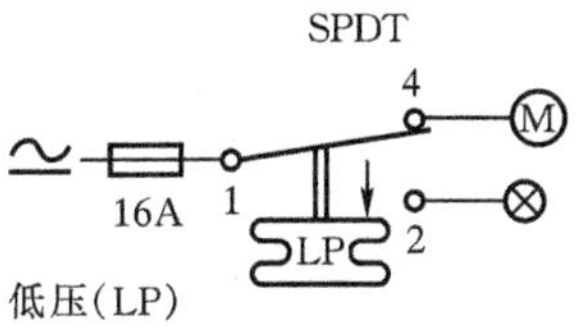 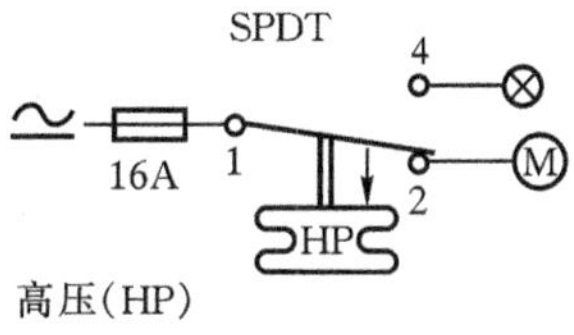 SPDT　低压(LP)：～ 16A 1 —4 M，1—2 ⊗　　　　SPDT　高压(HP)：～ 16A 1 4 ⊗，1—2 M
双重压力控制器	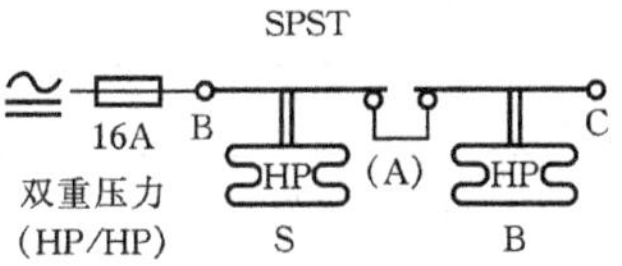 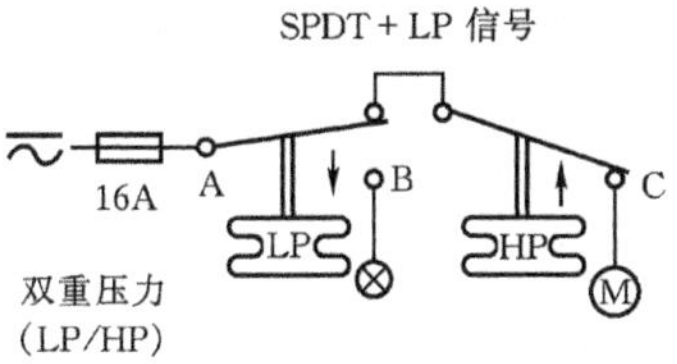 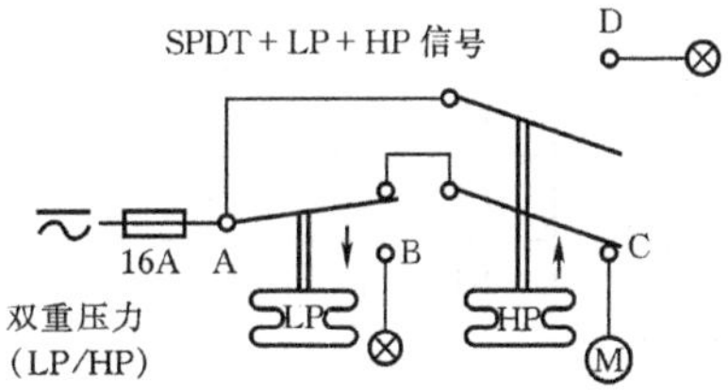 SPST　双重压力(HP/HP)：～ 16A B—HPC(A)(S)—HPC(B)—C　　SPDT + LP + HP 信号　双重压力(LP/HP)：～ 16A A—LPC(B) ⊗—HPC(C) M—D ⊗　　SPDT + LP 信号　双重压力(LP/HP)：～ 16A A—LPC(B) ⊗—HPC(C) M

低压控制器(LP)：图中是正常运行的电触点状态。当制冷系统的低压侧压力降到下限值时,电触点 1—4 断开(电机 M 断电);1—2 接通(信号通电)。

高压控制器(HP)：图中是正常运行的电触点状态。系统的高压侧压力上升到上限值时,电触点 1—2 断开(电机 M 断电);1—4 接通。

双重压力控制器(dual pressure)：双重压力控制器可以兼顾两个压力的控制。在结构上,它包含了两个独立的压力控制器。图中给出两个高压的双压控制器(HP/HP),和一个高压与一个低压的双压控制器(LP/HP)的电开关系统示例。其中,HP/HP 采用两个单刀单掷开关 SPST,两个压力中任何一个压力升高到超过高限,触点便使电路断开。LP/HP(即高低压力控制器)采用两个单刀双掷开关 SPDT,当高压升高到超过设定的高限,或者低压降低到设定的下限时,运行电路断开,同时接通信号电路。有只给出低压过限信号的,也有高压、低压过限均给出信号的。压力控制器的安装如图 3.3 所示。

使用压力控制器时要仔细阅读其产品技术资料,选择合适的型号。对压力控制器产品的特性描述包括其:功能特点、电气特性、适用的制冷剂、压力调节范围、

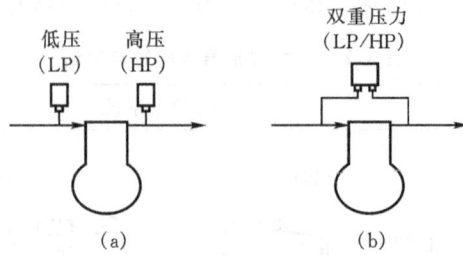

图 3.3　压力控制器的安装

幅差、复位方式和开关形式等。表 3.3 是 KP 系列压力控制器的技术参数。

表 3.3　KP 压力控制器的技术参数（氟里昂制冷剂）

压力	型号	低压(LP)		高压(HP)		复位	触点系统
		调节范围 /10^{-1}MPa	幅差 Δp /10^{-1}MPa	调节范围 /10^{-1}MPa	幅差 Δp /10^{-1}MPa	LP/HP	
低压	KP1	$-0.2\sim7.5$	$0.7\sim4.0$			自动/—	SPDT
	KP1	$-0.9\sim7$	固定 0.7			自动/—	SPDT
	KP1	$-0.5\sim3.0$	固定 0.7			自动/—	SPDT
	KP2	$-0.2\sim5$	$0.4\sim1.5$			自动/—	SPDT
高压	KP7W			$8\sim32$	$4\sim10$	—/自动	SPDT
	KP7B			$8\sim32$	固定 4	—/手动	SPDT
	KP7S			$8\sim32$	固定 4	—/手动	SPDT
双重压	KP7BS			$8\sim32$	固定 4	手动/手动	SPST
	KP17W	$-0.2\sim7.5$	$0.7\sim4$	$8\sim32$	固定 4	自动/自动	SPDT+LP 和 HP 信号
	KP17W	$-0.2\sim7.5$	$0.7\sim4$	$8\sim32$	固定 4	自动/自动	SPDT
	KP17B	$-0.2\sim7.5$	$0.7\sim4$	$8\sim32$	固定 4	自动/手动	SPDT

　　压力控制器的调整：压力控制器上有设定值刻度盘和幅差刻度指示，可以方便地按要求调整设定值和幅差值。控制器的主设定值可以在表 3.3 中给出的压力范围内调整；幅差值对于高压控制器大多是固定的、不可调，而对于低压控制器则可在表中给出的范围内调整。这种特点当然是为适应它们各自的控制功能需求而设计的。

　　用于一般制冷装置的压力控制器（例如 KP）主要是作为防止制冷系统低压侧

压力过低、高压侧压力过高的保护控制,还可以用于制冷压缩机的开停控制,或者风冷式冷凝器风扇的开停控制。为高压制冷剂(R410A 和 CO_2)使用的高压控制器压力控制值可高达 4.2 MPa。

针对工业制冷和船用制冷装置使用,对压力控制器往往具有一些具体要求。例如,RT 系列压力控制器,主要供工业和船用装置制冷使用。其特点是:防水、调节范围宽、触点系统可以更换、交直流电均适用、有供 PLC 设备专用的特殊规格(供 PLC 设备专用的压力控制器采用表面镀金处理的电触点)。此外,该系列产品还包括压差控制器,以及具有中性区(NZ)调节功能的压力控制器。

用于浮点式控制的压力控制器:前已说到,具有中性区调节功能的压力控制器,可以用于浮点式控制。

图 3.4 是带有可调节死区的低压控制器(RT)的结构示意图,同时对照给出一般压力控制器(不带死区的)的结构。它的不同之处是:死区开关的触头臂 18a 和 18b 用主轴导刷 17 和 20 来操纵。上导刷 17 固定;下导套 20 可以用设定螺母 40 调节,上下移动。使死区在最大与最小值之间变化。最小值为控制器的机械差;最大值因控制器的型号而异,见图 3.4。用这样的压力控制器进行浮点式控制时,随着压力的变化,开关的动作过程如图 3.5 所示。

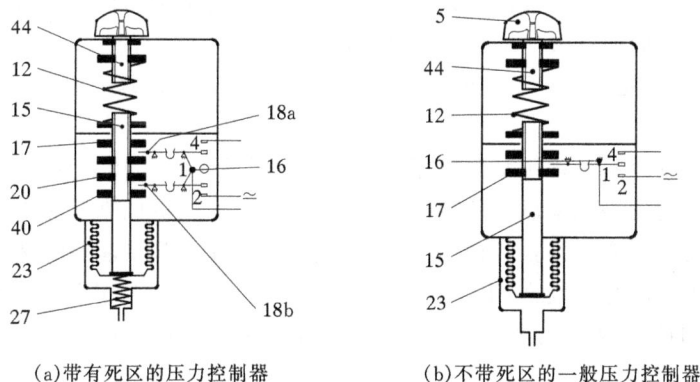

(a)带有死区的压力控制器　　　　(b)不带死区的一般压力控制器

图 3.4　两类压力控制器

44—压力设定杆;12—主弹簧;15—主轴;16—开关;17—上导套;18a,18b—触头臂;20—下导套;40—死区设定螺母;23—波纹管元件;27—接口

3.2　压差保护与压差控制器

压差保护的对象主要是泵。制冷系统中需要用到压差保护的地方有:压缩机

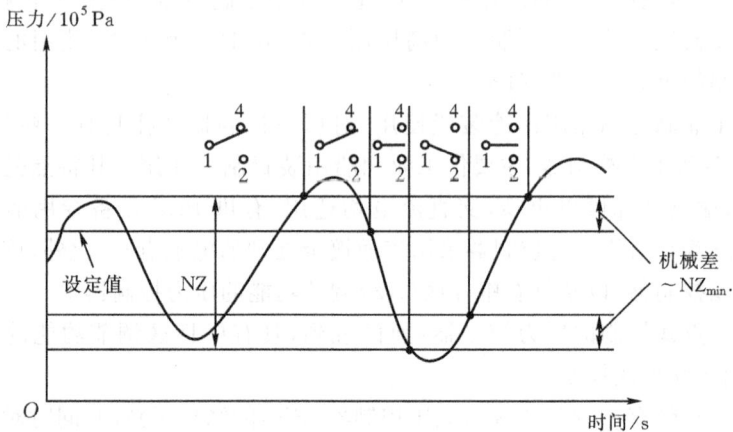

图 3.5　浮点控制下,压力控制器的开关动作过程

油泵压差保护和制冷剂液泵压差保护(见于泵供液循环的制冷系统)。此外空调系统中的水泵也需要压差保护和控制。

采用油泵强制供油润滑的压缩机,如果由于某种故障因素,运行中油泵前后建立不起油压差(压力差)或油压差不足,润滑油就不能正常循环,会使运动部位因得不到充分润滑而而烧毁压缩机。另外,采用油泵强制润滑的压缩机多有油压卸载机构,若油压不足,卸载机构也无法正常工作。因此对这类压缩机必须设油压保护。

氨冷库制冷系统常用泵强制循环的蒸发器供液方式。其中所用的氨液泵多为屏蔽泵。它的石墨轴承靠氨液冷却和润滑,屏蔽泵的电机也靠氨液来冷却。因此,电动机启动后泵要能够正常输送液体,必须很快地建立起泵前后的液体压力差,方可满足泵本身冷却和润滑的需要,得以继续运行。另外,为了防止泵受到气蚀破坏,泵前后的压力差也必须保持在一定的数值上。基于以上原因,需要设氨泵的压差保护。

就油压差保护而言,油循环的动力是油泵出口压力与压缩机曲轴箱压力(即吸气压力)之差,所以油压保护用该压力差发信,用油压差控制器执行保护性控制。考虑到油泵是因压缩机运行而运行的,油压差总是在压缩机启动后才逐渐建立起来的,所以,因欠油压而令压缩机停止的动作必须延迟执行。这样,在压缩机开机前,无油压并不影响启动;启动运转后短期(油泵正常建立起油压所需的时间)缺油也不会危及压缩机的安全。如果持续到指定的延时时间仍建立不起油压才表明有故障,这时再令压缩机停机。

至于泵压差保护,控制信号取自泵前后的流体压力差。泵压差也是在泵运行起来之后才逐渐建立的。为了不影响泵在无压差下正常启动,由压差所控制的停机动作亦当延迟执行。只不过其延时时间与油压差保护的延时时间有所不同。

以上是压差保护与一般压力保护的不同之处。也就是说,应用于油压差保护的控制器应具有压差继电器和延时继电器功能。为适应上述控制要求,多数压差控制器中往往包含了延时继电器。也有一些压差控制器就是纯粹的压差继电器,而不含延时。若选择不含延时的压差控制器作为压差保护时,必须外接延时继电器才能使用。

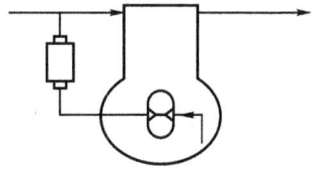

图 3.6　油压差控制器的安装

油压差控制器在系统中的安装见图 3.6。

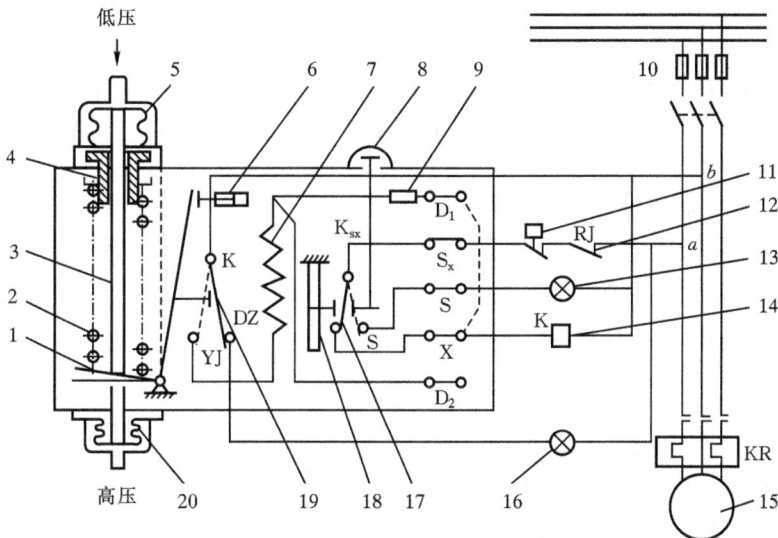

图 3.7　油油压差控制器结构和工作原理

1—杠杆;2—主弹簧;3—顶杆;4—压差调整螺钉;5—低压波纹管;6—试验按钮;7—加热器;8—手动复位按钮;9—降压电阻(电源为 380 V 时使用);10—压缩机电源开关;11—高低压力控制器;12—热继电器;13—事故信号灯;14—交流接触器线圈;15—压缩机电机;16—正常运行信号灯;17—延时开关;18—双金属片;19—压差开关;20—高压波纹管

带有延时的油压差控制器结构及工作原理如图 3.7 所示。控制器由压差开关(包括杠杆 1,主弹簧 2,顶杆 3,低压波纹管 5,压差开关 19 和高压波纹管 20 和延时开关(包括加热器 7,延时开关 17 和双金属片 18)两部分组成。延时继电器的电触点串接在压缩机启动控制回路中。基本控制过程为:压差控制器根据压差信号使延时继电器的电加热器接通或断开。电加热器通电加热并持续一定时间(延时时间)后,延时开关断开压缩机启动控制电路。

用压差调整螺钉 4 调整油压差的设定值。高、低压包分别接引油泵出口压力和压缩机曲轴箱压力。二者之差即为油压差。该压差信号与主弹簧 2 的设定压力相比较,压差大于设定值时,顶杆 3 向上移动,拨动直角杠杆偏转,扳动压差开关 9。在油压差正常时,图中杠杆 1 和延时开关 17、压差开关 19 处于实线位置,电路处于压缩机通电、正常运行信号灯通电的正常运行状态。油压差低于设定值时,顶杆向下移动,杠杆 1 处于图中的虚线位置,将压差开关 19 扳到虚线位置。正常信号灯 16 断电熄灭,立即给出欠油压的信号。同时电加热器 7 通电,开始加热双金属片 18。持续加热一段时间后(60 s 左右),双金属片变形,把延时开关 17 扳到虚线位置,切断压缩机启动控制电路。于是压缩机停机,同时故障信号灯 13 接通,表明是故障性停机。

启动前,双金属处于冷态,开关 7 处于实线位置,只要电源合闸,启动控制电路便接通。这时,尽管没有油压也不妨碍启动。启动后,油压建立的过程中,尽管压差开关 19 处于虚线位置,电 7 加热器通电,但通电尚未持续到双金属片 18 被加热到变形足以将延时开关 17 推动,油压已达到正常,于是压差开关 19 回到实线位置,电加热电路断开,同时接通正常运行信号灯 16,至此启动完成。运行过程中,油欠压持续时间超过控制器设定的延时时间,才发生保护性停机。上述油压差控制器的控制如图 3.8 所示(以延时时间 45 s 为例)。

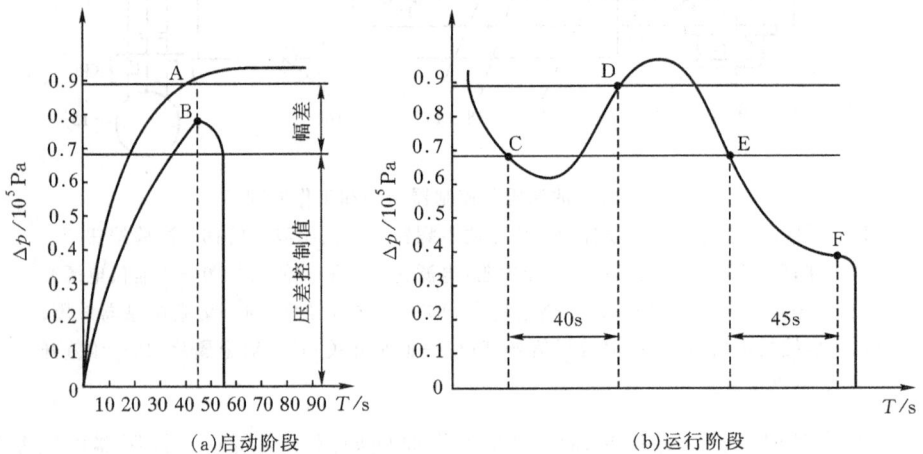

图 3.8　油压差控制器的控制

控制器正面有试验按钮,供试验延时机构的可靠性使用。在制冷压缩机正常运行期间推动按钮,强迫压差开关 19 扳到虚线位置,并保持 60 s(模拟延时时间),如果能使延时开关动作令压缩机停机,则证明压差控制器能够可靠工作。

可用于压缩机油压保护的压差控制器有一些不同的型号种类,例如:CWK - 22,JC0535,MP 系列(MP54,MP55,MP55A)等等。GWK - 22 和 MP 型与 JC3.5 型的功能原理类似,也都有热延时继电器。MP 型延时时间不可调,有 45 s,60 s,90 s 和 120 s 几种。CWK - 22 型延时时间可调(调整范围 45~60 s)。

不带延时机构的压差控制器就是单纯的压差开关。例如 CWK - 11 型、YCK 型和 RT 型就属于此类。图 3.9 示出 RT 型压差控制器结构原理。图中,低压信号和高压信号分别从高压接口 10 和低压接口 1 引入。用设定盘 3 调整压差设定值(旋转设定盘,改变主弹簧 4 的预紧力),信号压差超过设定值时,顶杆 5 上移,至下导套 8 拨动触点臂 7 时,触点(1)与(2)接触,外接的延时继电器接通;信号压力差低于设定值时,顶杆 5 下移,至上导套 6 拨动触点臂 7 时,触点(1)与(2)断开,切断外接的延时继电器电路。同时,触点(1)与(4)接触,可以接通诸如欠压指示灯之类的显示器。触点(1)与(2)接通与断开的开关差(即差动值或幅差值)由上、下导套 6、8 之间的间隙决定,该间隙可调。

RT 型压差控制器主要用于液体循环泵的压差保护。其第二位的用途是维持螺杆压缩机的油压。

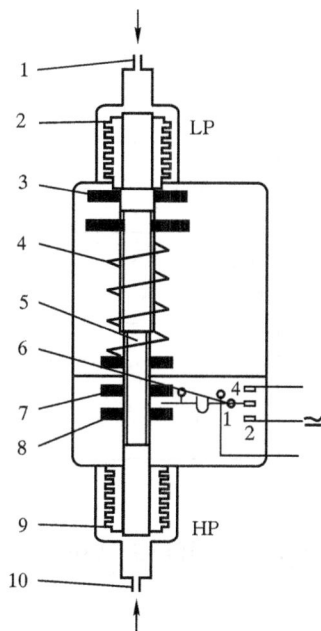

图 3.9　RT 型压差控制器的结构示意图
1—低压接口;2—低压波纹管;3—设定盘;
4—主弹簧;5—主轴;6—上导套;7—触头臂;
8—下导套;9—高压波纹管;10—高压接口

RT260A 型压差控制器用于氨液泵保护时,泵压差的设定值下限一般为 0.04~0.09 MPa,差动值为 0.02~0.03 MPa;外接延时继电器,延时时间为 15 s 左右。

RT260A 压差控制器用于螺杆压缩机的油压保护时,低压波纹管的压力是冷凝压力,最高为 2.1 MPa。高压波纹管的压力是润滑油压力,最高为 2.4 MPa。冷凝压力与油压力之间的压力差不得超过 0.3 MPa。从启动到正常运行高压波纹管和低压波纹管的压力变化不得超过 0.8 MPa。由于上述工作条件超出控制器通常的工作条件范围,导致波纹管的寿命下降到动作 1 万次(而正常寿命是动作 4 万次)。

表 3.4 列出一些压差控制器的技术参数。

表 3.4　一些压差控制器的技术参数

型号	压差范围/MPa	差动值/MPa	延时时间/s	电触点容量	适用工质
CWK-22	0.05~0.40	0.02	40~60 s 可调	AC 3 A,220 V	R717,氟里昂
JC3.5	0.05~0.35	0.05	60±20s 固定	AC 3 A,220/380 V	R717,氟里昂
MP55A	0.03~0.45	0.02	45,60,90,120	AC 2 A,250 V DC 0.2 A,250 V	R717,氟里昂
MP55	0.03~0.45	0.02	45,60,90,120	AC 2 A,250 V DC 0.2 A,250 V	氟里昂
MP54	固定 0.065 固定 0.09	0.02 0.02	0,45,90 60	AC 2 A,250 V DC 0.2 A,250 V	氟里昂
RT260A	0.05~0.4 0.05~0.6 0.15~1.1	固定 0.03 固定 0.05 固定 0.05		AC 400 V,1 A,2 A, 3 A,4 A,10A DC 220 V,12 W	R717,氟里昂

3.3　温度保护与温度控制器

3.3.1　温度保护

出于工艺要求或安全工作条件,制冷装置有许多工作点温度需要控制。首先是使被冷却对象温度恒定(如上节所述);此外,油温、排气温度等必须在安全范围以内。

(1)压缩机排气温度保护　压缩机排气温度过高会使润滑条件恶化,影响机器寿命。高温使润滑油结焦,严重时引起制冷剂分解、爆炸(R717)。因此,压缩机安全工作条件规定了针对不同制冷剂的最高排气温度限制值,例如 R717、R134a、R22 的最高排气温度分别是 150℃,125℃ 和 145℃。需要有压缩机的排气温度保护措施,尤其是对于 R717 压缩机,排气温度保护必不可少。采用排气温度控制器,在排气温度达到警戒值时,使压缩机断电停机。

(2)油温保护　压缩机曲轴箱内油的温度按规定应比环境温度高 20~40℃,最高油温不得超过 70℃,油温过高时,油粘度下降,加剧压缩机运动部件的磨损,烧坏轴瓦。对于氟里昂制冷系统,如果压缩机曲轴箱中有大量制冷剂混入(停机时),在压缩机启动时会影响油压的建立为了避免这种现象发生,采用在曲轴箱中高电加热器的办法。启动前行通电加热,使溶解在油中的液态制冷剂蒸发。在这种情况下也需要控制油温,以免加热太过。

3.3.2 温度控制器

温度控制器可以执行温度保护功能或者按温度信号执行双位调节控制功能。有时需要根据温差发出操作指令,则采用温差控制器。

温度控制器是由温度信号控制的电开关,温度信号需要经过转换、放大。按转换方式分,温度控制器有:双金属片式、压力式、电阻式和电子式。温控器的开关形式通常为单刀双掷或单刀转换开关。

压力式温度控制器用温包感受温度的变化,转变成温包中充注介质的压力变化,推动电开关,控制电气回路的通断。图 3.10 是温控器的结构图,它的温包 29 置于温度测点处,温包中压力随温度变化,该压力经毛细管 28 传递,使波纹管 23 伸缩,推动电触点通断。

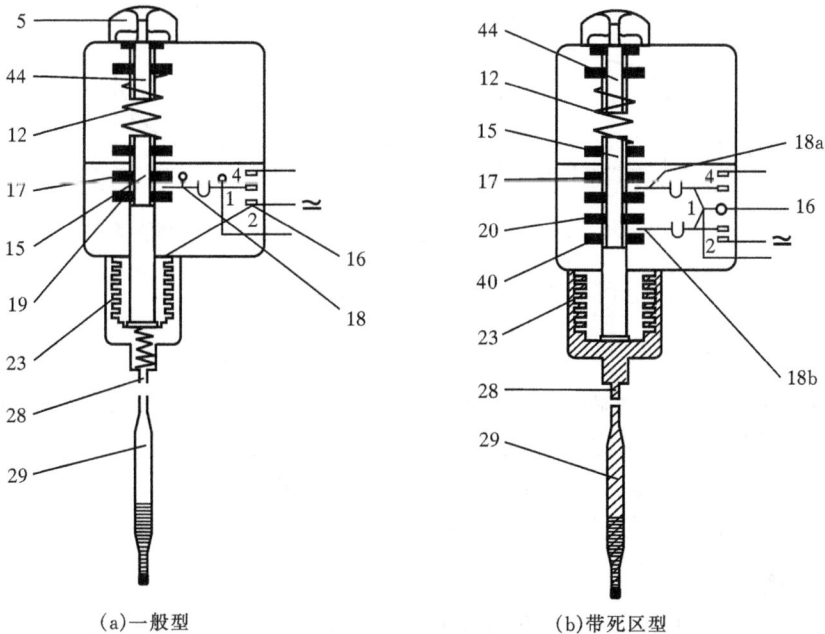

(a)一般型　　　　　　　　　　(b)带死区型

图 3.10 压力式温度控制器

温包是温控器的传感元件。温包做成不同的形状和尺寸,以适应不同的测温场所的安放和便于正确传感。与温控器紧凑连接的温包用于房间温控器,远置式温包有棒形、直毛细管形、螺旋形等,可分别用于测取流体温度、管壁温度、空气温度、风管温度等。如图 3.11 所示。

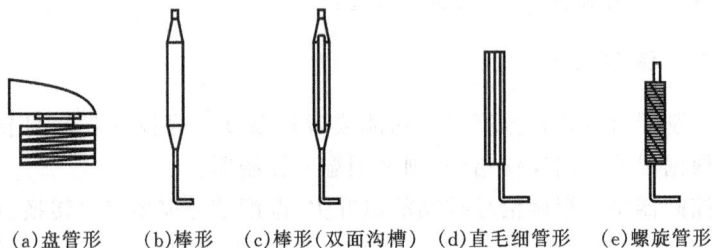

(a)盘管形   (b)棒形   (c)棒形(双面沟槽)   (d)直毛细管形   (e)螺旋管形

图 3.11   温包的各种形状

温控器的应用温度范围主要取决于温包充注。有三种充注方式:蒸气充注、液体充注和吸附充注。它们的信号转换特性由包内介质的温度-压力特性曲线决定,见图 3.12。

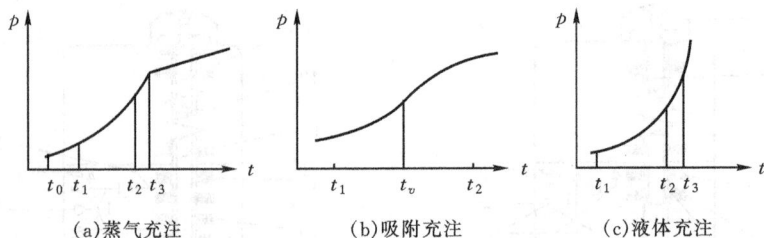

(a)蒸气充注   (b)吸附充注   (c)液体充注

图 3.12   三种温包充注的压力-温度特性

1.蒸气充注

温包中充入少量感温液体。在温控器的工作温度范围内,须保证温包中的自由液面上能够发生蒸发,同时当它在常温下保存时温包不变形。其特点是:温度响应快,能够迅速地传递压力。蒸气充注的温控器适用于低温。使用时,温包必须处于温控器系统的最冷位置,才能确保正确反应。

2.吸附充注

温包中充入过热气体和固体吸附剂。吸附剂保持在温包内,温包始终是温控器的温度控制点,所以,温包处温度高于或低于波纹管处温度均无妨(即温包可以处于温控器系统的最暖或最冷位置)。不过,这种充注对于波纹管和毛细管中的温度变化有某种程度的敏感性。在正常环境温度条件下(20℃)表现不明显,但如果温控器在极端条件下使用,便会出现刻度偏移。需要进行修正(具体修正方法注意产品资料中给出的指导)。吸附充注适用温度范围大,应用领域宽,温度反应较慢,但完全能胜任一般制冷系统。

3. 液体充注

感温液体的充注量能使温控器工作时,波纹管腔室、毛细管、和小部分温包中充液。故温包应处于温控器系统的最暖位置。当温包处于最暖时,环境温度对调节精度无影响。液体充注的温控器适用于高温。

图 3.13 和图 3.14 分别以 KP 系列温控器和 RT 系列温控器为例,示出其充注方式与温度调节范围总览。

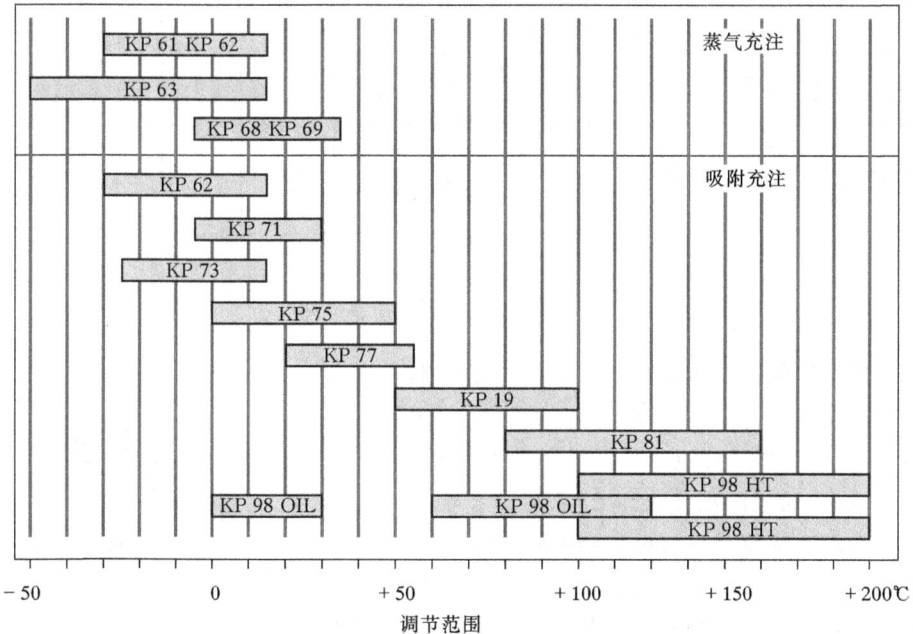

图 3.13　KP 系列温控器的充注方式与温度调节范围

KP 温控器是温度控制的 SPDT 电开关,可以直接连在功率大到约 2 kW 的单相交流电机上,或者安装在直流电机和大型交流电机的控制回路中。KP 用于调节,但也见于保护监控系统。KP 采用蒸气充注或吸附充注,蒸气充注的幅差很小。吸附充注的 KP 广泛用于防冻保护。

RT 温控器是单刀转换开关,安装位置取决于温包温度和设定值。RT 系列涵盖了工业和船用装置普遍应用的温控器。还有温差控制器,供中性区调节的温控器,和特殊用途的温控器(触头表面镀金处理,供 PLC 装置用)。

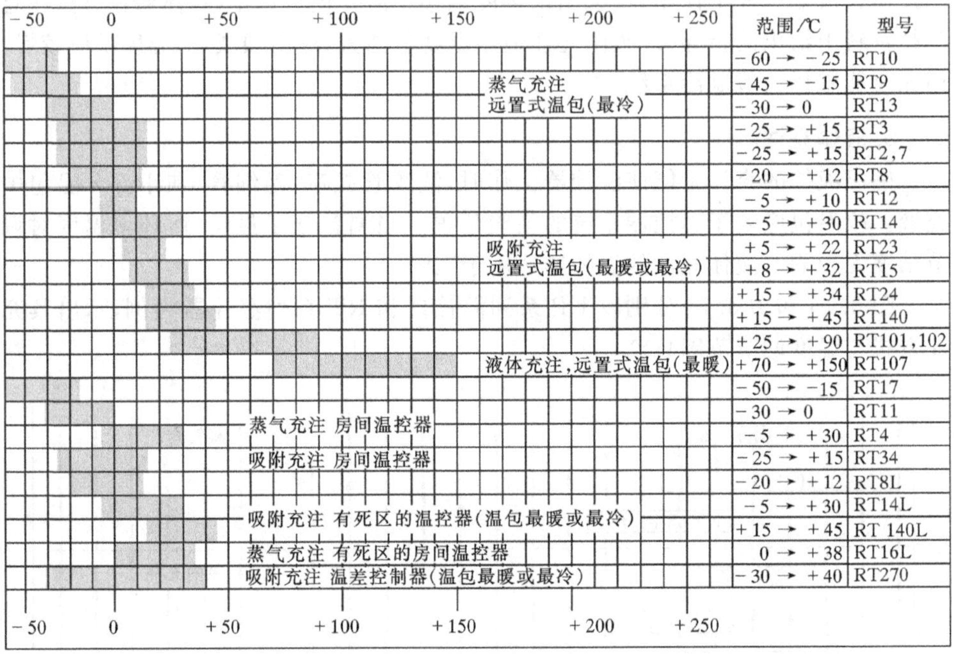

范围/℃	型号
$-60 \rightarrow -25$	RT10
$-45 \rightarrow -15$	RT9
$-30 \rightarrow 0$	RT13
$-25 \rightarrow +15$	RT3
$-25 \rightarrow +15$	RT2,7
$-20 \rightarrow +12$	RT8
$-5 \rightarrow +10$	RT12
$-5 \rightarrow +30$	RT14
$+5 \rightarrow +22$	RT23
$+8 \rightarrow +32$	RT15
$+15 \rightarrow +34$	RT24
$+15 \rightarrow +45$	RT140
$+25 \rightarrow +90$	RT101,102
$+70 \rightarrow +150$	RT107
$-50 \rightarrow -15$	RT17
$-30 \rightarrow 0$	RT11
$-5 \rightarrow +30$	RT4
$-25 \rightarrow +15$	RT34
$-20 \rightarrow +12$	RT8L
$-5 \rightarrow +30$	RT14L
$+15 \rightarrow +45$	RT 140L
$0 \rightarrow +38$	RT16L
$-30 \rightarrow +40$	RT270

图表中文字标注：
- 蒸气充注 远置式温包(最冷)
- 吸附充注 远置式温包(最暖或最冷)
- 液体充注,远置式温包(最暖)
- 蒸气充注 房间温控器
- 吸附充注 房间温控器
- 吸附充注 有死区的温控器(温包最暖或最冷)
- 蒸气充注 有死区的房间温控器
- 吸附充注 温差控制器(温包最暖或最冷)

图 3.14　RT 系列温控器一览

温控器的设定和所控制的温度差 在温控器上的设定刻度盘上有上限开关点 t_{max} 的设定范围和幅差 Δt 的值。上限开关点 t_{max} 在刻度盘上调整;而下限开关点 t_{min} 通过调整开关差 Δt 获得:$t_{max} - \Delta t = t_{min}$。

设定的幅差是机械幅差(即固有幅差)。而在此设定下温控器所控制的运行幅差(温度差)要大于机械幅差,它等于机械幅差与由时间常数所造成的温差之和。

还有一种通用温控器,如图 3.15 所示,它适宜于安装在墙上或面板上。在温控器的正面是大旋钮设定盘,可以方便而精确地进行设定。与前述的温控器之不同在于:这种温控器具有固定幅差,取所需控制温度的平均值作为温控器的设定值。它适用于许多场合的温度控制,如:冷库、牛奶冷却器、饮料冷却器、冰淇淋机、冷柜、空调装置、热回收设备,等等。

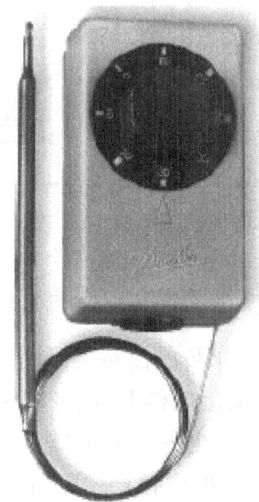

图 3.15　通用温控器(UT)

故以"通用"而冠之。此外,双重温度控制器和温差控制器也属于温度控制器范畴。

　　双重温度控制器的结构如图 3.16 所示,它具有两个独立的温控功能。在制冷装置中的应用需求,如在极端运行条件下(高冷凝压力、低蒸发压力,高吸气过热),要防止热气温度超过最高允许值。以高压力比运行的制冷系统(特别是 R22 和 R717 系统)和采用热气旁通的装置危险性最大。为防止压缩机排气温度过高,同时保证压缩机有合适的油温,可以在高温侧用双重温度控制器(KP98)实现此目的。将高温传感器(HT)放在压缩机排气口管道中,将油温传感器(OIL)放在压缩机的油池中,任何一个温度超过限制值均可执行保护性停机。KP98 中,高温传感器(HT)的设定温度范围 100～180℃,固定幅差 25℃;油温传感器(OIL)的设定温度范围 60～120℃,固定幅差 14℃。

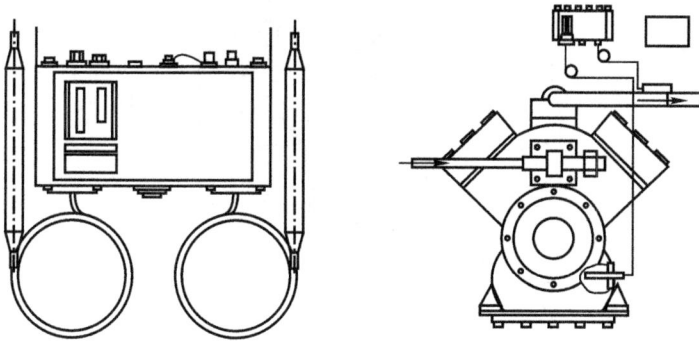

图 3.16　双重温度控制器(KP98)及其应用示例

　　温差控制器如图 3.17 所示。它的工作原理类似于压力式温度控制器。只不过它采用两个温包,根据两个温包传递的压力差值与设定值比较,给出电气触点的开关动作。

　　在加工设备、通风设备和制冷加热设备中,需要保持两股介质之间的温度差为某恒定值(0～15℃)时,可采用温差控制器实现控制。两个温包传感器,一个用来作为温度参考,另一个用作控制发信。而温差则是直接的受控参数。

　　以上温度、温差控制器在选用时要注意它是否符合控制对象的特点和要求。选择的考虑因素包括:控温范围、幅差、温包充注方式、温包形状、毛细管长度等,在电气性能方面要考虑触头的容量(最大电流、最高电压)、接点方式。安装时要注意:是否有无电磁干扰,是否要装继电器,耐振性、防潮和防滴水措施如何,怎样安装,等等。决定安装位置时既要注意温包设在有代表性的地方正确感温,还要根据充注方式顾及到温包处和波纹管处环境温度之间相互关系的要求(如前所述)。应

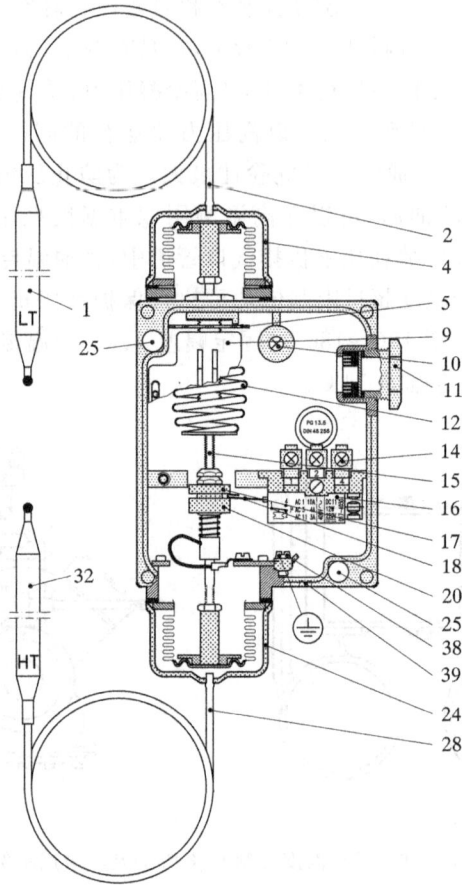

图 3.17 温差控制器(RT270)
1—低温传感器(温包);2—毛细管;4—低温波纹管;5—设定盘;
9—调节范围刻度;10—端子;11—电缆入口;12—主弹簧;
14—端子;15—顶杆;16—开关;17—上导刷;18—触头臂;
20—下导刷;24—高温波纹管;25—固定孔;28—毛细管;
32—高温传感器(温包);38—接地端;39—吹出盘

仔细阅读样本提供的性能参数和使用说明,正确选择和使用。

表 3.5 给出制冷装置使用的典型压力式温度控制器的技术参数。

表 3.6 给出用于浮点式控制的温度控制器的技术参数。

表 3.5　温控器技术参数

充注方式	型号	设定范围 /℃	幅差 Δt		复位方式	温包最高温度 /℃	毛细管长度 /m
			最低温度 /℃	最高温度 /℃			
蒸气充注	KP61	−30～15	5.5～23	1.5～7	自动	120	2,5
	KP61	−30～15	固定 6	固定 2	最小	120	5
	KP62	−30～15	6.0～23	1.5～7	自动	120	
	KP63	−50～−10	10.0～70	2.7～8	自动	120	2
	KP68	−5～35	4.5～25	1.8～7	自动	120	
	KP69	−5～35	4.5～25	1.8～7	自动	120	2
吸附充注	KP62	−30～15	5.0～20	2.0～8	自动	80	
	KP71	−5～20	3.0～10	2.2～9	自动	80	2
	KP71	−5～20	固定 3	固定 3	最小	80	2
	KP73	−25～15	12.0～70	8.0～25	自动	80	2
	KP73	−25～15	4.0～10	3.5～9	自动	80	2
	KP73	−25～15	固定 3.5	固定 3.5	自动	80	2
	KP73	−20～15	4.0～15	2.0～13	自动	55	3
	KP73	−30～15	3.5～20	3.25～18	自动	80	2
	KP75	0～35	3.5～16	2.5～12	自动	110	2
	KP75	0～35	3.5～16	2.5～12	自动	110	2
	KP77	20～60	3.5～10	3.5～10	自动	130	2,3
	KP79	50～100	5.0～15	5.0～15	自动	150	2
	KP81	80～150	7.0～20	7.0～20	自动	200	2
	KP81	80～150	固定 8	固定 8	最大	200	2
	KP98	OIL:60～120	OIL:固定 14	OIL:固定 14	最大	150	1
		HT:100～180	HT:固定 25	HT:固定 25	最大	250	2

表 3.6   带可调死区的温控器技术参数

充注方式	型号	调节范围 /℃	幅差 /K	死区 NZ		最高温包温度 /℃
				最低温度设定 /K	最高温度设定 /K	
蒸气	RT16L	0～+38	1.5/0.7	1.5～5.0	0.7～1.9	100
吸附	RT8L	−20～+12	1.5	1.5～4.4	1.5～4.9	145
	RT14L	−5～+30	1.5	1.5～5.0	1.5～5.0	150
	RT140L	+15～+45	1.8/2.0	1.8～4.5	2.0～5.0	240
	RT101L	+25～+90	2.5/3.5	2.5～7.0	3.5～12.5	300

3.4   压缩机电机保护

压缩机电机过或持续过载都会被烧毁。常用电流继电器和过热继电器在过电流或过热时切断电源,保护电机。

一些压缩机带有内部保护(内置保护)如过热保护、过电流保护、电机反转保护、缺相保护、内置释压阀。用来防止由于过电流、过载引起的高温、制冷剂流量低或电机转向不正确而造成电机受到伤害。内置保护能够自动复位。

(1)外部保护   电流过载可以用热过载继电器或回路断路器。热过载继电器的选用应能在不超过压缩机额定负载电流的140%时断开。回路断路器应不超过压缩机额定电流的125%时断开。额定电流一般是最大运行电流。断路电流不可超过压缩机的最大断路电流 MMT。

(2)过电流保护   当电流为 MMT 值的110%时,保护器必须在 2 min 之内断开。

(3)电机堵转保护   启动时若发生电机堵转,保护器必须在 10 s 内断开。

(4)缺相保护   三相中有任何一相缺失,保护器必须立即断开。

(5)压缩机软启动控制器   用于降低压缩机启动时的瞬时电流。例如,DAN-FOSS 数控软启动控制器 MCI 用于三相涡旋压缩机的启动过程,可将瞬时电流减小40%。

3.5   溢流机构

对制冷系统高压侧容器的压力保护,可以通过溢流机构泄放容器中的制冷剂之方法来实现。制冷系统中用的溢流机构有两类,一类起安全保护作用;一类起控制调节作用。

保护功能的溢流件有:安全阀、易熔塞和安全膜。它们安装在高压容器,当容器内的压力达到设定压力时,溢流阀立即全开。通过紧急泄压使容器压力不至于升高到危险值。制冷剂可以直接向外界或者向制冷系统的低压侧泄放。

控制功能的溢流件是个调节阀(溢流阀)。它能以较好的复现精度使阀执行开启、调节、再关闭的过程。制冷剂通常是经过溢流阀从高压侧泄入低压侧。溢液阀结构精良,一般来说,用它充当安全阀不合适或者不经济。

3.5.1 安全阀

图 3.18 示出用于制冷剂容器压力保护的安全阀(SFV 系列)结构与动作过程。

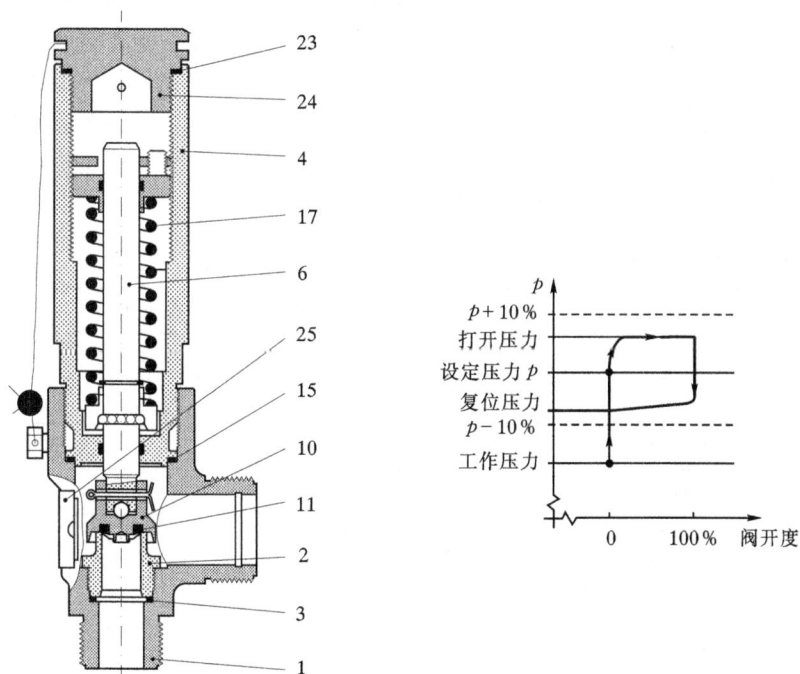

图 3.18 安全阀(SFV)的结构与动作

1—外壳;2—阀座;3,15,23—垫圈;4—阀上盖;6—阀杆;
10—阀芯;11—阀芯密封;17—弹簧;24—堵头;25—标牌

　　装置的工作压力至少应比安全阀的保护设定压力低 15%。当阀的入口压力上升到超过设定值时,起初阀稍打开,制冷剂的流出量很小。若压力继续升高,阀便立即全开。在压力超过设定值的 10% 之前,阀全开。在压力低于设定值 10% 之前,阀全关。

　　安全阀的排放量按容器压力高出设计值 10% 计算,即阀必须在超压 10% 以内打开,并有足够的排放能力,保证在阀打开后,容器压力不会继续升到设计值的110% 以上。

　　作为安全部件,安全阀的设定压力由工厂调整好加铅封后出厂。控制动作和排放能力均按标准进行试验确认后出厂。安全阀的排放能力按式(3.1)计算。

$$q_{m} = 0.2883 \times C \times A_{0} \times K_{dr} \times K_{b} \times \sqrt{\frac{P}{V}} \qquad (3.1)$$

式中:q_m 为排放能力,kg/h;C 为排放函数,与制冷剂绝热指数 k 有关,一些制冷剂的 C 值示于表 3.7;A_0 为安全阀的通流面积,mm^2;K_{dr} 为非标准排放系数,K_{dr} 的值经鉴定确认。SFV 系列安全阀的 A_0 和 K_{dr} 值示于表 3.13;K_b 为亚临界流修正因子,当背压低于放气压力的一半(即 $P_b < 0.5P$)时,$K_b = 1$;V 为在放气压力下的蒸气比体积,m^3/kg;P_{set} 设定压力,(10^{-1}MPa,表压力);P 为放气压力(10^{-1}MPa,绝对压力),$P = 1.1P_{set} + $大气压。

表 3.7　一些制冷剂的排放函数 C 值

制冷剂	绝热指数 k	排放函数 C
R22	1.17	2.54
R134a	1.12	2.50
R404A	1.12	2.49
R410A	1.17	2.54
R717(氨)	1.31	2.64
R744(CO_2)	1.30	2.63
Air	1.40	2.70

　　表 3.8 给出 SFV 系列安全阀的技术数据。SFV 安全阀适用于氨、氟里昂类制冷剂及其它与阀材料相容的介质;设定压力范围 1.0~2.5 MPa;使用温度范围:-30~100℃。以 SFV15 为例,它对于不同制冷剂在不同设定压力的排放能力特性见图 3.19 和表 3.9。

表 3.8　SFV 系列安全阀的技术数据

阀型号	公称尺寸		通流直径	通流面积	排放系数
	入口/mm	出口/mm	d_0/mm	A_0/mm²	K_0
SFV15	15	20	13	133	0.71
SFV20	20	25	18	254	0.54
SFV25	25	32	23	415	0.48

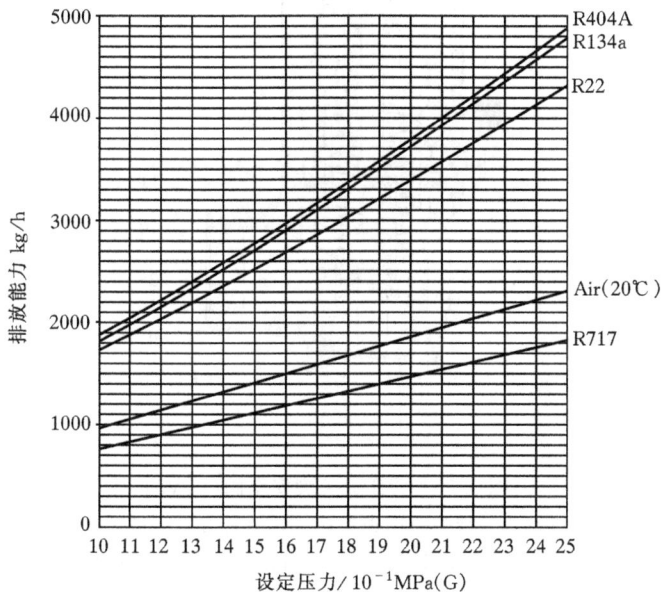

图 3.19　安全阀 SFV15 的排放能力

表 3.9　SFV15 安全阀的排放能力　　　　　　　kg/h

设定压力/MPa(G)	R22	R134a	R404A	R717	空气(20℃)
1.3	2205	2355	2400	970	1230
1.6	3045	3290	3360	1320	1670
2.1	3575	3895	3955	1530	1935
2.5	4310	4790	4885	1825	2285

　　另外,安全阀有背压相关型和背压无关型两类。上述 SFV 便属于背压相关型,即如果背压高于大气压,阀的打开压力便要高于所说的设定压力。而背压无关

型安全阀的打开压力不受背压影响,所以它可以作为制冷系统内部溢流的安全阀(当然,用作外部安全阀也可)。

　　图 3.20 是背压无关型安全阀(BSV8)结构。它除了可以用于小容器的压力保护外还可以作为导阀与主阀组合构成伺服式安全阀。

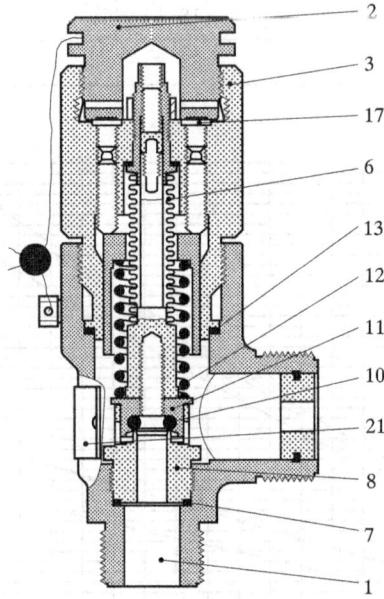

图 3.20　背压无关型安全阀(BSV8)

1—外壳;2—堵头;3—阀盖;6—波纹管;7,13,17—密封;

8—阀座;10—O 形圈;11—阀芯;12—弹簧;21—标牌

　　伺服式安全阀(BSV8＋POV)用于压缩机压力保护的系统连接与动作原理如图3.21所示。

　　导阀 BSV8 受高压 P_1 和背压 P_2' 作用。波纹管(1)中的参考压力是大气压。波纹管的有效面积与阀座面积相当,所以背压 P_2' 不影响导阀的开启压力。主阀 POV 为常闭(NC)型。高压 P_1 作用于阀芯(2)的入口侧,并经活塞杆(3)的内通道传递到主阀上腔(4),作用于活塞(5)的上部。活塞面积大于阀座面积,再加上弹簧力共同作用,使主阀保持关闭状态。以上为导阀未打开时的状态。当 P_1 升高到导阀的设定压力时,导阀开始打开。导压管中的压力 P_2' 和主阀下腔(6)中的压力上升。下腔压力受喷嘴(7)的流量扼制。当来自导阀的制冷剂流量超过喷嘴的通流能力时,下腔(6)中的压力升高,令主阀打开。当 P_1 下降时导阀关闭,同时,通过喷嘴(7)压力 P_2' 平衡,靠弹簧力将主阀关闭。关闭时间≤30 s。

　　最常见的安全阀在压缩机保护系统中的应用实例如图 3.22(a)所示。在压缩

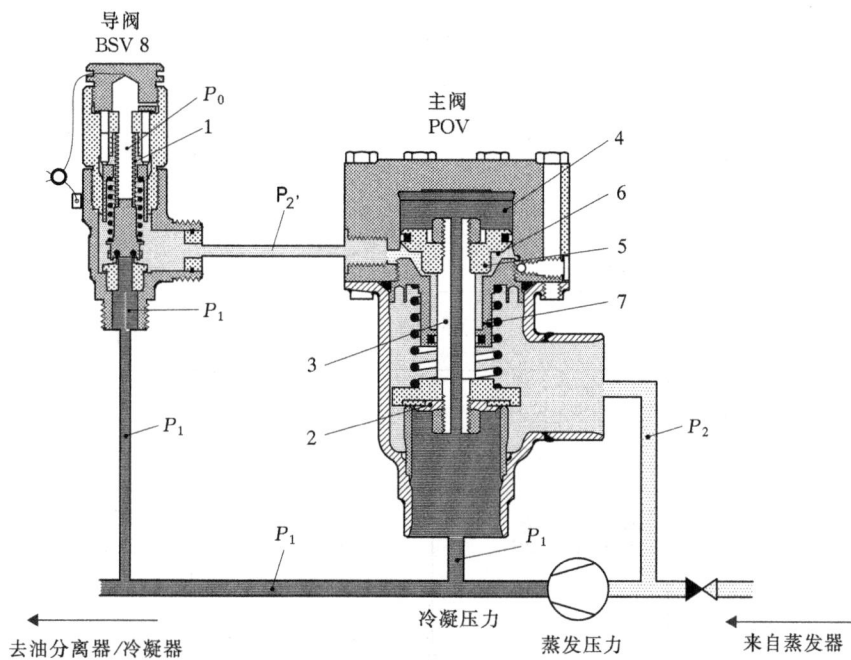

导阀
BSV 8

主阀
POV

去油分离器/冷凝器　　　冷凝压力　　蒸发压力　　来自蒸发器

图 3.21　伺服式安全阀（BSV8＋POV）的工作原理

机的吸气管上安装止回阀。在油分离器上安装外部安全阀（SFV），在压缩机后安装伺服式内部安全阀（POV＋BSV）。该系统中各压力值之间的关系如图 3.22（b）所示。

3.5.2　易熔塞和安全膜

易熔塞和安全膜的结构如图 3.23 所示。它们安装在要保护的高压容器上。易熔塞用低熔点合金制作，在容器内温度乃至升高到限定值时，熔塞化掉。安全膜在设定压力时破损。上述情况下，均使容器中工质排出、泄压。易熔塞和安全膜多用在直径 152 mm 以下，内部净容积 0.85 m³ 以下的压力容器中。

3.6　止回阀

止回阀起阻止逆向流动的保护作用。制冷系统管道中介质的流动方向有一定的规定，以保证正确循环。在凡有可能出现反向压差引起制冷剂逆向流动、并对制冷系统正常工作造成危害的管道上，需要安装止回阀（逆止阀或单向阀）。

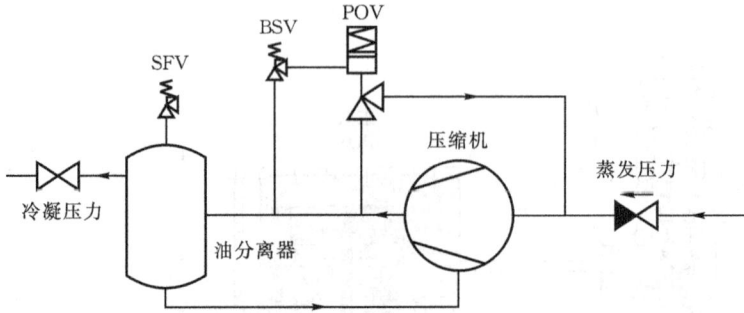

(a)系统图

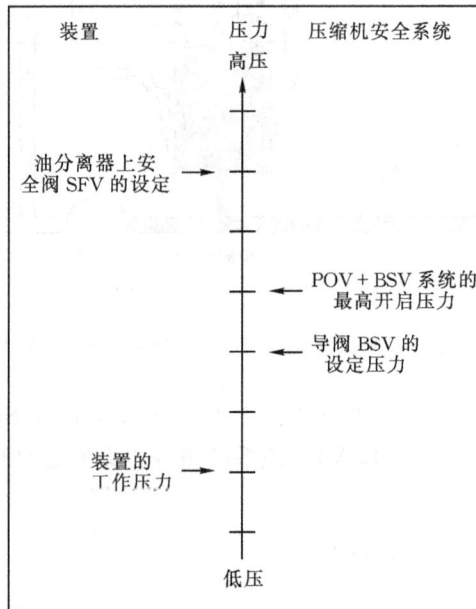

(b)系统中的压力

图 3.22　安全阀的应用

　　止回阀的结构如图 3.24 所示。图中(a)是多温蒸发器系统中使用的小型止回阀;(b)是大容量的止回阀,采用双筒结构,可以保证阀的动作平稳。止回阀靠正向流动压降克服弹簧力使阀打开;在出现反向压降或者正向压降小于最小开启压降时,阀关闭。压在阀盘上的弹簧提供关闭力。弹簧紧一些能使阀关闭较严,更可靠些,但同时要求开启压降增大。系统低压侧管道上使用的止回阀,为了减小压力损失,必须选择低压降的。氟里昂类制冷剂用的低弹簧力的止回阀(NRV)可以在压降小到 4 kPa (或 5 kPa,7 kPa)时打开。高弹簧力的止回阀(NRVH)的打开压

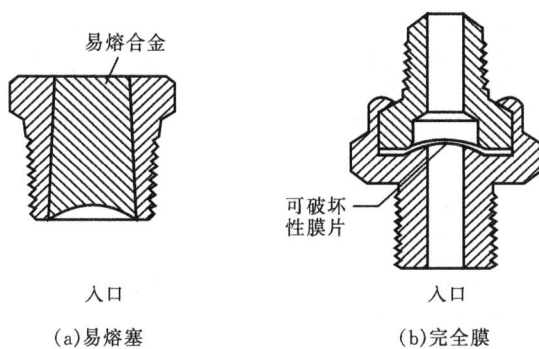

图 3.23　易熔塞和安全膜

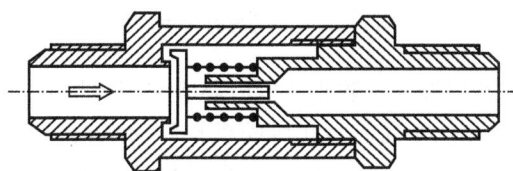

(a)小型结构

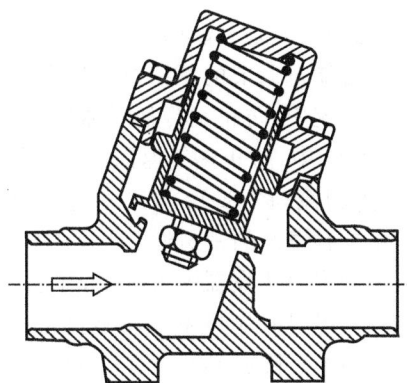

(b)大型双筒结构

图 3.24　止回阀

降达 30 kPa。止回阀上多装有阻尼活塞,使阀启、闭平稳,保证阀座不易损坏,并且使阀对气流脉动的反应不敏感。

　　止回阀在制冷系统中的主要使用场合如图 3.25 所示。

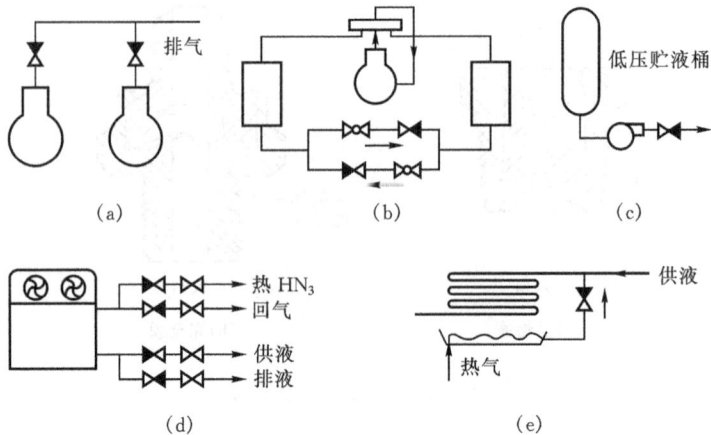

图 3.25　止回阀的应用示例

（1）用在压缩机排气管上　防止停机时制冷剂蒸气从冷凝器倒流回压缩机（如果后者所处的环境温度低于前者），在压缩机排气阀附近积液；或者防止多台压缩机并联的系统中制冷剂从处于运行状态的压缩机流向处于未运行状态的压缩机。（图 3.12(a)）。在这种使用场合，工质流经止回阀的允许压降为 14～41 kPa，阀的结构上应保证有良好的抗气流脉动性，能耐高温、气密性好。压缩机排气管上安装的止回阀在尺寸选择时要注意的问题是：阀前后的压差必须始终高于使阀全开的最小压差，这一点同样适用于有能量调节的压缩机在最小能级运行的情况。

（2）用在液管上　在热泵系统中，防止制冷剂液体从不用的那只膨胀元件通过（图 3.12(b)）；在逆循环除霜系统中，防止热气返回低压液管（图 3.12(c)）；装在液泵出口管上，防止停泵时液体倒流（图 3.12(d)）。这种场合，若可以接受 14～41 kPa 的压降，则止回阀必须具有很好的密封性。

（3）用在低压气管上　一机多温蒸发器的系统中，在温度最低的那个蒸发器的回气管上安装止回阀，可以防止停机时制冷剂蒸气从高温蒸发器沿吸气集管向低温蒸发器迁移。这种场合，止回阀压降必须小于 14 kPa，阀座要相当严密，并且能在低温下可靠工作。

（4）用在除霜的热气管上　止回阀接在每个蒸发器的热气支管上，防止制冷时工质交叉供入。为了防止蒸发器接水盘中水结冰，有时在水盘中设热气加热盘管，采用这种布置时，要在热气加热盘管与蒸发器之间的热气支管上安装止回阀，以防止制冷运行时接水盘的盘管上凝露（图 3.12(e)）。这类使用场合止回阀允许压降的典型值为 14～41 kPa，阀座必须气密性好、耐高温。

止回阀在选择使用时应注意：按系统设计所要求的能力及许可的压降值选择

合适的阀尺寸和型号,确保正向流动时阀在规定的流量(或能力)下处于全开状态,避免振颤。安装时必须按装阀体上示出的流向安装,切勿装反。弹簧作用的止回阀可以水平安装,也可以垂直安装,重力负荷的止回阀必须水平安装(即活塞中心线处于铅垂方向)。

　　除上面介绍的止回阀种类和用途外,尚有一些专门用途的止回阀。例如:①过流止回阀,它只在流量超过指定的最大流量值时关闭;②电动打开的止回阀,它不需要维持阀开启的压力降;③远传式压力操纵的止回阀,它是常开型,当有制冷剂高压源通入时关闭;④压差型止回阀、它能够维持系统两部件之间的压力差恒定。譬如在两个压力不相同的容器共用一根放油总管自动放油的系统中,可以在低压容器的放油支管上安装止回阀,避免高压容器放油时,油窜入低压容器。

3.7　观察镜

　　观察镜不直接起保护作用,但用它可以随时观察到制冷系统关键部位的内部状况,以便操作人员及时掌握系统工作是否正常,在不正常情况时,及时查找故障原因。这种监视对于安全保护也是很必要的。

　　制冷系统中常用的观察镜有以下三类。

　　(1)液流观察镜　安装在制冷剂液管、回油管和冷却水或冷媒水管上,观察管内上述液液情况是否正常。

　　(2)液位观察镜　它用耐压玻璃制作,安装在贮液容器上的控制液面附近,作为容器的一个透明窗口。常用来观察贮液器的液位和曲轴箱中的油位。大型压缩机的曲轴箱上有时安装上、下两个观察镜,可以分别观察低限和高限油位。

　　(3)制冷剂含水量观察镜(水分指示器)　安装在制冷剂液管上,用于观察氟里昂制冷剂中的含水量。结构如图 3.26 所示。它是在液流观察镜的中心装入一个水分指示器。水分指示器是一个纸芯。纸芯在一定的金属盐溶液中浸过,金属盐与制冷剂中的水分相遇发生化学反应,其水化物视含水量的不同而呈现出不同的颜色。观察镜的外环上有比色带,给出各种颜色所代表的含水程度,将纸芯的颜色与比色带的颜色比较,就可知道系统中的含水是否在许可的范围内。

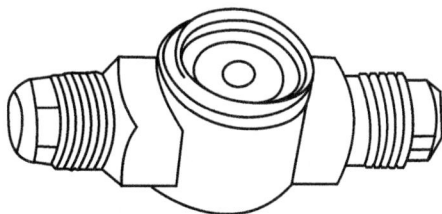

图 3.26　水分指示器

表 3.10 和表 3.11 示出一些型号的水分指示器的颜色及其相应的含水量（$\times 10^{-6}$）。

表 3.10　DANFOSS 水分指示器的颜色与及其相应的含水量（$\times 10^{-6}$）

型号	制冷剂	25℃			43℃		
		绿/干	中间色	黄/湿	绿/干	中间色	黄/湿
SGN/ SGRN	R22	<30	30—120	>120	<50	50—200	>200
	R134a	<30	30—100	>100	<45	45—170	>170
	R404A	<20	20—70	>70	<25	25—100	>100
	R407C	<30	30—140	>140	<60	60—225	>225
	R507	<15	15—60	>60	<30	30—110	>110
SGI	R22	<150	150—300	>300	<250	250—500	>500

表 3.11　ALCO 水分指示器（MIA 系列）的颜色与及其相应的含水量（$\times 10^{-6}$）

制冷剂	液体温度/℃	兰色/干	紫色	深红/警示	红色/警示-湿
R22	25	25	40	80	145
	38	35	65	130	205
	52	50	90	185	290
R404A/R507	25	15	33	60	120
	38	25	50	110	150
	52	45	60	140	180
R134a	25	20	35	90	130
	38	35	55	120	160
	52	50	85	150	190
R407C	25	26	42	94	151
	38	40	68	144	232
	52	64	109	230	371
R410A	25	30	50	110	165
	38	55	85	190	290
	52	75	120	270	420

其中，"干"所示的含水量，可以确保防止水分的有害作用；中间的过渡色给出提醒注意；如果颜色变为"/湿"，就须立即更换干燥剂。

水分观察镜在选择使用时应考虑：制冷剂的种类，制冷剂的水溶解度及要求示警信号的含水量水准。HFC 类制冷剂（如 R134a，R404A，R407C 等）用的聚酯油（polyester），与水发生水解反应会生成酸和醇。通常推荐的水分含量在 $30\sim75\times10^{-6}$ 之间。全封闭压缩机的制冷系统只允许很低的含水量；半封闭及其它压缩机的制冷系统允许含水量高一些。

第4章 制冷系统中各设备的控制

4.1 蒸发器除霜和除霜控制

冷却空气的蒸发器当壁面温度低于 0℃ 时,空气中的水分将在外表面析出并结成霜。结霜初期,蒸发器传热系数有所提高,但随着制冷的进行,霜层厚度逐渐增加,不仅造成很大的管壁附加热阻(霜层阻约是钢管热阻的 90～450 倍,视厚度而不同),而且使管外空气通道变狭窄,妨碍对流,增大空气的流动阻力,结果是蒸发器能力大幅度下降,风机功耗增加,工作状况恶化。有实测表明,在 −18℃ 的冷库内工作的蒸发器,若传热温差为 10℃,运行一个月后,由于结霜会使传热系数下降 30% 左右。为了消除上述不良影响,蒸发器必须定期除霜。

除霜方式有自然除霜和加热除霜两种情况。加热除霜按热源的不同又有电热除霜、液体冲霜和热气除霜。

除霜控制在于:在适当时刻发出开始除霜指令,并执行一定的操作,使系统从制冷状态转入除霜状态;除霜进行一段时间后,又在适当的时刻发出终止除霜指令,并执行一定的操作,使系统从除霜状态回到制冷状态。

由于除霜时蒸发器不仅不制冷,还要额外吸收热量,因而运行能耗增加,还影响库房温度。所以,最理想的控制应根据霜层厚度决定除霜开始时刻,霜一旦除尽,立即停止除霜。但这两个信号很难直接取得,或者虽能间接取得,但从控制器工作稳定可靠的角度出发,最多采用的是定时控制,或者定时-温度控制。

微压差控制器可以根据冷风机表面结霜厚度给出开始霜和终止除霜的指令。道理是:空气吹过翅片管蒸发器时的阻力与蒸发器表面层厚度有关。所以,检测冷风机进出口微压差的变化,在霜层厚度所对应的某压差值时发出开始除霜指令;化霜过程中压差逐渐降低,低到某指定的值时,给出终止除霜看指令。相应的微压差控制器,例如,P233A-4-AKC 型设定范围:5～40 kPa;P233A-10-AKC 型设定范围 14～100 kPa。

用除霜定时器可以根据装置结霜的具体情况预先设定装置每运行多长时间开始除霜和每次除霜的持续时间。工作时,除霜定时控制器按设定的时间间隔发出开始除霜的指令;又在除霜经历了设定的持续时间后发出终止除霜的指令。

由于预设的除霜持续时间很难与运行中实际结霜情况很好吻合,因此可以在定时控制的基础上再插入温控终止的功能,温控器接受蒸发器壁面温度信号,该温度在 0℃ 以上时(说明霜已化尽),给出终止除霜的指令。温控终止的好处在于:结霜不多时可以提前终止除霜,避免不必要地持续过久,既造成能量浪费,又使蒸发压力过高。定时控制器的定时终止功能仍然具备,又可以避免万一温控失灵除霜不能终止。

用于商业制冷装置(如大型冰箱、冷藏、冷冻等制冷设备)的除霜定时控制器,有两个时间设定盘。外盘设定相邻两次除霜的时间间隔或每天的除霜次数,内盘设定除霜持续时间。例如:SB 3.82 型除霜定时器每天除霜次数:1~12 次,可调整;除霜持续时间:2~60 min,可调整;还有附加功能:延时 3.5 min±25 s 风扇开;接点方式:16 A,SPDT;电源:220 V/50 Hz。

工业制冷用的大型氨冷库,采用除霜程序控制器,完成热气除霜+水冲霜的整个控制过程。

4.1.1　自然除霜(停机除霜)

在温度不低于约 5℃ 的冷库中,可以采用自然除霜方式。它是在除霜时,令压缩机停机,使蒸发器的制冷作用停止一段时间,这期间风机仍继续运行,靠吹过蒸发器的库内空气的热焓将表面霜层化掉。停机持续时间(即除霜持续时间)应足以保证蒸发器温度回升到 0℃ 以上。

自然除霜可以这样控制,用房间温控器控制蒸发器的供液和回气电磁阀,用低压控制器控制压缩机启、停。当库温达到设定值时,温控器切断供液和回气电磁阀,吸气压力很快降到停机控制值,低压控制器使压缩机停止工作。如果将低压控制器的接通压力设定在 0℃ 对应的制冷剂饱和压力值以上,那么到下次开机时,蒸发器已完成自然除霜。某些商业制冷装置如开式肉类陈列柜中常采用此法除霜。

自然除霜中的化霜热取自冷间空气的热焓,霜融化后的水份又重新被吹回冷间。所以在要求维持冷间低湿的场合不宜使用。也不宜用在冷间温度的设计值低于或者接近 0℃ 的场合。否则无法化霜,或者使除霜持续时间过长。

4.1.2　电加热除霜

电热除霜是用电加热提供化霜热,多用在翅片管式冷风机上,适合小于型制冷装置或单个库房,电热元件附在翅片上。为了防止融化后霜水在排出库房之前再结冰,还必须在接水盘和排水管上缠绕带状加热器,融化后的霜水应及时排到库外。电热除霜具有系统简单、除霜完全、实现控制简单的优点,在小型装置上广泛采用。但缺点是耗电多,不宜在大型装置上采用。

电热除霜可以手动控制也可以用除霜定时器自动控制。控制程序为:除霜定时器发出除霜开始指令后,供液电磁阀关闭、压缩机停;电加热接通开始除霜,盘管温度逐渐升高;温控器在盘管表面温度升高屋 0℃ 以上的某一值(由温控器设定)时,发出停止除霜指令。于是,电加热器断电,供液电磁阀开启,吸气压力上升,压缩机启动开始制冷;盘管温度逐渐下降,降到 0℃ 左右时,温控器控制风机启动,转入正常制冷运行。需注意,除霜终止后在盘管温度未降到 0℃ 以前,不应启动风机。这里用温控器使风机延时启动,这个时间滞后是必要的,因为除霜刚一结束蒸发器尚冷不下来,若风机马上启动将暖气吹入室内,室内压力变得高于大气压,有时会打开隔热门造成冷量外漏,破坏房间隔热。

4.1.3　液体冲霜

液体冲霜是利用较暖液体的热焓使霜化掉并冲落。直接将水或者不冻液(例如盐水、乙二醇水溶液等)喷洒在蒸发盘管上化霜。蒸发温度在 −40℃ 以上的翅片盘管都可以用水喷洒;低于 −40℃ 的场合则要用不冻液喷洒。

液体冲霜的基本控制过程为:关闭供液管,待蒸发器中抽空后,压缩机停;关闭蒸发器风机(以免喷水时将水吹到冷房空间。如果蒸发器带有百叶风栅,应将风栅关闭,使蒸发器与冷房空间隔离开,免得冷房中成雾);接通冲霜水阀,开始淋水,直至霜层除去,停止喷水(喷水时间一般为 4~6 min)。排水过程持续 1~2 min 后,接通风机、启动压缩机,接通供液和回气阀,使装置恢复到制冷状态。

喷水除霜的水温要求为:最高 24℃;最低 4℃。不允许超过 24℃ 的水进入蒸发器;低于 4℃ 的水需加热后使用。冲霜水量可参考表 4.1 中给出的数据。

表 4.1　喷水冲霜所需水量

蒸发器	制冷量/kW					
	3.5	5.25	7	10.5	14	21
R22,R717 直接膨胀式	40	60	70	80	95	120
R717 满液式			100		140	150

为了防止排水管结冰,蒸发器应尽量靠近外墙安装,排水管口径应足够大,以便将水迅速排出。表 4.2 示出排水管径的参考值。

表 4.2　排水管径

给水量/L·min^{-1}	30	60	100	160	240
排水管径 D_n/mm	40	50	65	80	100

用盐水或其它不冻液冲霜时,要能保证冲霜液返回贮液槽并循环使用。融化了的霜水使盐溶液浓度降低,还应设沸腾装置使盐水重新浓缩。

4.1.4　热气除霜

热气除霜是除霜时将压缩机排气通入蒸发器,利用排气的热量使其外壁的霜融化。在有些情况下所利用的只是热气过热部分的显热,更多的情况是热气在蒸发器中凝结,利用它的显热和潜热。热气除霜与以上除霜方式不同的是热量来自循环系统内部,所以要引起系统布置上的变化。采用热气除霜的系统可以有多种不同的布置方式。

(1)用再蒸发盘管的热气除霜系统　如图 4.1 所示。再蒸发器接在压缩机吸气侧。制冷运行时,吸气管电磁阀打开,将再蒸发盘管旁通掉,以免吸气压降过大。蒸发器一般每 3~6 h 除霜一次。用除霜时间控制器(除霜定时器)控制自动除霜。定时器在指定的时间接通除霜;关闭吸气管电磁阀,风机停,打开热气电磁阀,再蒸发盘管风机启动。除霜期间,排入蒸发器的制冷剂热气在其中冷凝,凝液经减压阀膨胀后到再蒸发器中蒸发,产生的蒸气被压缩机吸入。除霜结束时,在定时器(或者温控器)控制下使系统返回制冷循环;热气电磁阀关闭,吸气电磁阀打开,再蒸发器的风机停止,蒸发器风机延时启动。

(2)一台压缩机配多台蒸发器的热气除霜系统　对于这类系统,可以安排蒸发器逐台除霜。系统布置如图 4.2 所示。图中的箭头示出当蒸发器Ⅲ除霜时的流程。

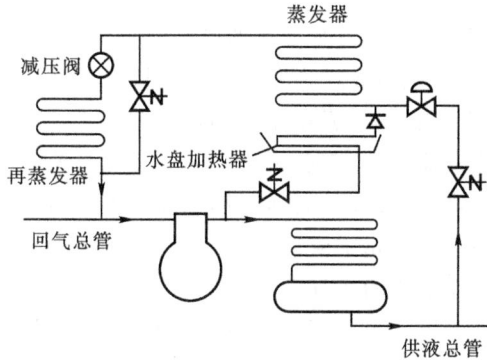

图 4.1　采用再蒸发器的热气除霜系统

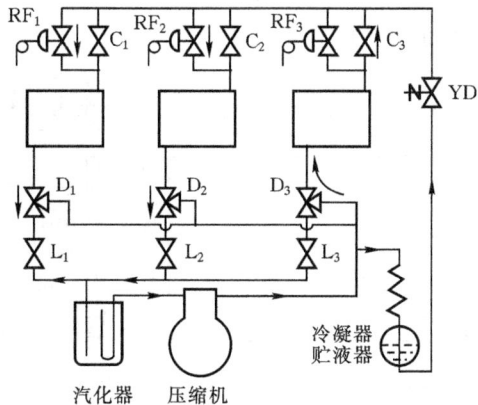

图 4.2　一台压缩机配多个蒸发器的热气除霜系统
C—止回阀;D—三通阀;L—蒸发压力调节阀;
RF—热力膨胀阀;YD—液管电磁阀

每台蒸发器出口处安装一只三通电磁阀,并在各热力膨胀上旁接一只止回阀。

蒸发器制冷与除霜作用的切换由三通电磁阀完成。

　　这种除霜方式在超级市场冷陈列柜的制冷系统中较多使用。需要注意的是，每次除霜的蒸发器能力不得超过压缩机总制冷能力的 1/3，否则不能为排气提供足够的工质吸入量，也就不能保证提供足够的热量有效除霜。

　　(3)逆循环的热气除霜系统　如图 4.3所示。这是灵活运用热泵逆循环的除霜方式。利用四通换向阀，除霜时热气排入蒸发器，而冷凝器作再蒸发器使用。此法除霜要求在冷凝器后安装定压膨胀阀，用以控制进入再蒸发器的冷剂流量。

　　(4)氨满液式蒸发器的热气除霜　大型工业制冷中，蒸发器采用热气除霜。某个蒸发器要除霜时，将热气引入，热气在其中排热凝结后，液体返回到排液桶。在这种热气除霜中应注意：①热气管应当从

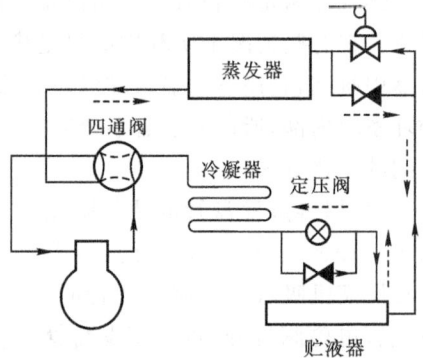

图 4.3　逆循环除霜系统

紧靠压缩机的排气管段的上部引出。在热气管上要安装截止阀、过滤器和电磁阀。热气管尺寸应适当。②冷库落地式蒸发器中，接水盘的排水管要有1/25以上的下斜坡度，将水引入库外的集水箱中。集水箱上部必须紧靠地面，以免排水倒流。排水管不必隔热。③除霜开始后，冷凝压力下降，应采取措施不使冷凝压力低于 15～18℃所对应的饱和值。

　　为了保证除霜进行中有足够的压力，可以采用恒压调节阀或溢流阀。

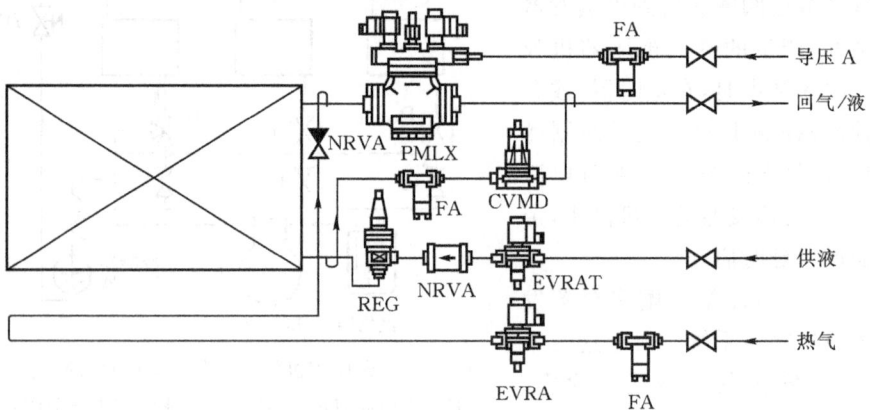

图 4.4　采用泵循环的氨满液式蒸发器热气除霜的管系

NRVA—止回阀；REG—手动调节阀；EVRA，EVRAT—电磁阀；

FA—过滤器；PMLX—两步开启的电磁主阀

图 4.4 是采用泵循环的氨满液式蒸发器的低压侧的系统,图中的 CVMD 是恒压调节阀,它的压力范围 0～0.7 MPa。热气进入蒸发器后,只有当蒸发器中的压力达到 CVMD 设定的压力值时,CVMD 才能打开,开始回流。

图 4.5 是溢流阀控制热气除霜压力的应用。其中 OFV 是直角溢流阀,它具有可调整的打开压力,压差(Δp)范围 0.2～0.8 MPa。

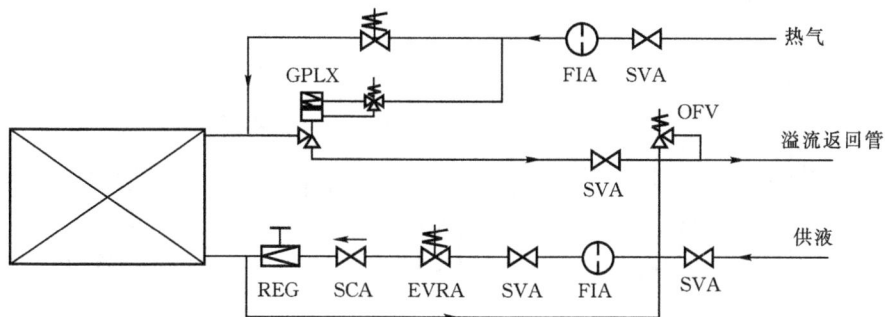

图 4.5　溢流阀控制热气除霜压力的应用

GPLX—气动两步开启的常闭电磁阀;REG—手动调节阀;

OFV—溢流阀;SVA—截止阀;SCA—止回阀;FIA—过滤器

利用溢流阀(或者用恒压调节阀)通过阀的打开压力设定,保证除霜压力/温度在所要求的范围,如图 4.6 所示。Δp_r 是溢流阀 OFV 的打开设定压差,它间接决定除霜压力,OFV 在高于 Δp_r 的压力区间工作。Δp_1 是阀打开后调节过程的压力差,图中阴影区便是除霜/温度的控制范围。

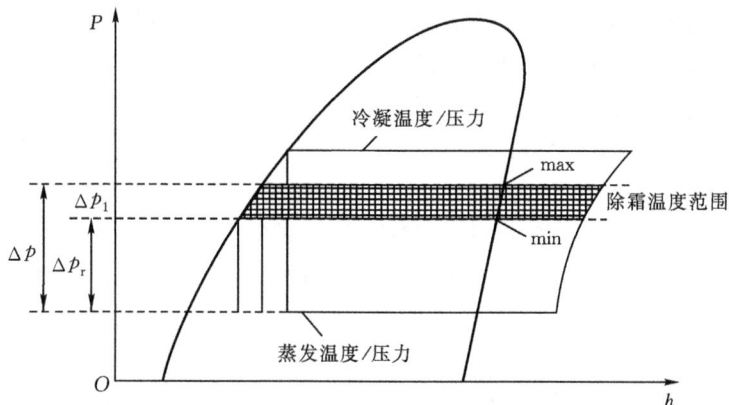

图 4.6　除霜压力/温度的控制范围

(5)采用特殊差压阀的热气除霜　为了迅速完成除霜过程,可以在热气除霜中考虑使用一种特殊差压阀。系统布置如图 4.7 所示。差压阀安装在排气管上,它的作用是:在除霜过程中产生比冷凝压力更高排压的热气,送往蒸发器去除霜。

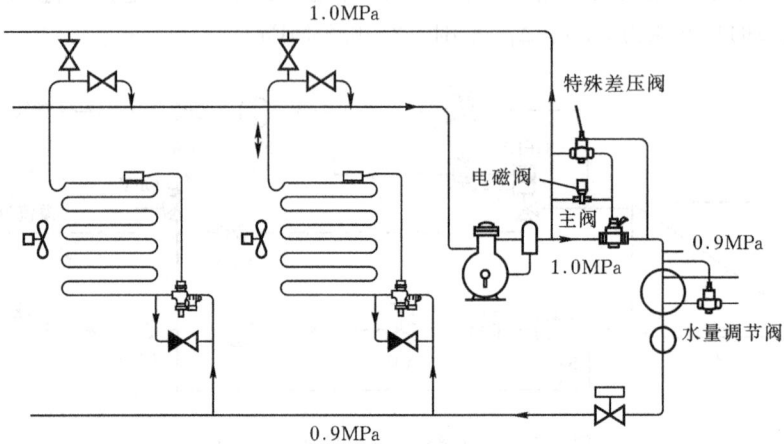

图 4.7　采用特殊差压阀控制的热气除霜系统

我们知道,对于泵供液的制冷系统,由于主液管中流动的是低压液体,所以只要热气管配置合理,在除霜时蒸发器中产生的积液就可以迅速地返回到主液管,除霜可以很快完成。但是对于采用干式蒸发器的制冷系统,主液管中的压力与热气管压力相同,因此,热气只能在蒸发器中凝结,并且积存。蒸发器积液将延长除霜需要的时间,迅速除霜的关键是将积液及时从蒸发器排出。使用差压阀能够在除霜时造成压缩机排气压力高于冷凝器压力,很方便地将蒸发器中的凝液压到主液管中。由于蒸发器被腾空了,除霜过程可以在很短时间内完成。另一个好处是:由于液体被直接送入系统的高压侧,也就不需要设置除霜用的排液桶了。

这种除霜方式在较大型装置中使用时,通常采用主阀、电磁阀和差压阀组合的方式产生除霜所需的高压气体,见图 4.7。电磁阀与差压阀并联在主阀的控制引管上,除霜定时器控制电磁阀动作。除霜时,电磁阀关闭,在差压阀控制下产生高压气。制冷时,电磁阀打开,在电磁阀控制下,排气压力与冷凝器压力相同。差压阀与普通定压阀不同:它的阀体上有管接头,从冷凝器把压力引到差压阀膜片的上部,膜片下部是压缩机排气压力,差压阀在这两个压力差的作用下启、闭。压差高于弹簧设定值时开启。反之,压差达不到设定值时,差压阀关闭,主阀打不开。所以在除霜时,产生高于冷凝压力的热气送往蒸发器。冷凝压力下降时,排气压力也随之下降,会影响除霜速度,可以用水量调节阀保持冷凝压力稳定。此法适用于具有 3 台以上同样容量蒸发器的系统逐台除霜。一台压缩机配一台蒸发器的系统,由于除霜时冷凝压力下跌太多,热气除霜无法进行。

4.2　强制循环供液的控制

强制循环供液的特点是:向蒸发器的供液量数倍于液体在其中的蒸发量。因而,蒸发器内壁全部被制冷剂液体润湿,能够最大限度地利用传热面积。此外,由于盘管内不断有多余的液态制冷剂流出,冲洗并带走妨碍传热的润滑油。这两者都起到增强传热的作用,使蒸发器发挥其最大制冷能力。

强制循环可以采取高压气供液和泵供液两种方式。

4.2.1　用高压气循环供液的控制

图 4.8 示出氨单级压缩制冷中采用高压氨气强制循环供液的系统。用手动膨胀阀 1 或高压浮子阀将来自高压侧(冷凝器)的液体送入低压贮液器。因为高压浮子阀是比例型调节阀,可以保证供液连续、平稳。再用手膨胀阀 2 从低压贮液器向蒸发器输液。为了使蒸发器工作稳定,需要维持恒定的供液压力,用压力调节阀保持低压贮液器中压力恒定。

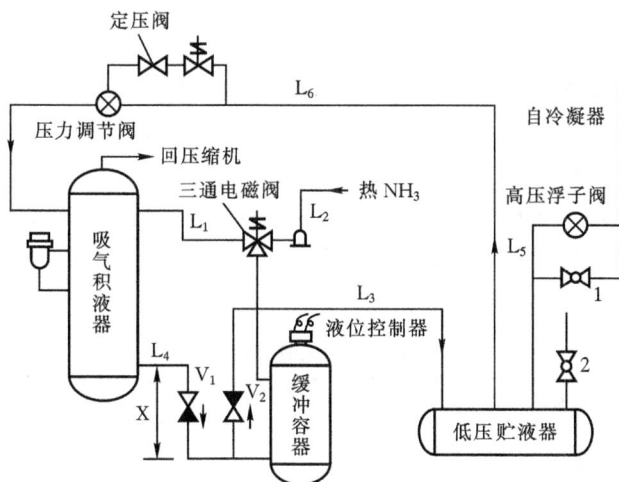

图 4.8　用高压气供液循的系统

在吸气管上安装集液器(即气液分离器),用于分离掉蒸发器回气中夹带的过量氨液。气、液分离后,蒸气返回压缩机,液体在分离器中积存,要将该积液重新引回到低压贮液器。氨液回流装置由单向阀 V_1、V_2,三通电磁阀,均压管 L_1,高压气管 L_2,回液管 L_3 和缓冲容器组成。三通电磁阀断电时,吸气积液器与缓冲容器接通,二者压力平衡。积液在重力作用下,通过单向阀 V_1 流入缓冲容器。待缓冲容器中液体积满时,液位控制器使三通电磁阀和定时器通电。三通电磁阀切断缓冲容器与吸气积液器的连系,同时将高压氨气引入缓冲容器,使容器内变为高压,于是将缓冲容器的液体压入低压贮液器(这时,单向阀 V_1 逆止,单向阀 V_2 允许氨液流过,经由管 L_3 回液)。定时器控制三通电磁阀的通电时间,该时间按缓冲容器中液体排空所需要的时间设定。定时器的时限一到,三通电磁阀恢复原位,吸气积液器与缓冲容器再次连通、均压。这时后者已腾空,又可以容纳来自吸气积液器的氨液。

应当按照装置的最大制冷能力来选择上述控制系统中所用的设备,控制件和配管尺寸。这类装置在设计中要注意几点。

(1)吸气积液器的大小直接影响气、液分离效果。热气除霜时,从蒸发器突然返回的液体也要在这里积存,所以在确定尺寸时应考虑到这部分液体的容纳空间。吸气积液器的型式无论采用立式还是卧式均可。卧式设两个进气口,以便能够很好地进行气液分离。不管采用哪种型式的吸气积液器都应设积油包。积油包最好为分离型,这样将二者之间的手动截止阀关闭后,即使在机器运转中也可以任意排油。

(2)送往蒸发器的氨液压力在 0.35 MPa 以下时,应在吸气积液器中设液体过冷盘管,使氨液过冷后再送住蒸发器。根据经验,过冷盘管的传热面积按每 1 kW 制冷量 0.008 m^2 配备。

(3)氨气供液再循环方式中,进入蒸发器的液量大约为蒸发量的 2～3 倍。所以,系统中的液管尺寸比普通系统的液管尺寸大。表 4.3 示出氨液管能力参考值,可供设计选择。

表 4.3　氨液管能力　　　　　　　　　kW

公称直径/mm		15	20	25	32	40	50	65
氨液循	3	40	74	124	228	308	580	841
环倍率	2	60	114	188	340	451	870	1254

图 4.9 是两级压缩系统中氨气供液循环的示例。

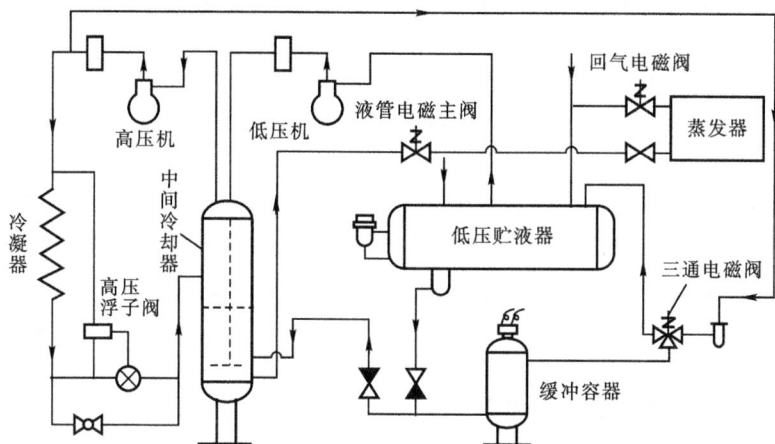

图 4.9 两级压缩系统中氨气供液循环示例

4.2.2 用泵循环供液的控制

图 4.10 示出泵供液的循环方式。用低扬程的氨液泵从低压循环液桶向蒸发器输送氨液。低压循环液桶下部起贮液的作用,上部起气液分离作用。

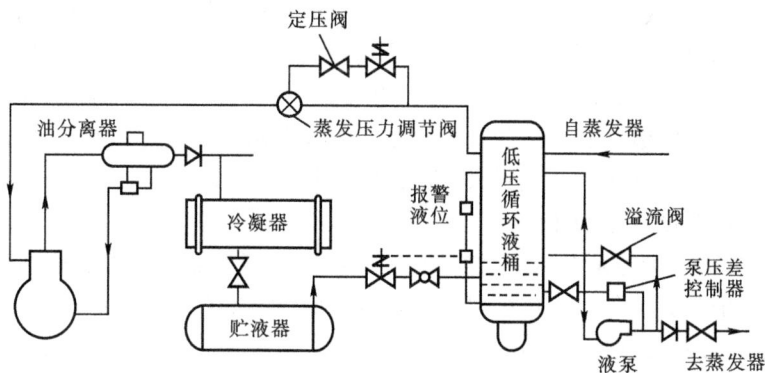

图 4.10 氨泵供液循环的示例

泵供液循环系统的设计要点:

(1)氨泵的流量　循环倍率通常取 3,故氨泵的流量为氨液蒸发量的 3 倍。

(2)氨泵的进出口压差　单层库要求泵的进出口压差为 0.14 MPa,可以按该压差时的流量选择氨泵。库房比较高时,泵的扬程应大一些。

　　(3)低压循环贮液器　低压循环贮液器的内容积应足够大,除要容纳最大负荷变动产生的大量回液外,还应在上部留出气液分离的足够空间。

　　(4)允许的管道阻力　从氨泵排出的液氨处于过冷状态,管内阻力降的许可值在大约 0.034 MPa 以下。为了避免液管内出现闪发蒸气,液管应尽可能短,并且要隔热。

　　(5)溢流阀　当一些库房温度降到指定值或者在除霜时,液管电磁阀关闭。为了不致由此引起泵的排出管内压力异常升高,在泵的排出管与低循环贮液器之间设旁通控制,旁通管上安装溢流阀,通常溢流阀打开的设定压力大约为 0.27 MPa 左右。

4.3　气液分离器的控制

　　任何制冷装置中都要确保制冷剂液体不得被压缩机吸入。为此要在吸气进入压缩机之前采取措施,将其中可能夹带的液体分离掉。

4.3.1　氟里昂系统的气液分离

　　一般的氟制冷系统中,由于膨胀阀动作不良或者选配不当,或者装置的负荷剧烈变化等原因,会造成周期的吸气带液。当带液量不多时,对压缩机尚不致产生大危害。但在热泵或逆循环热气除霜的系统中,即便精心设计,也会出现周期性大量回液的问题。比如,热泵型空调机在制冷运行时,室外盘管起冷凝作用,凝液在其中积存;转入制热运行时,室外盘管变为蒸发器,积在其中的液态制冷剂会大量进入吸气管。此外,装在它上面的热力膨胀阀温包在制冷时被加热到较高温度,转入制热运行时,一开始阀的开度很大,也会造成回气中大量带液。这种情况要持续到温包变冷、阀开度变小为止。

　　最好的防止措施是在压缩机前设集液包,使自蒸发器返回的制冷剂先在此气液分离,保证只让蒸气引入压缩机,液态制冷剂和油积存在集液包中。

　　处理积液和油和方法有:

　　(1)用手动节流阀每次少量将制冷剂液体和油输入吸气管,液态制冷剂在回热器(气液热交换器)中完全气化,与油一道随回气进入压缩机。

　　(2)使液体在集液包中完全气化,残存的油自动返回压缩机。

　　用回热器处理回气带液的方法如图 4.11 所示。蒸发器回气中夹带的液体制冷剂在回热器中气化,同时使油节流一点点引入吸气管。由于集液包的容积有限,此法不宜在热泵装置或热气除霜的装置中使用。

　　图 4.12 是用气液分离器处理回气带液的示例。此法常用于 R22 热泵装置

中。气液分离器的容积大,能有效地分离掉液体。在气液分离器的下部排液管上设截止阀、过滤器、手动节流阀、液流观察镜。在逆循环时,用手动节流阀将全部积液送到回热器前的吸气管中,制冷剂液体在回热器中气化,油仍以液态进入吸气管,返回压缩机。

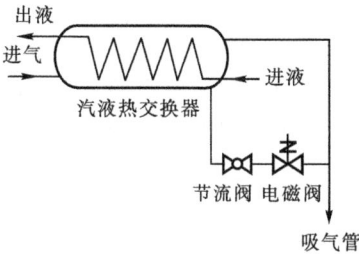

图 4.11　用气液热交换器处理吸气带液

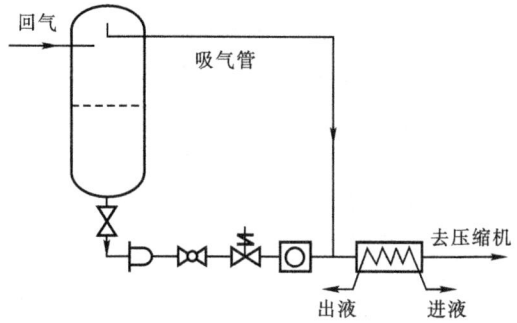

图 4.12　用气液分离器处理回气带液

还可以在吸气管端部设集液包,用以防止制冷剂液体进入气缸,并分离出回气中的杂质微粒等异物,如图 4.13(a)所示。从回气干管的下部沿切线方向向上引吸气管与压缩机连接。端部集液包内一部分制冷剂液体气化,回压缩机。残存的液态制冷剂和油用手动节流阀每次少量引回压缩机。按图 4.13(b)那样从端部集液包向每台压缩机回液。回流管上设过滤器 1,电磁阀 2,单向阀 3,观察镜 4 和手动节流阀 5。电磁阀与压缩机连动,压缩机停止时,电磁阀切断回流管,防止液体和油流入压缩机。

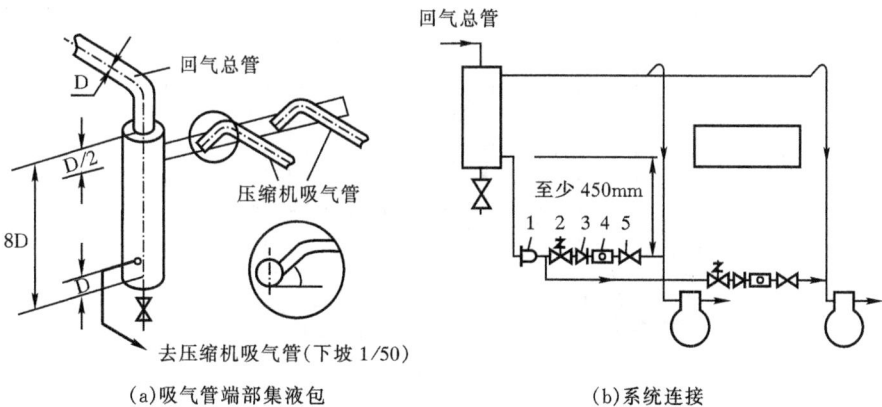

(a)吸气管端部集液包

(b)系统连接

图 4.13　用吸气管端部集液包处理吸气带液

　　从端部集液包和满液式蒸发器两处回油的系统,要注意管道设计合理。当机房很高时,可以如图4.14(a)那样布置。来自集液包和蒸发器的油先进入油蒸馏器,使混在其中的制冷剂液体汽化返回端部集液包,再经上部的吸气管回压缩机。油从油蒸馏器下部引到吸气管下部进入压缩机。油蒸馏器比吸气管上的回油部位至少应高出450 mm。满液式蒸发器比油蒸馏器至少应高出900 mm,靠高度差回油。若机房不够高,无法提供足够的高度尺寸满足上述布置的要求,则须设置一个集油器,按图4.14(b)示出的那样布置。在油蒸馏器上设液位控制器和高压蒸气配管。油积满时,液位控制器使电磁阀a、b、c关闭,电磁阀d打开,高压气引入油蒸馏器,把油压入集油器。集油器上设自动调压阀,将集油器内压力调节得比曲轴箱压力高大约0.07 MPa。在这个压差作用下,输油浮子阀根据曲箱轴内油位的变化自动调节回油量。

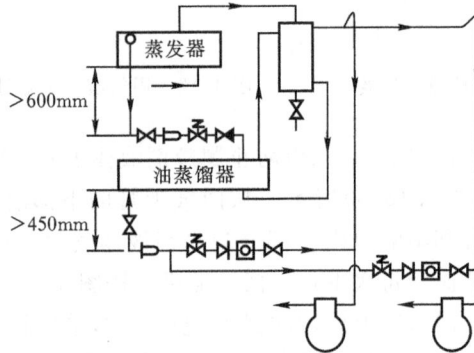

(a)机房较高时

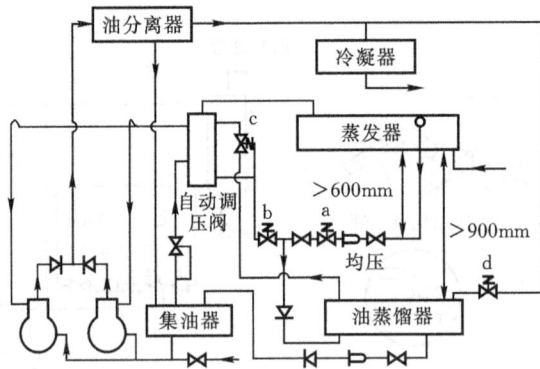

(b)机房不够高时

图4.14　满液式蒸发器的回油系统布置

4.3.2　氨系统的气液分离

配多台蒸发器的氨制冷装置,必须在压缩机前设气液分离器,再用泵或其它回液装置将分离出的氨液送回贮液器。有的分离器中设加热盘管。盘管中通入高压氨气或氨液,通过加热使分离器中的积液气化。氨用气液分离器有立式和卧式。立式分离器的内部横截面积不变,氨气在其中的流速与积液高度无关。而卧式分离器中,液位上升时,氨气的通过面积变小,流速提高,分离效果变差,有可能将液体随氨气一道吸入压缩机。

(1)立式气液分离器的控制　氨立式气液分离器的控制如图 4.15 所示。用高扬程液泵把气液分离器中的氨液送回高压贮液器。分离器设三个液位控制器:高位报警、中位控制氨泵启动、低位控制氨泵停止。在氨泵的排出管上设两个单向阀,防止停泵时氨液或气倒流回氨泵。从分离器进入泵的氨液极容易气化。因此必须考虑泵入口管道的阻力和泵的吸入净高度,据此确定从分离器出口到泵入口之间的高度落差。在氨泵入口处还应设排气管,使进口氨液中可能

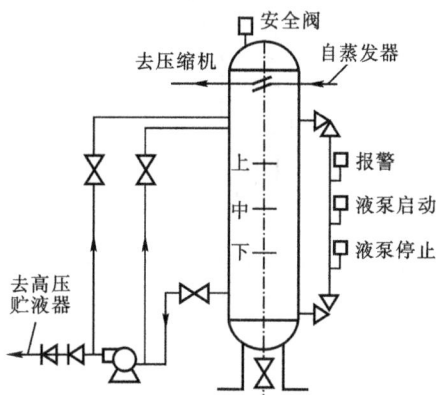

图 4.15　立式氨气液分离器及氨泵回液控制

产生的气泡排到分离器上部(气相)。停泵期间,泵出口与单向阀之间也常常积存气泡,所以也应安装排气管。

立式分离器中液位异常高时,液位控制器使压缩机保护性停车。这时应查明原因、排除故障后再启动。但作为应急措施,最好设计成使得压缩机群中有一台停机对整个系统吸气压力的影响(使上升)不超过 0.05 MPa。有时,即使在无故障情况下分离中液位也会过高,这通常是由于氨泵排量不足或者分离器容积太小之故。

气液分离器的直径应当尽量大一些,使垂直方向气体流速足够低。控制液位到气体出口之间的高度差不宜过小,以保证有足够的气液分离时间和空间,这两点对于气液充分分离是必要的。在决定分离器尺寸时,必须正确计算存液容积。计算中应顾及到①由于负荷变化,从蒸发器返回的液量;②由于蒸发器除霜引起的回液量;③由于膨胀阀动作不良引起的回液量;④返回气液分离器的液量与从它排出的液量之比。

(2)带加热盘管的立式气液分离器的控制　如果蒸发器回气带液不多,或者能够予计出可能的回气带液量时,可以采用带有加热盘管的立式分离器。这种分

离器的结构和控制如图 4.16 所示。来自高压贮液器的氨液从分离器中的加热盘管内通过。加热使分离器中的氨液蒸发,同时高压液体过冷。设高限液位报警。当分离器的液面超高时,液位控制器报警,同时控制压缩机停车。

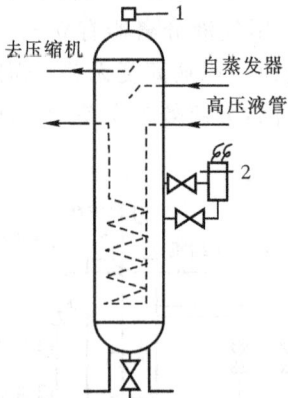

图 4.16　带加热盘管的立式气液分离器的控制
1—安全阀;2—液位控制器(报警用)

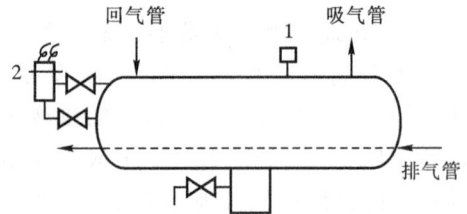

图 4.17　卧式气液分离器的控制
1—安全阀;2—液位开关(报警服)

(3)卧式气液分离器的控制　图 4.17 所示的是一种装有热氨气加热盘管的卧式气液分离器。许多满液式氨蒸发器本身就带有不同形状的缓冲包,在只有 2～3 台这类蒸发器的装置中使用上述卧式气液分离器最为适宜。其特点是:蒸发器回气中的大部分液体先在缓冲包中分离掉了,进入卧式分离器的气体中带液量很少。这些少量液体经加热盘管的作用可以全部气化,因而分离器中不积存液体。加热盘管中通入的是高温热氨蒸气,因传热温差大,使盘管只需很小的传热面积,能够保证吸气温度不超过 3℃,而且热氨气在盘管内也不致于发生凝结。

4.4　冷冻油系统的控制

制冷压缩机靠来自压缩机曲轴(或来自压缩机壳)的冷冻油润滑。压缩机排气中挟带着雾状的油,这些油将在整个系统中循环。少量油在系统中循环对系统特性无大影响,而且还是必须的(热力膨胀阀的阀杆填片、电磁阀和调节阀的密封件、O 型圈等均需润滑;球阀、截止阀的使用寿命可能因无油润滑而缩短)。但若太多了,将对系统性能和部件的工作造成不利影响:循环的油使系统有效制冷能力下降;蒸发器、冷凝器和其它热交换器会因表面有油膜附着而使传热效率下降;膨胀阀,分液器,电磁阀和控制装置中的积油导致这些部件失效;囤积在管路中的油可能因工况变化导致的制冷剂流速突然加快而大量回到压缩机中并导致液击;油若在系统滞留而不能顺利返回压缩机的话,则压缩机内润滑油逐渐缺失,长期润滑不良造成轴承故障和压缩机过度磨损,最终导致压缩机损坏。尤其是在低温装置中,由于油变得粘稠,流动困难,容易积存在系统中,所以回油非常关键。

为此,需要有一套冷冻油系统,来保证:①在系统中循环的油量不太多;②油能够正常返回压缩机。油系统部件有:油分离器、集油器、油过滤器、和油位控制器。

4.4.1 氟里昂制冷装置的油系统

在大多数情况下氟里昂系统只要管道设计合理,即使不设油分离器也能解决回油问题。下述场合需考虑用油分离器。

(1)压缩机停期间,制冷剂有可能进入曲轴箱并与油互容的场合,这种情况下设油分离器。它作用的发挥主要在压缩机启动阶段:压缩机刚一启动,曲轴箱内压力迅速下降,溶解在油里的制冷剂剧烈沸腾,使油液呈泡浅水沫翻腾状,油位上窜。泡沫夹带大量的油进入气缸并随排气一道进入油分离器。在这里大部分油被分离掉,再从油分离器下部引回压缩机。如果没有油分离器,油经过冷凝器、贮液器等进入蒸发器,那么再让它返回曲轴箱就不容易了,会造成曲轴箱严重失油。通常为了防止上述现象,必须在压缩机停用之前,采取抽空或排出的控制方法,除去曲轴箱中的制冷剂。同时在曲轴箱内设加热器,使曲轴箱油中溶解的制冷剂尽可能少。

(2)采用满液式蒸发器的制冷装置。制冷剂在满液式蒸发器中保持一定的自由液面,进入这里的油无法连同吸气一道返回压缩机,需要在排气管上设油分离器。排气中夹带的油大部分在油分离器被分离掉,少量进入系统,那么必须从蒸发器引回的油量就很少了。蒸发器中的积油用回油管引回压缩机。对于负荷变动大的蒸发器和低温蒸发器,采用油分离器尤其必要。一般的冷库装置,若负荷变化较小,则不大使用油分离器。

(3)并联多路盘管为了使各路分液均匀采用下供液方式的蒸发器。这种情况下,油要从蒸发器的进口集管流回吸气管,如果安装了油分离器,从蒸发器的回油量可以大大减少。

(4)多联机的制冷装置。

1.单台压缩机的油处理系统

基本的油分离和回油控制如图 4.18 所示。从压缩机排出制冷剂蒸气与油雾的混合物先进入油分离器,降低流速。经过入口滤筛,细小的油粒聚集形成大油珠落到油分离器底部,制冷剂气继续通过出口滤筛时,进一步将残余的小油粒除去。油分离器底部的油积存到一定高度时,浮子操纵针阀开启,让油返回压缩机。由于油分离器中的压力高于曲轴箱中的压力,所以回油很快。油位下降后,针阀复位(关闭),阻止制冷剂气体返回压缩机。分离掉油的高压制冷剂气体从油分离器出口进入冷凝器。

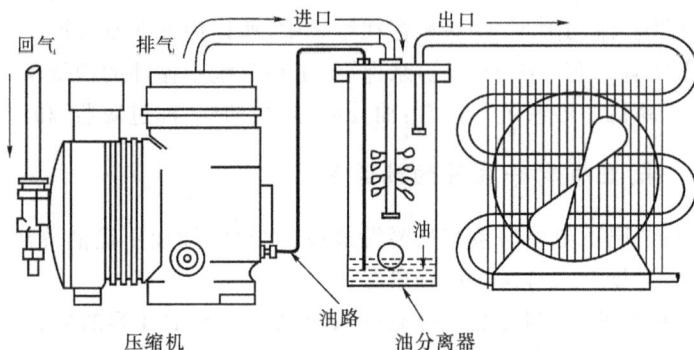

图 4.18　基本的油分离的和回油控制

2. 采用多联机的制冷装置的油处理系统

所谓多联机的制冷装置,即装置中的主机为多台压缩机并联,它们的吸气管和排气管分别并联到一根吸气集管和一根排气集管。对于这种配置的系统,需要确保每台压缩机都能够回油,而且各压缩机回油均衡。回油控制方法是:每台压缩机用一个油位控制器,根据压缩机中的油位高度控制回油量。其油系统如图 4.19 所示。图(a)为传统的低压回油系统,其回油压力等于或稍高于制冷系统的低压侧压力。图(b)为较新设计的高压回油系统,其回油压力为制冷系统的高压侧压力。可以看出,高压回油系统结构简化,省去了集油器和差压阀。

该系统中所用的油位控制器有机械式和电子式两种,机械式即浮子油位控制器如图 4.20 所示。

电子油位控制器(OMB)如图 4.21 所示。电子油位控制器的功能不仅是平衡诸压缩机中的油位,还监控油位,含报警和使压缩机断电停机。在压缩机曲轴箱内部检测油位。通过操作一只集成的电磁阀,可以将缺失的油从集油器或从油分离器直接送入压缩机的油箱。如果在指定的时间之内达不到正常油位,便给出报警信号,同时报警接触器切换到报警状态。可以用报警接触器使压缩机停机。该集成电子器件包含了延时器,用以避免短循环和噪扰报警。此电子油位控制器不仅可应用于多联机的制冷装置,也适用于单台压缩机、压缩机无油压差监控的装置。

电子油位控制器(OMB)的技术参数:供电 24 V AC,50/60 Hz/0.7 A;最高工作压力 3.1 MPa;电磁阀的最大压差 2 MPa;介质温度 $-20\sim80℃$;环境温度 $-20\sim50℃$;供油延时时间 10 s;报警延时时间 20 s;与之相容的介质:HCFC,

(a)

(b)

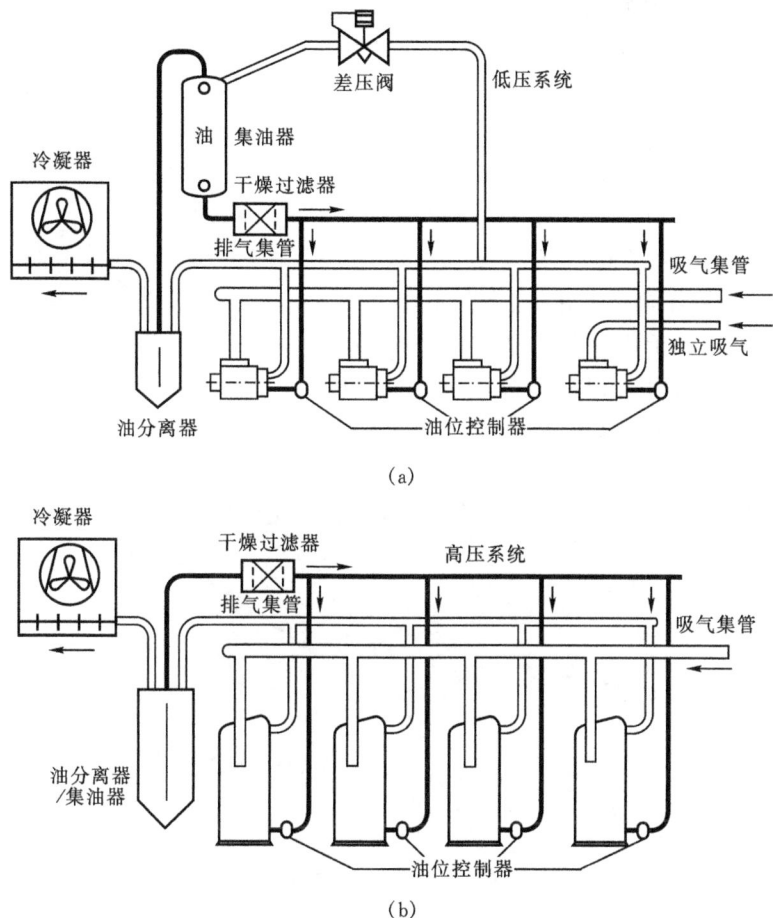

图 4.19　多联机的油分离和回油控制

HFC,矿物油,合成油,烷基苯油和酯类润滑油;控制油位高度处于视油镜高度的
40%～60%。

采用油分离器的注意要点:

(1)要防止压缩机停机或启动时制冷剂在油分离器中冷凝。冷凝器环境温度
比油分离器环境温度高时(例如,安装在屋顶的蒸发式冷凝器),常会出现这种现
象。压缩机停机后,油分离器最先冷却,蒸发式冷凝器中的制冷剂气体将首先在油
分离器中凝结。压缩机刚启动后,由于蒸发式冷凝器所处环境温度高,油分离器比
冷凝器冷,制冷剂先在油分离器中凝结。油分离器中如果在大量制冷剂液体存在,
则液位上升。浮子阀会自动打开向曲轴箱回液,将大量制冷剂液体带入曲轴箱,又

会造成启动时剧烈的油位上窜。严重时,曲
轴箱失油,对于没有油压保护的压缩机,还会
烧坏曲轴。

(2)因油分离器并不能保证将油 100％分
离,故蒸发器仍需安装回油管。

(3)油分离器中有浮子阀,用它根据液面
高低控制回油。浮子阀启、闭是机械式的,如
果有杂质、尘粒等异物卡住,它会既不能全开
又不能全关。浮子阀若长时间关闭不上,就
会造成热气不断向曲轴箱旁通,引起压缩机
排气温度升高、容积效率下降、产冷量下降;

图 4.20　浮子油位控制器

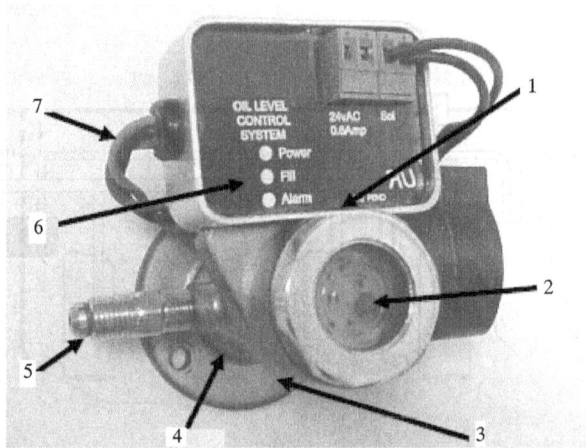

图 4.21　电子油位控制器(OMB)

1—反霍尔效应传感器;2—内部带浮标的视镜;3—压缩机的连接器;4—内置磁铁;5—回
油口接头;6—LED 指示灯:绿色"电源",黄色"回油",红色"警报";7—SPDT 输出信号

浮子阀若打不开,则分离出的油无法引回压缩机,曲轴箱的油越来越少,烧坏曲轴。

油分离器的控制要点是:考虑到油分离器中除有油积存外,还有制冷剂液体同
时存在,因此不能一下子向曲轴箱回流过多。

图 4.22(a)示出一种控制方法。将油分离器的回流管接到压缩机附近的吸气
管上,这样,即使回流中含有较多的制冷剂、但由于它不直接进入曲轴箱,在吸气管
内沿途就蒸发掉了。回流管上安装截止阀、过滤器、电磁阀、手动节流阀的液流观
察镜。手动节流阀合理地节流,将回油量调节得略多于从蒸发器返回的油量为好;
安装观察镜便于观察油流情况以利流量调节;电磁阀与压缩机连动,防止停机时分

离器中听制冷剂返回曲轴箱。

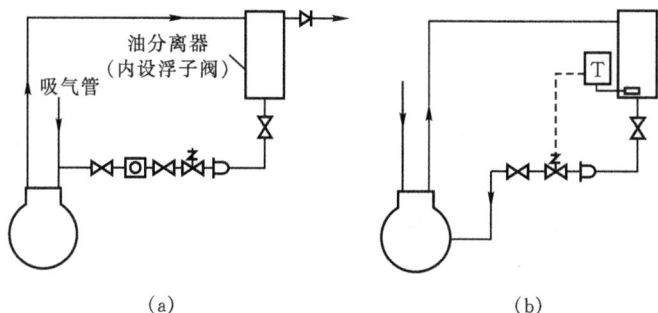

图 4.22　油分离器的回油控制

也可以将分离器流出的油先引入一个有电加热器的贮油包中,使回流中的制冷剂蒸发进入吸气管,油流回曲轴箱。

图 4.22(b)示出另一种控制方法。用温度控制器控制回油管电磁阀,温控器的温包安装在油分离器的底部。将温控器使电磁阀打开的温度设定得比冷凝温度高,可以保证在油分离器内温度达不到设定温度时回油管截止。这样处理,油分离器中积存的制冷剂几乎都能蒸发掉,回油中不会有制冷剂液体混入。

4.4.2　氨用油分离器

油与氨几乎不相混溶,油比氨重,所以液态油积存在冷凝器和蒸发器的底部。这一特点使得氨制冷装置不能采用像 R22 等氟里昂装置那样经吸气管回油的方法。油在冷凝器、蒸发器的内壁附着并积存,造成传热条件恶化。油温越高,液态氨、油的分离(分层)越容易,即使到−18℃也能分离;低温时,油粘度提高、压力变低,分离变得困难,这种情况特别见于低温蒸发器。油若在膨胀阀的过滤器、阀嘴处积存或附着,会使膨胀阀工作条件恶化,供液过多会引起液击。由于上述不良影响,氨制冷装置要设油分离器,使油在上述部件内积存尽量少些。

氨制冷系统中多采用离心式油分离器,压缩机排气以圆周的切线方向进入分离器,沿螺旋形档板旋转流动,利用离心力将油甩出,分离出的油引回集油器或曲轴箱。油分离器离压缩机越远,分离效果越好。因为连接压缩机与油分离器之间的管道越长、排气冷却越充分,比体积越小、流速越低,分离就越容易。

采用水冷式油分离器时,要在冷却水管上设温控式水量调节阀,调节冷却水量,将分离器内的温度维持在不致发生氨气凝结的水准上。若氨液在油分离器中凝结、积存,再返回到曲轴箱,也将造成曲轴箱油位上升。

从油分离器可以向曲轴箱回油,也可以向集油器回油。前者的回油控制如图 4.23(a)所示。油分离器中积油到指定液位时,高压浮子阀自动打开回油;油面降到指定液位的低限时,浮子阀关闭,禁止热氨气倒流回曲轴箱。后者的回油控制如图 4.23(b)所示。用高压浮子阀控制从油分离器向集油器回油,并在压缩机曲轴箱设油位控制器,调节从集油器向曲轴箱回油。

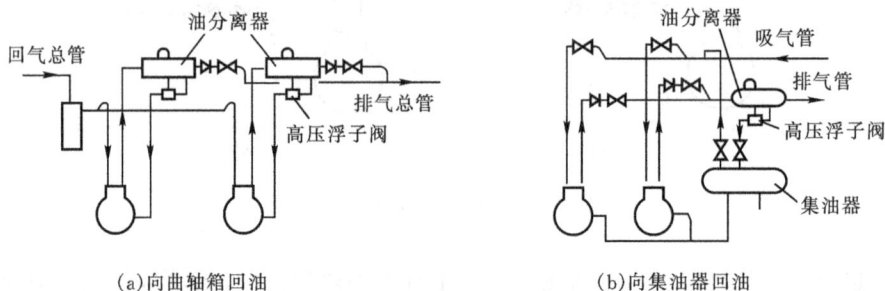

(a)向曲轴箱回油   (b)向集油器回油

图 4.23 氨用油分离器的回油

4.5 不凝性气体分离器的控制

外部空气的混入会使制冷系统内含有不凝性气体。即使没有外部空气混入,系统内油、制冷剂的分解也会产生不凝性气体。不凝性气体的存在不仅降低制冷机的性能系数,妨碍机器正常运行,甚至还可能引起事故,所以必须定期地或者连续地排除不凝性气体。特别是对于低压侧处于负压的制冷系统,这个问题成尤为重要。

图 4.24 示出氨制冷系统用的壳盘管式不凝性气体分离器以及它在系统中的连接和控制。分离器由壳体和装在壳体内的冷却盘管组成。引少许高压氨液经膨胀阀送入盘管,氨液在盘管中蒸发产生冷却效应,从贮液器和冷凝器上部将混有不凝性气体的氨蒸气引入壳体。氨蒸气在盘管表面凝为液体,从气相中分离出来,凝液由下部引出,返回贮液器;不凝性气体则滞留在壳体内。随着分离过程的进行,壳内不凝性气体越积越多,而氨气凝结越来越少,凝结放热也变小。由于盘管内氨液的蒸发冷却,致使壳内温度下降。降到指定值时,温控器打开气管上的放气阀,将不凝性气体排出壳外。再让它经放气管通入水池。不凝性气体排出后,冷凝器、贮液器上部的热气又大量进入壳体,使壳内温度升高,温度上升到定值时,温控器又自动控制放气阀关闭。

图 4.24 所示的不凝性气体分离器的自动操作程序为:①打开冷却盘管上的截

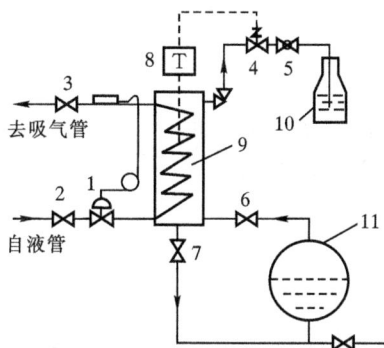

图 4.24 不凝性气体分离器的自动控制

1—膨胀阀;2,3,6,7—截止阀;4—电磁阀;5—手动节流阀;8—温度控制器;
9—不凝性气体分离器;10—水池;11—高压贮液器

止阀 2,3;②手动节流阀 5 略开一点,温控器 8 控制电磁阀 4 启/闭;③打开截止阀
6,7,接通混合气体进入分离器和制冷剂凝液流出分离器的管道;④随着不凝性气
体的积存,壳内温度降低。设定到 −5℃ 时,温控器 8 接通电磁阀 4,排放壳内的不
凝性气体;⑤不凝性气体排出后,壳内温度升高,温控器 8 使电磁阀 4 关闭。如此
周而复始,不断排掉系统中的不凝性气体。

第5章 典型制冷装置的自控系统

在掌握了前面所述的制冷系统诸参数控制方法的基础上,进一步为具体的制冷装置配置自动控制系统。它是某些必要的制冷工艺参数调节、机器设备控制及安全保护设施的有机组合。应该从制冷装置的使用目的、工作条件、系统组成和运行特点等因素出发,考虑控制的内容、目的和要求,确定适当的控制方法。也就是说,自动控制系统需要针对作为对象的制冷装置的具体情况而定。本节通过典型实例说明。

5.1 小型商用制冷装置

小型商用制冷装置用于商业零售点的食品冷藏。这类装置总容量不大,要求既有冷冻又有冷藏功能,并希望系统简单。因此常采用一台压缩机配多个蒸发器(蒸发温度互不相同)的所谓"一机多温系统"。

图 5.1 是有冷冻室蒸发器和冷藏室蒸发器的商业制冷装置的制冷及控制系统。制冷系统主机为一台无变容能力的小型压缩 C,冷凝器 D 为风冷式。有一台冷冻室蒸发器 A 和一台冷藏室蒸发器 B。两蒸发器的设计蒸发温度分别是 $-20℃$(A)和 $=5℃$(B),采用单级压缩制冷循环,系统控制如下。

(1)蒸发器供液量调节 主液管分出两路并联的支液管,分别向蒸发器 A、B 供液。每台蒸发器的支液管上各设一只电磁阀 EVR 和一只外平衡式热力膨胀阀 TE。正常运行时,TE 根据各室负荷的变化调节各自蒸发器进液量,控制蒸发器出口过度。

(2)蒸发压力控制 由于冷藏室与冷冻室蒸发器有不同的温度要求,在冷藏室蒸发器 B 的出口安装蒸发压力调节阀 KVP;在冷冻室蒸发器 A 的出口安装止回阀 NRV。KVP 的调节作用保证运行时,在同一回气总管压力下,冷藏室蒸发压力(温度)高于冷冻室蒸发压力(温度),并维持其蒸发温度为 $5℃$ 左右。

(3)吸气压力控制 在压缩机吸气管上安装吸气压力调节阀 KVL。在启动降温阶段,蒸发器压力高时,通过 KVL 的调节使吸气节流,控制吸气压力不超限,以保护压缩机的电动机免于超载。

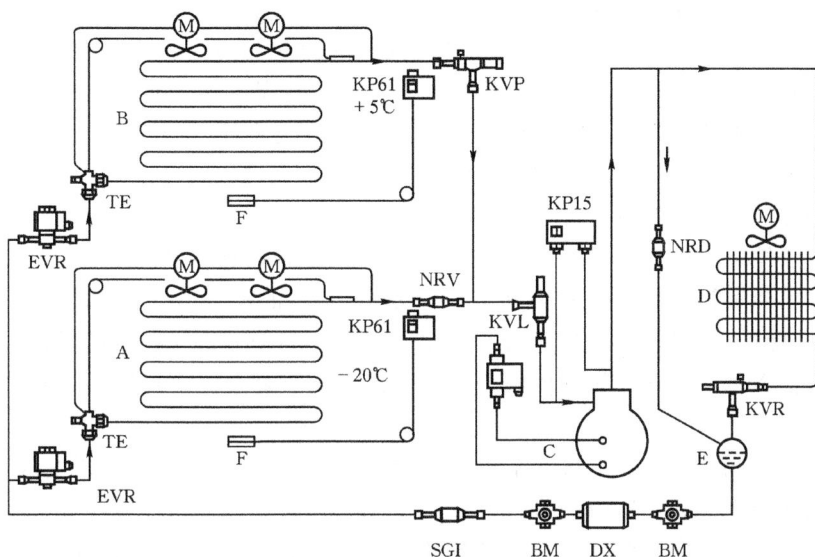

图 5.1　小型商用制冷装置的制冷与控制系统

A—冷冻室蒸发器;B—冷藏室蒸发器;C—压缩机;D—冷凝器;E—同压贮液器;M—风扇电机;F—室温检测部位;TE—热力膨胀阀;EVR—电磁阀;KP61—温度控制器;KP15—高低压力控制器;MP55—油压差控制器;KVP—蒸发压力调节阀;NRV—止回阀;KVR—高压调节阀;NRD—差压调节阀;BM—手动截止阀;DX—干燥过滤器;SGI—水分观察镜

（4）冷凝压力控制　该装置使用风扇不变速的风冷式冷凝器,冷凝压力受环境温度影响。为了在环境温度很低时仍能保持膨胀阀前有足够的供液动力,采用"冷凝器回流法"调节冷凝压力。在冷凝器出口安装高压调节阀 KVR;在压缩机排气到贮液器之间的旁通管上安装差压调节阀 BRD。当环境温度低时,通过 KVR 与 BRD 的配合动作,使冷凝器部分积液和把部分热气旁通到贮液器,以维持住系统高压侧压力不致明显下跌。用这种调节方法,系统中的高压贮液器 E 是必不可少的。

（5）室温控制　冷冻、冷藏室的室温控制由温度控制器 KP61、电磁阀 ERV 和高低压力控制器 KP15 的低压控制部分共同完成。

冷冻室和冷藏室各设一只 KP61。它们分别按各室指定的温度设定,并控制各自蒸发器的液管电磁阀 ERV。当某室温度达到设定值下限时,KP61 控制其电磁阀失电关闭,停止该室蒸发器的制冷作用;当室温回升至设定值的上限时,KP61 又接通电磁阀,恢复该室蒸发器的制冷作用。从而实现各室温度的双位调节。

KP15 的低压控制部分起防止吸气压力过低的作用,并在正常运行时控制压缩机正常开机和停机。在两个室都达到降温要求,两个蒸发器的供液都停止时,蒸发器被抽空、吸气压力下跌,降到 KP15 低压部分断开的控制值时,压缩机停机。这时装置处于等待负荷状态。待两室中有任何一室温度回升到其温控值上限时,它的液管电磁阀受 KP61 控制而打开,于是蒸发器进液,吸气压力回升,升到 KP15 低压部分的接通控制值时,压缩机重新启动运行。

用低压控制压缩机正常开、停机,而不用温度控制器直接控制的好处在于:能够保持压缩机停机前中,先将低压侧的制冷剂抽空,避免停机后有较多的制冷剂进入压缩机曲轴箱溶解在润滑油中,造成下次开机时,曲轴箱油位上窜而大量失油。

(6)保护 高低压控制器 KP15 的高压部分作系统高压侧的超压保护。油压差控制器 MP55 起油压保护作用。在高压超压或油泵建立不起油压差时,均使压缩机故障性停机。

装在冷冻室蒸发器出口的止回阀 NRV 用来防止停机时冷藏室蒸发器 B 中的制冷剂向冷冻室蒸发器中迁移。

主液管上还安装有水分观察镜 SGI 和干燥过滤器 DX。当 SGI 显示出含水量超标时,需要拆下 DX,更换或再生干燥剂,清洗滤网。DX 前后各装一只手动截止阀 BM,在拆换 DX 前 BM 关闭,防止系统中制冷剂流失。

5.2 多温冷库

伙食冷库中存放食品的种类多,各类食品冷存保鲜有各自要求的库温和相对湿度。因为从集中管理和设备投资及各库负荷的情况出发,不希望采用分别的多套制冷系统,所以,这类装置也是一机多温系统的典型实施装置。

图 5.2 示出一个船用伙食冷库的制冷及控制系统。按需要设置了不同温度的 5 个库,分别是:饮料库(8~10℃)、菜库(3~5℃)、乳品库(1~3℃)、鱼库(-9~-11℃)和肉库(-9~-11℃)。各库蒸发器采用绕片管结构,风扇强制吹风送冷,单级压缩式循环。该多温冷库系统与前例无原则性区别,只是库房更多些。另外,考虑到船用特点,冷凝器为水冷式,增设一台备用压缩机。运行中压缩机若出故障,立即可以通过手动切换,使备用机工作。压缩机无变容能力。

针对上述特点,其控制措施说明如下:

(1)关于各库蒸发器供液量调节、蒸发压力调节和库温控制方式方面,与上例相同,不再赘述。

(2)冷凝压力调节 用水量调节阀 11,根据冷凝压力的变化调节冷却水流量,保证冷凝压力维持在正常范围。

(3)能量调节 由于压缩机无变容能力,而库房划分又较多,每只蒸发器的能

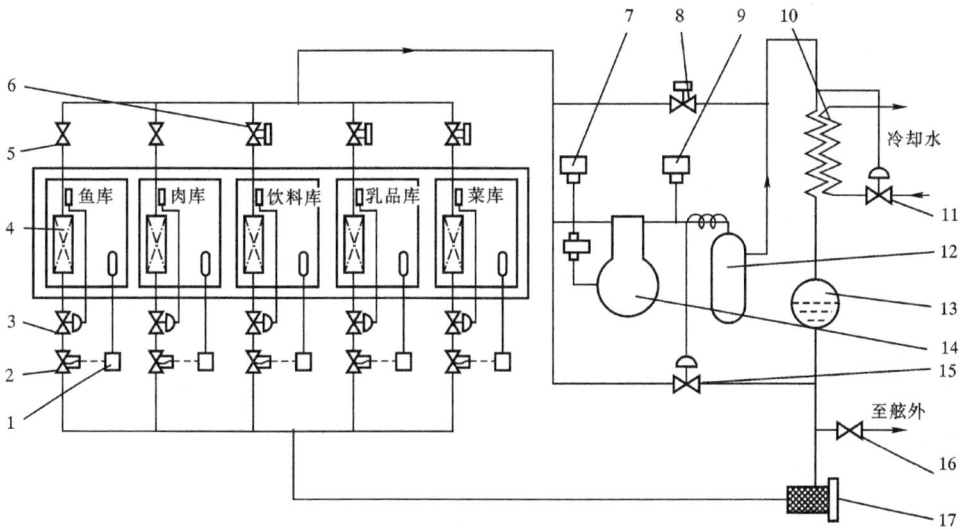

图 5.2　船用多温伙食冷库的制冷与控制系统

1—温度控制器;2—电磁阀;3—热力膨胀阀;4—蒸发器;5—止回阀;6—蒸发压力调节阀;

7—低压控制器;8—能量调节阀;9—高压控制器;10—冷凝器;11—水量调节阀;

12—油分离器;13—储液器;14—压缩机;15—喷液阀;16—安全阀;17—干燥过滤器

力与压缩机总能力之间悬殊较大,就有可能出现这样的情况:运行过程中,5 个库中已有较多的库达到降温要求,其温控器使电磁阀处于关闭状态。这时,由于供液量大幅度减少,吸气压力下跌到低压控制值以下,低压控制器使压缩机停机。但仍有个别库的库温未降到要求值,尚需继续降温,它们的蒸发器液管电磁阀开启着。因而停机后吸气压力又回升,升至低压控制值以上时,压缩机再启动。启动后,因压缩机能力远大于个别运行中的蒸发器能力,低压侧又迅速被抽空,压缩机又停机。如此反复,造成低负荷时,压缩机频繁启、停。为了避免上述所谓“短循环”现象发生,采用热气旁通能量调节方法。图 5.2 中用能量调节阀 8 从高压侧将气体旁通到吸气管。能量调节阀开启压力的设定值应当高于低压控制器断开压力的设定值。这样,在仅剩下个别库需要降温(即负荷很低)、吸气压力下降时,能量调节阀的开启动作先于低压控制器的动作,由于热气的补充,压缩机以不太低的吸气压力继续低负荷运行,直至各库房的液管电磁阀统统关闭,吸气压力才可能跌到吸气压力控制值以下。这时,由低压控制器使压缩机停机。热气旁通能量调节的同时,辅以喷液冷却、喷液阀 15 在设定的排气温度时打开,并自动调节喷液冷却量,保证能量调节过程中排气温度在安全工作的许可范围以内。

(4)安全保护 油压差控制器18保护压缩机免于在欠油压下运转。高压控制器9在系统高压侧超压时令压缩机停车。另高压储液器设置了安全阀16,若运行中高压控制器失灵,或者停机时由于意外事故(如失火)引起系统内压力剧增时,安全阀自动打开,迅速将制冷剂释放舷外,避免设备损坏及其它并发性危险发生。

图5.3给出该多温冷库的电控原理图。系统中受电控运作的设备和辅件有:主压缩机(Ⅰ号机)和备用压缩机(Ⅱ号机)、冷凝器水泵、五个库的蒸发器风扇电机以及蒸发器供液管电磁阀。

自动运行时,将转换开关$S_1 \sim S_6$扳到自动档。用选择开关选择哪台压缩机运行(选择开关1S,2S分别对应于Ⅰ号机和Ⅱ号机)。电源开关S合闸后,各库房温控器(1QT、2QT…5QT)在各自库温达到设定的上限值时,控制各自蒸发器的液管电磁阀(1Y、2Y、…、5Y)打开,同时接通中间继电器(1KM、1KM…、5KM),使各自的蒸发器风扇运转,运行指示灯接通。

比如选择1S闭合。只要有一个库房电磁阀接通,冷却水泵启动器1KMA的线圈就通电,水泵运转,并接通相应的水泵运转指示灯。这时,低压控制器、高压控制器及油压差控制器(1QUL、1QUH和1Q)的触点均处于接通状态(对应于Ⅰ号机运行);中间继电器6KM和7KM的线圈通电,它们的常闭触点$6KM_1$和$7KM_1$断开;中间继电器8KM的线圈断电,它的常闭触点$8KM_1$闭合,于是Ⅰ号压缩机的启动器2KMA通电,Ⅰ号机开始启动运行。电路上还保证了只要任何一台压缩机运行,冷却水泵就运行。

压缩机运行后,视负荷变化的正常停、开机由低压控制器控制。当各库电磁阀都关闭,吸气压力跌到设定值下限时,1QUL触点断开,7KM线圈断电,触点$7KM_1$闭合,中间继电器8KM线圈通电,触点$8KM_1$断开,启动器线圈2KMA断电,压缩机停机。吸气压力回升到开机值时,1QUL接通,7KM通电,$7KM_1$断开,8KM断电,$8KM_1$闭合,2KMA通电,压缩机重新启动。

出现故障时,若排气压力超限,或者油压差不足超过指定的延时时间后,1QUH或者1Q触点断开,中间继电器6KM断电,它的常闭触点$6KM_1$闭合,8KM线圈通电,触点$8KM_1$断开,2KMA失电,压缩机故障性停机。

若选择备用压缩机(Ⅱ号机)运行,扳下选择开关2K。转入到对Ⅱ号压缩机的控制和保护。上述控制件1QUL、1QUH、1Q、6KM、7KM、8KM、2KMA的作用分别由2QUL、2QUH、2Q、9KM、10KM、11KM、3KMA取代。

图5.3的电控原理是根据以上所规定的逻辑关系,采用有触点的继电器控制的。若用可编程控制器(PC)重控制,则可以省去中间继电器,但逻辑关系是相同的。

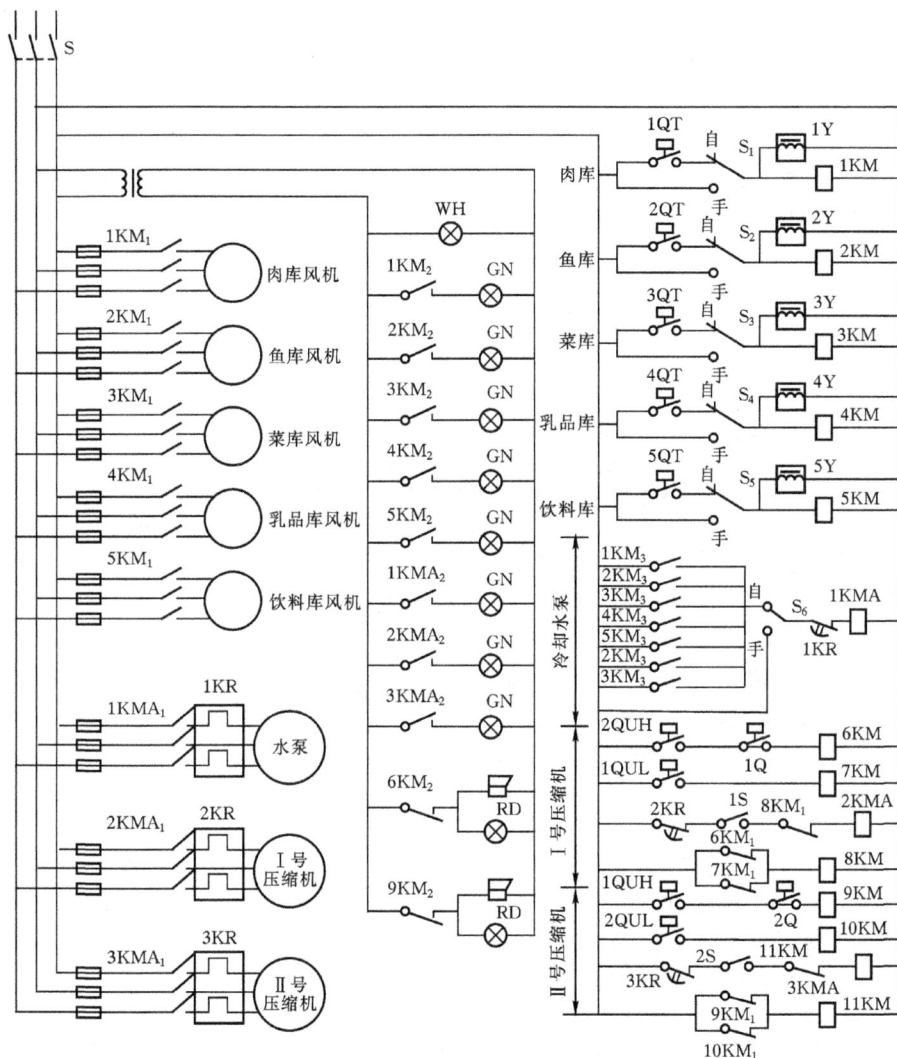

图 5.3　多温冷库的电控原理图

S—电源开关；1S、2S—手动选择开关；S₁～S₆—转换开关；1QUL、2QUL—低压控制器；
1QUH、2QUH—高压控制器；1Q、2Q—油压差控制器；1QT～5QT—温度控制器；
1Y～5Y—电磁阀；1KM～11KM—中间继电器；1KR～3KR—电动机过热保护器；
1KMA～3KMA—交流接触器；WH—白灯；GN—绿灯；RD—红灯及报警

5.3 空调用制冷装置

图 5.4 示出一个空调用制冷装置的制冷及控制系统。主机为一台无卸载机构的中型压缩机,冷凝器为风冷式,室外安装,风机为恒速型。蒸发器为翅片管式,置于空调风道中。装置全年性运行,空调负荷变化范围大,故系统的控制内容及方法作如下安排。

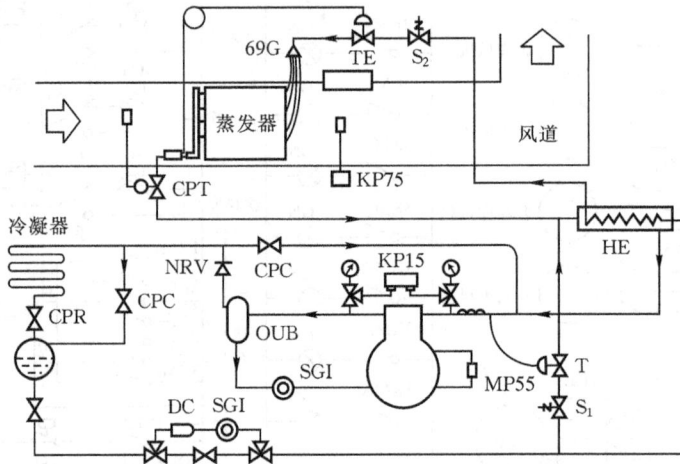

图 5.4　空调用制冷装置的制冷与控制系统

S_1、S_2—电磁阀;TE—热力膨胀阀;69G—分液器;CPT—温度式蒸发压力调节阀;CPC　能量调节阀(旁通调节阀);HE—气液热交换器;CPR—高压调节阀;NRV—止回阀;T—喷液阀;KP75—温度控制器;KP15—高低压力控制器;MP55—油压差控制器;BMV、BML—二通阀;BMT—三通阀;DC—干燥过滤器;SGI—水分观察镜;OUB—油分离器

(1)供液量调节　用热力膨胀阀 TE 调节蒸发器供液量,控制蒸发器出口过热度。用电磁阀 S_2 控制供液管流动的通断,S_2 与压缩机连动。

(2)冷凝压力调节　全年性运行、采用风冷式冷凝器的装置,要防止冬季冷凝压力过低。用冷凝器回流法从制冷剂侧调节:冷凝器出口安装了高压调节阀 CPR 关小,冷凝器积液,有效传热面积减少,使冷凝器压力上升。CPC 在感受到阀后压力(贮液器压力)降低时打开,将热气旁通到贮液器,使贮液器压力升高。夏季运行时,冷凝压力正常,CPR 全开、CPC 全关,冷凝器液体顺畅地流入贮液器,贮液器中无高压气进入,制冷剂按正常回路循环。该冷凝压力调节原理与图 5.1 所示装置相同,只不过高压气向贮液器旁通量的调节,在图 5.1 所示系统中采用的是差压调节阀 NRD,它根据高压调节阀的节流程度(即造成的冷凝压力与贮液器压力之差)而动作,而这里则用的是旁通调节阀 CPC,它根据贮液器压力而动作。二者的功效相同。

(3)能量调节　由于整个运行期中,空调负荷会有很大变化,压缩机本身无气缸卸载构,又不希望低负荷时装置频繁启停。所以,该系统使用了吸气节流及热气旁通两种能量调节方式,既满足宽范围能量调节的需要,又保证一定的空调温度控制精度。

蒸发器出口安装了温度式蒸压力调节阀 CPT。负荷变化不太大时,由 CPT 调节制冷量。CPT 是受温度作用的比例型调节阀,其结构如图 5.5 所示。它的温包安放在蒸发器的进风口处,感受空调回风温度。当负荷增大、回风温度升高时,温包内压力升高,使阀开大,提高蒸发器的制冷能力。当负荷减小,回风温度降低时,温包中压力下降,使阀关小,降低蒸发器的制冷能力。CPT 开大和关小时,吸气节流作用变弱和增强,使吸气压力也变化,同时使压缩机制冷能力变化。蒸发器能力与压缩机能力的匹配关系如图 5.6 所示。图中 C 为压缩机特性曲线,它反映压缩机制冷能力与吸气饱和温度 t(即吸

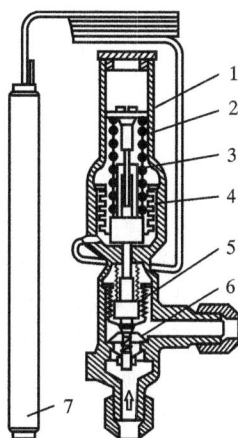

图 5.5　温度式蒸发压力调节阀 CPT
1—调节螺钉;2—壳体;3—定值弹簧;4—平衡波纹管;5—阻尼机构;6—阀盘;7—温包

气压力 p_1 对应的制冷剂饱和温度)之间的关系;E,E',E'' 为蒸发器能力曲线,它们反映蒸发器制冷能力与蒸发器传热温差 Δt 之间的关系。蒸发器传热温差为回风温度即温包感应温度 t_A 与蒸发温度 t_0 之差,即 $\Delta t = t_A - t_0$。当 t_A 升高时,CPT 开大,阀上压降 $\Delta p = (p_0 - p_s)$ 减小。对压缩机来说,吸气压力 p_s 升高,压缩机能力提高。对蒸发器来说,蒸发压力和温度(p_0,t_0)减小,传热温差变大,蒸发器能力增大。在二者能力匹配下,机组制冷量处于较高的值,例如图中的 Q'_0。当负荷减小、t_A 降低时,CPT 关小,节流作用增强,CPT 上阀压降增大。结果是:蒸发温度提高、蒸发器传热温差 Δt 变小,能力下降;压缩机吸气压力降低,能力下降。在二者新的能力匹配下,机组制冷量降到较低值,例如图中的 Q''_0。

利用 CPT 不仅收到了随负荷变化调节机组制冷量的作用,而且在调节的同时,保证低负荷时蒸发温度不会明显下降,故空调送风温度不致产生明显波动,有助于提高空调舒适度和温控精度。

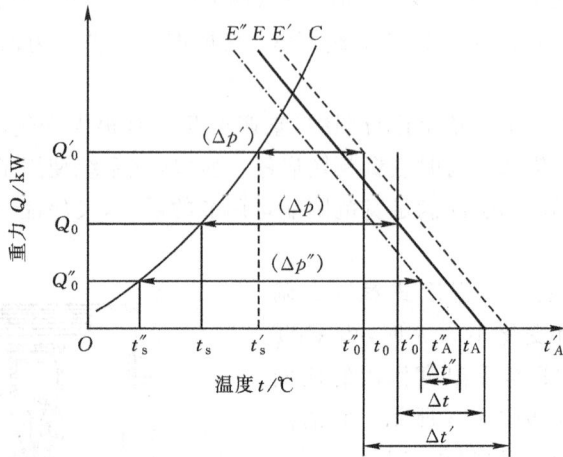

图 5.6　CPT 调节的机组工作特性

　　单纯 CPT 调节在负荷降到一定程度时,吸气节流会太过分(CPT 开度过小),使吸气压力太低,引起压缩机停机。于是进一步又辅以热气旁通能量调节,以便维持压缩机在更低负荷下继续运行。图 5.4 中使用了能量调节阀 CPC、电磁阀 S_1 和喷液阀 T。CPC 在吸气压力降到指定值时打开;S_1 与压缩机连动;T 在吸气温度超过允许值时打开。系统中有气液热交换器 HE。所以喷液阀 T 的喷液位置选在 HE 前的吸气管上。这样做有两个好处:①喷液点到压缩机入口之间的管程长,保证喷入的液体可以完全蒸发;②喷液还使 HE 中的高压液体充分过冷。

　　(4)温度控制　在蒸发器出风口安装温度控制器 KP75 的感温包。当送风温度低于设值时,温控器动作,切断电源,压缩机正常停机,同时蒸发器液管电磁阀 S_2 关闭。

　　(5)安全保护　像一般制冷装置一样,系统中安装了高低压力控制器 KP15、油压差冷器 MP55。在吸、排气压力超限或者润滑油欠压持续达 1 min 左右时,分别由上述控制器令压缩机故障性停机。

5.4　氨冷库制冷装置

　　国内中、大型冷库较多采用氨制冷系统。视制冷温度需要,用单级压缩循环,或者单、双级压缩循环。与前几例的小型氟利昂制冷装置相比,大型氨冷库所用的机器设备多、容量大、系统也复杂,整个装置包含有制冷系统、水系统、油系统及除霜系统。因而氨冷库自动化包含这些系统所涉及到的自控回路,直至冷库进出货的计算机管理。当然首要的是制冷系统的控制回路,有:库房温度控制、蒸发器除霜控制、氨泵供液回路的控制、冷凝压力调节、压缩机能量调节、自动运行程序控制、安全保护，还有运行参数检测，特别是库温的遥测。水系统含冷凝器冷却水、压缩机缸套冷却水、冲霜水的控制，水泵、冷却塔风机的控制和保护。油系统含油分离设备自动排油、集油器进油与放油、压缩机自动加油和排油以及油处理系统的自动控制。此外，还有空气分离器的自动控制。

　　整个装置控制系统的设计，需要根据制冷工艺流程设计安排各个控制回路、制定控制逻辑、选择控制器件。由于内容较多，限于篇幅，这里只举简例择要说明。

　　图 5.7 是单级氨制冷系统图。系统主要配置情况：主机为 4 台氨压缩机（图中简化用一台代表）；冷凝器为水冷式；蒸发器采用绕片管结构，用氨泵供液，制冷剂强制再循环方式。

　　装置的控制要点如下。

　　(1)库房温度控制　每个库有温度控制器控制本库蒸发器供液管通断和蒸发器风机的运行或停止，实行库温的双位调节。由于是大型装置，管道流通能力大，控制阀广泛采用导阀与主阀组合形式。这里，蒸发器进液管和回气管上均使用了电磁主阀（电磁导阀与主阀组合）。库房温度降至设定值的下限时，两个电磁主阀同时关闭，停止蒸发器制冷。库房温度回升到设定值的上限时，进液电磁主阀和回气电磁主阀重新接通，蒸发器恢复制冷。

　　(2)蒸发器除霜控制　氨冷库蒸发器广泛采用热气除霜或者热气除霜与水冲霜相结合的除霜方式。空气自然对流的蒸发器只用热气除霜；冷风机型蒸发器则用热气与冲水相结合的方式除霜。现以后者说明。除霜时，停止蒸发器的制冷作用，将压缩机排出的热氨气通入蒸发器管内，管外再辅以水冲霜。利用排气的显热和凝结潜热以及水的热焓，使蒸发器表面的霜层熔化，并被冲落到接水盘中（图5.7中未示出水冲霜系统）。蒸发器管内凝结的氨液经排液阀流入排液桶（顺便提及，排液桶收集氨液至一定的液位高度时，打开排液桶上的加压阀，使系统的高压气进入排液桶，用"气泵液"的方式，将排液桶中的氨液压回低压贮液器。该过程可以用手动控制，也可以自动控制。用自动控制时，图中的阀门改用电磁阀（以下类似处，不再一一说明）。

　　除霜控制为程序控制：自动发出除霜开始信号，接着按程序执行一定的自动操作，使蒸发器由制冷状态切换到除霜状态。待除霜过程持续到霜已化完，自动发出停止除霜的信号，再按程序执行一定的自动操作，使蒸发器由除霜状态切换回制冷状态。

　　除霜控制程序为：开始除霜的信号发出后，①关闭供液电磁主阀，延时一段时间（等蒸发器中的氨液抽空后）关闭回汽电磁阀，风机断电。打开热氨电磁主阀和排液电磁主阀。该状态保持一段时间（待管内因热氨加热作用使蒸发器表面的霜

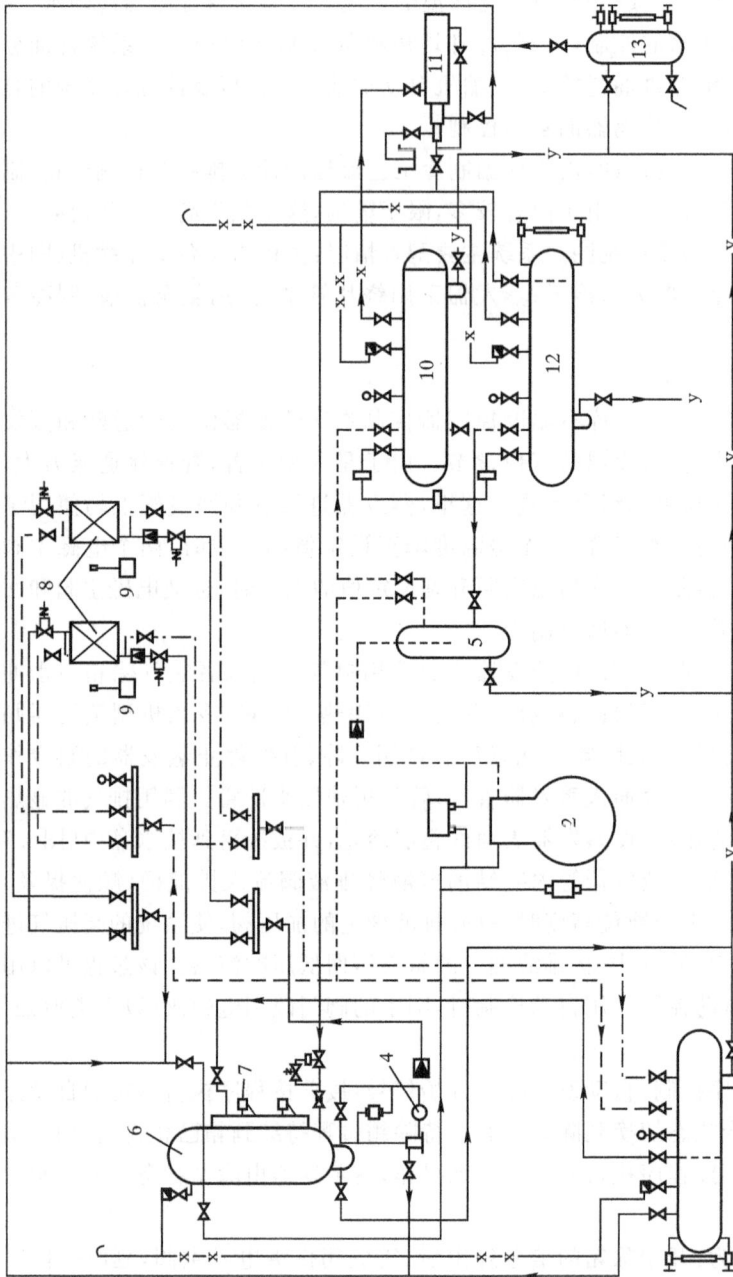

图 5. 7 单级氨制冷及控制系统图

1—排液桶;2—压缩机;3—高低压力控制器;4—氨泵;5—油分离器;6—低压贮液器;7—液位控制器;8—蒸发器;
9—库房温控器;10—冷凝器;11—空气分离器;12—高压贮液器;13—集油器

—低压氨气管 ——高压氨气管 ——氨液管 —平衡管 —·—排液管 —y—油管 —xx—安全阀放空管 —x—空气管

层与管外壁脱离);②打开冲霜水电磁阀,向蒸发器表面淋水,将霜冲落,冲水持续一段时间;③冲霜水电磁阀关闭,状态①继续保持一段时间,持管外水滴净,并受管内热氨作用而蒸干。至此,除霜完成。停止除霜的信号发出后,关闭热氨电磁主阀和排液电磁主阀。打开供液电磁主阀和回汽电磁主阀,风机通电运行。于是,蒸发器重新切换回到制冷状态。

　　国产 TDS-04,TDS-05 型程序控制器是冷库蒸发器除霜专用的控制器件。TDS-04 型为定时除霜控制。除霜周期和除霜持续时间可以在控制器上事先调定,每天在设定的时间发出开始除霜信号,经过设定的除霜持续时间后,发出停止除霜的信号。各阶段执行如上所说的程序控制。TDS-05 型为指令除霜控制,它接受手动或自动电气指令使除霜开始与终止。采用自动电气指令时,可以与微压差控制器配合使用。微压差控制器根据冷风机进出口风压差的变化,了出电气通、断信号。冷风机结霜严重时,其进出口风的压差增大,电触点闭合,向 TDS-05 发出开始除霜的电气指令。除霜完成后,冷风机风阻减小,压差减小,使微压差控制器的电触点断开,向 TDS-05 发出停止除霜的电气指令。电气指令发出后,TDS-05所进行的程序控制同前。

　　(3)泵供液系统的控制　　大型装置与小型装置的一个特殊需要不同之处在于:蒸发器往往不用直接膨胀的干式蒸发器,而采用液体再循环的所谓湿式蒸发器。

　　直接膨胀的干式蒸发器虽然可以使系统简单,但因节流后无分离设备,闪发蒸气连同液体一道进入蒸发器,传热表面的润湿度较低,蒸发器传热效果差。对并联多路的蒸发器也难以保证液体分配均匀。所以,大型装置的蒸发器采用液体再循环供液方式,在蒸发器与节流件之间安装低压贮液器。高压氨液节流后先进入低压贮液器,闪发蒸气在这里分离,从低压贮液器下部引纯液体送入蒸发器。制冷剂在蒸发器中吸热蒸发后仍返回低压贮液器,再次顺其中分离气、液。气体由低压贮液器上部引回压缩机。对于这种方式,可以用重力供液自然再循环,也可以用泵供液强制再循环。采用后者,对低压贮液器与蒸发器的相对安装位置没有要求,而且循环倍率大,蒸发器供液量数倍于蒸发量,管内氨液流速高,不仅管内壁充分润湿,过量液体还起到溃刷管内壁油膜的作用。这些均有助于提高蒸发器的换热强度。

　　图 5.7 中的氨泵供液系统包括低压贮液器和氨液泵。该系统的控制对象有:低压贮液器的液位控制和氨泵控制。低压贮液器设超高液位报警和正常液位控制。液位超高时,低压贮液器液面上部没有足够的空间,就会影响汽液分离效果,导致压缩机故障。所以这时液位控制器发出报警信号并令压缩机故障性停机。

　　低压贮液器的正常液位在立式贮液器高度的 35%处,在卧式贮液器直径的 25%处,用液位控制器和贮液器的进液电磁主阀控制正常液位。当液位到正常值的上限时,液位控制器使进液电磁主阀关闭,停止进液;当液位到正常值的下限时,液位控制器使进液电磁主阀打开,向贮液器输液。从而,将液位控制在正常值的上、下限之间。该液位的双位调节中,进液电磁阀周期性动作。为了保证正确地实现控制,进液流量的调整是很重要的。分析如下。

进液电磁阀在上限液位时关闭,在下限液位时打开。无论其打开还是关闭时,若冷库的降温过程仍在继续,那么,阀关闭时液位上升,阀打开时液位下降。设供液电磁阀打开时的进液量(质量流量)为 q_{m2},氨液蒸发制冷的质量流量为

$$q_{m1} = \frac{Q_0}{q_0} \tag{5.1}$$

式中:Q_0 为制冷量,kW;q_0 为氨的单位制冷量,kJ/kg。

设电磁阀关闭使进液停止的时间间隔为 $\Delta t_\text{关}$,则阀关闭期间低压贮液器中液位的下降量 ΔH_1 为

$$\Delta H_1 = \frac{\Delta t_\text{关}\, q_{m2}}{S\rho} \tag{5.2}$$

式中:S 为低压贮液器内部横截面积,m²;ρ 为氨液的密度,kg/m³。

设电磁阀打开向低压贮液器进液的时间间隔为 $\Delta t_\text{开}$,则阀打开期间低压贮液器中液位的上升量 ΔH_2 为

$$\Delta H_2 = \frac{\Delta t_\text{开}(q_{m1} - q_{m2})}{S\rho} \tag{5.3}$$

通常取电磁阀开、闭时间相等,即 $\Delta t_\text{开} = \Delta t_\text{关}$;允许液位的上升高度与下降高度相等,即 $\Delta H_1 = \Delta H_2$,故

$$q_{m1} = 2q_{m2} \tag{5.4}$$

可见在泵供液系统中,低压贮液器的进液流量必须大于液体蒸发的流量,才能实现控制。若进液流量 q_{m1} 过大,会使补充加液时间过短;若进液流量 q_{m1} 过小(接近或等于蒸发的流量 q_{m2}),则电磁阀打开时间过长,甚至一直打开。这显然对电磁阀的工作都是不合适的。为了便于调节进液量(以满足如式(5.4)的流量分配),在进液电磁主阀后增设一只手动调节阀,通过手动调节,使电磁主阀开、停比合适。

液位控制器的差动范围:对于立式贮液器一般取 60 mm;对于卧式贮液器,取40 mm。手动调节阀调整低压贮液器补充加液时间为 30~60 min。

氨泵的流量和扬程选择要得当。由上可知,低压贮液器的液位变化只与流入量 q_{m2} 和流出量 q_{m2} 有关,而与氨泵的循环量无关。氨泵循环量决定蒸发器中制冷剂的循环倍率。一般循环倍率取 3~5 就足以保证蒸发器最高能力的发挥。

氨泵的正常运行控制为:只要有库房需要降温,氨泵就启动运行,各库都停止制冷时,氨泵停止运行。

氨泵设泵压差保护。在氨泵启动后 15 s 内,如果泵前后的压差达到指定值,则转入正常运行。如果 15 s 后泵压差仍达不到指定值,则停止氨泵运行。停泵

1 min后,再次加压启动:打开加压阀,使高压气进入低压贮液器,对低压贮液器加压,同时启动氨泵。加压 15 s,关闭加压阀。若在 15 s 内泵压差能够建立起来,加压启动成功,氨泵转入正常运行;若 15 s 内压差仍达不到指定值,说明加压启动亦失败,判作故障。这时,停泵、报警,并使压缩机停机。运转中,若因故障致使泵压差不足,也使氨泵停止运行。氨泵出口安装止回阀,防止停泵时氨液倒流。

低压贮液器的饱和液经下部引出管到氨泵入口,该管段上设有过滤网。由于过滤网的阻力和管道传热等原因,很容易引起该管段中的氨液出现闪蒸。泵入口液体中带气会造成气蚀损坏,故在氨泵入口管上部接一根引气管,连到压缩机吸气管上,将进泵前液体中可能出现的气体引入压缩机。

另外,当装置负荷下降、需要降温的库房数目减少时,蒸发器的供液电磁主阀相继有一些处于关闭状态。这时泵的排出通路减少,会造成泵的排出压力升高,排出压力升高又使仍需降温的库房蒸发温度提高,影响库房降温。为了消除这种影响,在氨泵排出管到低压贮液器之间接一根旁通管,旁通管上安装旁通阀,当泵排出压力升高时,旁通阀自动打开,使一部分排出液体溢流回贮液器。使用此措施,可以保证即使只剩下最后一个库房降温,其蒸发压力也不会升高。

(4)冷凝压力调节　用调节冷却水流量的方法控制冷凝压力,该冷却水系统设三台水泵并联送水(图 5.7 中未示出冷凝器的冷却水系统)。通过三台泵的启停控制,调节冷凝压力。第一台水泵受库房温度控制器控制,只要任意一个库房需要降温,其温控器便使第一台泵运行,另外两台水泵受冷凝压力控制。用两只压力控制器各控制一台泵的启停。控制值如表 5.1 所示。

表 5.1　压力控制器的压力控制值

控制参数		第 2 台水泵	第 3 台水泵
冷凝压力/MPa (表压力)	上限接通值	1.26(35℃)	1.37(38℃)
	下限断开值	1.10(31℃)	1.23(34.5℃)

(5)压缩机能量调节　本例中冷库配备 4 台压缩机,分别是:1 号机,412.5 A;2 号机,812.5 A;3 号机,812.5 A;4 号机,812.5 A。其中 1、2 号机没有卸载机构,2、3 号机有卸载机构,均采用位式能量调节,按需要划分能级。最粗的能级划分为 4 级(1、2、3、4 号机依次整机投入运行,能级为 1/6,1/2,5/6 和 1)。如果再对 2、3 号机实行单机能量调节(气缸卸载),则能级分得更细。最低能级受库房温度控制运行,只要有一个库房要求降温,温度控制器发出开机信号,压缩机就以最低能级启动运行。如果最低能级是一台自身无卸载机构的整机,则压缩机卸载启动后以最低能级运行。以后各级能量的递增或递减视吸气压力变化,采用低压控制器控制。

这种利用压力控制器实行能量分级调节的控制方法在章第三节中已有详细介绍，不再赘述。至于整机卸载启动的方法，则是在压缩机通电前，先令其吸排气旁通，压力差消失，于是压缩机可以不带负荷启动，避免启动时冲击电流过大。电机启动后，切断旁通管，逐渐建立起压差，压缩机转入正常运行。

（6）安全保护　压缩机设高、低压力保护、油压差保护，压缩机电机有过载保护，这些与前面几例无区别。另外，氨压缩机为了避免排气温度过高，在气缸头上设有冷却水套。压缩机必须在水套冷却水接通后才能启动，并在水套断水时停机。用水流继电器作压缩机断水报警和保护。断水时，继电器能立即报警，并延时使压缩机停机。

低压贮液器、排液桶、冷凝器和高压贮液器这些压力容器还各安装了安全阀，对容器起超压保护作用。容器超压时，安全阀打开，向大气排氨卸压。

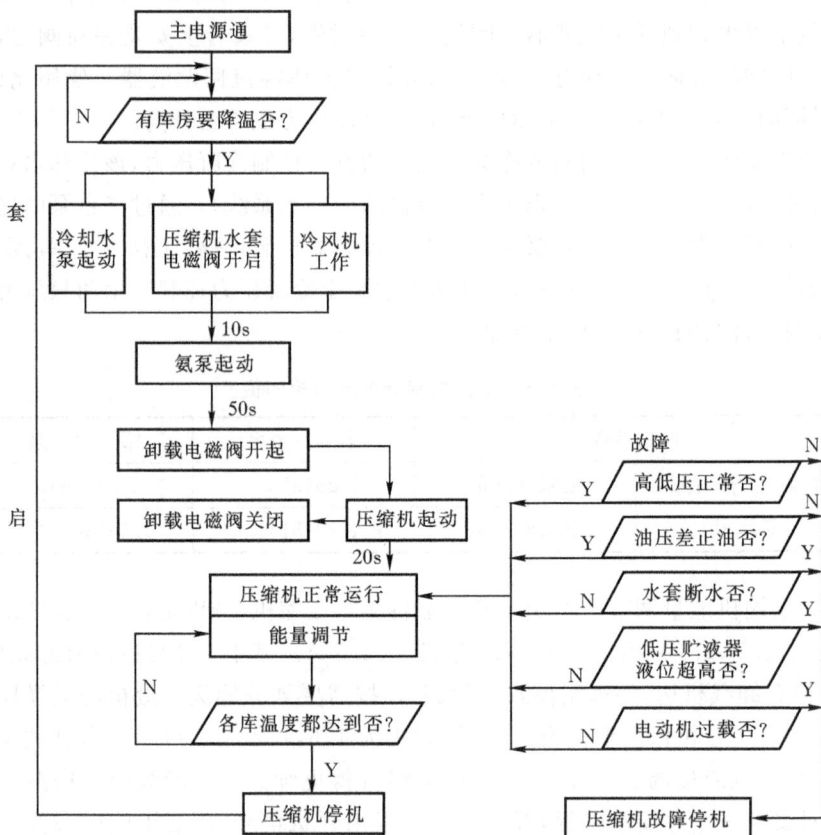

图 5.8　压缩机的自动运行程序框图

对于氨制冷系统,不凝性气体存在的危害性比氟制冷系统更甚,所以,系统中设有空气分离器自动排除不凝性气体(空气分离器的自动控制从略)。

其它保护还有水系统的水泵压差保护及水池液位保护,其控制方法与氨泵系统中的泵压差和液位控制方法类似。

(7)自动运行程序　综合以上所述,装置工作时压缩机的自动运行程序如框图5.8所示。

(8)库房温度巡回检测　各库房温度用铂电阻发信,采用温度巡回检测仪,在控制台上巡回遥测显示库内温度。

5.5　螺杆式冷水机组

现在中等容量的集中式空调中,螺杆式冷水机组的使用占相当比重,下面以外国公司的螺杆式冷水机组为例,给出这类装置的控制特点。

制冷系统采用的 R22 单级压缩循环。冷凝器为卧式壳管水冷式,采用锯齿形高效传热管。蒸发器为干式壳管式,用热力膨胀阀供液。由于设计和制造工艺的进步,新型螺杆压缩机为无喷油式。转子型线改进,并以精良的加工为保证。压缩机的阴、阳转子具有很小的配合间隙,运动中两者表面啮合而不相互摩擦。润滑油在机壳的双层夹套中,利用制冷系统高、低侧的压力差供油润滑和提供卸载执行机构的动力,故系统大大简化,省去了油泵和笨大的油分离装置。冷水机组的控制要点如下。

(1)压缩机能量调节　油路及能量调节原理如图 5.9 所示。采用"气压油"的方式提供油压,用三只电磁阀控制油路及活塞在油缸中的运动,使卸载滑阀具有几个固定位置,因而为位式能量调节。

卸载油缸上配油口的布置及相应配油管上的电磁阀 SV_1,SV_2 和 SV_3 安装情况如图 5.9 中所示。压缩机启动前,$SV_1 \sim SV_3$ 全部关闭。启动时,先短期打开电磁阀 SV_1,弹簧张力将油塞推到油缸内的右端,滑阀移到最大限度卸载的位置,于是压缩机卸载启动(33% 负荷)。启动过程(约 3 min)结束后,SV_1 关闭。油压施加于活塞右侧,逐渐将活塞推向左移,至活塞在油缸中处于最左位置,压缩机能量增至 100%,机器处于满负荷运行。随着冷水温度下降,需要降负荷时,首先电磁阀 SV_2 打开,活塞右侧的压力油经 SV_2 所控制的配油管流入低压侧,活塞被推向右移动,移到 SV_2 对应的配油口时,活塞两侧压力平衡不再移动,这时压缩机能量降至 75%。进一步降负荷时,SV_3 打开,活塞移到 SV_3 所控制的配油口处静止下来,滑阀使压缩机能量降至 50%,最后压缩机停机。可见,能量调节的能级为:100%、75%、50% 和 0。停机时,电磁阀 $SV_1 \sim SV_3$ 均处于关闭状态。

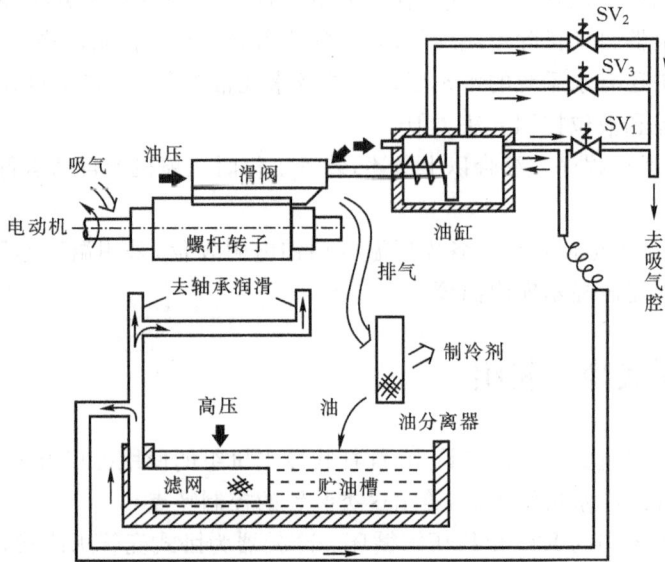

图 5.9　螺杆压缩机的油路及能量调节原理图

(2)冷水温度控制　用电子温控器按冷水进口温度,操纵电磁阀 $SV_1 \sim SV_3$,实行 100%、75%、50%能级运行和停机控制。它设有三个双位温度开关 THa,THb 和 THc。THa 在上限位时禁止卸载,下限位时允许卸载。THb 在上限位时使 SV_3 接通;在下限位时使 SV_2 接通。THc 在下限位时使压缩机停机,在上限位时接通定时器。定时开关使 SV_1 接通指定的时间后关闭。电子温控器的三个开关温区布置如图 5.10 所示。通过压缩机能量控制,使冷水温度维持在指定的范围。

表 5.2　电子控制器的三个开关温区

开关	动作温度区间
THa	下限 ←——— 4℃ ———→ 上限
THb	下限 ←——— 4℃ ——→ 上限
THc	下限 ←——— 4℃ ——→ 上限

1℃ 1℃　　1℃ 1℃

温度降低　　　　温度升高

（3）安全保护　机组设有一套完整的保护装置。

在冷凝器上安装有易熔塞。易熔塞在 72℃时熔化，防止意外高温引起超压破坏。另外，冷凝器的制冷剂进出口管上安装有截止阀，长期停车或机组维修时，关闭此阀，防止制冷剂流失。

压缩机设高低压力控制器。排气侧设安全阀，还在排气管上安装止回阀，防止停机时制冷剂倒流。

为了避免压缩机短循环，电子时间继电器装在压缩机的控制电路中。当电子温控器发出制冷运行指令后，或者保护装置自动复位后，保证经过 3 min 延时后再启动压缩机。

螺杆压缩机绝不允许出现反向旋转的错误，若主电源接线相序搞错，会发生这种现象。故电路中装有反相保护继电器，防止压缩机反转。另外，用快速反应的三相过电流继电器作电动机电流过限保护。压缩机线圈内装有内部温控器，当压缩机温度过高时切断电源。

压缩机油室中装有油加热器，停机时油中加热器通电加热，防止冷启动造成油泡沫化。

蒸发器设防冻温控器。温控器的感温件装在蒸发器壳体靠近冷水出口处。冷水温度过低时切断电路，使压缩机停机。防冻温控器的断开温度值为 2.5℃，接通温度值为 6.5℃。

第6章 制冷装置的电子控制系统

6.0 概述

前面已讨论的制冷系统(即制冷剂回路)中所使用的热力膨胀阀和各种压力调节阀、能量调节阀等都是属于机械作用的模拟式调节器件(它们是集发信、调节、执行于一体的调节装置),从制冷工业的最初期开始,一直用来控制蒸发器过热度和调节制冷剂的质流量(以控制制冷系统中的压力、温度等参数,满足对制冷运行工况的控制要求),并在长期的使用过程中,经历了不断的改进与完善,其器件的制造与设计水准日臻精良,在可靠性和功能上能够胜任基本的控制要求。

当代技术水准提高,先进的制冷系统要求:

(1)进一步改善能效。

(2)为提高制冷工艺品质,能够有更严格的温度控制精度。

(3)装置能够具有更宽的运行工况范围。

(4)在控制与管理制冷系统上有智能化、网络化的特征,具有远距离监测和故障诊断等功能。

面对这样的要求,传统的模拟式控制系统无能为力,解决的途径只能是电子控制系统、计算机与网络相揉合。

机电一体化进程使制冷装置的控制与智能化水准大大提高。制冷控制从20世纪80年代开始有了长足发展,当时开发和研究内容主要是:适应电子控制需要的器件开发,和优化控制的理论及控制方法。前者开发能够接受标准电信号指令而动作的阀执行器。后者从制冷系统的动态特性分析入手,运用PID控制技术、自适应技术、或者其它合适的控制策略,以获得更好的控制品质和实现制冷系统优化的控制目标。80年代率先出现的成果是全电子化控制的变频热泵空调机。从电子膨胀阀控制、压缩机变频调速控制、风扇调速控制、智能化除霜控制、以及室温设定、速冷、速暖功能等各个方面,进行系统综合和优化控制,取得了运行节能和空调舒适性提高的明显效果。

90年代以后,制冷装置的电子控制系统产品开始成熟,并日益扩大应用。各种电子操纵的调节阀或阀执行器产品系列化,各种电子控制器与整套制冷装置的电子控制系统出现,不仅大大提高了控制精度,且具有多重功能,而且可以通过网络通讯进行计算机集中管理。

电子控制系统的应用因制冷系统的复杂程度和管理控制需求而异。有关的专业公司都根据自己的主要制冷产品的应用领域,针对不同类别的制冷装置研制开发了专用的电子控制系统。已形成从简单的独立式电子控制器,到网络型电子控制器,乃至整套的电子控制系统的系列产品。

图 6.1 是 EMOSEN 公司所提供的制冷电子控制器应用概要。借以说明针对制冷装置系统的复杂程度电子控制器的应用情况总览。图 6.2 是在商用制冷装置(冷库、冷陈列柜等)上,其 TCP/IP 网络型电子控制器的应用概略。

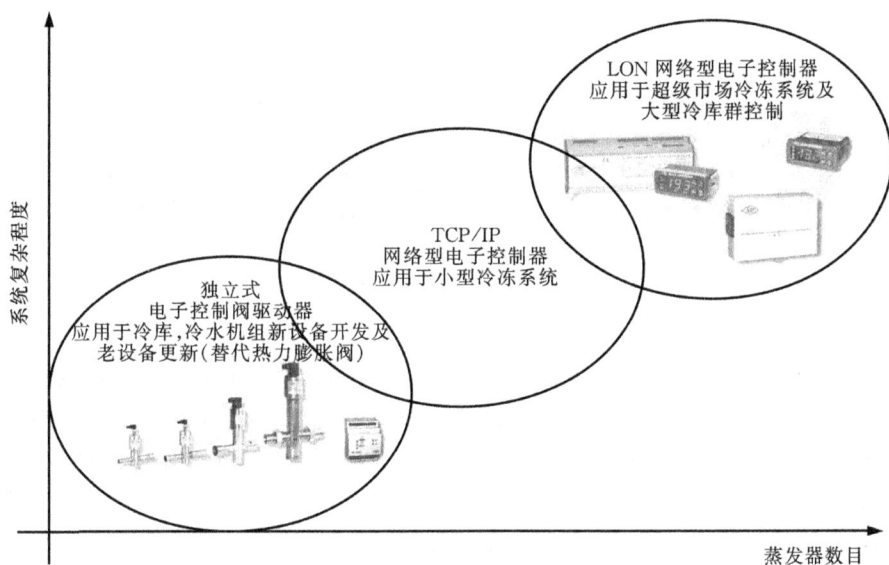

图 6.1　EMOSEN 制冷电子控制器概要

电子控制系统由电子控制器、电控阀(电子操纵的阀执行器)、和传感器组成。电子控制器集成了控制、监测、显示、报警和数据通讯功能,控制算法由控制器软件给出。

1. 电控阀

电控阀就是接受电信号所操纵的阀门。电控阀只是一种执行器,要在系统中进行操纵,实施调节,还需要阀驱动器。目前国际上流行的电控阀主要有两类:一类为脉宽调制而设计的,是电磁阀结构;一类为步进电机(或伺服电机)驱动所设计,包含两个内部组件,即阀和步进电机(或伺服电机)。

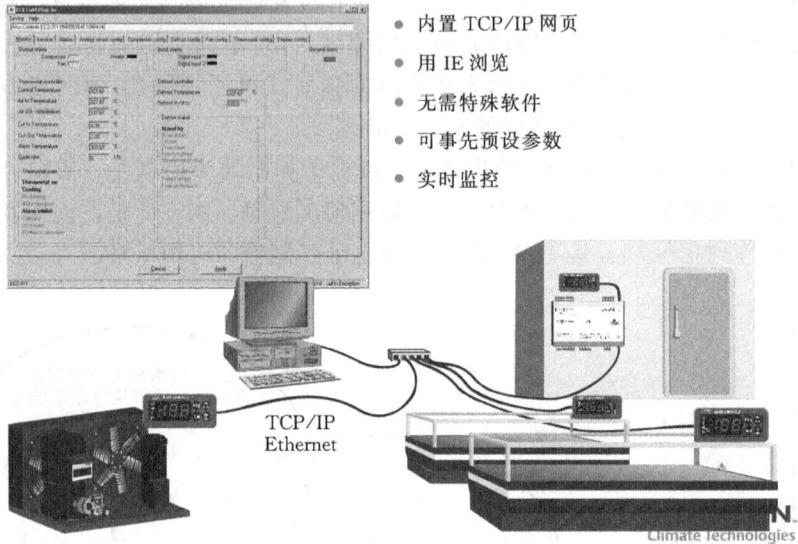

图 6.2 TCP/IP 网络型电子控制系统的应用概略

如 ALCO 公司的电控阀 EX2 系列是为脉宽调制而设计的电磁阀,能够提供很精确的控制。适用于所有 CFC、HCFC、和 HFC 类制冷剂,主要为商用冷陈列柜、装配式冷库之类的制冷装置使用。EX2 是电磁滑阀与节流孔口式,它要么全开,要么全关,在结构上采用可更换的节流组件。于是,一种通用的阀体可以与 6 种可更换的节流孔相搭配,覆盖 7 种能力范围。

ALCO 的 EX5、EX6、EX7、EX8 系列电控阀是步进电机驱动式的,步进电机直接连在阀杆与阀座组件上,与压缩机中采用的全封闭方法相同,即电机暴露于制冷剂和润滑油中,所用的材料与压缩机电机所用材料相同。电机壳和阀组件用不锈钢做成全封闭式,采用专门的铜焊和定位焊接工艺,省去了所有的密封垫圈。

这种结构的阀具有线性能力特性,容量能力范围宽,阀关闭严密,即内泄漏小,因而可以不必附加电磁阀(为截止用)。

既然电控阀是一个独立的执行器(即采用电信号操纵的调节阀),于是它就可以用在制冷系统的不同管段上(成为通用的执行阀),在电子控制器的指令下调节制冷剂的流量,以实现不同的控制目的。例如,用在高压液管上,起电子膨胀阀的作用;用在蒸发器出口管上,起蒸发压力调节阀的作用;用在吸气管或用在热气管上;等等。所以,同一只电控阀的能力,因其用途之不同而需分别给出能力特性表。

通常,电磁式阀(如 EX2 系列)样本能力数据为 100% 负荷(即阀一直开着)的值。推荐阀在部分负荷 50%~80% 下工作,可使系统有负荷波动的余地。

步进电机式阀(EX5、EX6、EX7、EX8 系列)的样本能力是最大值,故无能力裕度。阀能力应在可能出现的最低运行冷凝压力条件下选择,阀的尺寸太大会导致工作周期短、行程时间短,即响应较快。例如 EX7 阀的全行程时间为 5 s,若在 50% 负荷下操纵此阀,则只有 2.5 s 的行程时间。通常生产厂家会提供一个选择工具(软件),以方便用户基于非标准工况下的阀尺寸选择。

2. 电子控制器

电子控制器针对各种制冷装置的控制特点与要求而专门设计,其系列产品复盖了大多数制冷与空调装置的控制需求。电子控制器可归为独立式和网络式两类。

独立型电子控制器基本上就是机械式控制的电子翻版,它与传感器、电控阀构成独立的控制回路,独自执行指定的控制任务(如用作过热度控制或压力控制),但却具有应用电控阀的优点。网络型电子控制器通常组合了更多的功能(如:过热度控制、温度控制、报警、除霜控制等),并用能够与网络连接,具有网络通讯功能。

例如,ALCO 的 EXD - S 型过热度控制器便是没有网络通讯功能的独立式控制器,它按照过热度的期望值控制电控阀的开度。如前所说,由于电控阀能够提供比传统电磁阀更好的截止功能,所以,只要压缩机不工作就没有制冷剂通过膨胀阀。当需要制冷而使压缩机启动时,驱动模块需要给予信息(可以由数字输入来实现),获得信息后驱动模块将启动,通过在各种不同运行工况下精确定位电子膨胀阀,独立地调节制冷剂流量。所说的不同运行工况,例如:压缩机启动、又有压缩机启动 (在多台压缩机的系统中)、高压头、低压头、高负荷、低负荷、部分负荷, 等等。

驱动模块还能用于故障诊断和报警。报警可以直接从驱动模块接收到,经数字输出,也可以选择在驱动模块上的 LED 输出。控制器在完成接线之后无参数设定的情况下启动。例如,ALCO 的 EXD - U 通用驱动器便是个步进电机驱动器。EXD - U 通用驱动模块可以操纵步进电机式电控阀 EX5、EX6、EX7、EX8。用作电子膨胀阀控制、热气旁通能量调节、蒸发压力调节、吸气压力调节、冷凝压力调节、液位控制、和喷液量控制。这种驱动模块需要标准电信号模拟输入(4~20 mA,或 0~10 V),输出则是发送到电控阀 EX5、EX6、EX7、EX8 的开度指令,然后按模拟输入信号的大小来控制制冷剂液体或制冷剂蒸气的质流量。通用驱动模块可以连到任何能够提供 4~20 mA,或 0~10 V 模拟信号的控制器上。这样便给制冷系统设计与制造者极大的灵活性,采用某个希望的控制器、连接通用模块,和合适尺寸的电控阀,便可实现各种不同的控制功能要求。

带有网络通讯功能的电子控制器

以 ALCO 的 EC 系列（EC2 或 EC3）网络型电子控制器为例，EC 系列的驱动器和控制器采用很先进的通讯技术，它设置了制冷工业的新标准，许多控制器中都包含了节能控制算法，如：自适应过热度控制和温度控制、按需除霜控制，以及吸气、排气压力设定点浮动等。

全部 EC2 或 EC3 控制器都适宜于两种通讯协议 TCP/IP 以太网和 LON。

3. 网络

（1）TCP/IP Ethernet（以太网）　控制器基于以太网，通过 Ethernet 端口（RJ45 connector）可以把它们直接连到计算机上。这时控制器便起网络服务器的作用，能够让工程师从控制器上直接看到标准构造结构配置外形画面，而无需任何附加硬件或软件。每个控制器都可以用一个转接渡线连到 PC 上，不过最方便的方法是把一个控制器连到用作路由器的 PC 上，它将自动注册一个 TCP/IP 地址。不管哪种方式，工程师都能访问监测参数结构页面，通过使 TCP/IP 数进入到 Internet 浏览器的地址（如 Microsoft Internet Expolrer），提供用户名和密码保护来避免无权人士访问控制器。

基于 TCP/IP 的控制器特别为解决小型制冷装置实际控制要求而设计，它需要对通讯进行监测，而不需要客户可视。对许多装置而言，并不需要附加监测服务器。

这类控制器还具有下述功能：

- 监测系统中的温度、压力以及继电器状态。
- 读出/写入 EC2 和 EC3 控制器的控制参数。
- 实时图形可视化。
- 在控制器上直接采集长达一个月的数据。
- 数据到 PC 上的 Log 功能。
- 存储和修复系统参数。
- 通过 Email 当地报警。
- 通过 Email 远传报警。

（2）LON　LON 是一种开放的系统协议（由 Echelon 所创立），因而有不被第三方协议所约束的好处。

基于 LON 的控制器可以相互连接组成一个简单网络可供要求主/从或同步除霜的控制应用。不过，它们也可以连接到一个 AMS 监控服务器来实现最复杂系统的控制要求。

AMS 起的作用是从 LON 网络（含有 EC2 和 EC3）到外界的一个界面，它可以通过标准电话线、模拟或数字式 ISDN 远距离来访问。另一种方法可以通过

Internet或专业公司企业内部互联网用 TCP/IP 来传输数据。无论哪种方式,采用企业标准网络浏览器均可做到可视化。

通过传递系统状态信息(如温度 t 或压力 p)和其它动态系统数据,控制每个子系统中的制冷回路,同时使系统管理者便能提早认定系统潜在的故障。一旦系统出现故障,控制器便能自动地转换到紧急操作运行模式,同时发送系统错误信息到监控服务器。

数据集中采集系统的好处是可以大大降低与食品品质相系的成本(即减少由于不满足食品卫生标准而无法出售的食品所造成的损失)。

监测服务器连到模拟式或数字式电话线上,可以通过传真、Email 或 SMS (标准系统模块)将系统报警远传,类似于 TCP/IP 控制器的方法。工程师无需任何附加的硬件或软件便可以看到系统。从进入 AMS 监视服务器的 TCP/IP 地址到因特网浏览器的地址线,也可以看到系统情况。事实上,电话通讯系统的优点是:主管工程师配备一台便携式电脑和手机 (移动电话) 便可以与任何点上的系统互动。

以上是 EMOSEN 公司主要针对商场冷柜、冷库等制冷装置的电子控制概况。

再来看 DANFOSS 公司的制冷电子控制产品。DANFOSS 公司在商业和大型工业制冷控制的研究和产品开发上一直享有盛誉,其制冷装置的电子控制产品是一套完整的自适应制冷控制系统(即 ADAP – KOOL Refrigeration control systems)。

ADAP – KOOL 系统是监测和控制制冷装置的完整的电子系统,其产品含盖了商业制冷与工业制冷装置中所要处理的所有关于先进控制、监测及报警(保护)方面的需求。包括有电子控制(电子控制器、电子操纵的调节阀或阀执行器、传感器)、实时监测、并且集成了网络通讯和 PC 软件技术。

ADAP – KOOL 制冷控制系统的组成及一般情况如下:

• 电子控制器,有 EK 系列的控制器和 AK 系列的控制器。EK 系列是独立式控制器,AK 系列是整套制冷装置的控制器。

EK 系列控制器有:基于双位控制的温度控制器,基于串级控制的温度控制器,基于过热度最佳控制的蒸发器控制器,液位控制器,压缩机和冷凝器能力控制器等。这个系列的控制器立足于操作简单容易,用两个操作按钮和一个显示器便可为制冷装置设置独立的控制功能。此外,多数控制器中可以插入一个数据通讯模块,用这个模块便可将控制器连到一个具有集中操作、数据采集和报警监控的系统中,数据通讯通过一个基于 LON 的通讯单元 RS 485 发生。EK 系列的大多数控制器都为数据通讯作好了准备。

AK 系列的控制器可以适用于所有制冷剂的制冷系统,通过软件进行简单设置便可适用于新制冷剂。用 AK 系列的控制器可以实现吸气压力最佳控制，通过精确地控制吸气压力，使负荷最重的制冷点上也能精确地维持住所要求的温度。

·监测器，带来远距离监测的便利，有可能评价是否接受报警（即在夜间报警是要马上呼叫维修服务呢，还是可以推迟处理）。

·电控阀，即电子操纵的调节阀或阀执行器，如电子膨胀阀可以用在制冷能力的起点值为每台 0.5 kW 的蒸发器上。

·传感器，例如温度传感器、压力变送器等。

·数据通讯。

·PC 软件。

虽然各公司有各自的制冷电子控制系统产品系列，但其系统的基本构架是相同的，在体现优化控制和优化管理方面的思路上都是一致的，器件的具体结构上各有特色，而原理和功能也大体相似。

本章以下的内容将以 DANFOSS 公司的自适应制冷控制系统为代表例，具体讲述系统器件结构原理、技术性能、控制器和控制系统功能与应用，以及系统的监控与网络功能。

6.1　传感器

6.1.1　温度传感器

制冷电子控制系统中常用的温度传感器有铂电阻型和热敏电阻型。按照测温场合，将铂电阻或热敏电阻探头封装后做成各种不同的形状，如图 6.3 所示。一些型号的温度传感器的用途及测量温度范围见表 6.1。

铂电阻的阻值与温度呈线性变化关系，Pt1000 铂电阻温度传感器在温度为 0℃时电阻为 1000 Ω，

图 6.3　温度传感器的形式

Pt1000 铂电阻的温度-电阻特性如表 6.2 所示。温度每变化 1 K，铂电阻的阻值改变约 3.9 Ω。表 6.1 所列的型号中 AKS 11，AKS 12，AKS 21 是 Pt1000 的铂电阻温度传感器。Pt1000 铂电阻温度传感器测温精确，可以在要求高精确度温度控制中，与相应的控制器配合使用。

热敏电阻温度传感器利用热敏电阻元件的温度-阻值特性反映温度变化。热敏电阻有 PTC 和 NTC，PTC 是正温度系数的热敏电阻，NTC 是负温度系数的热敏电阻。表 6.1 中的 EKS 111 型便是 PTC 元件的温度传感器。

表 6.1 温度传感器的用途及测量温度范围

型号	用途	温度范围/℃
AKS11	表面温度和风道温度传感器	−50～+100
AKS12	空气温度传感器	−40～80
AKS21A	带有夹子的表面温度传感器	−70～+180
	带有屏幕电缆和夹子的表面温度传感器	−70～+180
AKS21M	多种用途的传感器	−70～+180
AKS21W	浸入式传感器	−70～+180
EKS111	空气温度传感器(PTC 元件)	−55～100

EKS 111 型 PTC 热敏电阻的电阻-温度特性见表 6.3,它在 25℃ 时的电阻为 1000Ω。这种传感器有较大的电阻允差,这意味此种传感器不宜用在食物安全温度采集和蒸发器过热度控制中的温度测量,只在对温度测量精度要求不高的一般控制中使用(例如,与下文将要说到的控制器 EKC101,EKC201,和 EKC301 配合使用)。

表 6.2 铂电阻 Pt1000 的温度-电阻特性表(AKS11,AKS12,AKS21)

℃	Ω	℃	Ω	℃	Ω	℃	Ω
0	1000.0		1000.0	—	—	—	—
1	1003.9	−1	996.1	26	1101.2	−26	898.0
2	1007.8	−2	992.2	27	1105.1	−27	894.0
3	1011.7	−3	988.3	28	1109.0	−28	890.1
4	1015.6	−4	984.4	29	1112.8	−29	886.2
5	1019.5	−5	980.4	30	1167.7	−30	882.2
6	1023.4	−6	976.5	31	1120.6	−31	878.3
7	1027.3	−7	972.5	32	1124.5	−32	874.3
8	1031.2	−8	968.7	33	1128.3	−33	870.4
9	1035.1	−9	964.8	34	1132.2	−34	866.4
10	1039.0	−10	960.9	35	1136.1	−35	862.5
11	1042.9	−11	956.9	36	1139.9	−36	858.5
12	1046.8	−12	953.0	37	1143.8	−37	854.6
13	1050.7	−13	949.1	38	1147.7	−38	850.6

℃	Ω	℃	Ω	℃	Ω	℃	Ω
14	1054.6	−14	945.2	39	1151.5	−39	846.7
15	1058.5	−15	941.2	40	1155.4	−40	842.7
16	1062.4	−16	937.3	41	1159.3	−41	838.8
17	1066.3	−17	933.4	42	1163.1	−42	835.0
18	1070.2	−18	929.5	43	1167.0	−43	830.8
19	1074.0	−19	925.5	44	1170.8	−44	826.9
20	1077.9	−20	921.6	45	1174.7	−45	822.9
21	1081.8	−21	917.7	46	1178.5	−46	818.9
22	1085.7	−22	913.7	47	1182.4	−47	815.0
23	1089.6	−23	909.8	48	1186.3	−48	811.0
24	1093.5	−24	905.9	49	1190.1	−49	807.0
25	1097.3	−25	901.9	50	1194.0	−50	803.1

表 6.3　PTC 热敏电阻的电阻-温度特性(EKS111)

电阻 R(典型值)/Ω	温度/℃	误差/K
1679	100	+/−3.5
1575	90	
1475	80	
1378	70	
1286	60	
1196	50	
1111	40	
1029	30	
990	25	+/−1.3
951	20	
877	10	
807	0	
740	−10	
677	−20	
617	−30	
562	−40	
510	−50	
485	−55	+/−3.0

6.1.2　压力变送器

压力变送器将压力测量值转换成标准电信号。对制冷中使用的压力变送器有高精度要求,先进的传感技术可保证压力调节的高精度。这对于制冷装置能力调节的准确性与节能性十分重要(压力信号常用于制冷机能力调节的发信)。

图 6.4 是 DANFOSS 专为制冷系统开发的压力变送器,压力变送器的输出电信号与压力呈线性关系。有以下信号输出方式:

一种是在变送器的测量压力量程范围内以电压信号 1～5 Vdc 输出(AKS32 型),或者是以电流信号 4～20 mA 输出(AKS33 型),它们的输入-输出特性如图 6.5(a)所示。

还有一种正规化输出的压力变送器 AKS 32R 型,它将压力测量值转换成线性输出信号,输出信号的最小值是实际供电电压的 10%;输

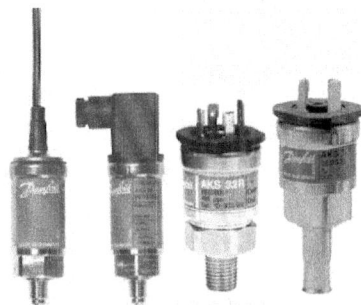

图 6.4　压力变送器图

出信号的最大值是实际供电电压的 90%。例如,供电电压为 5 V 和 8 V 时的输入-输出特性分别示于图 6.5(b)中。

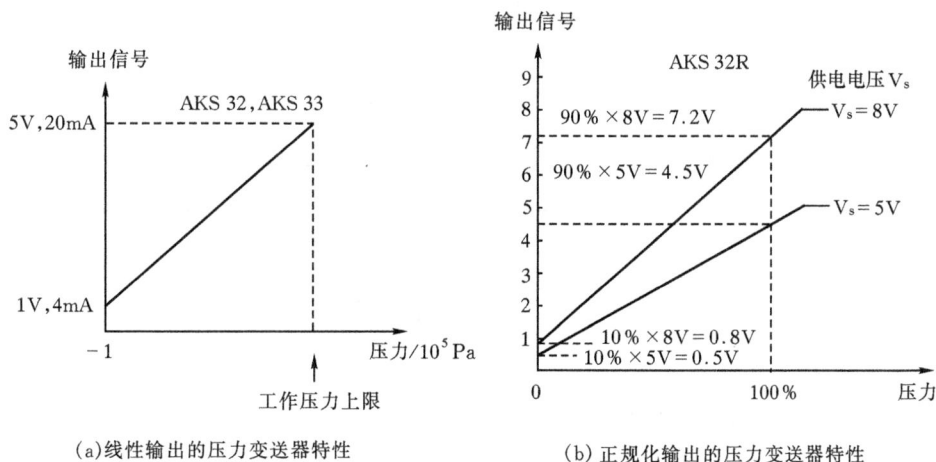

(a)线性输出的压力变送器特性　　　　(b)正规化输出的压力变送器特性

图 6.5　压力变关器特性图

这种专为制冷装置开发的高压和低压压力变送器具有温度补偿。温度补偿范围:低压(≤1.6 MPa)变送器为 -30～$+40$℃;高压(>1.6 MPa)变送器为 0～$+80$℃。

还有以下主要特点：它们与除氨以外的所有制冷剂相容；能有效地防潮，允许安装环境恶劣（如有冰的吸气管中）；结构结实，能抗冲击、振动和压力波动；它无须调整，能够保持出厂设定的精度，与环境温度和大气压的变化无关（这一点对于制冷系统中蒸发压力控制十分重要）。可用于制冷、空调装置，还可用于其它过程控制和实验室。

压力变送器 AKS32，AKS33，AKS32R 有不同的量程规格，其特性如下表 6.4 所示。

表 6.4　各种量程规格的压力变送器的技术特性

型号	运行压力范围 /10^{-1}MPa	最高工作压力 /10^{-1}MPa	补偿温度范围 /℃
AKS 32，输出 1～5 V	−1～6	33	−30～+40
	−1～12	33	−30～+40
	−1～20	40	0～+30
	−1～34	55	0～+80
AKS32R	−1～12	33	−30～+40
	−1～34	55	0～+80
AKS33，输出 4～20 mA	1～5	33	−30～+40
	1～6	33	−30～+40
	1～9	33	−30～+40
	1～12	33	−33～+40
	1～20	40	0～+80
	1～34	55	0～+80
	0～16	40	0～80
	0～25	40	0～+80

6.1.3　液位变送器

在制冷剂液位电子式控制系统中，用液位变送器检测制冷剂容器中的液位。有电容棒式液位变送器（AKS41）和浮球电感式液位变送器（38E）。分别如图6.6 和图 6.7 所示。

AKS 41 与控制器 EKC 347 一道使用，适用制冷剂为：R717、R22、R404A 和 R134a。

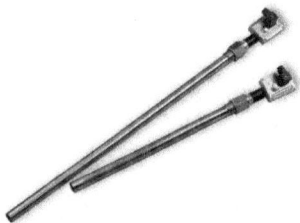

图 6.6　电容棒式液位变送器 AKS41

图 6.7　浮球电感式液位变送器 38E

6.1.4　阀开度变送器 AKS45

能够根据阀的开度，给出 4～20 mA 的电信号，它可以与电动阀 MEV、MRV 或主阀 PM 配用，与控制器 EKC347 配用，与 PLC 配用。

由于资料有限，本节所列的传感器主要是 DANFOSS 公司电子控制系统产品中所配用的种类，实际生产厂家很多。例如 ALCO 公司的制冷电子系统中，温度传感器采用 NTC 元件(25℃时的电阻值 10 kΩ)，而压力变送器(PT4 系列)的标准输出是 4～20 mA 信号，量程有：－0.08～

图 6.8　阀开度变送器

0.7 MPa,0～1.8 MPa,0～3 MPa和0～5 MPa 几种，与 ALCO 的执行阀和电子控制器配套使用。

6.2　执行器(电控阀)

作为制冷电子控制系统的执行器，主要有电子膨胀阀、电动阀、电子式蒸发压力调节阀、电子式定压导阀。它们与相应的传感器、控制器配合，可以满足制冷系统中对蒸发器过热度、蒸发压力及制冷温度、容器中制冷剂液位、制冷机能力等的电子式控制需求。

6.2.1　电子操纵的膨胀阀

电子操纵的膨胀阀(电子膨胀阀)是蒸发器过热度控制中，能够接受来自控制器的电子指令信号进行制冷剂流量调节的执行阀。

蒸发器过热度电子控制系统如图 6.9 所示。控制器(3)接收蒸发器出口温度和压力的检测信号,运算成过热度的检测值,与过热度控制的目标值相比较,经过调节运算,向电子膨胀阀(1)发送调节动作指令。如图 6.9(a)所示。获取控制信号的另一种方式是用两个温度传感器分别检测蒸发器入口温度和出口温度,用这两个温度差 $\Delta T(=T_2-T_1)$ 近似代替过热度信号,执行控制。如图 6.9(b)所示。

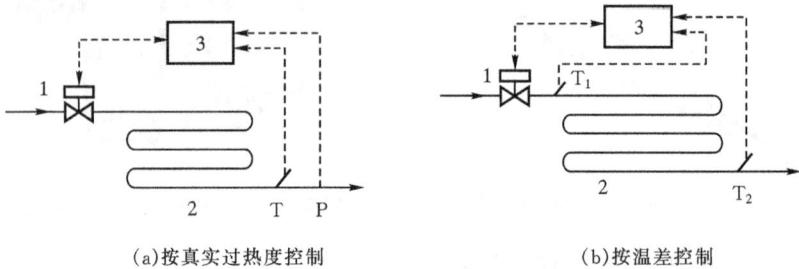

(a)按真实过热度控制　　　　　　　　　　(b)按温差控制

图 6.9　电子过热度控制系统图

1—电子膨胀阀;2—干式蒸发器;3—电子控制器;T—温度传感器;P—压力变送器

　　两种信号方式前者称作真实过热度控制;后者称作温差控制。真实过热度控制需要使用一个压力变送器,价格贵。温差控制只需使用两个温度传感器,价格便宜,但由于蒸发器阻力,温差信号并非过热度的真实值。在实际中,两种信号方式均有应用。

　　采用电子膨胀阀及其控制系统进行蒸发器供液量调节与用传统热力膨胀阀调节系统相比,具有以下优点:①流量调节不受冷凝压力的影响;②对膨胀阀前制冷剂液体的过冷度变化具有补偿能力;③系统自己能够很快地、精确地调整,即使负荷变化很大也能胜任;④可以将过热度控制得尽可能小,故蒸发器传热面积最大限度利用。

　　这里先讨论过热度电子控制系统的执行阀,至于过热度控制见 6.3.4。

　　DANFOSS 的电子膨胀阀产品,按结构和驱动原理有三种形式。除流行的电磁式和步进电机驱动式外,还有热动式。它们受 DANFOSS－KOOL 制冷控制系统的控制器所操纵。

1. 电磁式膨胀阀 AKV 和 AKVA

　　AKV 和 AKVA 系列电子膨胀阀均为电磁式,AKV 型适用于所有氟里昂类制冷剂;AKVA 型适用 R717 制冷剂。其节流孔组件可拆换,构成具有不同容量的系列产品。

　　图 6.10 示出电磁式膨胀阀外观。AKV 型的技术参数如表 6.5 所示,其额定能力见表 6.6。

图 6.10　电磁式膨胀阀 AKV10

表 6.5　AKV 系列电子膨胀阀的技术参数

阀型	AKV10	AKV15	AKV20
线圈电压允差	+10/−15%		
工作原理	脉宽调节 PBM		
循环周期的推荐值	6s		
能力(R22)/kW	1～16	25～100	100～630
能力调节范围	10%～100%		
蒸发温度/℃	−60～60	−50～60	−40～60
环境温度/℃	−50～50	−40～50	−40～50
阀座泄漏	<0.02%		
最大工作压差/10^{-1}MPa	18	22	18
最高工作压力/10^{-1}MPa	28	28	28
试验压力/10^{-1}MPa	36	36	31

表 6.6　电磁式膨胀 AKV 的额定能力表

型号	额定能力/kW[①]				k_v
	R22	R134a	R404A/R507	R407C	m^3/h
AKV10 - 1	1.0	0.9	0.8	1.1	0.010
AKV10 - 2	1.6	1.4	1.3	1.7	0.017
AKV10 - 3	2.6	2.1	2.0	2.5	0.025
AKV10 - 4	4.1	3.4	3.1	4.0	0.046
AKV10 - 5	6.4	5.3	4.9	6.4	0.064
AKV10 - 6	10.2	8.5	7.8	10.1	0.114
AKV10 - 7	16.3	13.5	12.5	17.0	0.209
AKV15 - 1	25.5	21.2	19.6	25.2	0.25
AKV15 - 2	40.8	33.8	31.4	40.4	0.40
AKV15 - 3	64.3	53.3	49.4	63.7	0.63
AKV15 - 4	102	84.6	78.3	101	1.0
AKV20 - 1	102	84.6	78.3	101	1.0
AKV20 - 2	163	135	125	170	1.6
AKV20 - 3	255	212	196	252	2.5
AKV20 - 4	408	338	314	404	4.0
AKV20 - 5	643	533	494	637	6.3

①额定能力基于冷凝温度 32℃,液体温度 28℃,蒸发温度 5℃。

与 AKV 类似,氨用电磁式膨胀阀 AKVA 也有相同的三种尺寸型号和相同技术参数。只是相应型号的 AKVA 的能力与 AKV 不同。AKVA 的能力(R717)范围为:

表 6.7 氨用电磁式膨胀阀 AKVA 的能力范围

型号	AKVA10	AKVA15	AKVA20
能力(R717)	4~100 kW	125~500 kW	500~3150 kW

电磁式膨胀阀流量调节方式:采用脉宽调制的信号方式操纵电磁式膨胀阀,使之具有流量调节作用。即:设置一个固定的循环周期使电磁阀开闭。在这个周期中,电磁阀打开时间与关闭时间之比便对应于某个平均流量值。比如:设置循环周期为 10 s。用以 10 s 为周期的脉冲信号控制。当控制信号的脉宽使阀打开时间持续 4 s,关闭时间持续 6 s 时,则所控制的流量是阀流通能力的 40%。改变脉宽,即改变电磁阀的开闭时间比,便改变了流量。表 6.5 中给出 AKV 系列电子膨胀在调节时循环周期的推荐值为 6 s。

像这样用电磁阀充当调节阀的好处是:电磁阀结构简单便宜,使用成本低。但调节存在一定的脉动,系统的动态特性不如用调节阀好。

2. 热动式电子膨胀阀 TQ/PHTQ 和 TEAQ

TQ 型和 PHTQ 型是适用于氟里昂制冷剂的热动式电子膨胀阀。

TQ/PHTQ 阀由 4 部分组成:节流孔组件、阀体、执行器、法兰,其结构如图 6.11所示。图(a)是阀执行器结构。阀的动力件是个特制的膜头,控制器输入到执行器的是调制脉冲信号,施加到 PTC 加热元件(17),对膜头加热,使膜头中温度变化,乃至压力变化。膜头中的压力通过膜片作用于阀杆,使阀处于某一开度。通过脉宽调节,可以改变加热元件对膜头的加热程度,即改变所施加的动力,保证阀芯正确定位,从而得到所要求的流量。一旦输入电压切断,阀便关闭。

执行器作成通用型,可以与不同的阀体组合,小型的直接驱动,见图(a)TQ;大型的作成导阀与主阀组合式,见图(b)PHTQ,间接驱动。

TQ/PHTQ 阀和执行器的技术参数见表 6.8。TQ/PHTQ 阀的能力复盖了每个蒸发器从 15 kW 到 2200 kW(R22)的范围。各个阀的能力从含在其型号中的数字可以看出。其数字表示阀的节流孔尺寸。比如节流孔尺寸 3 的型号为 TQ5-3。节流孔组件可拆换。

TQ/PHTQ 可用于对冷却空气的翅片管式或冷却液体的干式氟里昂蒸发器供液。

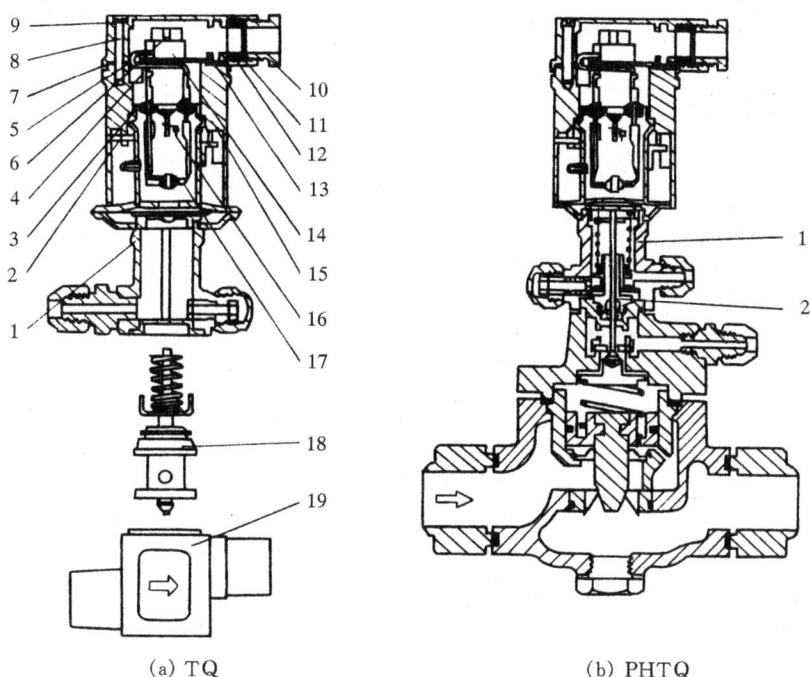

(a) TQ　　　　　　　　　　　　　(b) PHTQ

图 6.11　热动式电子膨胀阀

1—阀头；2—止动螺钉；3—"O"形圈；4—电线套管；5—电线；6、8—螺钉；7—垫片；
9—上盖；10—电线旋入口；11—密封圈；12、13—垫片；14—端板；15—膜头；16—NTC
传感元件；17—PTC 加热元件；18—节流组件；19—阀体

表 6.8　TQ/PHTQ 膨胀阀和执行器的技术参数

TQ/PHTQ 膨胀阀			执行器	
制冷剂	R22,R134a,R404A/R507		环境温度	运行时：−30～+60℃
蒸发温度范围	−40～+10℃			输运时：−30～+70℃
试验压力	Max. 2.65 MPa		供电电压	24 V 脉冲 ac
工作压力	PB=2.2 MPa			
环境温度	运行时	max. 50℃	耗电	工作时　50 VA
	输运时	max. 70℃		启动时　75 VA

　　具有相同结构和原理的氨用热动式电子膨胀阀为 TEAQ 型，是工业用氨制冷
装置中用的电子膨胀阀。在阀的上部有一个压力平衡接口。平衡管从外部连到阀
后的液管上。使 TEAQ 阀正确发挥作用的前提条件是要由外部建立起从阀顶到

阀出口的压力平衡。

　　TEAQ 受 AKC 24P 控制器操纵,过热度由压力变送器 AKS 32 和 AKS 21 型温度传感器检测。该系统基于最小可能过热度来调节蒸发器供液。TEAQ 阀用在向干式氨蒸发器供液、在所有工况下都能保证供液量最佳的要求。它还适用于带分液器的蒸发器,如液体冷却器,板式热交换器和自循环的空气冷却器。

　　TEAQ 电子膨胀阀主要技术数据如表 6.9 所示。能力特性如表 6.10 所示。

表 6.9　TEAQ 电子膨胀阀技术参数

调节范围		$-40℃～+10℃$
环境温度	工作时:	max. $+37℃$ at $-0.6 ×10^5 Pa$
	输运时:	$-40～+70℃$
电力输入		24 V 脉冲调制 ac $+10/-15\%$
耗能	工作时:	50W
	启动时:	75W
制冷剂		R717(NH₃)
制冷剂温度		$-50～+10℃$
最高工作压力		$19 ×10^5 Pa$
爆破压力		$127 ×10^5 Pa(min)$
实验压力		$28.5 ×10^5 Pa$

表 6.10　TEAQ 电子膨胀阀能力特性表

R717 能力/kW								范围:$-40～+10℃(-0.6～5 ×10^5 Pa)$
阀前后压降 $\Delta p/×10^5 Pa$								型号
2	4	6	8	10	12	14	16	
2.1	2.7	3.0	3.3	3.6	4.0	4.2	4.4	TEAQ 20 - 1
4.1	5.2	6.0	6.8	7.5	8.0	8.3	8.7	TEAQ 20 - 2
5.9	7.8	9.1	10.1	11.2	12.0	12.6	13.0	TEAQ 20 - 3
10.5	12.9	15.1	17.1	18.7	20.0	20.8	21.5	TEAQ 20 - 5
15.7	20.9	24.4	27.9	30.2	31.7	33.1	34.3	TEAQ 20 - 8
24.4	31.4	36.6	41.9	44.8	47.7	50.0	52.3	TEAQ 20 - 12
40.7	51.8	60.5	68.6	75.1	79.1	83.3	85.6	TEAQ 20 - 20
69.3	85.6	101.0	113.0	122.0	134.0	140.0	145.0	TEAQ 85 - 33
114.0	145.0	169.0	186.0	204.0	221.0	233.0	244.0	TEAQ 85 - 55
162.0	221.0	256.0	291.0	314.0	337.0	355.0	372.0	TEAQ 85 - 85

续表 6.10

过冷度修正(R717)										
过冷度 t_1/K	2	4	10	15	20	25	30	35	40	45	50
修正因子	1.01	1.00	0.98	0.96	0.94	0.92	0.91	0.89	0.87	0.86	0.85

选阀示例　已知:制冷剂为 R717,蒸发器能力为 $Q_e=265\text{ kW}$,蒸发温度 $t_e=-20\text{℃}$($p_e=1.9\times10^5\text{Pa}$),冷凝温度 $t_c=32\text{℃}$,阀前制冷剂液体的过冷度为 $\Delta t=4\text{℃}$,管道压力降按 $0.5\times10^5\text{Pa}$ 计算。于是阀前后的有效压力降为 $\Delta p=p_c-p_e-p_1=12.4-1.9-0.5=10\times10^5\text{Pa}$,查阀的能力特性表,找到在 $\Delta p=10\times10^5\text{Pa}$,型号为 TEAQ85-85 的阀能力为 314 kW,可选择之。

一般来说,阀的实际最大能力比能力表的数据高 20%。

3. 步进电机驱动的电子膨胀阀 (ETS)

图 6.12 是步进电机驱动的电子膨胀阀结构。它由阀(ETS)和步进电机(AST)组成。电机旋转运动时,带动阀杆上下移动,从而调节阀的开度。

该步进电机是两相两级,对定子绕组输入离散的电脉冲序列时,电机转子才向某个方向旋转,否则电机处于静止状态。步进电机的旋转方向由电脉冲的相序关系决定;而旋转角度(即它所带动阀杆的行程)则电脉冲数所决定。阀芯型线为 V 口-"郁金香"形,从而保证在部分负荷条件下性能最好,同时提供零阻力时最大能力特性。它的阀腔和阀口在结构上设计成能够实现完全动力平衡,从而保证流体在正向、反向两个流动方向的能力特性完全一致,两个流动方向上的最大能力接近相同。此外还具有双向截止功能,就如同用电磁阀一样关闭严密。关闭位置也是机械停止点,该点是初始化控制器的的参

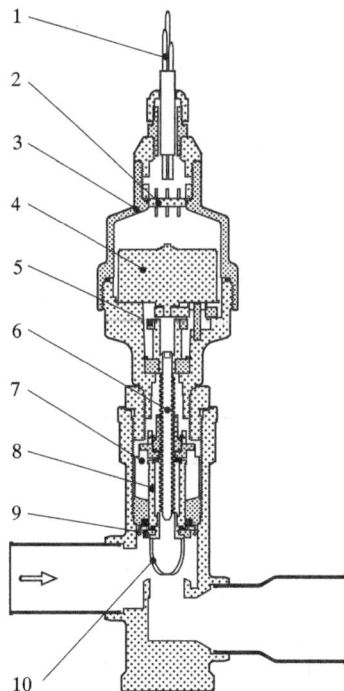

图 6.12　ETS 电子膨胀阀

1—电缆;2—玻璃封口;3—AST 电机外壳;4—步进电机;5—轴承;6—推杆;7—填料;8—活塞;9—阀座;10—阀口

考点。通过关闭时固定的过驱动脉冲,保证参考步数始终是正确的。操纵 ETS 系列阀需要一个控制器以直流 12 V 驱动,或者用斩波器驱动(100 mA RMS)。DANFOSS 的 EKC316 和 EVD200/300 可以用作 ETS 系列膨胀阀的驱动。见图 6.13。

图 6.13 是 ETS 的控制操作图。

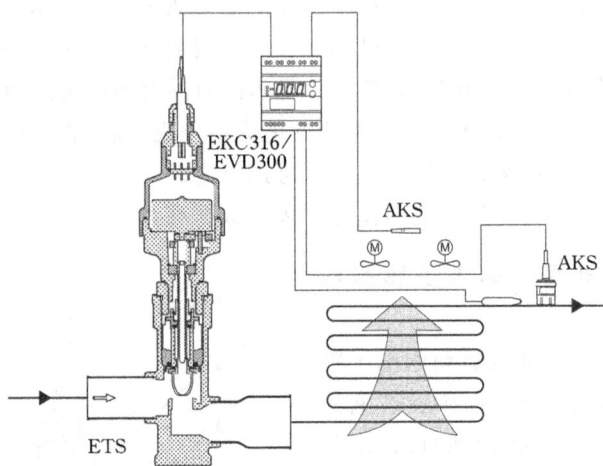

图 6.13　ETS 阀的控制操作

ETS 阀的技术数据和步进电机的电气参数分别见表 6.11 和表 6.12。

表 6.11　ETS 阀的技术数据

型号	ETS 50B/ETS 100B	ETS 250/ETS 400
适用工质	HFC,HCFC	HFC,HCFC
最大工作压差 MOPD/10^5 Pa	33	33
最高工作压力/10^5 Pa	45.5	34
制冷剂温度/℃	$-40\sim10$	$-40\sim10$
环境温度/℃	$-40\sim60$	$-40\sim60$
总行程/mm	13/16	17.2
电机外封	IP 67	IP 67

表 6.12 步进电机的电气参数

型号	ETS 50B/ETS 100B/ETS 250/ETS 400
步进电机形式	2 极永磁式
步进方式	两相全步
相电阻	$52\Omega\pm10\%$
相电感	85 mH
保持电流	取决于应用情况允许全电流(100%负荷运行)
步距角	7.5°(电机),0.9°(螺杆),传动比 8.5:1
额定电压	(恒定电压驱动)12 V dc$-4\%+15\%$,150 步/s
相电流	(用斩波器驱动)100 mA RM5$-4\%+15\%$
最大总功率	电压/电流驱动:5.5/1.3 W
步进速率	150 步/s(恒定电压驱动)0~300 步/s 推荐 300,(斩波电流驱动)
总步数	ETS 50:2625[+160/−0]步 ETS 100:3530[+160/−0]步 ETS 250/400:3810[+160/−0]步
全程耗时	ETS 50:17/8.5 s(电压/电流) ETS 100:23/11.5 s(电压/电流) ETS 250/400:25.4/12.7(电压/电流)
参考位置	朝着全关位置过驱动
电线	0.5 mm² 4 芯电缆,长 2 m

表 6.13 步进电机输入脉冲序列与阀的动作

	步	线圈 I		线圈 II		
		红	绿	白	黑	
关闭 ↑	1	+	−	+	−	打开 ↓
	2	+	−	−	+	
	3	−	+	−	+	
	4	−	+	+	−	
	1	+	−	+	−	

EST 系列电子膨胀阀的额定制冷能力(基于额定工况:蒸发温度 5℃,阀前液

体温度 28℃,冷凝温度 32℃)如表 6.14 所示。其能力调节特性(基于 R407C,额定工况)如图 6.14 所示。

表 6.14　子膨胀阀 EST 的额定制冷能力/kW

型号	R410A	R407C	R22	R134a	R404A
ETS 50B	262.3	240.5	215	170	161.4
ETS 100B	488.4	447.8	400.4	316.5	300.5
ETS 250		1212	1106	874	828
ETS 400		1933	1764	1394	1320

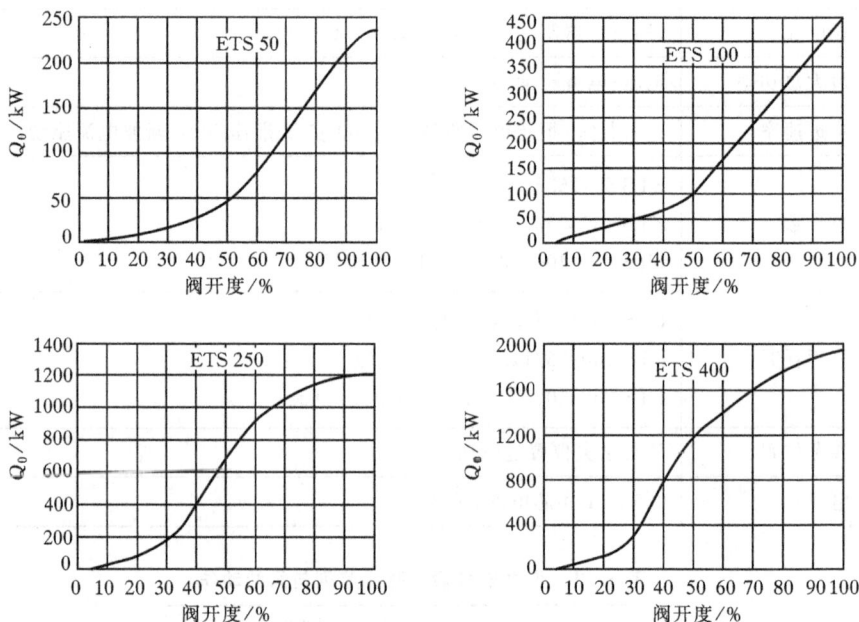

图 6.14　ETS 系列电子膨胀阀的能力调节特性
(R407C,额定条件:$T_e/T_c/T_1=5℃/32℃/28℃$)

6.2.2　伺服电机驱动的电控阀

图 6.15 示出由伺服电机驱动的电控阀,它由电动阀+伺服电机组成。

伺服电机为 SMV 或 SMVE 型,电动阀为 MRV 型,它们可以与各种不同控制目的的电子控制器配合,通过调节制冷剂的质流量,进行制冷系统中的压力或温度调节。

电动阀(MRV 型)的结构如图 6.16 所示。

图 6.15　由伺服电机驱动的电控阀

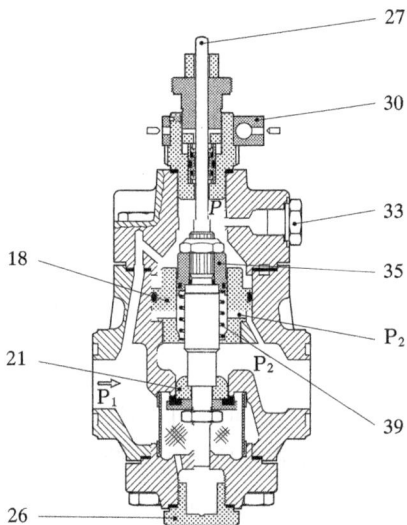

图 6.16　电动阀(MRV 型)

它有平衡活塞(35)保证操纵阀打开和关闭的力很小,故阀前后压力差对阀的工作影响将会最小。入口压力 P_1 作用在阀芯(21)的下面,P_1 经阀体内部通道引入平衡活塞上腔,与阀芯下面的压力相平衡。同样,出口压力 P_2 作用在阀芯(21)的上部,P_2 经阀体内部通道引入平衡活塞的下面。如此结构便使得开阀与关阀方向的流体力相平衡。

当推杆(27)未被驱动时,弹簧(39)使阀关闭。伺服电机中装有复位弹簧,当电机失电时,有复位弹簧使电机轴关闭。这表明断电或电路故障时,MRV 阀可以自动关闭。

在下堵头(26)的位置可以换上安装一个电子位置指示器(AKS45),于是在运行过程中便可以实时获得反映阀芯确切位置的输出信号(4~20 mA),还有反映阀全开和全关 ON/OFF 的数字信号。

阀的颈部可以装上加热元件(30),当阀所处理的流体介质的温度低于 0℃ 时,用此加热器的作用来保证推力杆(27)不结冰。接口(33)安装上压力表,可以测量阀入口处的流体压力。

由于 MRV 开阀与关阀方向的流体力相平衡,因此可以采用同一尺寸的伺服电机来驱动该系列所有尺寸的阀。有两种控制方式的伺服电机:SMV 型和 SMVE 型,如图 6.17 所示。SMV 型以三位方式操纵阀的动作(开-空档-关);而

SMVE 型电机采用电信号控制（4～20 mA），与控制器 EKC347 配合，以角度信号的方式操纵阀的动作。

图 6.17　伺服电机 SMV/SMVE

　　这种电控阀适用于包括氨在内的所有常见制冷剂（但不宜于可燃性的 CH 类制冷剂）。它还可以用作具有柔性开启的电磁阀，以防止水锤和脉动效应。

　　电控阀在制冷系统的管道上具有通用性，它在制冷剂的干吸气管、湿吸气管、热气管、和没有相变的液体管（即在阀中不发生制冷剂膨胀）都可以安装，图6.18给出 MRV 在制冷系统中可以安装使用的位置总览。

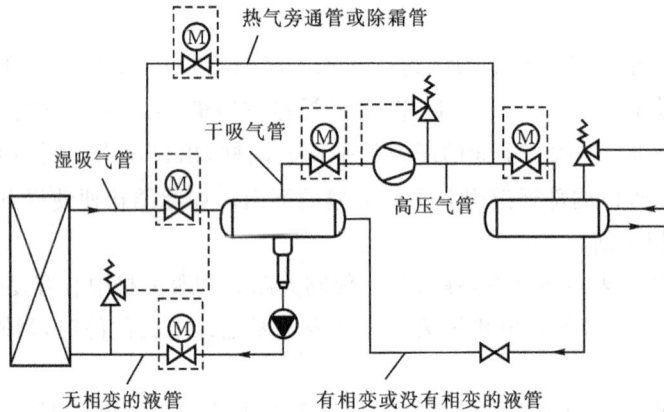

图 6.18　电控阀（MRV＋SMV/SMVE）在制冷系统中可以安装的部位（虚线框）

　　MRV 阀的产品样本按它用在不同的管段上的情况和针对各种制冷剂，给出各种型号的 MRV 阀的能力特性，以供设计选型使用。例如，当制冷剂为 R717 时，表 6.15(a) 是 MRV 阀用于泵供液的湿吸气管时的能力特性，表 6.15(b) 是 MRV 阀用于干吸气管时的额定能力特性。

表 6.15　MRV 的能力特性示例

(a)在额定条件下的阀能力(Q_N/kW,Δp=0.05 10^5Pa,循环倍率=4.0)

R717 用于湿吸气管

型号	k_v /m²·h⁻¹	蒸发温度/T_e							
		−50℃	−40℃	−30℃	−20℃	−10℃	0℃	10℃	20℃
MRV 5	1.6	1.5	1.9	2.4	2.9	3.4	4.0	4.6	5.2
MRV 10	3.0	2.7	3.5	4.4	5.4	6.4	7.5	8.7	10
MRV 15	4.0	3.7	4.7	5.9	7.2	8.5	10	12	13
MRV 20	7.0	6.4	8.3	10	13	15	18	20	23
MRV 25	11.5	11	14	17	21	25	29	33	38
MRV 32	17.2	16	20	25	31	37	43	50	56
MRV 40	30.0	27	35	44	54	64	75	87	98
MRV 50	43.0	39	51	63	78	92	108	124	141
MRV 65	72.0	66	85	106	130	154	180	208	236

(b)在额定条件下的阀能力(Q_N/kW,Δp=0.05 10^5Pa,循环温度=30℃)

R717 用泵供液干吸气管

型号	k_v /m²·h⁻¹	蒸发温度/T_e							
		−50℃	−40℃	−30℃	−20℃	−10℃	0℃	10℃	20℃
MRV 5	1.6	2.1	2.7	3.5	4.4	5.4	6.6	7.8	9.3
MRV 10	3.0	3.9	5.1	6.5	8.2	10	12	15	17
MRV 15	4.0	5.2	6.8	8.7	11	14	16	20	23
MRV 20	7.0	9.0	12	15	19	24	29	34	41
MRV 25	11.5	15	20	25	32	39	47	56	67
MRV 32	17.2	22	29	38	47	58	70	84	100
MRV 40	30.0	39	51	65	82	101	123	147	174
MRV 50	43.0	55	73	94	118	145	176	210	249
MRV 65	72.0	93	122	157	197	243	295	352	417

6.2.3　用于蒸发压力控制的电子执行器

1.电子式蒸发压力调节阀 KVQ

这种阀是为小型制冷系统实现电子式蒸发压力调节而设计的。如,超级市场的制冷装置,水果、蔬菜、肉类冷库。正常控制 KVQ 是由一个控制器(系 DAN-FOSS 的自适应制冷控制系统中的控制器系列产品之一)来实现。

KVQ 结构和工作原理如图 6.19 所示,KVQ 是热动式蒸发压力调节阀,当阀关小时,蒸发压力升高。它内部有平衡波纹管,因为波纹管的面积与阀孔面积相等,抵消阀出口压力,使阀出口压力的变化对调节不产生影响。阀的开度变化与入口蒸发压力相对于阀杆上部设定压力的偏差成比例,阀杆上部的设定压力由阀执行器上部的压力包提供。压力包中的压力由控制器决定,控制器将调制电压信号发送到执行器上,该信号是具有一定周期(比如 10 s)的脉冲序列信号。通过改变输入脉宽,使阀板处于正确位置,于是也就将蒸发压力维持在能保证冷媒温度合适的水准,同时不会造成吸气压力的改变。一旦切断供电,阀就打开。

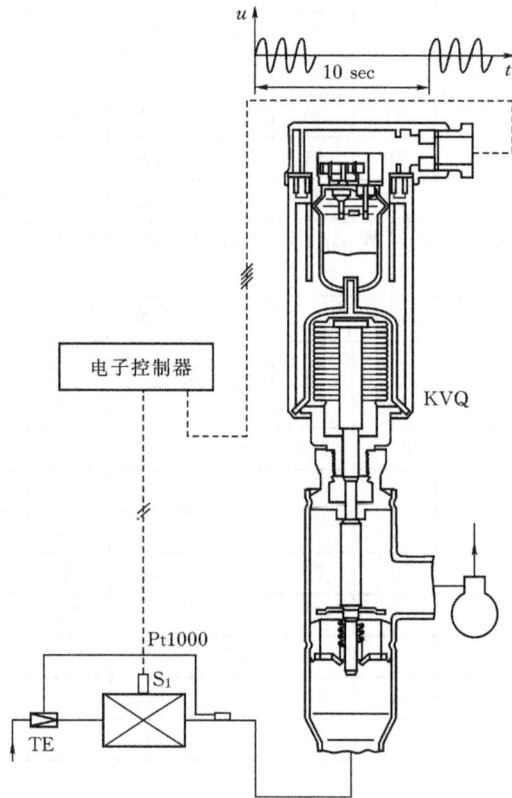

图 6.19　电子式蒸发压力调节阀 KVQ 及指令信号形式

KVQ 的特点是:适用于氟里昂类的所有制冷剂,能够精确地控制压力,蒸发压力调节范围:0~0.7 MPa。技术参数如表 6.16 所示。阀能力如表 6.17 所示。

表 6.16　蒸发压力调节阀 KVQ 的技术参数

调节范围	$p_0＝0.7$ MPa		
调节范围相应的制冷温度/℃	制冷剂	$p_0＝0$	$p_0＝0.7$ MPa
	R22	－41℃	15℃
	R134a	－30℃	32.5℃
	R404A	－47℃	10℃
	R407C	－35℃	17℃
	R607	－47℃	8℃
制冷剂	CFC,HCFC and HFC		
环境温度/℃	运行时	－45～40℃	
	输运时	－50～70℃	
最高工作压力 P_B/MPa	2.15		
最高试验压力 p'/MPa	2.8		
输入动力	来自调节器的脉冲 24 V ac		
最高耗能	35 VA/24 V ac		
在因热气除霜而强制关闭期间	最大关闭压力为	1.75 MPa	
	最高热气温度为	120℃	

表 6.17　蒸发压力调节阀 KVQ 的能力/kW

制冷剂	t_e/℃	KVQ 15－22						KVQ 28－35					
		压力降 $\Delta p/10^5$ Pa											
		0.05	0.1	0.2	0.3	0.5	0.7	0.05	0.1	0.2	0.3	0.5	0.7
R22	－40	2.1	2.9	3.9	4.6	5.3	5.6	4.9	6.8	9.3	10.8	12.5	12.9
	－30	2.7	3.7	5.1	6.1	7.5	8.2	6.3	8.8	12.1	14.4	17.5	19.3
	－20	3.3	4.7	6.5	7.8	9.7	11.1	7.9	11.0	15.3	18.4	22.9	26.0
	－10	4.1	5.7	8.0	9.7	12.2	14.1	9.6	13.5	18.9	22.9	28.8	33.2
	0	4.9	6.9	9.7	11.8	14.9	17.4	11.6	16.3	22.9	27.8	35.3	41.0
	＋10	5.8	8.2	11.6	14.1	17.9	21.0	13.8	19.4	27.3	33.2	42.3	49.5
R134a	－30	1.8	2.6	3.5	4.1	4.7	4.9	4.4	6.1	8.2	9.6	11.0	11.2
	－20	2.4	3.3	4.6	5.5	6.6	7.2	5.7	7.9	10.9	12.8	15.5	17.0
	－10	3.1	4.3	6.0	7.2	8.9	10.0	7.3	10.2	14.1	17.0	21.0	23.6
	0	3.8	5.4	7.5	9.0	11.3	13.0	9.0	12.7	17.7	21.5	27.0	30.7
	＋10	4.7	6.6	9.3	11.2	14.1	16.4	11.1	15.7	22.0	26.5	33.5	38.8

t t_e /℃ 制冷剂	型号											
	KVQ 15－22						KVQ 28－35					
	压力降 $\Delta p/10^5$ Pa											
	0.05	0.1	0.2	0.3	0.5	0.7	0.05	0.1	0.2	0.3	0.5	0.7
R404A/ R507												
-40	1.8	2.4	3.3	3.9	4.7	5.0	4.1	5.8	7.9	9.2	11.0	11.9
-30	2.2	3.2	4.5	5.3	6.5	7.3	5.4	7.5	10.4	12.4	15.3	17.2
-20	2.9	4.0	5.6	6.8	8.5	9.7	6.8	9.4	13.2	15.9	20.0	22.9
-10	3.6	5.1	7.2	8.7	10.9	12.7	8.6	12.1	16.9	20.5	26.0	30.0
0	4.5	6.2	8.8	10.8	13.6	16.0	10.5	14.8	20.8	25.3	32.2	37.5
$+10$	5.4	7.6	10.7	13.1	16.7	19.5	12.7	18.0	25.3	30.7	39.3	46.0
R407C												
-40	1.7	2.3	3.1	3.6	4.2	4.4	3.9	5.4	7.3	8.5	9.9	10.2
-30	2.3	3.1	4.3	5.2	6.4	7.0	5.4	7.5	10.3	12.2	14.9	16.4
-20	2.9	4.1	5.7	6.9	8.5	9.8	7.0	9.7	13.5	16.2	20.0	22.9
-10	3.7	5.2	7.3	8.8	11.1	12.8	8.7	12.3	17.2	20.8	26.2	30.2
0	4.6	6.5	9.1	11.1	14.0	16.4	10.9	15.3	21.5	26.1	33.2	38.5
$+10$	5.6	8.0	11.3	13.7	17.4	20.4	13.4	18.8	26.5	32.2	41.0	48.0

能力表的数据基于膨胀阀前制冷剂液体温度 $t_L=25$C；并假定 KVQ 阀前制冷剂为干饱和蒸气。不同液体温度时的阀能力修正系数见表 6.18。

表 6.18　KVQ 阀能力修正系数

t_l/℃ 制冷剂	10	15	20	25	30	35	40	45	50
R134a	0.88	0.92	0.96	1.0	1.05	1.10	1.16	1.23	1.31
R22	0.90	0.93	0.96	1.0	1.05	1.10	1.13	1.18	1.24
R404A/R507	0.84	0.89	0.94	1.0	1.07	1.16	1.26	1.40	1.57
R407C	0.88	0.91	0.95	1.0	1.05	1.11	1.18	1.26	1.35

2.电子导阀 CVQ

CVQ 作为主阀的电子式定压导阀来使用。电子式定压导阀 CVQ 的结构如图 6.20 所示。工作原理如下：CVQ 由压力腔中的压力控制节流孔的开度，压力腔中充注一定的介质，压力腔中的压力由温度控制，压力腔中有加热元件 PTC 和温度传感器 NTC，NTC 检测并反馈压力腔中的温度。当电子控制器向 PTC 输入电脉冲指令，调节压力中的温度时，压力腔中便产生精确的压力变化，造成阀的开度变化,于是便可调节由导阀通往主阀 PM 的控制压力。如果充注介质的压力太高,内部保护系统会将加热元件短路,于是压力便不再上升。

　　CVQ 与 EKC360 系列控制器一道使用,利用 CVQ 能够对 PM 主阀实现电子式控制(于是,便可远距离控制)。CVQ 用于维持主阀 PM 的入口侧的压力恒定,并且可以通过吸气压力调节很精确地控制被冷却对象(空气、水或液体)的温度。

　　CVQ+PM 阀系统调节的比例带取决于控制器 EKC360 的控制参数。

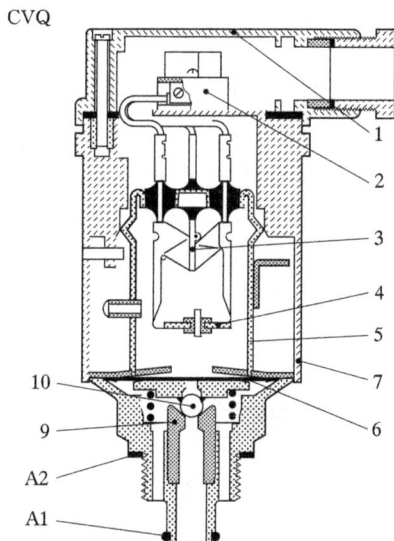

图 6.20　电子式定压导阀 CVQ

1—上盖;2—接线端子;3—NTC 电阻;4—PTC 电阻(加热元件);

5—压力腔;6—膜片;7—外壳;9—节流孔;10—带节流球的推力盘

　　CVQ 阀的技术参数和电气特性如下:

　　阀的 k_v 值　　$k_v = 0.45$ m^3/h;

　　压力范围　　有三种:$1 \sim 5 \times 10^5$ Pa(G),$0 \sim 6 \times 10^5$ Pa(G),$1.7 \sim 8 \times 10^5$ Pa(G);

　　输入电压　　24 Vac$\pm 10\%$(50$\sim$60 Hz);耗电 50 VA(运行时),75 VA(启动时);

　　环境温度　　$-30 \sim 50$℃。

6.3　电子控制器(EKC)

　　第 2 章讨论了制冷系统中的各种调节与控制,诸如:过热度控制、液位控制、蒸发器能力调节、冷凝器能力调节、压缩机能力调节、制冷温度控制等,给出了它们用模拟式调节系统的实施方法。这一节,将讨论实现这些调节与控制内容的电子控制系统。

电子控制器 EKC 便是针对上述各种控制目的的系列的产品,如电子温度控制器,冷媒体(介质)温度控制器,制冷装置控制,蒸发器控制,能力控制器和液位控制器。

下面对这些电子控制器功能作详细分析说明。

6.3.1　基于双位控制的温度控制器

这类控制器用于对库温进行双位控制,同时以开关量输出的方式控制压缩机开/停,供液电磁阀通断、蒸发器风扇以及除霜。

图 6.21 是最简单的专为满足制冷/供热装置的控制功能而使用的电子控制器 EKC101。它适用于这样特点的制冷装置控制:以压缩机开/停方式或PUMP DOWN 方式控制冷房温度,蒸发器定时自然除霜,如图 6.22 所示。

图 6.21　电子温度控制器
EKC101

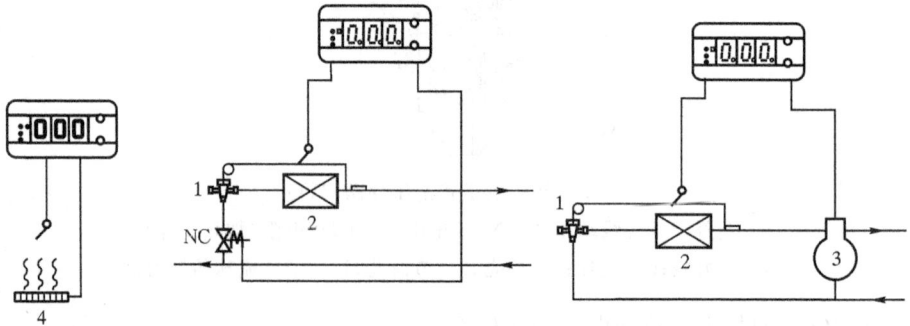

图 6.22　EKC101 的应用
1—热力膨胀阀;2—蒸发器;3—压缩机;NC—常闭电磁阀;4—电加热器

这样一个电子控制器可以取代一组传统的温控器和定时器。它具有温度控制与定时除霜控制功能。它的设计和结构使得操作、设定和编程都尽可能地最方便简捷。只用两个按钮,便可在控制器上设定所有的功能和进行编程。用界面设备(OEM 编程)可以很快地为控制器编程,显示冷房的真实温度。温度、时间、参数代码、报警和故障代码都可以在显示器上显示,发光二极管 LED 指示设备是否在工作。其主要技术数据:

供电:电压 230 Vac+10/−15%;耗电 2.5 VA;

传感器:PTC($R_{25℃}$=1000 Ω);测量范围:(−60~50)℃或(0~90)℃;

控制器＋传感器系统的温度精度：在 0～10℃ 范围为 ±1℃，

在 −60～0℃ 范围为 ±2℃；

控制器的继电器：为 SPDT，触点容量 250 Vac，16 A，最大电流 10 A；

环境温度：工作时 −5℃～55℃；输运时 −40～70℃。

表 6.19 是控制器上的菜单功能一览。从中可以看出：利用菜单的功能可以方便地进行各种设置：温度控制的幅差、除霜周期、除霜持续时间、终止除霜的温度、显示设置等。还可以看出：故障信息也将在控制器的以代码的方式显示。

表 6.19　EKC101 控制器菜单功能

设定和读出参数	参数码	最小值	最大值	工厂设定
温度控制器，温度/℃		−60(0)	50(99)	0
温控				
幅差/K	r1	1	20	2
设定温度的最大限/℃	r2	−59(1)	50(99)	50
设定温度的最小限/℃	r3	−60(0)	49(99)	−60
温度指示的调整/K	r4	−20	20	0.0
压缩机				
最小接通时间/min	c1	0	15	0
最小断开时间/min	c2	0	15	0
因传感器故障的接通频率/%	c3	0	99	0
除霜				
除霜终止温度	d2	0℃	25℃/OFF	OFF
除霜启动之间的间隔时间/h	d3	OFF	48	8
最大除霜持续时间/min	d4	0	99	45
除霜终止后的显示迟后/min	d5	0	15	0
启动之后除霜	d6	OFF	ON	OFF
多样性				
启动后输出信号迟后/min	o1	0	15	0
存取码	05	OFF	99	OFF
制冷或加热(rE＝制冷,HE＝加热)	o7	rE	HE	rE
故障码显示				
控制器故障	Er			
房间传感器断开	Er			
房间传感器短路	Er			

类似地,比 EKC 功能更多一些的温度控制器有 EKC201 和 EKC301。它们为普通制冷装置的双位温度控制与除霜控制要求所设计。

除了通过压缩机开/停(ON/OFF)方式或 PUMP DOWN 方式控制温度外。考虑到装置可能情况的多样性:如除霜方式有多种(自然除霜、电加热除霜、热气除霜);除霜控制信号也并非一种(可以用温度、也可以用时间);蒸发器形式有冷盘管式(或排管式)、有冷风机式(蒸发器+风机)。与冷风机式蒸发器的除霜控制操作还连带有蒸发器风机的运行控制。

EKC201 和 EKC301 控制器能够涵盖以上装置情况多样性的控制要求。表6.20 将这类装置按所要的温度控制方式与除霜控制功能要求进行了归纳,如所列4 类。EKC201 和 EKC301 对于这些控制的应用情况如图 6.23 所示。

表 6.20　EKC201 和 EKC301 控制器所适用的制冷装置及控制功能

控制功能	装置类			
	1	2	3	4
用 pump down 或压缩机开停控制库温	•	•	•	•
自然除霜	•			
受温度控制,电加热或热气除霜		•	•	
受温度控制,电加热或热气除霜			•	•
蒸发器风机控制			•	•

EKC201/301 所配用的传感器为:

PTC($R_{25℃}=1000\ \Omega$),或者 Pt1000;测量范围:$(-60\sim50)℃$。

控制器+传感器系统的温度精度:在 $-35\sim+20℃$ 范围为 $\pm0.5℃$,在 $-60\sim-35℃$ 和 $20\sim50℃$ 范围为 $\pm1℃$。

同样,利用控制器的菜单功能,可以进行以下相关控制内容的设置。

温度控制设置有:设定温度、幅差,还可调整温度显示。

报警设置有:上限报警温度、下限报警温度、温度报警迟后时间、库门报警迟后时间。

除霜设置有:除霜方式(电热或热气除霜)、除霜终止温度、除霜周期、除霜最长持续时间、除霜迟后时间(压缩机工作后)、蒸发器滴水时间、除霜后风机启动迟后时间、风机启动温度、除霜后温度报警迟后时间、除霜后进程显示的迟后时间。

风机设置有:风机是否在压缩机停止时停止、风机停止的迟后时间、风机与库门连锁。

还有时钟设置。

　　此外,控制器对下述情况给出故障码:控制器故障、库房温度传感器断开与短路、除霜传感器断开与短路。

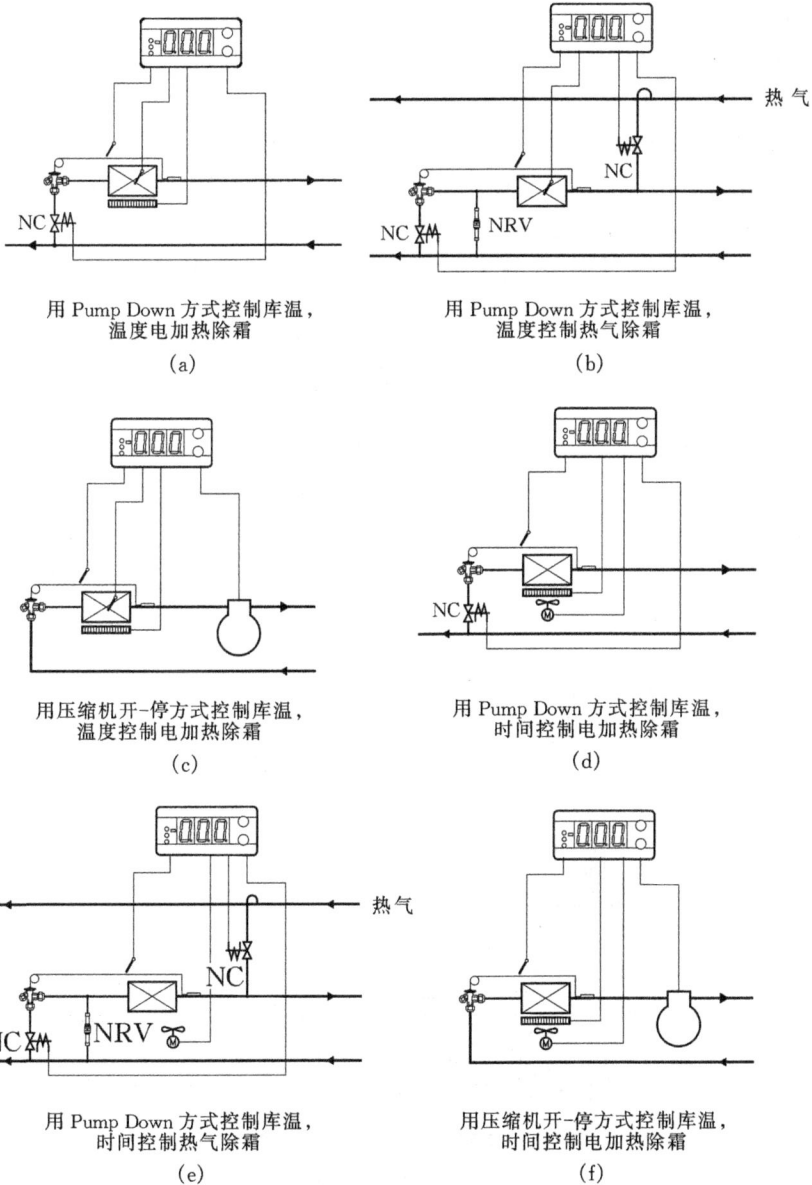

用 Pump Down 方式控制库温,
温度电加热除霜

(a)

用 Pump Down 方式控制库温,
温度控制热气除霜

(b)

用压缩机开-停方式控制库温,
温度控制电加热除霜

(c)

用 Pump Down 方式控制库温,
时间控制电加热除霜

(d)

用 Pump Down 方式控制库温,
时间控制热气除霜

(e)

用压缩机开-停方式控制库温,
时间控制电加热除霜

(f)

图 6.23　EKC201 和 EKC301 控制器的应用

6.3.2　串级控制的电子温度控制器(EKC361 和 EKC367)

这类控制器提供串级温度控制,同时控制蒸发器风扇和除箱等。

对制冷温度精度要求高的场合,如水果、蔬菜库、食品工业中的前工段、液体冷却等的制冷温度温度控制,简单的控制无法保证温度控制精度,可以使用串级控制以满足高精度温控要求。电子式串级温度控制系统的执行器是电子式蒸发压力调节阀,可以由电子导阀 CVQ+主阀构成,也可以是直接作用的电子式调节阀蒸发压力调节阀 KVQ,CVQ 和 KVQ 的原理特性见 6.2.3 节。它们均是接受来自控制器的脉宽调制式信号执行调节动作的。

与(CVQ+主阀)相配合的控制器是 EKC361;与 KVQ 相配合的控制器是

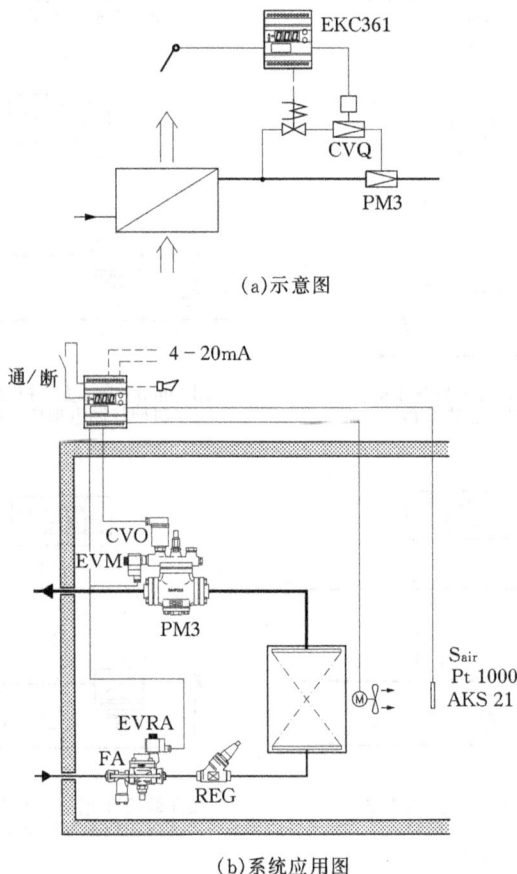

(a)示意图

(b)系统应用图

图 6.24　串级温度控制

EKC367。

一个串级控制系统还可能用更多的嵌套回路,用许多测量信号可以改善系统特性到一定的限度。通过用分别(开)处理这种系统中较快的和较慢的过程,控制器综合了响应速度和控制稳定性,从而比采用过程参数直接调节控制信号能获得更快的响应和更稳定的控制。下面我们将看到多嵌套串级控制回路在制冷温度控制中的应用情况。

1. EKC361 串级温度控制器

EKC361 串级控制系统在冷库温度控制上应用如图 6.24 所示。

该应用中的串级控制框图如图 6.25 所示。控制器接收来自库房温度传感器的信号 S_{air}。该传感器放在蒸发器的出风口处,以便获得尽可能好的调节品质。控制器与执行器之间插入了内回路,它不断检测 CVQ 执行器压力包中的温度(压力),通过这样的方法获得稳定的控制。如果期望值与检测值之间有偏差,控制器立即向 PTC 加热元件发送脉冲变化(更多或更少的脉冲数),作用于执行器去纠正偏差。脉冲数的变化使压力包中的温度乃至压力改变。由于充注压力与蒸发压力是是相互跟随的,改变了充注压力,便使阀的开度也发生变化。于是,不管吸气侧(PM 阀出口处)压力如何变化,PM/CVQ 的主阀与导阀系统始终能够维持住蒸发器中的压力。

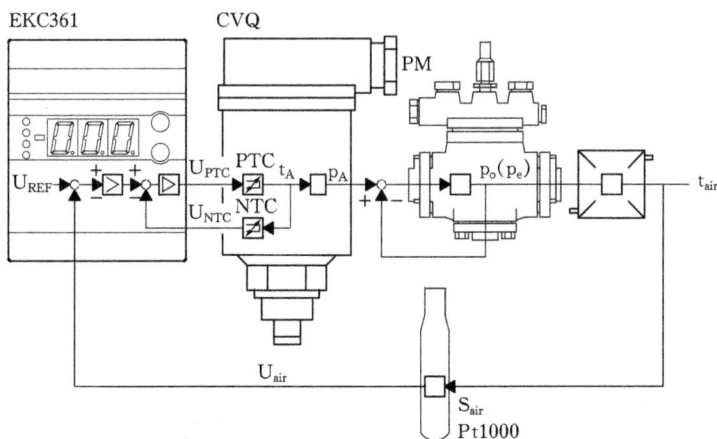

图 6.25 冷库温度串级控制框图

内回路把蒸发压力(温度)维持在一个固定的范围,可以防止送风温度过低。用 CVQ 执行器中的许可温度确定蒸发压力(温度)。如图 6.26 所示。

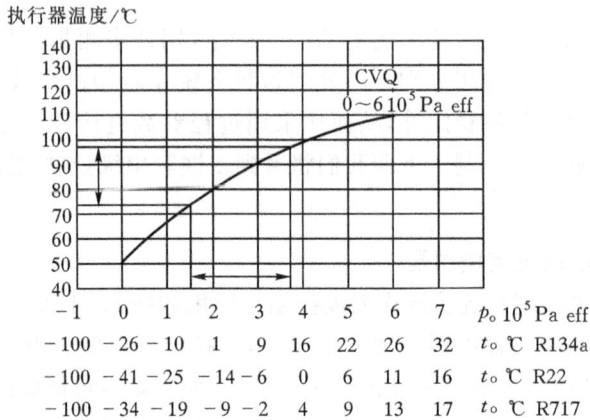

图 6.26　用执行器中所允许的温度确定蒸发压力

该控制系统的主要特点：

(1)温度控制精度高　利用串级控制原理,精确地控制了辅参数蒸发温度,也就保证了主参数库温的控制精度。用这样的"控制器＋主阀＋导阀"的控制系统,应用效果表明:可以使冷藏物品的温度波动小于±0.25℃;

(2)获得高湿度　由于能够控制蒸发温度始终适应制冷需求,只有很小的波动、而又尽可能地高,因而将冷库内的相对湿度维持到最高。于是可减少冷藏食品的干耗损失。

以上温度与湿度控制效果如图 6.27 所示。

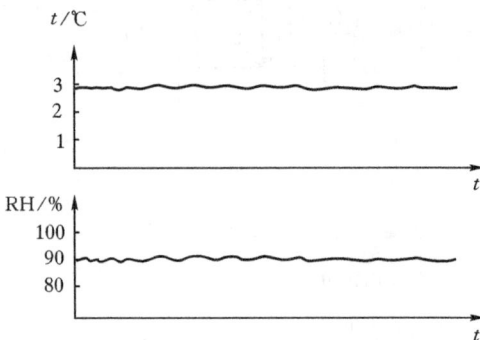

图 6.27　库温串级控制效果

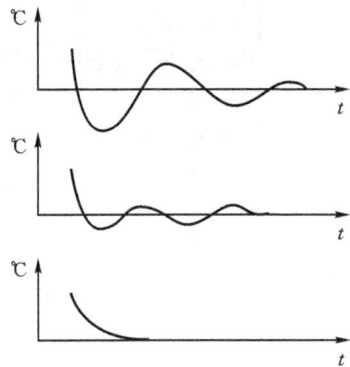

图 6.28　可选择的三种过渡特性

(3)能够快速达到目标温度　采用内置 PID 调节进行温度控制,通过菜单功能改变 PID 控制器参数,参数范围如下:$K_P=0.5\sim20$;$T_I=60\sim600$ s;$T_D=0\sim$

60 s。并可以根据实际控制需要,选择如图 6.28 所示的三种过渡过程:一种是正常衰减振荡,可以满足尽快调节达到目标温度的控制要求;另一种是小幅度振荡,可以满足必须保证动态偏差小的控制品质要求;还有一种是无负动态偏差的单调过程,可以满足调节过程中不希望出现负偏差的控制品质要求。

图 6.29 是控制器的接线图。

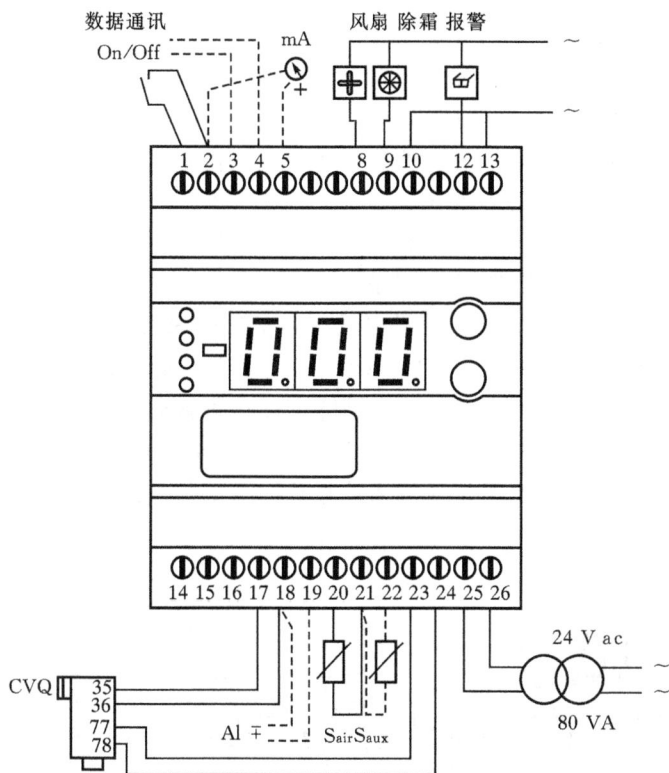

图 6.29   EKC361 控制器接线图

2. EKC367

在容量较小、对制冷温度控制精度要求高的装置上(如冷陈列柜、果品。蔬菜冷库、冷集装箱、空调车间等),蒸发压力调节阀的形式不必是主阀+导阀。类似的串级温度控制如图 6.30 所示。

它用电子控制器 EKC367 控制直动式蒸发压力调节阀 KVQ 和一个供液管电磁阀。停止制冷时或出现电力故障时,KVQ 阀全开。当控制器令制冷作用停止时,液管电磁阀关闭。

控制蒸发压力是获得冷却工艺所需的精细温度控制和防止湿损失或食品脱水的唯一方法,对于保持食品的品质和分量(重量)是很重要的。该控制器对制冷对象的温度控制采用了压力参考串级控制。

控制系统如图 6.31 所示。由 3 个控制回路组成(一个主回路和两个辅回路):①机械式压力反馈回路,它独立于电子控制器,在 KVQ 阀的内部,反应蒸发器负荷的变化因素。这是 DANFOSS 不同于其它公司所独有的控制产品特点。用反馈压力调节

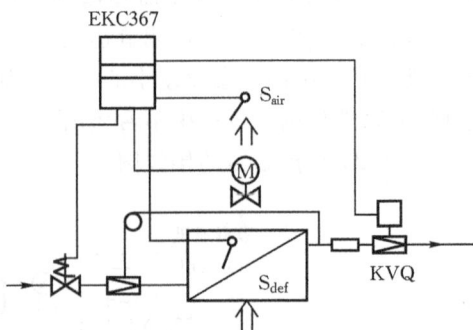

图 6.30　用控制器 EKC367 与直接作用的蒸发压力调节阀 KVQ 组成的串级温度控制示意图

KVQ 阀,独立地控制蒸发温度(蒸发压力)。DANFOSS 的压力控制系统在反映蒸发器负荷的变化上依据的是 $Q=KA\Delta t$;而不是通常控制所依据的 $Q=m\Delta h$。②内部执行器的压力/温度回路,用此回路保持执行器的驱动压力非常稳定,且使执行器动作无迟后。③外部温度反馈回路,检测制冷空气温度与温度的参考设定值比较执行 PID 调节输出。也可以用输入信号替换温度参考。

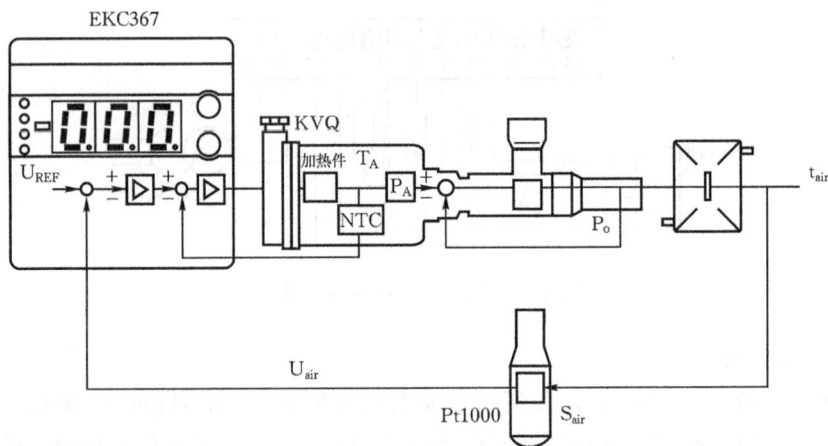

图 6.31　EKC+KVQ 串级控制系统图

KVQ 执行器的温度与蒸发压力(温度)的关系如图 6.32 所示。

用 EKC367 控制系统的特点与前所述 EKC361 类似,即获得高精度温度控制

执行器温度/℃

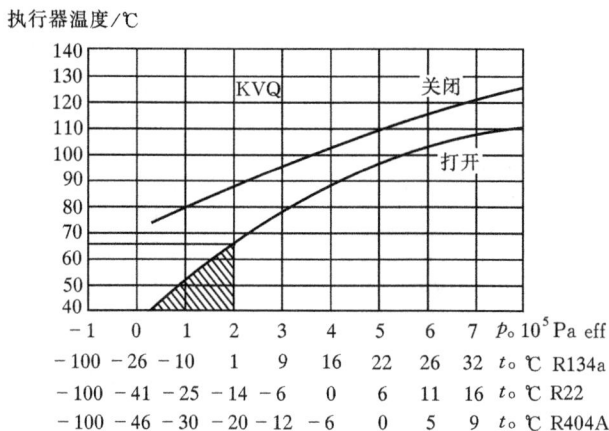

图 6.32 KVQ 执行器的温度与蒸发压力(温度)的关系

(可以使贮存物品的温度波动小于±0.25℃)和高湿度(RH90%)。可以选择期望的温度控制响应特性(三种可能的选择:衰减振荡,小波动和无负动态偏差的单调衰减过程。)。

另外,控制器具有蒸发压力限制功能。内回路能限制蒸发压力过于下跌,以防冷库中送风温度过低、防止蒸发器结冰。有除霜传感器,以尽量缩短除霜时间。

还设有除霜控制程序:可以选择除霜方式(电除霜或热气除霜);除霜终止温度(0~20℃);除霜持续的最长时间(0~180 min);风机启动温度(-15~0℃);除霜后温度报警迟后时间(0~199 min);热气除霜后启动时间(5~20 min)。

6.3.3 制冷设备的控制仪 EKC414A

制冷设备控制仪 EKC414A 如图 6.33 所示。

EKC414A 主要是控制电磁式膨胀阀和制冷温度,同时集成了诸多制冷过程控制功能,可以取代一组传统的温控器和定时器。其继电器功能用于操纵:压缩机、风机、除霜、报警、和照明。该控制器可以控制一个蒸发器的运行。其控制系统如图 6.34 所示。

主要控制功能说明如下:

(1)蒸发器供液调节 基于吸气压力、吸气温度和蒸发器出风温度进行控制。控制器根据这些传感器检测值,经控制运算输出一个指令信号控制膨胀阀,使得无论在什么条件下运行才能保证蒸发器出口过热度最小,即蒸发器面积最大限度利用。AKV 阀起膨胀阀和电磁阀的双重作用。阀的开闭由来自控制器的指令信号操纵。

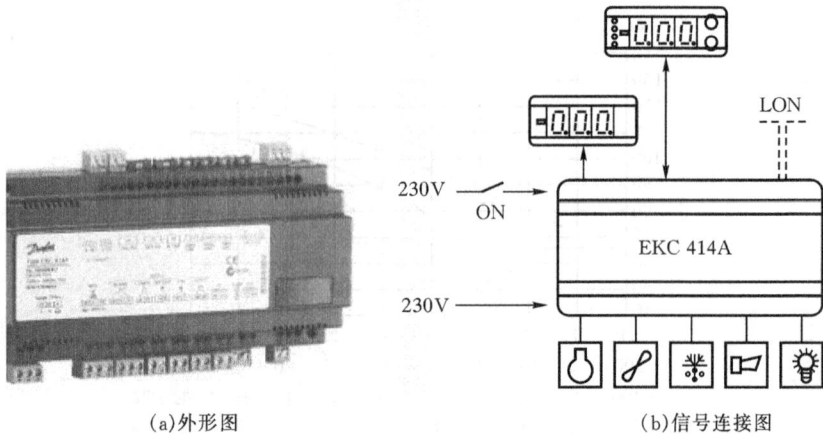

(a)外形图   (b)信号连接图

图 6.33   制冷装置控制仪 EKC414A

(2)温度控制   根据来自 1 个温度传
感器或者 2 个温度传感器的信号控制。若
用一个温度传感器,可以选择将它放在蒸
发器的出风口处,或是放在蒸发器的进风
口处。如果用两个温度传感器,则一个放
在蒸发器的出风口处,一个放在蒸发器的
进风口处。接下来,通过设置,定义这个传
感器对控制有多大的影响。实际温度控制
可以选择两种方式进行:一种是普通的
ON/OFF 控制,这样温度控制存在偏差;一
种是调节式控制,则受控温度的波动不像
ON/OFF 控制下那么大。不过,调节式控

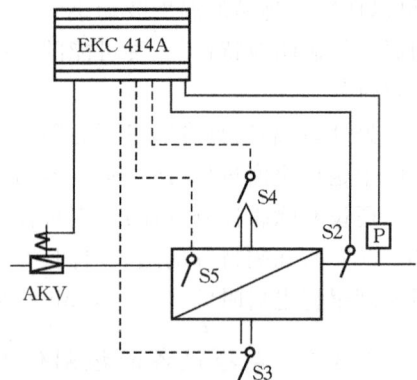

图 6.34   EKC414A 控制系统图

制仅限于在集中式机组中使用。在非集中式机组中应当用具有ON/OFF功能的温
度控制。集中式机组中可以任意选择调节式控制或 ON/OFF 控制。两种方式下
的控制过程比较如图 6.35 所示。

(3)除霜控制   简单除霜功能可以控制每昼夜启动除霜 x 次。但控制器也可
以接受来自除霜定时器的除霜指令信号,或者其它控制单元经数据通讯传来的除
霜指令,便可以在每昼夜指定的时间启动除霜。正在进行的除霜,可以根据蒸发器
表面温度(用图中的 S5 检测)停止,或者按除霜持续时间停止。还可以采用温度+
时间的方式控制除霜停止,其时间因素作为预防措施(防止万一除霜传感器 S5 出
现故障,不能按温度及时终止除霜,造成蒸发器过热)。

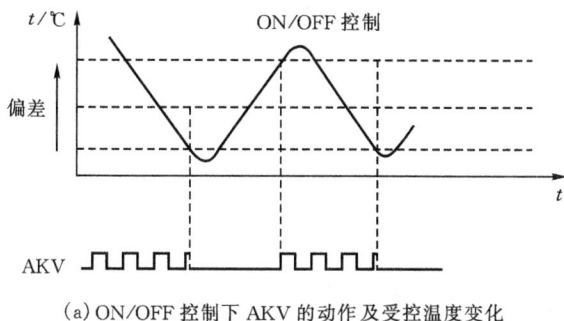

（a）ON/OFF 控制下 AKV 的动作及受控温度变化

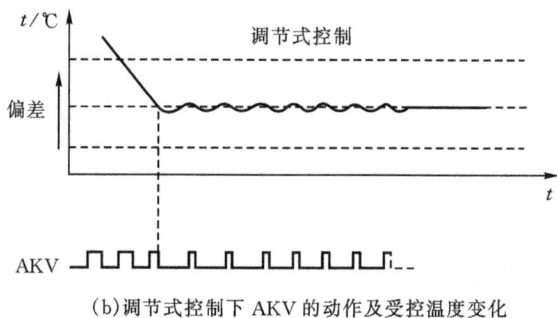

（b）调节式控制下 AKV 的动作及受控温度变化

图 6.35　两种方式下的控制过程比较

6.3.4　蒸发器控制器

蒸发器控制器是为需要精确控制蒸发器过热度和制冷温度的目的而开发。控制器主要是控制电子膨胀阀对蒸发器供液量进行调节，同时具有温度控制功能。

由于电子膨胀阀的操纵，有脉宽调制式（如电磁式和电子热动式）和电机驱动式两类，它们要求控制器的输出操作指令不同，故有分别与上述两种电子膨胀阀相配合使用的蒸发器控制器产品，EKC315A 和 EKC316A。

EKC315A 以输出脉冲数变化指令的方式控制按脉宽调制而设计的电子膨胀阀（电磁式膨胀阀 AKV/AKVA，或电子热动式膨胀阀 TQ/TEAQ）。控制系统见图6.36，其与膨胀阀的配用情况如图 6.37 所示。

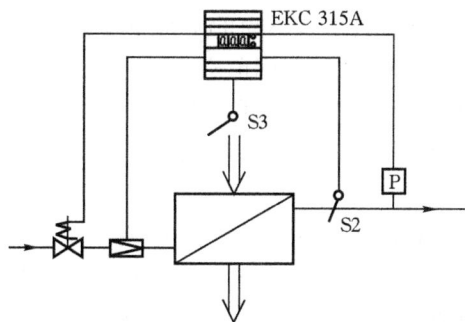

图 6.36　EKC315A 蒸发器控制系统

EKC316A 则以输出步进电机驱动指令的方式控制步进电机式膨胀阀 ETS。控制系统见图 6.38。

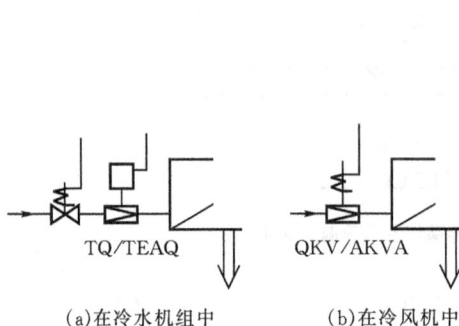

(a)在冷水机组中　　(b)在冷风机中

图 6.37　EKC315A 配用的膨胀阀　　图 6.38　EKC316A 蒸发器控制系统

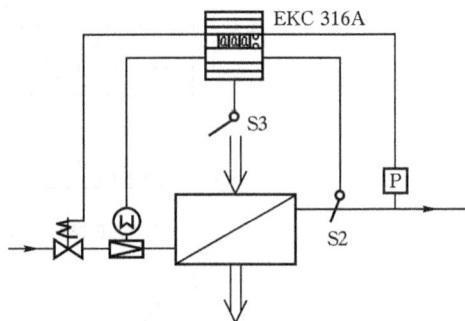

EKC315A 和 EKC316A 除输出指令不同外,其控制系统、控制器的调节运算及要实现的控制功能和控制效果都基本相同。说明如下。

1. 控制系统、功能和特点

在上面的系统图中,压力变送器 P 和温度传感器 S2(分别给出蒸发器出口制冷剂的压力和温度的检测信号),用于过热度控制。控制器接受来自 P 和 S2 的信号,获得过热度检测值,采用 PID 控制,操纵膨胀阀,进行蒸发器供液量调节。如果同时还要还要控制冷库或冷媒温度,可以通过来自温度传感器 S3 检测信号实现控制。S3 安装在蒸发器回风流道中,该温度控制为 ON/OFF 式控制。当需要制冷时,该温控接通制冷剂液管——ETS 阀打开,同时,温控继电器切入。

出于安全考虑,一旦控制器出现故障,就必须切断通向蒸发器的制冷剂液流。对于用步进电机驱动的 ETS 阀,这时它尚处于打开状态。有两种方法保持此状态:一种是在膨胀阀前安装一只液管电磁阀;另一种是为膨胀阀 ETS 配备备用电源。对于调节式的 TQ/TEAQ 膨胀阀,阀前须安装液管电磁阀。对于脉动式的 AKV/AKVA 膨胀阀,由于本身就是电磁阀,具有截止功能,阀前不必另外安装电磁阀。

控制器具有下述功能:①调节过热度 SH;②控制温度;③具有 MOP 功能;④可以通过 ON/OFF 输入来启动或停止调节作用;⑤可以输入信号取代过热度参考值或温度参考值;⑥如果超过报警限可以报警;⑦有继电器输出控制电磁阀的开闭;⑧采用 PID 调节;⑨输出信号追随温度在显示器上显示。

采用这种电子式蒸发器控制器的主要优点是:①能够始终保证对蒸发器供液量最佳,即使是装置的负荷和吸气压力波动很大时亦然如此。②能够更节能运行,这是由于自适应控制调节蒸发器供液量确保了蒸发器面积利用率最高,乃至有较高的吸气压力之缘故。③能够将过热度控制到可能的最低值,同时通过温控功能,还可以控制冷库或冷媒温度。

2.过热度控制

过热度控制是蒸发器控制器的主要控制内容,其要点如下。

(1)过热度目标值的设定　在 2.1.2 节关于热力膨胀阀与蒸发器组合的稳定性讨论中,我们曾讲到膨胀阀+蒸发器的组合特性,即按蒸发器出口过热度调节膨胀阀供液的系统,存在最小稳定信号线 MSS。在热力膨胀阀设定时,必须使静过热度设置在 MSS 线的右边,才能获得稳定控制。必须指出,这一原则对于过热度控制系统是普遍成立的。既无论是用热力膨胀阀控制,还是用电子膨胀阀和电子控制器控制都如此。电子控制方式并不改变蒸发器本身所固有的热力过程特征。因此,在电子控制中,必须依相同原则设定过热度的目标值。

这里,电子控制器设置两种选择:自适应过热度;或者负荷定义过热度。

①自适应过热度调节。见图 6.39(a)。此法基于由 MSS(最小稳定信号)搜索方法所得到的蒸发器负荷进行调节,过热度的参考值小到恰好处于不稳定即将到来的那个点上,通过设定最大和最小过热度,将过热度限制住。

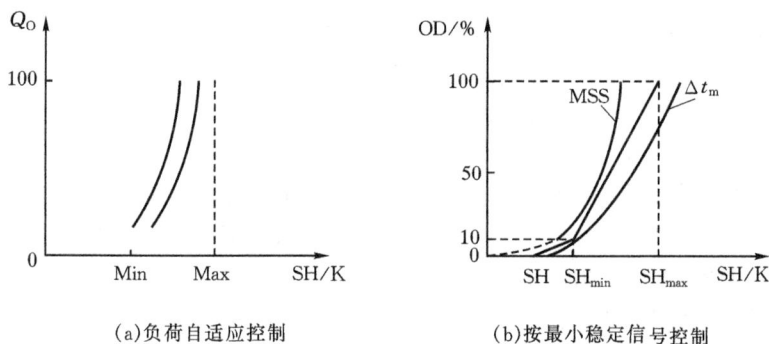

(a)负荷自适应控制　　　　　(b)按最小稳定信号控制

图 6.39　过热度控制的两种方式

②负荷定义过热度。见图 6.39(b)。目标过热度参考值追随定义曲线,该曲线是由三个值确定的折线,三个值是:关闭值、最小值、和最大值。这三个值必须依下述方法来选择:使三点所构成的折线处于最小稳定信号线 MSS 与平均温差线 Δt_m 之间(Δt_m 是冷媒体与蒸发温度之间的平均温差,例如可设定 $\Delta t_m = 4℃$、$6℃$ 或 $10℃$)。

(2)过热度的控制算法　控制器中给出下面三种过热度控制算法,可供选择。

①常规 PID 算法。它是传统的控制算法,只须选择合适的 P、I、D 参数 K_P、T_I、T_D,这种算法推荐用在特性已知的装置上,例如之前已使用了 DANFOSS 控制器的装置。可取原先的 K_P、T_I、T_D 值,作为设定的初始值,如有需要也可以选择温控功能。

②串级控制算法。用在将蒸发器过热度与温度自适应控制揉合在一起的串级控制的场合。调节由一个内回路来操纵,内回路使得控制品质改善,并且容易进行最佳设定,其中蒸发温度也构成一个内回路部分。DANFOSS 推荐此算法用在有上述控制要求的新制冷装置上。

③只需要控制蒸发器过热度时的算法。只控制过热度、不控制制冷温度,所以在要求复合温度控制功能的场合,该设置便不可以使用。

(3)调节参数设置　通过菜单功能可以进行控制器参数设置。

PID 调节参数设置范围:$K_P = 0.5 \sim 20$;$T_I = 30 \sim 600$ s;$T_D = 0 \sim 90$ s。

过热度的参考值设置范围:最大:$2 \sim 15℃$;最小 $1 \sim 12℃$。

MOP 值设置范围:$0 \sim 2$ MPa。AKV/AKVA 阀的脉宽调节周期设置范围:$3 \sim 10$ s。

过热度控制的稳定性因子的设置范围:$0 \sim 10$;

参考值附近的放大阻尼的设置范围:$0.2 \sim 1.0$;

过热度的放大系数可调的设置范围:$0.0 \sim 10.0$。

对于部分负荷 10% 以下时,最小过热度参考值的设置范围:$1 \sim 15℃$。

阀关闭时的待命温度的设置范围(只针对 TQ 阀):$-15 \sim 20℃$;

阀打开时的待命温度的设置范围(只针对 TQ 阀):$5 \sim 30℃$;

还可以在控制器上对膨胀阀的最大开度进行设置。例如,对于 ETS 膨胀阀最大开度的设置范围:$0\% \sim 100\%$。对于以脉宽调制的膨胀阀 AKV/AKVA 等最大开度可在脉宽调节周期之内设置。

此外,在选择采用串级控制时,可以设置内回路的放大系数(范围 $0.1 \sim 1$)、内回路的积分时间 $T_n T_i$(范围 10 s~120 s)。

当然进行这些设置和调整应当具备一定的控制与系统知识和运行经验。

(4)出现过热度振荡的调整

当制冷系统已经处于稳定工作时,大多情况下控制器的出厂设定能够提供稳定可靠和快速的调节。但若系统发生振荡,可能是所选择的过热度参考值(即目标过热度)过小。调整办法:

①若选择的是自适应过热度控制,则调整过热度参考的最大值、最小值和过热度控制的稳定性因子。

②若选择的是负荷定义过热度控制,则应调整过热度参考的最大值、最小值和

负荷在 10％以下的最小过热度参考值。

发生振荡也可能是由于控制器参数设置不佳,出现的结果要么是振荡时间 T_P 比积分时间 T_I 长 $(T_P > T_I)$;要么是振荡时间 T_P 比积分时间 T_I 短 $(T_P < T_I)$。

a.振荡时间 T_P 超过积分时间 T_I 的调整办法:①增大积分时间 T_I(比如说原来 $T_I = 240\ \mathrm{s}$,将它增大到 $1.2T_P$);②等待系统重新平衡;③如果仍然振荡,降低比例系数 K_P,比如将其降低 20％;④等待系统再次平衡;⑤若仍然振荡,重复③和④。

b.振荡时间 T_P 比积分时间 T_I 短的调整办法(比如说原来 $T_I = 240\ \mathrm{s}$):①降低比例系数 K_P,比如将其降低 20％;②等待系统重新平衡;③如果仍然振荡,重复①和②。

3. 应用

蒸发器控制器在使用之初必须首先选择制冷剂。控制器的程序中存储有 29 种可能制冷剂的压力温度特性可供选择。这此制冷剂包括:R12,R22,R134a,R502,R717,R13,R13B1,R23,R500,R503,R114,R142b,R32,R227,R401A,R507,R402A,R404A,R407C,R407B,R407A,R410A,R170,R290,R600,R600a,R744,R1270,R417A。除此而外,用户还可以自定义制冷剂。

在一台压缩机配一个蒸发器和一个冷凝器、制冷剂充注量少的小型制冷系统中,控制系统的执行阀一般用脉宽调制式膨胀阀 TQ。

在用电磁式 AKV 膨胀阀的制冷系统中,如果安装子模块(EKC347 型控制器),可以将制冷能力分配到多达 3 个膨胀阀上,控制器便可以错开这些 AKV 阀的打开时间,以使它们不会同时发生脉动。如图 6.40 所示。

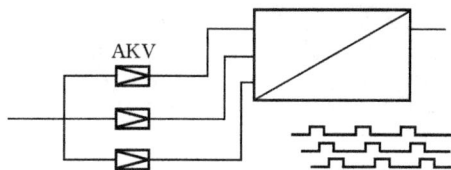

图 6.40　三个 AKV 向一台蒸发器供液的控制

在多个蒸发器共用一根回气集管的系统中,两个蒸发器控制器可以共享来自一个压力变送器的吸气压力信号。如图 6.41 所示。

6.3.5　能力控制器 EKC331

能力控制器 EKC331 针对采用多台压缩机和多台冷凝器风机的小制冷系统,

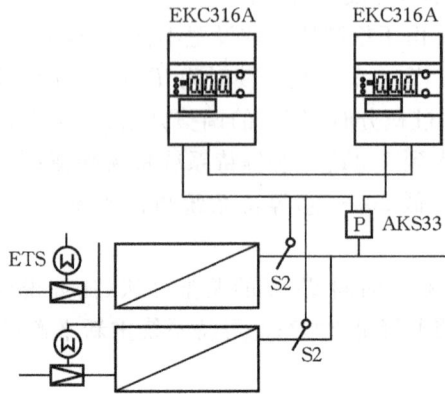

图 6.41　两个 EKC 共用一个压力变送器的示例

进行压缩机和冷凝器的能力调节,如图 6.42 所示。能力控制原理如图 6.43 所示。

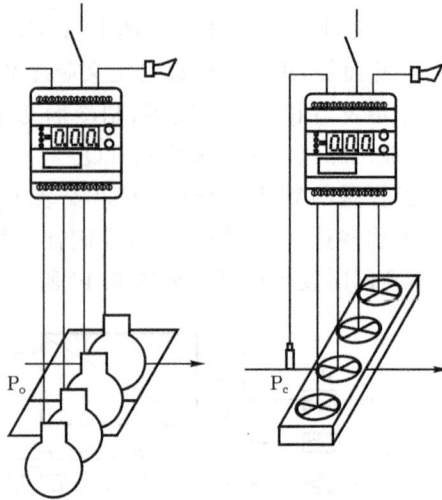

图 6.42　压缩机和冷凝器能力的调节

　　用来自压力变送器的信号与参考设定值比较,在参考设定值附近设定高限、低限、过高限、过低限,由这四个定点设置,将偏差区分为中性区(图中的 Nz 区)。中性区外面是高偏差和低偏差区(图中的两个阴影区:＋Zone 和－Zone);阴影区之外便是过高偏差区和过低偏差区(图中的＋＋Zone 和－－Zone)。高偏差区和低偏差区的大小相同,并为中性区大小的 70％。

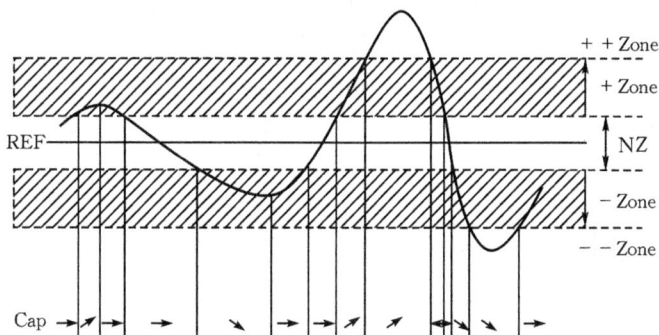

图 6.43　带有中性区的步进调节原理

压缩机能力调节,采用带有中性区的步进调节方式。根据吸气压力 P_0、和吸气压力的变化方向来决定压缩机能力的增、减。

吸气压力处于中性区时能级不增不减。

当吸气压力偏差处于高偏差区(或低偏差区),且偏差向减小方向变化时,则不改变能级;当吸气压力偏差处于高偏差区(或低偏差区),且偏差继续向增大方向变化时,则增加能级(或减小能级)。能级的增减操作有一个设定的迟后时间 τ。

当吸气压力处于过高偏差区(或过低偏差区)时,便加快执行能级增加(或减小)的操作,执行操作的迟后时间缩短为 0.3τ。

对冷凝器能力的步进调节过程与压缩机能力调节类似。只不过是用冷凝压力 P_C 作为受控参数。冷凝器能力的增减由冷凝器风机运行台数执行。

6.3.6　电子液位控制器(EKC347)

在有液位控制需求的地方,如:泵供液的低压循环液桶(贮液器),采用满液式蒸发器的气液分离器,中间冷却器经济器、冷凝器,高压贮液器等,都可以用电子式液位控制。

液位信号经过变送,传到电子液位控制器,控制器给出指令,使阀门打开或关闭,调节容器的进/出流量,保持容器中液位在给定的范围。

(1)液位信号变送器　可以选择两种液位信号变送:电容杆或浮子。用电容杆信号允许将制冷剂液位范围设置得很宽;用浮子液位信号则只能提供窄范围的液位设置,因为浮子的行程只有几厘米长。

(2)膨胀阀　对于阀而言,由所需的阀能力和使用要求,来确定需要配用的膨胀阀的型号。AKV 和 AKVA 是脉宽调节的电磁膨胀阀。AKVA 适用于氨制冷剂。MEV 是由伺服电机驱动的调节式膨胀阀,其中伺服电机为 SMVE 型。

（3）控制器 EKC 347　电子液位控制器的与液位传感器、液位调节阀的配用情况如图 6.44 所示,该控制器可以接收能够取代参考值的信号。如果采用伺服电机驱动的阀,控制器便可以接受来自位置变送器的复位信号或重置信号。

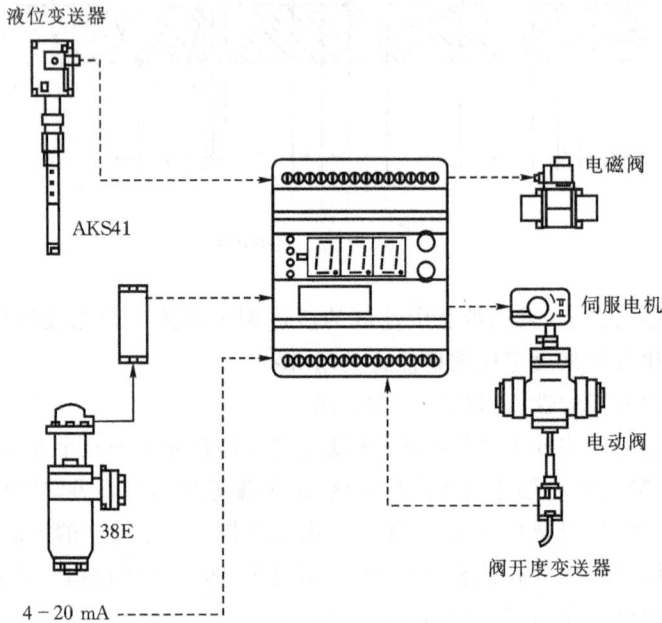

图 6.44　电子液位控制器的输入输出系统

该控制器的功能:除进行液位控制外,还有液位报警（液位超限时）功能,在液位达到上限、下限和报警液位限时,给出继电输出的功能,能够接受模拟输入信号取代参考值。

液位控制可以采用位式、比例或比例积分调节,调节参数可通过控制器的菜单功能设置。比例带的设置范围:0～200%;积分时间的设置范围:60～600 s。执行阀采用电磁膨胀阀 AKV/AKVA 时,阀的循环周期时间设置范围:3～10 s;阀最大、最小开度均可在 0～100%范围设置;执行阀若采用 MEV 电控阀,死区亦可设置:最小 2%,最大 25%。此外,还可以设置控制动作规律:当此项设置为"Low"时,针对低压侧,即液位上升时阀关闭;当此项设置为"High"时,针对高压侧,即液位上升时阀打开。

表 6.21 给出电子式液位控制在制冷系统中的典型应用示例。

表 6.21　电子式液位控制在制冷系统中的典型应用示例

例1　在泵循环的低压循环液桶中,控制低压循环液桶中的液位。	例2　在满液式蒸发器的吸气分离器上控制液位。
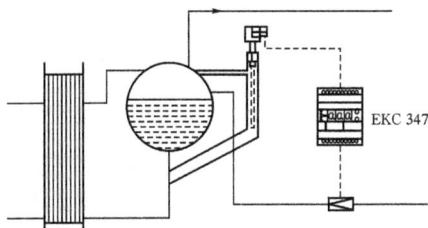	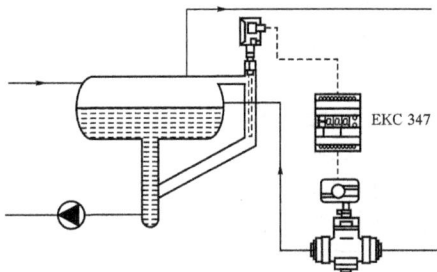
采用调节式控制可以使液位和吸气压力更稳定。	采用调节式控制方式,并配用能力范围大的阀,即使在负荷快速变化时,也能保证液位稳定。
例3　在两级压缩系统的中间冷却器上使用。	例4　在冷凝器/高压贮液器上使用。
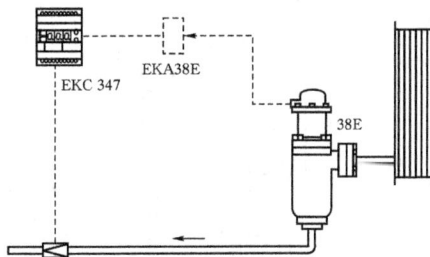	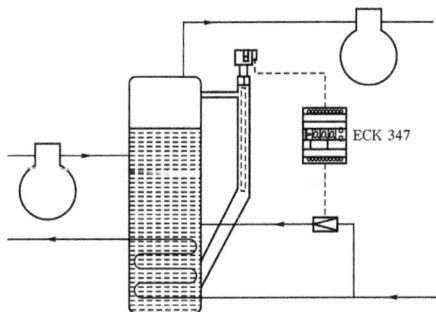
这种场合,由于液位变送器的测量范围宽,保证对中间冷却器中的液位能够实施全程监测。此外,还可以用其信号作为与最高允许液位有关的保护功能。	此控制系统响应快,很适宜于制冷剂充注量小的高压容器的液控制。

液位控制器 EKC347 的接线如图 6.45 所示。

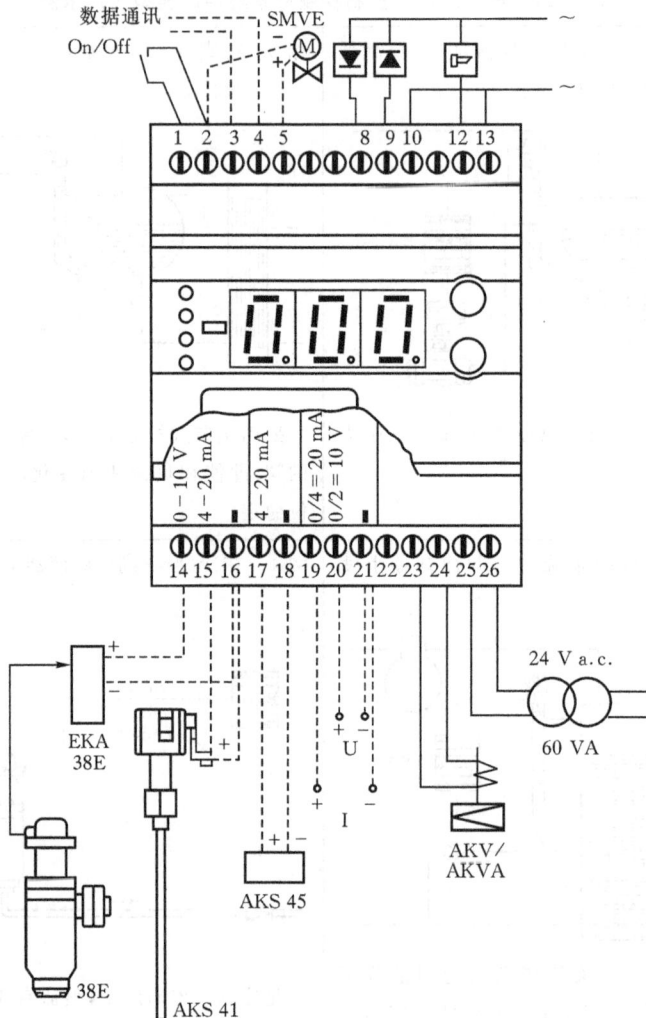

图 6.45　液位控制器 EKC347 的接线图

6.4　制冷装置的电子控制

本节讲述对整套制冷装置实施控制的电子控制器（AKC 系列）。从中了解在电子方式下，一些主要制冷装置的控制要点及控制功能。

AKC 系列控制器是基于数据通讯与对整个系统的分析，而进行制冷装置综合控制的控制器。控制器的操作只能在外部进行，而不是在控制器上进行。

　　该系列控制器无论是在各个制冷点上还是对压缩机和冷凝器的都能提供最好的控制解决方案。其主要特点是能量优化,综合控制从控制的各个方面保证经济运行。充分安排各控制器与压缩机调节最优化之间的互动作用,使得在负荷最重的制冷点上,压缩机的负担不会超过满足制冷要求所需的精确制冷量。

　　另外,在数据通讯方面,AKC 系列控制器是通过 DANBUSS 数据通讯模块进行的。这与 EKC 系列控制器不同。

　　各 AKC 控制器与工作站之间必须通过网关 AKA244 相连接。该网关可以控制来自 120 个控制器的通讯。

　　如果系统还包含来自 EKC 系列的控制器,则该网关须用 AKA243。AKA243 可以控制来自 60 个 EKC 控制器+来自 60 个 AKC 控制器的数据通讯。

6.4.1　冷库制冷设备控制器

　　这类控制器用于完成制冷设备和冷库中涉及到的所有重要调节和控制功能。有很宽范围的专用控制器,来保证其控制精度能够适合于具体的装置的实际要求。按其类型,一个控制器可以服务于一个、两个、或三个蒸发器。适用于以下情况:

　　(1)用电磁式电子膨胀阀 AKV 或者用热力膨胀阀向蒸发器供液的制冷装置或冷库。

　　(2)监测制冷装置或冷库。

　　(3)采用热气除霜的制冷装置。

　　(4)盐水冷却器。

　　(5)独立的深度冻结室和冷库。

　　这类控制器所具有的一般功能有:

　　·具有温度控制与报警功能,

　　·以 ON/OFF 方式或者以连续调节方式进行温度控制,

　　·有内置时钟的夜间温度控制,

　　·可以连接 LCD 显示器,指示冷媒介质或冷库温度,

　　·有除霜功能,控制器内置除霜程序,

　　·终止除霜的信号方式:可以根据温度或者根据时间信号,

　　·具有风扇控制和/或围栏加热控制,

　　·能够进行压缩机运行信号传递,

　　·可以对传感器进行校准,

　　·具有维修保养模式。

　　采用这类控制器能够充分顾及到制冷系统的节能运行。其节能缘于下述控制措施:

　　①用电子膨胀阀 AKV,以自适应控制方法进行蒸发器过热度控制,保证蒸发器高效。

　　②风扇/围栏加热器脉动工作,减少防霜的加热能耗。

　　③按蒸发器表面温度终止除霜,使除霜的能量利用最经济。

　　④调节式温度控制,将温度控制得更精确,减少过度冷造成的能量浪费和冷加工工艺品质下降。

　　⑤夜间设定回拨(set back),保证夜间运行节能。

　　这类控制器有各种型号,表 6.22 给出它们的的具体功能特点及应用一览。(表 6.22"应用系统图"栏内,图中的 AKA14 是显示器。)

表 6.22　冷库制冷设备控制器功能及应用一览

控制器型号及功能	应用系统图
1. AKC114 - 116 控制器 　可以控制多到 3 个采用热气除霜的制冷装置和冷库中的蒸发器。 　专有功能: ・对热气除霜定时控制; ・对于两种膨胀阀的可能形式:热力膨胀阀或电子膨胀阀 AKV 都能操作。	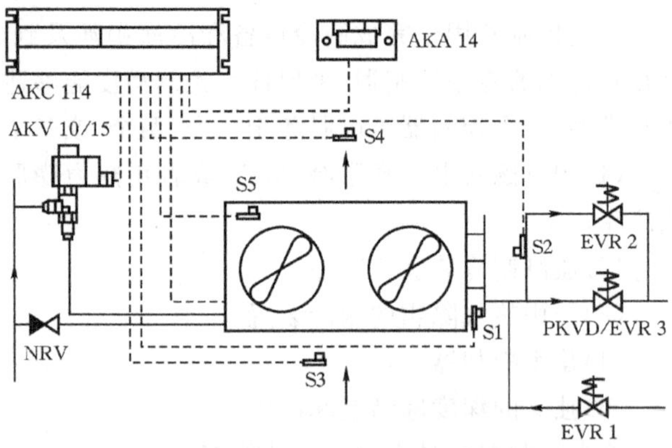
2. AKC114A - 116A 控制器 　可以控制多到 3 个制冷装置和冷库中的蒸发器。 　根据蒸发器出口的压力和温度检测(获取过热度)来控制电子膨胀阀 AKV。 　其专有功能: ・单独进行库温控制加报警; ・有模拟输入信号来跨越温度控制; ・有数字输入可供外部报警用。	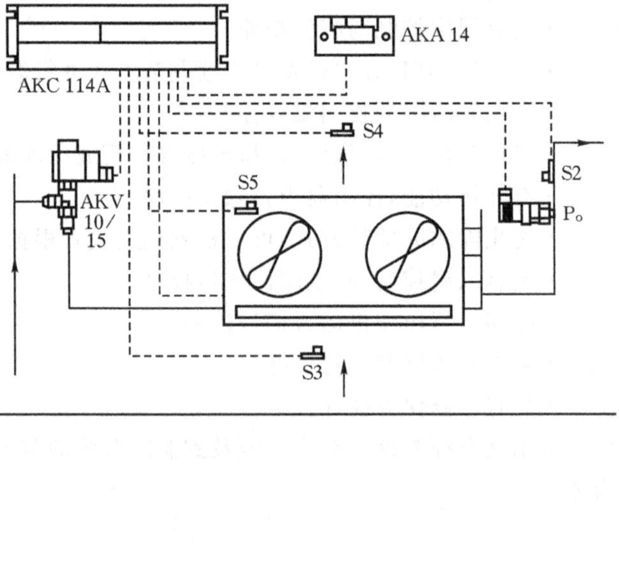

控制器型号及功能	应用系统图
3. AKC114D - 116D 控制器 可以控制多到 3 个制冷装置和冷库中的蒸发器。 根据蒸发器的两个温度检测（获取过热度）来控制电子膨胀阀 AKV。 其专有功能： · 有门开关信号； · 两种膨胀阀的可能形式：热力膨胀阀或电子膨胀阀 AKV 都能运行。	
4. AKC114F - 116F 控制器 可以控制多到 3 个制冷装置和冷库中的蒸发器。 根据蒸发器的两个温度检测（获取过热度）来控制电子膨胀阀 AKV。 其专有功能： · 在 114F 上有门开关； · 有灯控制； · 分区顺序除霜； · 两种膨胀阀的可能形式：热力膨胀阀或电子膨胀阀 AKV 都能运行。	
5. AKC121A 控制器 在盐水冷却用制冷装置或采用热力膨胀阀的制冷装置中,控制两个冷却盘管。 其功能为： · 两个独立的温控及报警； · 用内置时钟进行夜间温控； · 连接两个 LCD 显示器指示盐水温度； · 除霜功能　有内部除霜程序； · 按温度或时间信号终止除霜； · 风扇和/或围栏加热器控制； · 传感器校准。	

6.4.2　采用热气除霜的制冷装置和冷库控制器

图 6.46 是一个采用热气除霜的冷库的系统与控制。

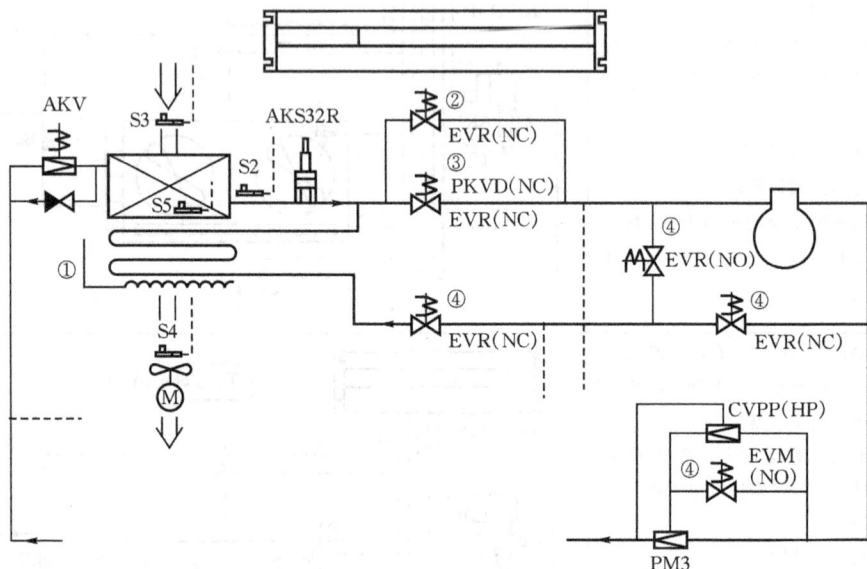

图 6.46　采用热气除霜的冷库的系统与控制

制冷系统是集中式制冷系统,由主机房和向多个冷库供冷,每个库房的冷风机(蒸发器)用电磁式电子膨胀阀 AKV 供液。

为这类集中式系统装置控制所应用的电子控制器具有以下功能:

(1)控制器根据蒸发器出口的压力和温度检测(获取过热度)信号操纵 AKV 阀,调节供液量。

(2)温度控制功能指控制蒸发器服务区的温度。冷风机有进风温度传感器 S3 和出风温度传感器 S4 检测,可以根据装置的实际情况定义不同的温控方式:ON/OFF式或者调节式温度控制,用内置时钟进行夜间温度控制,温度控制的同时还有温度报警功能。

(3)除霜功能带有内部除霜程序,按固定的程序进行除霜控制,由控制器指令热气除霜电磁阀的打开和关闭。按温度或时间终止除霜,热气除霜程序中还包括风扇控制。

(4)连接到 LCD 显示器指示冷媒温度。

(5)具有维护模式。

6.4.3　制冷剂液管过冷控制器

制冷剂液管过冷器主要用在冷凝压力随环境温度变化的装置,使用目的是为膨胀阀提供阀前液体过冷,以保证膨胀阀的正常工作条件。用制冷剂作为使液体过冷的冷源,过冷控制器的作用是保证过冷器出口的高压液体具有指定的过冷度。液管过冷器及其控制系统如图 6.47 所示。

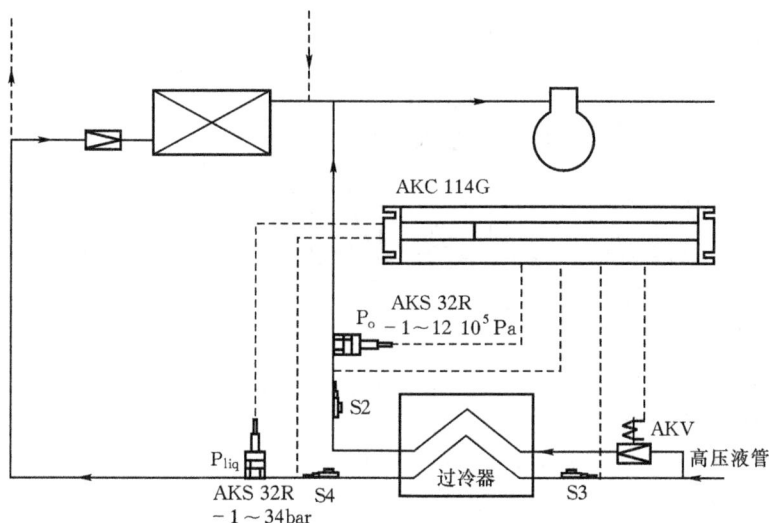

图 6.47　制冷剂液管过冷器及其控制系统

来自冷凝器的制冷剂液体经过液体过冷器取得过冷后再送到膨胀阀。从供液总管中分出一股支流,在过冷器中,制冷剂主液流与这股支流发生热交换。支流经过电子膨胀阀 AKV 节流,压力降到制冷系统的吸气压力,在过冷器中蒸发吸热,冷却制冷剂的主液流,使之为过冷态。支流的出口接到压缩机吸气总管,使支流蒸发制冷后的气体返回压缩机。

控制的目的是:将过冷器中的温度控制到液管中不出现闪蒸的水准。为此,应当按照过冷器出口主液流的过冷度来调节支流管上的电子膨胀阀。

控制器根据来自 3 个温度传感器和 2 个压力变送器的信号进行冷却控制。图中,S3 检测过冷器前的高压液体温度;S4 和 P_{liq} 检测主液流在过冷器后的温度和压力(从而,获得主流制冷剂液体被冷却后的状态);S2 和 P_o 检测支流制冷剂在过冷器后的温度和压力,监测过热度。控制器采用 PI 控制算法,给出 AKV 的开度操作指令,调节支流制冷剂流量(即冷却量),保证主流制冷剂具有期望的过冷度。

6.4.4　冷库满液式蒸发器的控制

为大型冷库、酿酒厂、屠宰厂、牛奶厂等采用满液式蒸发器的制冷装置而设计的电子控制器(AKC151R)。控制系统如图 6.48 所示。

控制器功能：

(1)当电价低时，温控设定可以回拨(set back)，允许降低库房温度。

(2)在屠宰分割期间使风机运行。

(3)进行常规热气除霜或者电热除霜控制；具有每周的除霜程序；具有排水功能；在有热气除霜运行期间压缩机具有完整的可

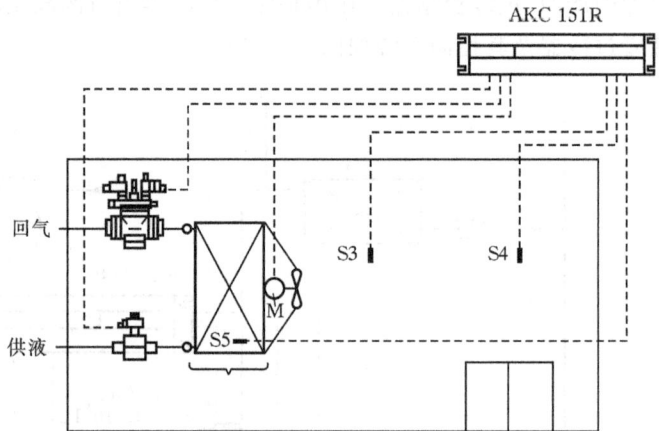

图 6.48　满液式蒸发器的控制

操作性；供液迟后；风机延时；供液阀旁通延时。

(4)能够快速启动制冷(需要用 AKVA 阀)。

(5)控制器通过 AKM 进行数据采集：温度、报警等。

(6)通过调制解调器与计算机通讯，通讯便利。

(7)可以连接到单独的显示器。

6.4.5　压缩机和冷凝器的能力控制器

压缩机和冷凝器控制的目的是保证精确而稳定地调节制冷系统的吸气压力和冷凝压力。作为自适应控制系统 ADAP‑KOOL 的一部分，这种压缩机控制保证采用最适宜的监测和报警程序，并且还有可能采用不同的监测功能来优化制冷装置的运行。

压缩机和冷凝器控制器的一般功能如下：

(1)设定吸气压力和冷凝压力。

(2)监测最大和最小压力。

(3)保护性调节，避免短期压力过度升、降引起的报警。

(4)与压缩机能级相耦合，进行分程控制或者运行时间补偿控制。

(5)冷凝器能级的分程控制。

（6）可以从外部跨越吸气压力参考值。

（7）夜间运行时，提高吸气压力。

（8）连接外部报警模块（AKC22H），详细注册和重新安排报警。

（9）提供维护模式。

（10）压缩机安全功能的全部监测。

（11）通过超驰功能安排吸气压力优化。（关于超驰功能，见 6.5.4 节）

针对不同的制冷系统中压缩机配置情况，压缩机和冷凝器控制器有不同的型号：AKC 25H1，AKC 25H3 和 AKC 25H5。

AKC 25H1 对压缩机和冷凝器的能力控制，用于连接相同能力的主能级和卸载能级；控制能级最多可达 9 级；采用吸气压力中性区调整的压缩机能力调节；采用冷凝压力中性区调整的冷凝器能力调节。关于中性区可调的能力调节，已在 6.3.5 节中作了说明。AKC 25H1 的应用系统结构如图 6.49 所示。

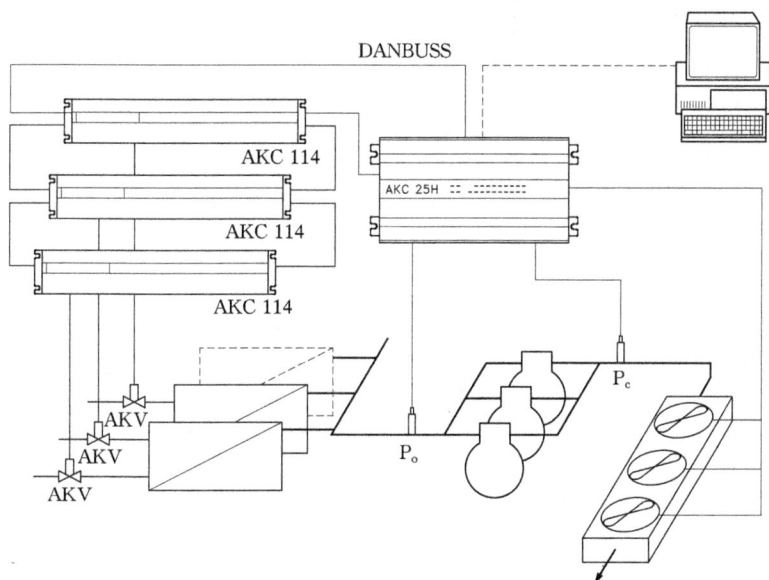

图 6.49　AKC 25H1 控制器的应用系统结构

AKC 25H3 控制功能与 AKC 25H1 相同，但比 AKC 25H1 功能多的是：它还能控制两个独立的制冷系统。图 6.50 是 AKC 25H3 控制器的应用系统结构。其控制的主要特点是：

①以吸气压力和冷凝压力的中性区调节方式，进行压缩机能力调节和冷凝器能力调节；

②以 PI 调节方式控制冷凝压力;

③可以将冷凝压力作为室外温度的函数进行调节;

④可以对冷凝器风扇进行变速调节或者连接一个继电器模块供日后步进调节用;

⑤有内置的白天/夜晚时钟;

⑥可以连接到显示器,显示所选择的运行参数。

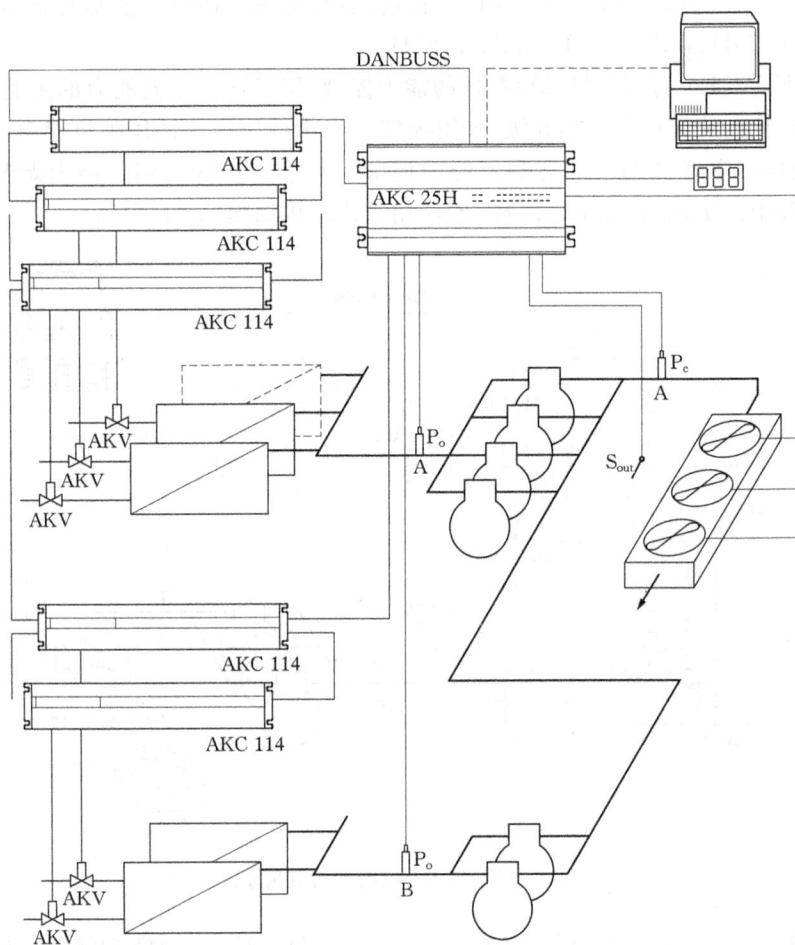

图 6.50　AKC 25H3 控制器的应用系统结构

　　AKC 25H5 除了具有与 AKC 25H1 相同的功能外,还能控制不同能级的时间间隔和调节转速,这样便更能保证制冷能力与实际负荷匹配得很好。能够连接到主能级和不同大小的卸载能级;对吸气压力和冷凝压力实行 PI 调节;可以连接 VLT 变频器对压缩机或冷凝器的某一个能级进行转速调节。

此外,还具有的功能如下:

· 它将冷凝压力作为室外温度的函数进行调节;

· 内置白天/夜晚时钟;

· 可以进行热回收或向吸气管喷液;

· 接显示器显示所选择的运行参数;

· 可以外接能量监测装置,根据监测值,限制所接压缩机的最大能力(限制压缩机的最大电流)。

图 6.51 是 AKC 25H5 控制器的应用系统结构。

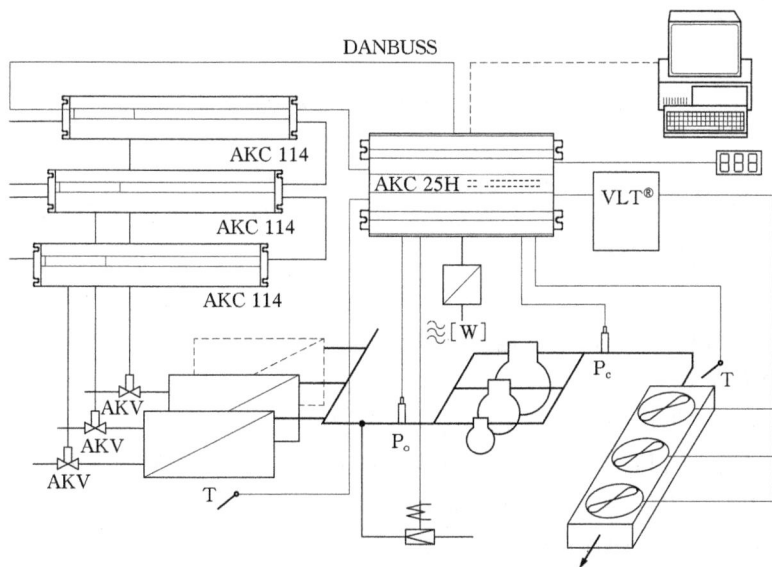

图 6.51　AKC 25H5 控制器的应用系统结构

6.4.6　采用盐水载冷系统的制冷装置的控制器

AKC 25H7 是针对盐水冷却式制冷装置的完备控制器,这种控制器为商业超级市场中的间接式制冷系统所开发,其制冷系统与控制系统结构如图 6. 52 所示。

超级市场用的商业制冷装置的特点:制冷机系统集中在机房,采用盐水载冷系统向各用冷点供冷,以便于制冷机集中管理和冷分配灵活。同时,考虑到此制冷装

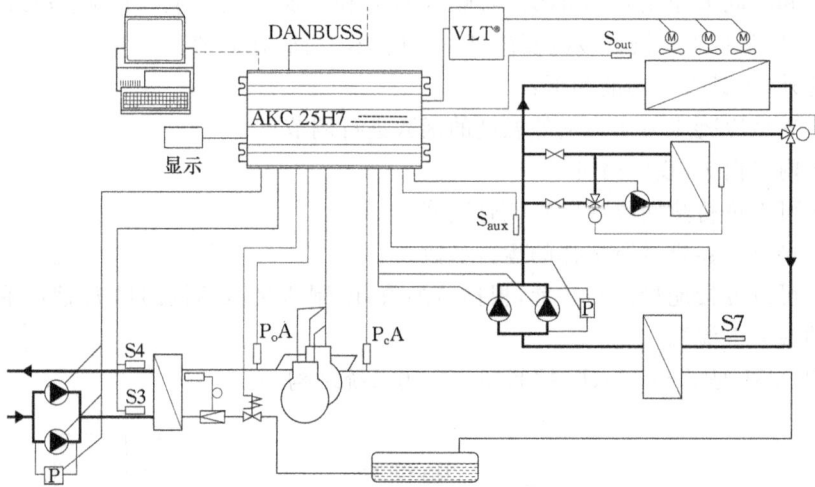

图 6.52　采用载冷的制冷系统及控制系统结构

置的应用场所往往会有供冷(冷柜,冷陈列柜等)和供暖(空调)两方面的需求,在系统设计上运用了冷凝器的热量回收措施,以有更好的能量利用效率。冷侧和暖侧盐水均用泵送到末端设备。

　　控制器的主要功能是控制压缩机和冷凝器以能够维持冷、暖侧系统的盐水处于所期望的温度运行,控制器包含了盐水冷却器所要求具备的全部控制功能。其全部功能如下:

　　(1)可以根据店铺内空气温度或者空气的焓,控制盐水温度。

　　(2)经济运行控制:有白天/夜晚运行程序来确定温度控制的参考值。

　　(3)根据盐水的流出温度和回流温度,安排报警限及报警迟后。

　　(4)对分布在一组或两组的压缩机进行压缩机能力控制及监测。

　　(5)压缩机运行控制采用分程控制或平衡运行时间控制。

　　(6)可以中断除霜,以监测吸气压力 P_o。

　　(7)通过外部信号限制尖峰负荷。

　　(8)可以采用集中式除霜控制或者按每周的时间程序除霜(除霜终止是基于温度或时间控制)。

　　(9)有信号给出何时允许供液。

　　(10)控制和监测冷、暖盐水系统中的 1 台或两台盐水泵。

　　(11)内置在 2 台泵之间轮番运行。

　　(12)当泵有故障时,自动进行泵的工作切换。

　　(13)控制和监测空气冷却的冷凝器、或盐水冷却的冷凝器。

(14)可以根据冷凝压力(P_C)或热盐水温度(S7)来控制冷凝器。

(15)监测最高冷凝压力。

(16)对风扇进行有级调节或风扇转速调节。

(17)可以按室外温度和外部电压信号调节冷凝压力。

(18)热回收温度的控制,用内置保护防止冷凝压力过低。

(19)可以按照室外温度和外部电压信号控制热回收温度。

(20)可以用报警模块(AKC22H)实现压缩机安全回路的监控。

6.4.7　冷水机组控制器

冷水机组的控制功能要求的重点是:协调进行压缩机能力调节和电子膨胀阀控制。根据机组系统配置的复杂程度,有相应的完整控制系统。例如,AKC 24W2和 AKC 24W3 都是冷水机组的控制器。

AKC 24W2 控制器针对 1 台或 2 两台活塞式压缩机进行分级能量调节,以维持冷水温度恒定,并能控制 2 个单独的的 AKVA 或 AKV 电子膨胀阀,根据蒸发器过热度(由 AKS Pt1000 的温度检测信号和 AKS32 的压力检测信号获得),进行工业蒸发器的供液量调节。如图 6.53 所示。

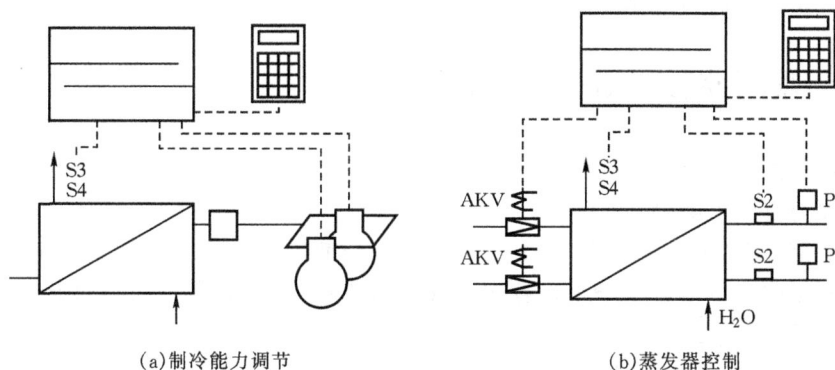

(a)制冷能力调节　　　　　　(b)蒸发器控制

图 6.53　冷水机组控制

控制原理:

(1)制冷能力调节　主要功能是电子式步进耦合器的作用,它通过监测冷水温度,调节压缩机能力,保证压缩机制冷能力与实际负荷相匹配。拾取冷水的实际检测温度,以及该温度是下跌还是上升,步进耦合器计算所需要的制冷量,并决定能级的改变,使能级数改变的超调最小。控制器中除此步进耦合器而外,还包含冷水防冻保护温控器和故障监测传感器。如图 6.53(a)所示。

（2）蒸发器控制　控制器中编入了两类关于壳管式蒸发器的供液量调节的自适应控制算法。可以控制一个或两个 AKV/AKVA 电子膨胀阀,保证对蒸发器供液量最佳。

控制效果：

①使运行节能,缘于对膨胀阀的自适应设定。

②压缩机运行优化,能力与负荷自适应。

③能够精细地调节冷水温度,将压缩机能力与蒸发器能力的自适应控制结合起来达到运行能耗最省,冷媒水温度高精度控制。

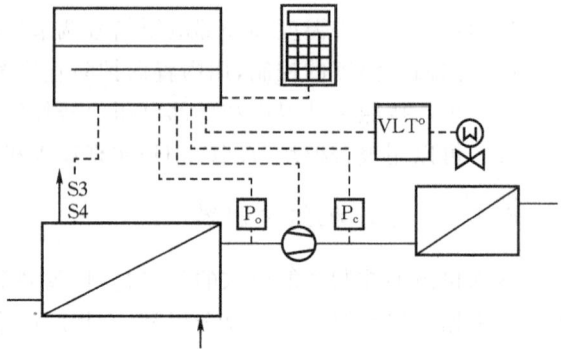

图 6.54　AKC 24W3 的控制系统结构

AKC 24W3 比 AKC 24W2 多了以下功能：

a.可以调节螺杆压缩机能力；

b.可以调节冷凝压力。

其系统结构如图 6.54 所示。

6.5　监测、网络化管理及其它

对于大型复杂工艺过程,计算机控制与管理普遍采用 DCS 的系统结构形式,在制冷与空调领域中也不例外。

所谓 DCS(distributed control system)是分散控制系统的简称,习惯称之为集散控制系统。DCS 是一个由过程控制级和过程监控级组成的以通信网络为纽带的多级计算机系统,综合了计算机,通信、显示和控制等 4C 技术,其基本思想是分散控制、集中操作、分级管理、配置灵活以及组态方便。

DCS 具有以下特点：

（1）高可靠性　由于 DCS 将系统控制功能分散在各台计算机上实现,系统结构采用容错设计,因此某一台计算机出现的故障不会导致系统其它功能的丧失。此外,由于系统中各台计算机所承担的任务比较单一,可以针对需要实现的功能采用具有特定结构和软件的专用计算机,从而使系统中每台计算机的可靠性也得到提高。

（2）开放性　DCS 采用开放式、标准化、模块化和系列化设计,系统中各台计算机采用局域网方式通信,实现信息传输,当需要改变或扩充系统功能时,可将新增计算机方便地连入系统通信网络或从网络中卸下,几乎不影响系统其它计算机的工作。

(3)灵活性　通过组态软件根据不同的流程应用对象进行软硬件组态,即确定测量与控制信号及相互间连接关系,从控制算法库选择适用的控制规律以及从图形库调用基本图形组成所需的各种监控和报警画面,从而方便地构成所需的控制系统。

(4)易于维护　功能单一的小型或微型专用计算机,具有维护简单、方便的特点,当某一局部或某个计算机出现故障时,可以在不影响整个系统运行的情况下在线更换,迅速排除故障。

(5)协调性　各工作站之间通过通信网络传送各种数据,整个系统信息共享,协调工作,以完成控制系统的总体功能和优化处理。

(6)控制功能齐全　控制算法丰富,集连续控制、顺序控制和批处理控制于一体,可实现串级、前馈、解耦、自适应和预测控制等先进控制,并可方便地加入所需的特殊控制算法。DCS 的构成方式十分灵活,可由专用的管理计算机站、操作员站、工程师站、记录站、现场控制站和数据采集站等组成,也可由通用的服务器、工业控制计算机和可编程控制器构成。处于底层的过程控制级一般由分散的现场控制站、数据采集站等就地实现数据采集和控制,并通过数据通信网络传送到生产监控级计算机。生产监控级对来自过程控制级的数据进行集中操作管理,如各种优化计算、统计报表、故障诊断、显示报警等。随着计算机技术的发展,DCS 可以按照需要与更高性能的计算机设备通过网络连接来实现更高级的集中管理功能,如计划调度、仓储管理、能源管理等。

图 6.55 是 DANFOSS 的 EKC 和 AKC 控制器之间的链接及通过网关与工作站(计算机)的通讯。多数控制器中可以插入一个数据通讯模块,用这个模块便可将控制器连到一个具有集中操作、数据采集和报警监控的系统中。这样的集中操作、采集和监控便于实现整个制冷系统的科学管理和节能优化。

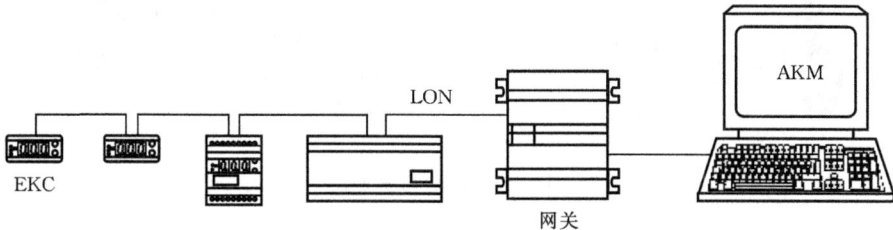

(a) 控制器 EKC 与工作站的通讯

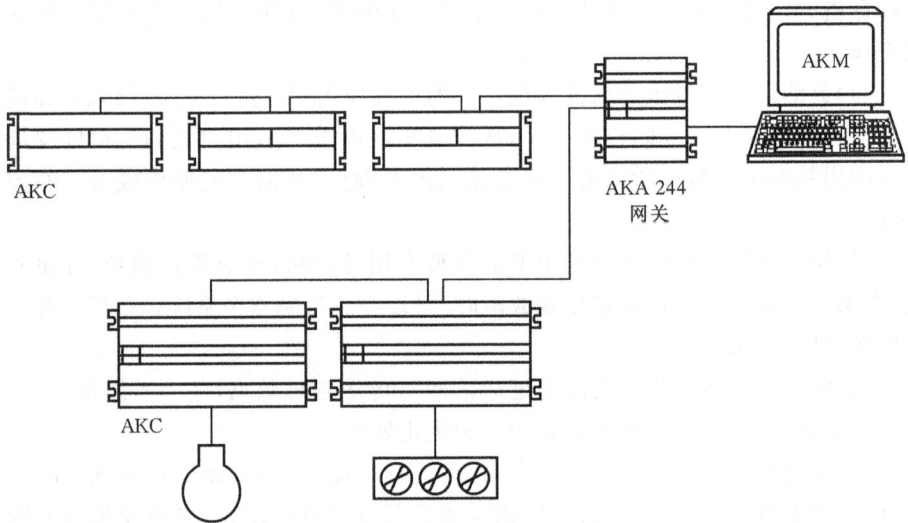

（b）控制器 AKC 与工作站的通讯

图 6.55　EKC，AKC 控制器之间的链接及通过网关与工作站（计算机）的通讯

下面来看 ADAP－KOOL 制冷控制系统的监控、网络化通讯和管理的器件及功能。

6.5.1　监测及报警器

监测与报警器承担监测受控装置的运行状态以及工作参数，并在参数达到警戒值时给出报警的任务。

图 6.56 是制冷装置和冷库中使用的监测与报警器 AKL 111A 和 AKL 25。

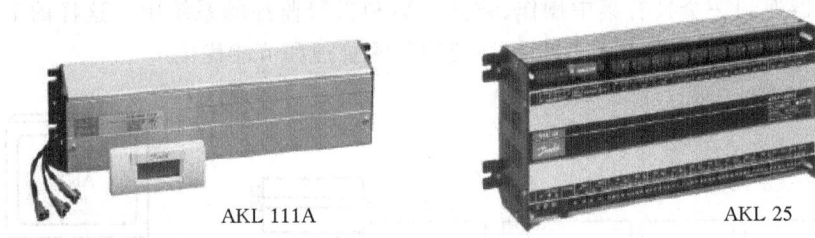

AKL 111A　　　　　　　　　　　　AKL 25

图 6.56　监测与报警器

AKL 111A 与 AKM 系统软件一道使用时，可以采集制冷装置中不同的 8 个点上的温度。具有以下主要功能：

①有 8 个口用以作为连接温度或者数字报警的接口；

②有与 LCD 显示器或选择器相连接的接口；

③能够以小时计数；

④能够以脉冲计数；

⑤经脉冲计数进行能量登记；

⑥具有报警迟后功能。

其应用示例见图 6.57。

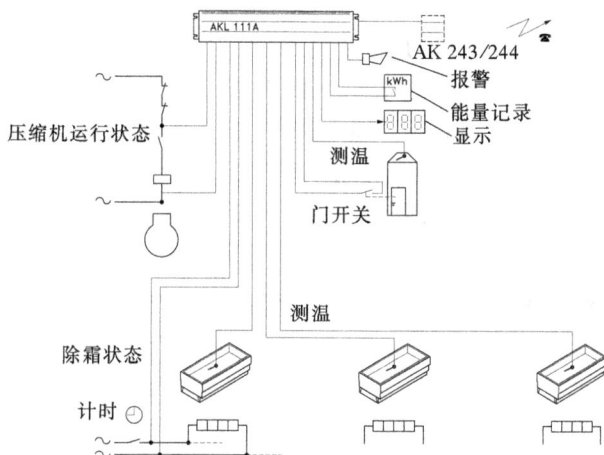

图 6.57　监测及报警器的应用例

AKL 25 是比 AKL 111A 稍大些的监测与报警器，它的接口有：14 个温度测量的输入口；9 个压力变送器的信号输入口；3 个电压输入；4 个开关（ON/OFF）输入。

绝大多数制冷控制器都有一个或多个输出，以显示制冷装置的温度。控制器的该输出信号可以用 LCD 显示。DANFOSS 相应的显示器有 AKA14，AKA15，它们或者可以外部固定，或者可以安装在控制面板上。

6.5.2　对控制器的运行操作

一般来说，所有的 AK 系列控制器都提供有数据通讯模块，把它们接到数据通讯上便可以实现对各个控制器的操作。操作可以直接在系统上进行，也可以远距离进行，即通过调制解调器进行。两种方式组合使用也行。

设置模块：最简单的设置模块 AKA 21 如图 6.58 所示。可以用于小系统，或者在装置处于维护状态下使用。用插头连接上数据通讯，在菜单上进行控制器设置。

　　AK-监测器:是一个 PC 程序,它具有几个安排好了的功能。这些程序是从更具综合性的系统软件 AKM 4 程序中挑选出的。在 AK-监测器中最重要的是:操作简单,温度的监测与采集方便。从专门设计好的总览层显示中可以得到设置和功能浏览。见图 6.59(a)。

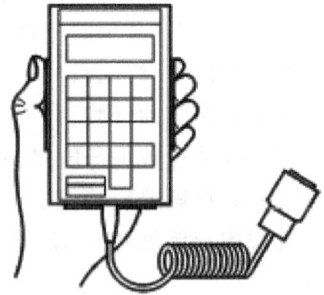

图 6.58　设置模块 AKA21

　　MIMC:具有扩展的图形用户界面的 AK 监测器,以图形画出制冷点的位置。此图形随后可以在其后台计算机(PC)的屏幕上显示,这时便可以看到相关制冷点上的温度和正在发生的功能。例如,正在除霜,便可以看到"on-going defrost"和一个液滴图形。图6.59(b)给出图形界面示例。

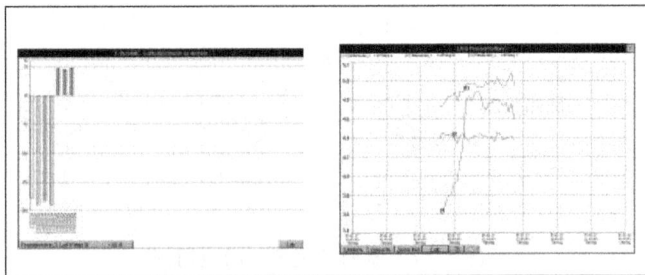

(a)

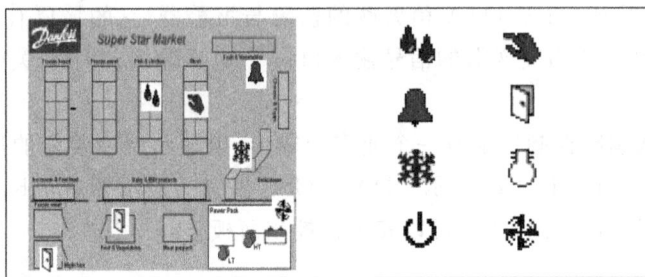

(b)

图 6.59　图形界面示例

　　系统软件:AKM4 和 AKM5 AKM4 是系统的服务软件,用来服务和进行系统设置的。其程序也可以服务于更大的系统。服务中心可以用此程序从各个系统下载数据。

AKM5 是带有扩展的图形用户界面的 AKM4,如果想要将报警发送到了移动电话上,可以用通过 AKM5 或 AKM4 来完成。

AKM4 和 AKM5 软件界面如图 6.60 所示。

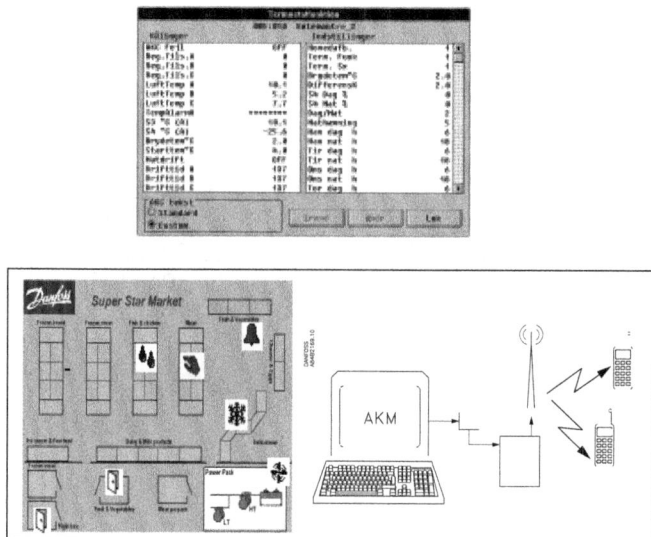

图 6.60　AKM4 和 AKM5 软件图形界面

6.5.3　网关

网关是网络化控制器所需使用的一个部件,网关使得有可能构造出复杂控制系统,它带有报警监测器和数据采集板,并将分散的制冷设备联系起来。

与 ADAP - KOOL 制冷控制系统中的控制器一道使用的网关有 AKA241、AKA243 和 AKA244。ADAP - KOOL 制冷控制系统的所有控制器都连接到一个 2 线数据通讯系统,在名为 DANBUSS 数据通讯系统下注册。AKA 网关连到数据通讯系统上,便可与一个调制解调器(Modem)、或打印机、或 EKC 型控制器联系起来了。如图 6.61 所示。

· AKA244 用在以 DANBUSS 进行数据通讯的场合,可以连接 120 个控制器。

· AKA243 用在以全部或部分以 LON 进行数据通讯的场合,DANBUSS 上可以挂 60 个控制器。在 LON 上可以挂 60 个控制器。

· AKA241 是个 PC 网关,打算将 AKA243 或 AKA244 与 PC 机相连时便用到它。比如,工作站集中安放 PC,接收来自多个制冷装置的数据。

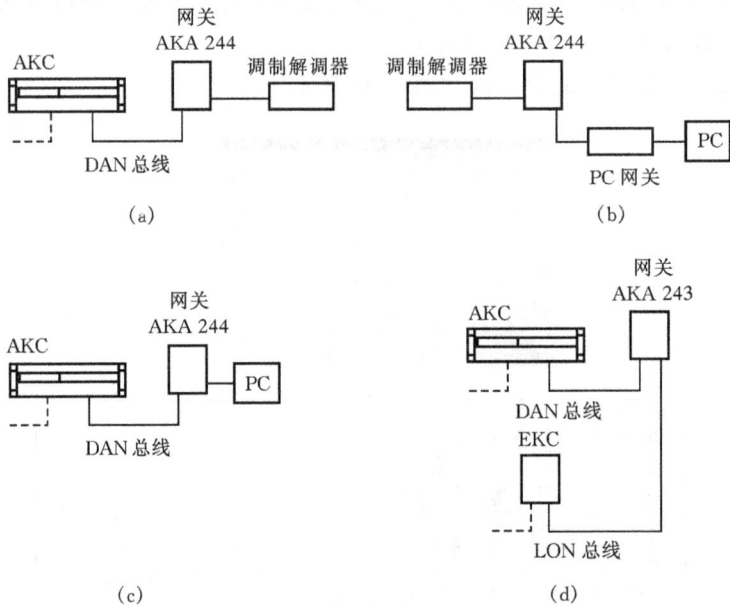

图 6.61　网关的连接

6.5.4　超驰

　　所谓超驰(override)控制就是当自动控制系统接到事故报警、偏差越限、故障等异常信号时,超驰逻辑将根据事故发生的原因立即执行自动切手动、优先增、优先减、禁止增、禁止减等逻辑功能,将系统转换到预设定好的安全状态,并发出报警信号。

　　以往用常规控制仪表构成的控制系统绝大部分都缺少识别系统内、外设备状态品质的能力。只要输入端有偏差信号存在,控制器就会有相应的动作,而不管系统内部是否出现问题或外部生产设备工作是否异常,有时甚至会出现控制背离给定值的现象而造成事故。

　　超驰控制则能有效地抑制上述不良后果。对内,它是监视自动控制过程的眼睛,随时检测控制回路中变送器信号的品质、输入输出偏差限值等。如果是控制仪表本身出现问题,控制回路就失去了自动控制的基础条件、超驰控制将选择自动切手动方式把控制回路自动转为手动。对外,它是系统的安全转折器,若自动控制仪表一切正常,主、辅设备或各种自动控制系统之间的运行状态产生异动,超驰控制将根据判定逻辑得出的结果,决定自动控制系统的控制策略或运行方向,从而转入安全通道,脱离可能发生的危险工况。

　　DCS(distributed control system 集散控制系统)和 FCS(fieldbus control system 现场总线控制系统)都设计有超驰控制功能。

　　ADAL‐KOOL 制冷控制系统中的主网关含有超驰功能,它可以通过数据通讯,在所选择的诸控制器之间发送信号。通过系统软件 AKM 进行组织安排,在什么地方建立个体功能。在之后的运行过程中,便无需让 AKM 程序运行,因为主网关本身便能控制这些功能。根据所选择的功能,将控制器集合成几组。于是,当存在超驰时,那一组中所有的控制器便收到相同的超驰信号。如图 6.62 所示。

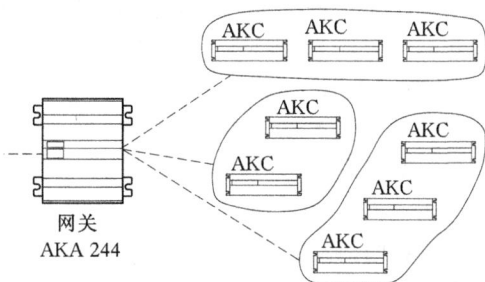

图 6.62　主网关的超驰功能

　　超驰功能能够做以下事情:

　　(1)控制器接通控制　控制膨胀阀的所有控制器都有一个 AKC ON 的接口,切断此连接,控制器就会使阀关闭,于是便没有制冷剂液体注入蒸发器。用此方法确保当压缩机由于运行故障而停机时,膨胀阀是关闭的。如图 6.63 所示。

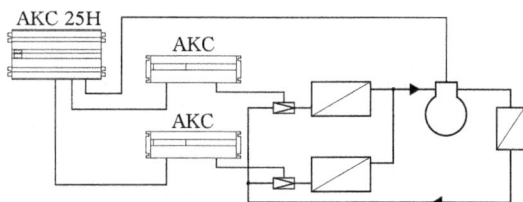

图 6.63　控制器 AKC ON 接口功能

　　(2)改变报警限　该功能允许改变在不同的控制器中所设置的报警限值,将报警限作为室温测量值的函数,从报警限的初始值开始可以变化 10K。超驰也可以取决于室外温度进行,这样便可以只有在室外温度超过设定值时才启动运行。该功能在制冷系统中使用的主要场合是:由于酷热的夏季很维维持所期望的温度。如图 6.64 所示。

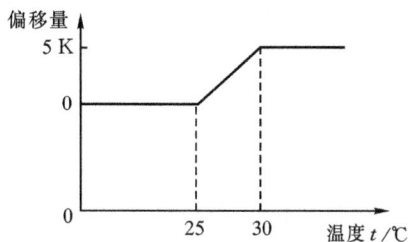

图 6.64　改变报警限

（3）除霜控制 超驰功能能够让用户定义和启动许多除霜循环。当除霜已经开始，就要等某控制器来决定如何再次使之终止。有些控制器中可能是基于时间终止，而另一些可能是基于温度终止。如图 6.65 所示。

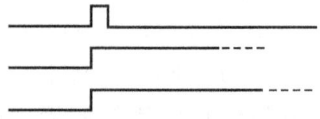

图 6.65 除霜控制的超驰

（4）白天/夜间控制 白天/夜间控制功能向所选择的那些控制器发送一个信号，该信号可以用来提高温度参考值和提高制冷系统的吸气压力参考值。当某些控制器接收到此信号时，在这些控制器中参考值便按所设定的大小发生改变。如图 6.66 所示。

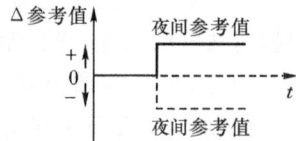

图 6.66 夜间改变控制器的参考值

（5）时间表 超驰功能可以让用户定义许多时间表，例如输入白天/夜间控制信号，如图 6.67 所示。

（6）吸气压力优化 超驰功能可以让用户优化吸气压力，使之与系统的实际负荷相适应。

控制意图是：负荷重的的地方，可以适当提高吸气压力设定，增大制冷量，在保证满足制冷温度要求的前提下，快速降温。

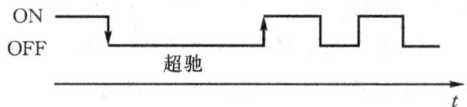

图 6.67 定义时间表

在优化过程中，收集那些能够说明哪些个制冷点上的负荷最重的数据，其控制器便处理该制冷装置中的温度控制。在同样的制冷装置中，一些控制器控制两个制冷点，另一些控制 3 个制冷点。每个制冷点的工况和负荷信息经由数据通讯，连续不断地上传到网关。在这里进行数据汇总，并认定那个"负荷最重"的制冷点。此时便修改吸气压力，使该制冷点上的空气温度得以维持（如图 6.68 所示）。只有在一个周期之后（比如说，20 分钟），或者如果该制冷点上的工况发生了改变（除霜、终止工作，等）之后，别的制冷点才能被指认为新的"负荷最重的点"。

正是网关从诸制冷点上收集数据；也正是网关向压缩机控制发送偏差信号，以改变吸气压力参考值来适应那个"负荷最重的制冷点"的用冷需求。

当然，必须遵守为吸气压力所设定的最小/最大限值，吸气压力优化时吸气压力的参考值不得超过规定的最小/最大压力限。

在某制冷点被认定为"负荷最重"的那段时间 要累计在计算机的一个 LOG（历史记录）中，这些数据可以在显示器上呈现在"最近 24 小时"和"最近 168 小时"（一周）的记录中，而老的数据就会不断被复盖掉。

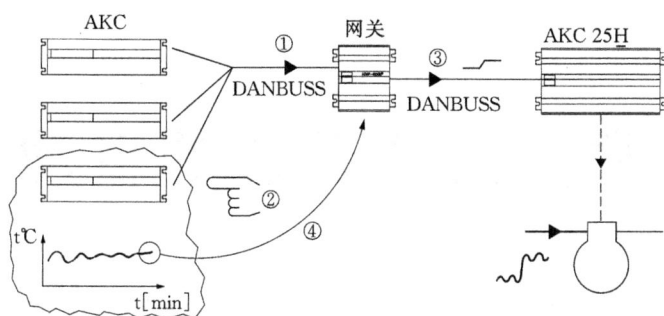

图 6.68　吸气压力优化

　　就特征而言,按这两个图表所生成的图形样式应相同,但如果显现出"新的样式",且不同于其它的图形样式,那就应当仔细地检查了,看看是否属于正常。

第7章 空调系统的自动控制

空调是制冷技术的一个重要应用领域。楼宇建筑采用集中式系统提供供冷供暖需求。

楼宇暖通空调(HVAC)系统功能包括:空气加热、冷却、加湿、除湿、通风、混合、净化等。所用的设备有:冷水机组、泵、风机、锅炉、加热器、加湿器、热交换器等。控制内容包括:温度、湿度、压力、洁净度、空气品质等。

楼宇建筑作为一个空调对象,其过程特征是:多干扰,工况变动范围大,运行模式变化,而且参数之间具有耦合性(特别是温度与湿度),从而决定了 HVAC 系统控制的复杂性、多样性。

好的空调控制系统,它应当:

(1)能够维持一个舒适的建筑内部环境;

(2)保持可以接受的室内空气品质;

(3)尽可能简单便宜,又能满足 HVAC 系统运行可靠性规范,以保证系统寿命;

(4)在所有条件下都能获得 HVAC 系统运行高效的结果。

由于 HVAC 系统的能耗在建筑能耗中占相当比重(70%~80%),所以,如何从控制上使运行高效的问题非常突出。HVAC 系统整体能量优化的研究一直是个重点研究方向。

楼宇 HVAC 控制是楼宇自动化系统的一部分。现在普遍采用 DDC 控制器,实施直接数字控制。整个控制系统采用集散式控制系统结构,即由现场 DDC 分散进行各个具体回路的控制,由工作站计算机进行集中管理。

这一章只涉及 HVAC 中空气处理系统的控制。阐述基本的控制器件;说明空调系统中的基本控制,列举两个典型的集中空调形式(CAV 系统和 VAV 系统),说明它们的整个控制程序;最后给出 DDC 控制器在空调中的应用示例。

7.1　基本控制器件

7.1.1　阀门

空调系统中的自动阀门用来控制热交换盘管中蒸气、水(或液体)的流动,它们是由电动或气动执行器响应来自控制器的指令脉冲或信号来定位的节流元件,阀门中装备专门设计的节流柱塞或 V 形孔,以提供所期望的流量特性。

1. 常用的阀门种类

(1) 二通阀　如图 7.1 所示。二通阀控制盘管的流量或者 HVAC 其它设备的流量(通过阀开度变化改变流动阻力而实现)。流动必须与阀的关闭逆向,否则快要关闭时(阀芯快落到阀座上时),便会发生冲击(砰的一下关闭)或者振荡,不管哪种情况都会造成阀的过度磨损和噪声。有单座阀和双座阀(或平衡阀),双座阀的阀盘上下压力基本抵消,这样使得所需要的执行器驱动力减小。流体压力过高以至于不允许使用单座阀关闭的场合采用双座阀。

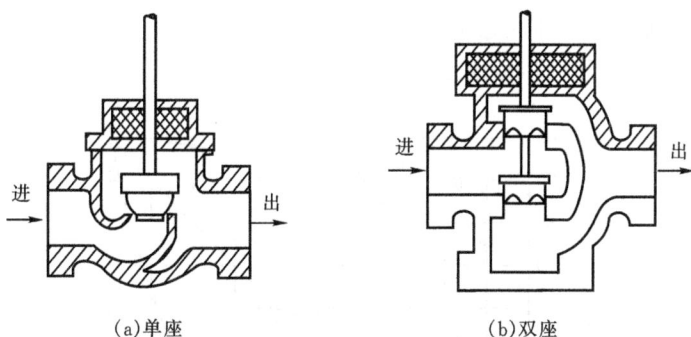

(a)单座　　　　　　　　　　　(b)双座

图 7.1　单座和双座两通阀的典型结构

(2)三通阀　一种是三通混合阀,如图 7.2(a)所示。它有两个入口和一个出口;有两个阀座,在两个阀座之间有一个双面阀盘,用来将入口的两股流体混合,然后由出口流出。混合比例由阀杆和阀盘的位置决定。另一种是三通分流阀,如图 7.2(b)所示。它有一个入口和两个出口,两个独立的阀盘和阀座,用来对某个出口的流量进行分配,或者是分配两个出口流量的比例。

2. 阀的流量特性

阀的流量特性描述阀在打开过程中,流量随着阀升程的变化关系,它是调节阀

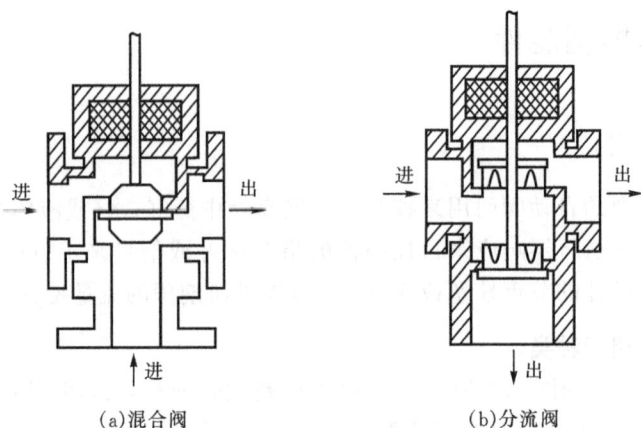

(a)混合阀　　　　　　　　　　　(b)分流阀

图 7.2　三通混合阀和三通分流阀的典型结构

的一个重要特性。

　　(1)理想流量特性　阀的理想流量特性是,在阀前后压力降一定的条件下,即假定 Δp_v＝常数,阀在全程开度上的流量特征,用阀体积流量 V 与阀杆升程 z 之间的关系表达。通常有三种理想流量特性,见图 7.3。

　　①快开型　阀打开后,迅速达到最大流量。

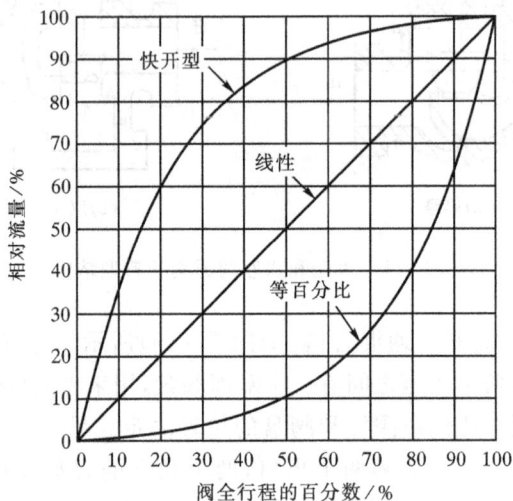

图 7.3　三种理想流量特性

②线性型　流量与阀的开度成比例。

$$V = kz \qquad (7.1)$$

其中 k 为比例常数。

③等百分比型　开度每一相同的增量,使得流量增加先前值的相同百分数。

$$V = Ke^{kz} \qquad (7.2)$$

式中:K 为阀的尺寸常数。

(2)实际流量特性　三种流量特性都假定阀前后的压力差恒定,而事实上,阀安装到系统中使用,由于在阀开度改变时,很难维持阀前后压力差恒定,所以阀的实际流量特性偏离理想流量特性,偏离程度由整体系统设计所决定。要使阀保持其控制(调节)特性,阀上的压力降必须占整个回路压力降的主要部分。如果设计成阀全开时的压力降等于回路的平衡压降,那么就存在良好的流量调节能力,于是便引入了"阀支配权"的概念。

定义阀支配权为阀全开的压降在系统总压降中所占的份额,记作符号 ϕ,即

$$\phi = \frac{\Delta p_{阀全开}}{\Delta p_{阀全开} + \Delta p_{系统}} \qquad (7.3)$$

ϕ 越大,实际流量特性越接近理想流量特性;ϕ 越小,实际流量特性与理想流量特性的偏离越大。图 7.4 示出一个线性阀门或风阀,在不同的 ϕ 下所对应的实际流量特性的偏离情况。要保证阀有好的流量调节能力,阀全开的支配权应不小于 0.50。如果 ϕ 等于或大于 0.50,控制阀安装后的流量特性将与图 7.3 的理想特

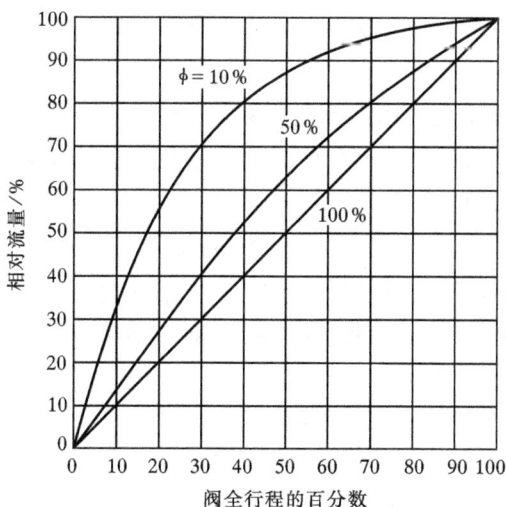

图 7.4　线性阀的典型实际特性

性无大差别。否则,在低流量时,阀的流量特性便会发生扭曲。

为了保证能够对阀门或风阀获得充分满意的控制,设计时要注意的是:阀上的设计压降占系统总压降的百分数应当足够大;或者将系统设计和控制得能够保证压降比较恒定。

尽管设计一个空调供/回水压降保持恒定的水系统是完全可能的,但却几乎不这么做。更保险的设计是:假定阀上压降随着从全开到全关的调节而增大。图 7.5 给出一个含单泵、两通阀和一个热交换器的简单系统中的这个影响情况。系统特性曲线代表管道和热交换器的压力损失与流量的关系。泵曲线特性代表离心式泵

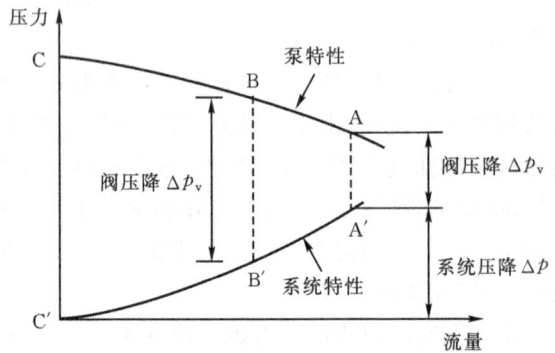

图 7.5 在阀控制下泵和系统的特性

的典型特性,即泵扬程与流量之间的关系。在设计流量下,按指定的压降 A-A′ 选择阀门。在部分负荷下,阀必须部分关闭来提供较高的压降 B-B′。设计压降 A-A′ 与零流量压降 C-C′ 之间的比值影响阀的控制能力。

3. 阀的选择和使用

采用较小尺寸的阀以及增大系统中其它设备的尺寸可以使得受控机构上具有高的压降。

阀的能力在工业上用有因次流量系数 C_v 表示。C_v 定义为阀全开、阀前后压力差为 0.1 MPa 时,密度为 $\rho = 1000 \text{ kg/m}^3$ 的水经过它的体积流量。于是在任意压差 Δp 时的阀能力为

$$V = C_v \sqrt{\Delta p} \qquad (7.4)$$

设计中,一旦确定了 C_v,便可以为已知的接管尺寸,查制造厂商的产品表来选择阀尺寸。如果流体介质不是水,相应的 C_v 换算方法是,将由式(7.4)得出的 C_v 值乘以该流体比重的平方根。

蒸汽阀用类似的有因次表达式确定尺寸

$$m = C_v \sqrt{\Delta p / v} \qquad (7.5)$$

式中 v 是蒸汽的比体积。如果蒸汽高度过热,或者是湿蒸汽,C_v 要加以修正。方法是:对于过热蒸汽,每过热 55℃,将 C_v 值乘以 1.07。如果是湿蒸汽,将该 C_v 乘以蒸汽干度的平方根。Honeywell 推荐(1988),使用该式时,压差值取蒸汽供/回

管路压力差的 80%(针对音速的限制,放到后面讨论)。

必须为指定用途选定阀的类型。当选择特定流量特性的调节阀(线性的还是非线性的)时,考虑的出发点是:使受控系统尽可能近似于线性特性以有利于控制。调节阀在控制热交换盘管传热量中的使用非常普遍。对于一个线性系统,执行器、阀门、和盘管的组合特性应当是线性的。这就要求控制热水和控制蒸汽时,应当采用完全不同的阀型,也就是为什么会有线性阀与等百分比阀之别的原因。

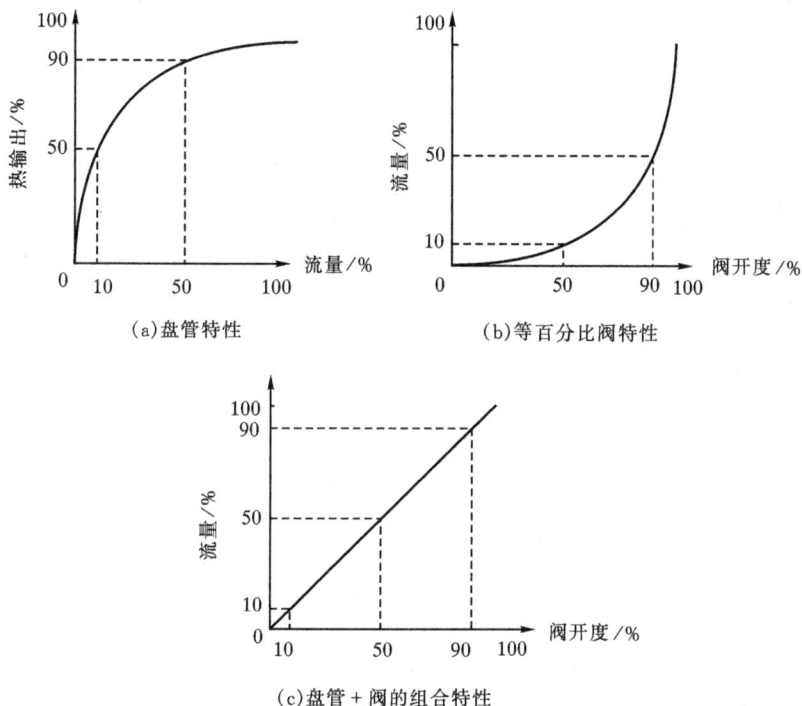

图 7.6　热水加热盘管与调节阀的组合特性

图 7.6(a)示出加热空气用的热水盘管的部分负荷特性。在满流量的 10%时,对应的热流量是其峰值的 50%。在关于热交换器传热的知识中,我们知道,交叉流的热交换器中热流量大体上随流量的呈指数变化关系,即表现出高度的非线性。加热盘管的这个非线性是因为:降低流量时,水在盘管中滞留时间较长,加热水与被加热的空气之间温度差较大。然而,如果我们用一个等百分比阀来控制该加热盘管的热流量,那么,阀+盘管的组合特性就呈粗略的线性特征。图 7.6(b)是等百分比阀的特性曲线,50%的阀杆行程对应 10%的流量。图 7.6(c)中盘管+阀的组合特性就呈现出线性特性。这样一来,构造出的这个近线性系统控制起来就容

易多了(比起用线性阀去控制高度非线性盘管来)。记住一个规则:对热水加热的盘管控制应当采用等百分比阀。

线性两通阀用于控制蒸汽加热盘管中的蒸汽流量。因为蒸汽凝结传热是个线性的等温过程,供应的蒸汽量越多,热流量便越大,二者完全成比例。注意:这种盘管的特性完全不同于热水盘管。不过,蒸汽是可压缩流体,当阀上压降大于供汽管绝对压力的 60% 时,对于一个给定的阀开度,流量的极限是音速。于是,式(7.5)中所用的那个压降便是①阀上游蒸汽管绝对压力的 50% 或者②供汽与回汽管压差的 80%,取以上二者中的小者。这个 80% 法则在亚音速范围给出良好的阀调节性(Honeywell 1988)。

冷水(冷冻水)控制阀也应采用线性流量特性的,因为冷水盘管比热水盘管更接近于蒸汽盘管的特性。冷水盘管中,水与空气之间的温度差比热水盘管的小。

同样道理,制冷剂直接膨胀蒸发式的冷却器,也应选择采用线性流量特性的调节阀。

二通、三通阀可以用来控制加热和冷却盘管在部分负荷时的流量。图 7.7 给出二通、三通阀的管道布置。阀受盘管出水温度或空气温度的控制,当用于作为部分负荷控制时,二通或三通阀在盘管上得到的局部结果是相同的,但在设计选择阀型时,必须考虑对二次系统平衡的影响问题。包括泵的大小和功率、流量的平衡。

原则上,两通阀流量控制的结果是:它追随负荷变化而改变流量的同时,伴随恒定的盘管温度变化(即盘管的进出水温差恒定)。而三通阀控制的结果是:二次回路的流量大体上恒定,但是盘管的水温度变化较小。由于有些冷水机组和锅炉要求流量保持大体恒定(变化范围比较窄),在小系统中用两通阀变流量很难实现节能和省钱,除非是用两泵,主/次回路法的冷水系统结构。如果不用这种双回路法,便需要用三通阀来维持锅炉或冷水机组的定流量。在大系统中,多采用二通阀,一次回路/一二次回路的设计方案。

设计中必须考虑三通阀在盘管上的安装位置。图 7.7(b)是安装在盘管下游的混合型三通阀。如果在旁通管上安装一只平衡阀,并设定与该盘管有同样的压力降,那么,这个局部盘管回路无论在零流量还是在满流量时将具有相同的压力降。但是,在阀的中等流量开度,总的流动阻力比较小。这是因为含有两个并联回路,总回路流量比各个末端增多 25%。

另一种方案,采用分流型的三通阀,如图 7.7(c)所示。这种布置中的基本考虑与上面相同。但是如果像图 7.7(d)那样插入一只泵,支管上流动方向改变,就要用一个混合阀了。采用泵压式盘管是为了改善控制特性,使盘管流量恒定,降低盘管特性的非线性程度(盘管原来是高度非线性的,见图 7.6)。这是因为热水在盘管中的滞留时间恒定,与负荷无关。不过,对外部二次回路来说,这种布置看来与两通阀是一样的。随着负荷的下降,进入当地盘管中的流量也减少。因此,通常三通阀所具有的那种均衡二次回路流量的功能便不存在,除非是采用旁通阀。

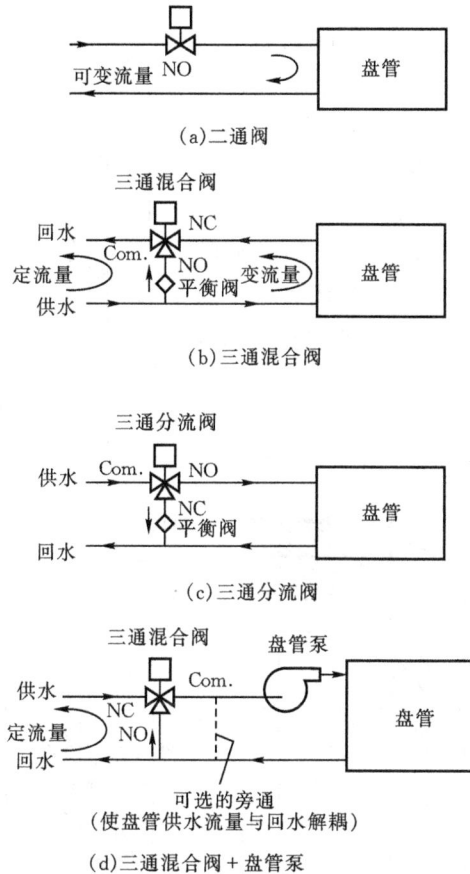

(a)二通阀

(b)三通混合阀

(c)三通分流阀

(d)三通混合阀 + 盘管泵

图 7.7　二通、三通阀的管道布置

7.1.2　风阀

自动风阀(Damper)在空调和通风中用来控制空气流量(风量)。可以采用的风量控制方式有:①调节式控制以维持受控参数(如混合空气温度、送风管静压等)为期望值;或者②双位控制以实施初始操作,如当风机启动时,开启最小新风门等。

按风叶分,有多叶风阀和单叶风阀。单叶风阀的典型应用是进行区域风量控制。多叶风阀用来控制大开度的空气的流量,如空气处理箱(AHU)的风量。

图 7.8 示出商业建筑中常用的两种多
叶风阀,一种是平行叶片的风阀,另一种是
对开叶片的风阀。图 7.9 示出风阀的特性
曲线。

①平行叶片的风阀。它的叶片朝相同
的方向旋转。风阀最常用的是两个位置:开
或关。一般不把它们做为风量调节阀使用。
平行叶片的风阀适宜于双位控制,并可以在
保持压降较恒定的条件下调节风量,比如
AHU 混合箱的新风门和回风门。叶片旋转
时改变空气流的方向。当打算让具有不同
温度的空气流有效地混合时,平行叶片风阀
的这一特点十分有用。

②对开叶片的风阀。它的相邻叶片朝
相反的方向旋转。叶片转动时,不改变空气

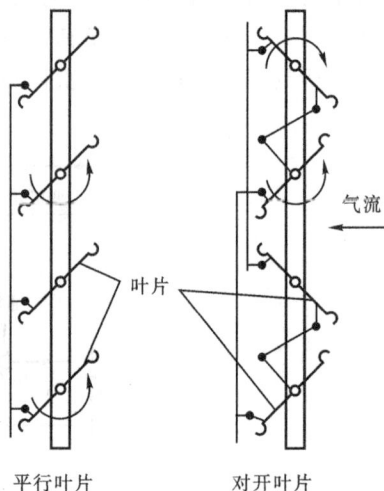

图 7.8　多叶风阀

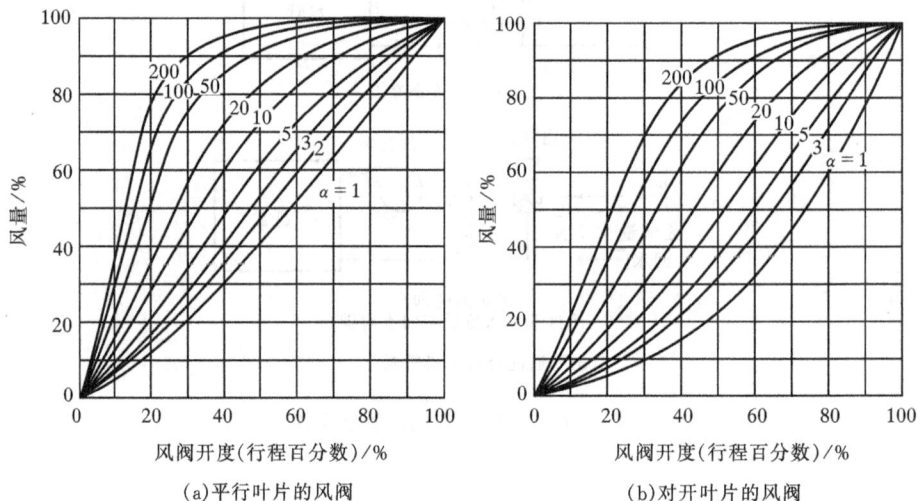

(a)平行叶片的风阀　　　　(b)对开叶片的风阀

图 7.9　风阀流量特性曲线

流的方向。对开叶片的风阀压降比平行叶片风阀的高。对开叶片的风阀更适宜于
用作调节风量的控制。因为当风阀关闭与风阀全开时的压降比大的时候,它能够
提供更好的控制,比较接近所期望的线性特性。

多叶风阀的流量特性如图 7.9 所示,图中 α 是最大风量时(即风阀全开时)风

路系统压降与风阀上压降之比。

　　风阀特性是选择风阀所要考虑的。在重要的地方,设计者总是很关心风阀的泄漏量,尤其是在必须使风阀关闭严密以降低能耗的场合。比如,在室外空气吸入处,冷天新风阀必须关严密,以防止盘管和管道上结冰。低泄漏性的风阀价格高,并且需要更大的执行器(因为关闭位置的密封阻力大),因此只在必须时才选用。

　　风阀泄漏特性用指定压力差下,单位风阀面积的空气体积泄漏量 V_L 表示。具体风阀的泄漏量数值应参考产品样本。对于典型风阀:压差为 0.3 m 水柱时,泄漏量为 $V_L = 12\ \text{m}^3/(\text{min} \cdot \text{m}^2)$;对于低泄漏的风阀,在相同压差下的泄漏量仅为 $V_L = 3\ \text{m}^3/(\text{min} \cdot \text{m}^2)$。设计者要根据用途指明可以接受的泄漏量。

　　选择风阀时还须考虑的的参数有:风阀执行器的扭矩,结构材料和最大压差(即风阀全关时的压差)。

　　控制室外新风量的风阀通常采用两组风阀:一个是迎面风阀,一个是旁通风阀。如图7.10 所示。对于全热盘管,全部空气都经过盘管,旁通风阀关闭。温和季节不需要加热时就把盘管旁通掉。这时,为了使流动阻力、风机能耗最小,可以切断盘管中的水流,将迎面风阀和旁通风阀全开。处于这两个极端情况之间的情况是,空气在这两个路径分流。根据上述情况,设计迎面风阀与旁通风阀的尺寸时,应保证全旁通模式时的压降(只有旁通风阀的压降)与全加热模式时的压降(盘管压降+迎面风阀压降)相同。

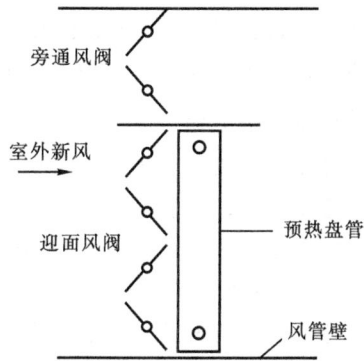

图 7.10　新风管中风阀的使用

7.1.3　传感器

　　传感器反映受控参数变化所引起一次传感元件物理性质或电气性质的变化,可以通过机械或电气信号转换或放大,把这个信号送到控制器。对指定用途选择传感器的考虑如下。

　　(1)受控参数的处理范围　在预期的整个输入范围上传感器必须能够提供足够大的输出变化。

　　(2)与控制器输入的相容性　电子式和数字式控制器接受不同的电子信号的范围和形式,必须用电子传感器产生标准电信号:4~20 mA 或 0~10 Vdc。

　　(3)精度和复现性　有些控制应用场合,要求受控参数必须维持在设定点附近很窄的一个范围。选择传感器的精度和灵敏度必须要能满足这一要求。但是如果有下列情况,即使是很精确的传感器也无法保持设定点:①控制器不能分辨输入信号;②受控机构即阀不能准确定位;③受控机构表现出过度的迟滞;或者④扰动对系统的作用比控制作用来得更快。

(4)系统响应时间(或过程的动态特性) 与传感器/变送器相关的特性是它们的响应曲线,它描述传感器输出信号对受控参数变化的响应。如果受控过程的时间常数短,且静态控制精度很重要,就必须选择具有最快响应时间的传感器。

(5)控制介质的性质和特征 控制介质是传感器所直接暴露于其中或所直接接触的介质(为了测量压力、温度等受控参数)。如果该介质对传感器有腐蚀或有其它方面使之性能恶化的作用,应得另选传感器,或者 用保护套将传感器与控制介质隔离,避免直接接触。

(6)周围环境特征 即使是把传感元件封闭起来不与控制介质接触,也必须考虑传感器周围的环境条件——使传感器精度下降的环境温、湿度范围。还有,存在某种气体、化学物质和电磁干扰也会造成元件性能恶化。这些场合下,要用专门的传感器或变送器保护套。总之要确保传感器能够正确地真实地、指示受控参数。

1. 温度传感器

温度传感器有三大类:①利用物质热膨胀的线性尺度变化的;②利用蒸汽或液体状态变化的;③利用物质某种电性质变化的。每一类都有多种元件,在 HVAC 装置中大多用于测量房间温度、风管温度、水温度、和表面温度等。

(1)双金属元件 两种膨胀系数不同的金属熔接在一起。随着温度变化,元件发生弯曲和位置变化。元件可以是直形的、U 形的,或绕成螺旋形。这类元件通常用在房间温控器、插入式和浸入式温控器中。

(2)棒-管元件 由一个高膨胀系数的金属管包含一个低膨胀系数的金属棒组成。棒的一端贴在管的尾部。管的长度随温度改变,引起棒的自由端运动。这种元件常用在某些插入式和浸入式温控器中。

(3)密封波纹管元件 内部充入蒸汽、气体或液体,温度变化引起介质压力变化,产生力或位移的变化。

(4)远置式球元件 是通过毛细管与密封波纹管或膜片相连接的球或囊,整个系统内充入蒸汽、气体或液体。球外温度变化引起传递到波纹管或膜片上的力变化。这种结构在测点远离温控器放置位置时很有用。

(5)热敏电阻 是半导体元件,其电阻随温度而改变,具有负温度系数(即温度升高时,电阻变小。),在宽范围内它的温度-电阻特性呈非线性。采取一些措施,可以在指定温度范围将其响应线性化。用于数字式控制的线性化方法是:存储一个计算机查表(电阻-温度对应值的图形),该表把曲线分成许多小区间,每个小区间的温度-电阻特性近似是线性的。热敏电阻很便宜,对温度的反应很灵敏(一个很小的温度变化会引起电阻有很大变化)。

(6)电阻温度件(RTD) 是另一种电阻随温度而改变的传感元件。大多数金属材料随温度升高,电阻增大。对于特定的金属如铂、铜、钨和镍/铁合金,在有限范围,这个变化是线性的。例如,在温度范围−20∼150℃,线性度在±0.3%。RTD 传感元件适宜于几种表面或浸入式安装方式,测表面温度时采用扁平格栅线形。直接测流体温度的电阻绕线封装在不锈钢套管中以防腐蚀。

2. 湿度传感器

湿度传感器用来测量环境或空气或空气流的相对湿度、露点、或绝对湿度。有两类:机械式的和电子式的。

(1)机械式测湿计 湿敏材料(尼龙或合成材料)暴露于水蒸气中时,能够吸收水蒸气并产生膨胀。用连接机构探测出其尺寸或开关的改变,并转换成气动或电子信号,显示湿度。采用毛发、木材、纸或棉布材料的机械式传感器不如尼龙或聚合体传感器的湿敏特性好,应用也不多。

(2)电子测湿计 用电阻或电容感湿元件。电阻元件是一个覆盖了吸水物质的导体网。这个网的导电率随含水量而变化,于是其电阻随相对湿度变化而改变。把这个导电元件布置成惠更斯电桥的激励交流电,便可以迅速响应湿度的变化。电容感湿元件是一个非导体片延伸隔膜件,两侧套上电极,装在打孔的塑料套中。该传感器电容对于相对湿度变化的响应是非线性的。需要将信号线性化,并在电路放大器中进行温度补偿,提供相对湿度从 0∼100% 变化所对应的输出信号。

(3)冷镜湿度传感器 用来确定的是露点,而不是相对湿度。空气流经过传感器中的小镜使小镜的表面温度降低,达到空气露点时,小镜表面凝露使镜面的光反射量降低(与参考反射量相对比)。

(4)DIR 技术 弥散红外技术可以用来感应绝对湿度和露点,它的原理与感应 CO_2 或其它气体的方法相类似。红外水蒸气传感器是探测空气中水蒸气含量的光学传感器。它基于水分子对红外光的吸收特性,光吸收正比于所存在的水分子的数目。红外测湿仪输出的是绝对湿度或露点,它可以在扩散或气流样品模式下工作。这类湿传感器的感湿元件是统一的(光探头和红外滤波器),在透视窗的后面,不直接暴露于采样环境。所以这类湿传感器的长期稳定性极好、寿命长、响应极快,不受饱和条件的限制,在很高和很低的湿度中都能很好地工作。现在红外测湿仪在 HVAC 装置中普遍应用。这是因为它的价格与中等精度的湿度传感器(1%∼3%)的价格差不多。

3. 压力发信器和变送器

气动式压力转换器 用波纹管、膜片或弹簧管机构将绝对压力、表压力或差压力转换成机械运动。当通过合适的连接加以校正时,这个机械运动便产生到控制器去的信号变化。有时,传感与控制功能集为一体,即为压力控制器。

电子压力变送器 有利用霍尔效应的霍尔压力变送器、微压变送器。它是用膜片或弹簧管的机械力触发,去操纵一个电位计或差分变压器,输出信号为 $0\sim20$ mVdc。由于霍尔电势对温度比较敏感,故使用时要采取温度补偿措施。还有利用压阻效应压力变送器,用张力计探测到膜片因受压力作用所产生的位移,电子电路提供温度补偿和放大,产生一个标准的输出信号 $4\sim20$ mAdc。

4. 流量传感器

用来传感流量的有孔板,毕托管,文丘里管,涡轮流量计,磁流量计,涡街流量计,和多普勒效应流量计。一般说来,压差式机构(孔板,毕托管,文丘里管)便宜,使用简单,但是量程窄。所以,它们的精度取决于如何应用和安装在系统的什么位置。

更好的流量测仪,诸如涡轮流量计、磁流量计、涡街流量计的通常量程范围较宽,而且在宽范围有更好的精度。

5. IAQ 传感器

对室内空气品质(IAQ)的控制分两类:通风控制和污染防治。通风控制测量建筑物内 CO_2 和其它污染物的浓度,控制有人房间的新风量。指令通风的控制是要维持合适的换气次数。典型控制的设定值:CO_2 水准为 $800\sim1000\times10^{-6}$($1400\sim1800$ mg/m³)。(ASHRAE 标准 62 给出关于保证室内空气品质通风的进一步资料。)

污染防治传感器用来监测有害、有毒物质的水准,发出警告信号或/和启动校正操作(通过楼宇自动化系统 BAS)。有各种传感器适用于不同气体的探测。CO传感器是最常见的一种。用 CO 传感器进行停车场 CO 浓度控制和报警。还有氧稀薄传感器,用来对制冷机房封空间闭空间进行测量、报警、和启动通风换气,以防制冷剂泄漏引起人员窒息。这些传感器形式的选择取决于传感器的应用环境,要监控的物质和要采取的措施。

7.1.4 数字控制器

HVAC 系统中使用的控制器形式有:气动接受器-控制器、电气/电子控制器、和数字控制器。气动控制现在已不多用。电气/电子控制器可以用在双位控制、浮点控制、脉冲式调节控制和比例控制中。这里重点说明现在楼宇自动化系统中广泛采用的数字控制器。

数字控制器具有数字计算机特征,便构成 DDC 系统(即直接数字控制)。先进的 DDC 系统用模拟式传感器(经 A/D 转换,变成计算机内的数字信号)和数字计算机程序来控制 HVAC 系统。基于微处理器的系统输出可以用来控制电子执行器、电动执行器、或气动执行器或它们的组合。DDC 系统具有别的系统所不具备的那种灵活性和可靠性。例如,在软件中可以精确地设定控制器常数,这比用螺丝调整设定要方便可靠得多。另外,DDC 还为建筑能量管理系统(EMSs)提供数据选择和 HVAC 诊断的知识系统。因为控制用的传感器数据与 ENSs 中所用的数据很类同,若是气动系统便无法提供这个功能。图 7.11 示出 DDC 控制器的框图。整个控制系统必需包括传感器和执行器,图中只画了控制器。

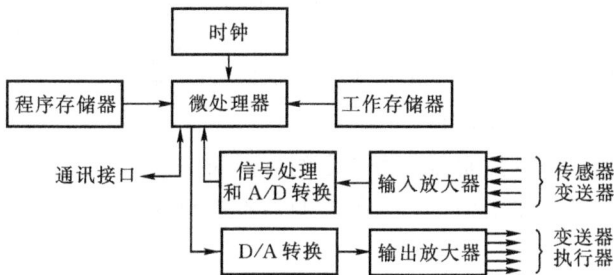

图 7.11 直接数字控制器(DDC)框图

数字式控制器用微处理器和控制算法执行控制功能,微处理器执行对一个或多个回路的控制算法,与气动或电子控制器之根本不同之处在于,它以程序形式编制控制算法。控制程序储存在存储器中(软件或硬件),控制器本身以数字形式计算应给出的输出信号,而不是用模拟电路或机械量改变给出输出信号。

数字控制器可以是单回路的,也可以是多回路的。界面硬件使数字计算机处理来自不同输入机构的信号(如电子温度传感器、湿度计、或压力传感器等)。根据输入电压电流信号所相当的数字量,控制软件计算要求输出机构(如阀门、风阀执行器和风机启动器)所处的状态,于是通过界面把输出定位到计算出的状态。界面硬件把计算机的数字信号再转换成使执行器定位所需要的模拟量电压或电流信号,从而使得执行器定位在指令位置或者使继电器通电。

操作者界面输入这样一些参数,诸如设定点、比例增益、积分增益、最小的 ON 和 OFF 时间,或上限、下限等。但控制算法是控制设计中确定了的,控制算法存在计算机的存储器中。计算机扫描输入设备,执行控制运算,然后以分步方式(step-wise)给出输出设备的定位指令。数字控制器可以按控制算法在存储器中的储存方式分类,如固化件和软件(firmware 和 software);也可以按它与上级设备(如终端和计算机)的通讯能力分类。

①固化件和软件。预先编制的控制子程序叫做固化件。它放在永久性存储器中(如只读存储器 EEPROM)。操作者只能改变控制子程序中的那些输入参数(设定值,上下限,最小停机时间等),却不可以改变控制程序或控制逻辑,除非是重新更换存储器芯片。

可编程控制器可以让用户改变控制算法。控制器提供的编程语言可以从(1)标准语言(如 BASIC 或 PASCAL),变化到(2)控制器生产厂所开发的用户语言,到(3)基于编程的图形语言。为 P 控制、PI 控制、布尔(Boolean)数学逻辑控制、定时器及其它控制而编制的控制子程序都包含在此语言中。能量管理的标准子程序也可以是预先编制好的,可以与别的控制回路相互作用。

可以把预先编制好的固化子程序以及用户编程的子程序都提供给数字控制器。这些子程序条件可以按照用户规定的条件,自动调整固化件中的参数,去完成控制工程师所设计的分序控制。

②操作界面。某些控制器是为指定的目的而设计的,只能通过装在该控制器上的按钮和电位计旋钮来调整。这种控制器不能与其它控制器联网工作,例如可编程房间温控器。

直接数字控制器 DDC 具有人工调整的特点,但它主要是通过一个内置的 LED 或 LCD 显示器、一个手持式装置或一个终端或计算机来调整。DDC 可以数字通讯,可以远接到别的控制器和上位计算机装置及主工作站(host operating stations)。

③终端。使用户可以与该控制器通讯,并且在使用地点修改控制器中的程序,终端包括的范围可以从一个简单的手持单元(有 LCD 显示器和几个按钮),到有视频监视屏和键盘的全套仪表。终端功能限于只允许进行传感器读数和参数显示,或者再丰富到可以改变或者重新编制控制策略。在某些实例中,一个终端可以与一个或多个控制器远距离通讯,这样便可以集中显示、报警和给出指令。通常采用手持式终端在固定地点查故障,而全套仪器则用来监控整个数字控制系统。

7.2　空调系统中的基本控制

影响热舒适的因素有:t(温度)、v(风速)、φ(湿度)、幅射环境和放射水平活动性,空气温度是最常用的舒适性测量参数。空调系统提供受控的环境,将其中的下述参数维持在期望范围:t、φ、空气分布和 IAQ。借助于系统基本控制必须达到热舒适和最低健康条件。而空调优化控制目标在于以最少的能量输入提供满意的热舒适条件和保证健康的 IAQ。

本节讨论涉及空气调节(处理)的基本控制,有:温度控制,湿度控制,空气静压控制,恒温恒湿控制,新风控制,风机盘管控制等,给出系统原理及典型控制策略。

7.2.1　串级控制和分程控制

HVAC 中用到串级控制和分程控制的地方很多。这里行说明空调中串级控制和分程控制应用的具体特点。

基本串级控制有两个回路,内回路称辅回路,外回路是主回路。一个串级控制系统还可能用更多的嵌套回路,用许多测量信号可以将系统特性改善到一定的水准。用分别处理系统中较快的和较慢的过程的办法,使控制器综合了响应速度和控制稳定性,从而比采用过程参数直接调节控制信号能获得更快的响应和更稳的控制。这在制冷的串级控制中我们已看到了(见 6.3.2 节)。

此外,还有一种变形的串级控制(reconfigured cascade),以用于独立压力的 VAV 箱控制为例说明,见图 7.12。

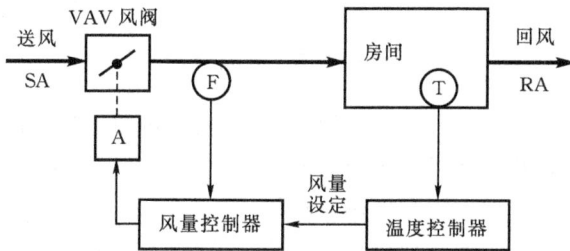

图 7.12　压力独立式 VAV 箱的串级控制
A—执行器;F—风量传感器;T—温度传感器

直接控制操作变量(即风量)的设定值不是事先确定的,而是由一个控制器(主回路的控制器)通过测得的过程变量计算得出。对于供冷与供暖过程,建筑物(房间)迟后和时间常数很大,这导致控制变量(风量)与过程变量(房间温度)之间存在明显的过渡动荡。如果用室温直接控制 VAV 风阀,由于建筑物的热响应慢,就会出现严重的超调或欠调现象。当用室温去确定所需的风量时,根据室温变化,计算出所需风量,作为风量控制器的设定值,并将所需风量与测量的风量值相比较,再去执行风阀的 PID 控制,那么控制过程的不稳定性便会大大降低。进一步而言,也消除了风管压力变化对房间温度控制的影响,因为流量控制回路对这种压力变化的响应很快,在压力变化影响到房间温度之前便作出响应了。

再来看空调中的分程控制(sequential split range constrol)。

前面所说的串级控制,系统中有一个控制操作变量和几个测量信号,采用串级控制。下面则要说的是分程控制,它是用在有一个测量变量和多个控制操作变量时,这类系统在空调控制中应用很普遍。比如,同时提供加热和冷却的场合,一个装置用来加热,另一个用来冷却,或者还有第三个管新风阀控制。通常加热系统与冷却系统具有不同的静特性和动特性,需要根据室温信号分程控制加热与冷却装置。基本分程控制原理见图 7.13(a)。图中示出测量变量与控制变量之间的关系。当室温很低时,加热器达到全开位置。随温度上升,加热器供热阀的开度线性降低,直到温度升至中间范围,不需要加热。进而,温度再上升,冷却器供冷阀的开度从零线性增加到全开。

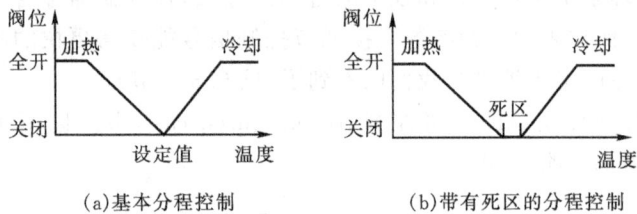

(a)基本分程控制　　　　　　(b)带有死区的分程控制

图 7.13　分程控制原理示意

分程控制系统应当避免在某个区间同时使用加热和冷却(造成能量浪费)。存在一个临界区,这时开关处于加热与冷却之间。在加热与冷却控制模式之间切换会带来麻烦和振荡,并导致同时加热与冷却。为了避免这种情况,通常采用一个小的死区(或带),在该区间既不加热也不冷却。见图 7.13(b)。

分程控制通常有一个测量信号和几个执行器,在供暖和供冷系统中常用。当控制变量在一个很大范围变化时也很有用,可以将通道分割成几个并联路径,每路用一只阀控制。

7.2.2　温度控制

空调系统最基本的功能是温度控制。通常用温控器执行温控任务时,先设定到期望温度值(或设定点)。温度偏离设定值的偏差产生控制信号,送到受控执行器机构,温控一般采用 P、PI 或 PID 控制规律,去调整阀门或风门开度。

在冷、热水盘管中,温控器调节水阀,改变流经盘管的水流量。空气处理机(AHU)和一次空气处理机(PAU)中现在常采用电动调节阀来精细地调节温度。图 7.14(a)示出用冷/热水加热/冷却的 AHU 系统。房间温控器 TC2 控制送风温度的设定值。温控器 TC1 按测量值 T_1 与设定值的偏差,控制加热盘管阀 V_2 和冷却盘管阀 V_1。这种情况下,分程控制用在送风温度控制回路,而串级控制也常用在该系统中。

还有一种惯用的方式:用蒸汽加热空气,用直接膨胀盘管冷却冷空气。冬季温控器控制加热空气的蒸汽阀,夏季温控器控制膨胀阀。

调节盘管水流量的阀可以是两通或三通阀。它通常用在小型系统中(如风机盘管)。在有些系统中可以通过控制盘管上的风阀来控制温度,风阀开度使流过盘管的空气量改变。见图 7.14(b)。

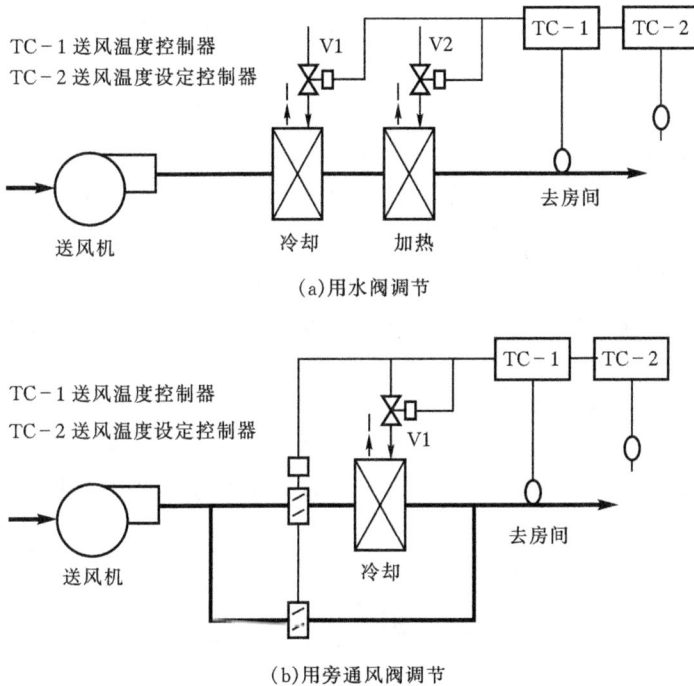

TC-1 送风温度控制器
TC-2 送风温度设定控制器

(a)用水阀调节

TC-1 送风温度控制器
TC-2 送风温度设定控制器

(b)用旁通风阀调节

图 7.14　AHU 的送风温度控制

7.2.3　湿度控制

热舒适空调或工业生产过程空调中都会有控制湿度的要求,用以控制空气中的水蒸气含量。当期望温度设定下,相对湿度 φ 过高时,为了控制湿度需要除湿,以减少水蒸气含量。同样,相对湿度 φ 过低时要加湿。

由于 φ 随空气干球温度变化明显,必须将干球温度与 φ 同时列出,如 10℃ 和 50%RH。常用的除湿方法:在冷却盘管表面除湿,同时伴随显冷;喷冷水直接接触除湿;用干燥剂直接除湿。

在 HVAC 系统中,并不总要求除湿,尤其是对于主要要求供冷的建筑。但在要求供暖的建筑中,往往需要提供加湿器。空气加湿的方法有:喷水加湿,喷蒸汽加湿。

在冷却盘管系统中,在盘管表面上往往同时发生除湿与显冷却作用。表面析湿过程中,离开冷却盘管表面的空气通常接近饱和状态,例如 AHU 中用冻水冷却,如果发生除湿的话,送风析湿达到接近饱和态。

当为了控制湿度,而控制室内冷却析湿时,送风往往要冷得比期望温度更过,于是就会需要再加热,以免房间过冷却。当把送风再热到维持设定值所需要的温度时,将所需的风量送到房间,该空气也将湿度维持在期望值。

冬季干度大往往要加湿,集中式空调系统一般采用的加湿设备是安装在风管中的蒸汽加湿器。房间湿度控制器将室内空气 φ 控制为设定值或某个范围内。φ改变时,由 φ 的偏差信号产生控制信号送到受控单元。低时:控制信号使蒸汽阀开大以提高 φ。可能还需要第二个湿度控制器,安装在风管中加湿器的下游,作为湿度的高限保护控制器。当湿度接近饱和点时,高限控制器越过房间湿度控制器,重新定位蒸气阀开度,减小蒸汽流量。这样便可以防止凝水和加湿器下游气流中带水。

房间湿度的串级控制见图 7.15,房间湿度控制器 HC－2 设定期望值 φ_r,当$\varphi<\varphi_r$时,该控制器将 φ_r 提高,同时,送风湿度控制器 HC－1 因而将蒸汽阀开大。电热式蒸汽加湿器的控制与阀控制类似,它的受控机构是电动接触器。

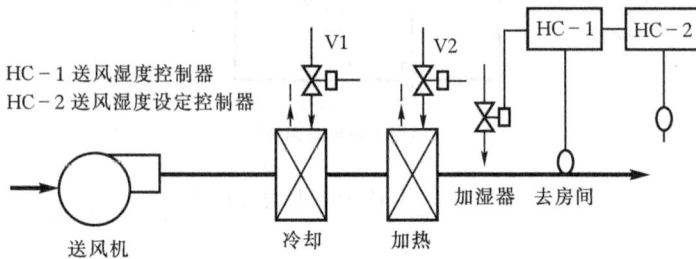

图 7.15　AHU 的湿度控制

7.2.4　风机控制

变风量系统中,送风量随建筑负荷变化,必须提供风机能力调节(即风量调节)的方法和风管系统静压控制的方法。静压控制可以防止由于 VAV 系统减少空气需求量而造成的过大噪声与能量损失。风阀调节是一种廉价的风量控制方法。但它通过增加系统阻力或"破坏"风机压力而工作,又增加了风阀前后的压力。事实上总效率会很低。经济的风量调节方法是改变风机转速或改变风机形状(如轴转风机的叶片倾斜角)。适宜于 HVAC 系统中使用的变速驱动机有三种。

(1)交流电动机 在转子回路中用电压逆变器和频率控制器,多速双绕组或多极电动机。

(2)多速电动机 当运行要求有明确说明时可以采用多速电动机,例如可能只有特殊的冬季和夏季会遇到工作任务。风机盘管中常用三速风机。对于转子电路上有电压逆变和频率控制的交流电动机,其转速可以调低到额定转速的 1/12。随着转速下降,转矩明显降低。

(3)改变风机几何特性 用改变风机几何特性的方法,也可以改善风机的性能,这种改变的可能性没有限制。迄今有许多外部方式已在离心风机和轴流风机上做了尝试,意图是改变风机的入口/出口速度三角形。当风机入口处安装一个径向翼形风阀时,用一个控制执行器改变径向叶片切割空气进入风轮的角度,该叶片叫做可变入口导叶,它在离心风机和轴流风机上都可以用。

归综起来,见于 HVAC 装置中的风机变风量有 4 种典型方式:

①变转速离心式风机。

②可变叶片倾斜角的轴流式风机。

③可变进口导叶的风机。

④可变出口导叶的风机。

研究比较表明:①和②类风机的部分负荷特性曲线的平和性比较高;③类风机的部分负荷性能要低得多,而④类更差。

AHU 系统中典型的变转速风机控制系统如图 7.16 所示。静压控制器 PC-1

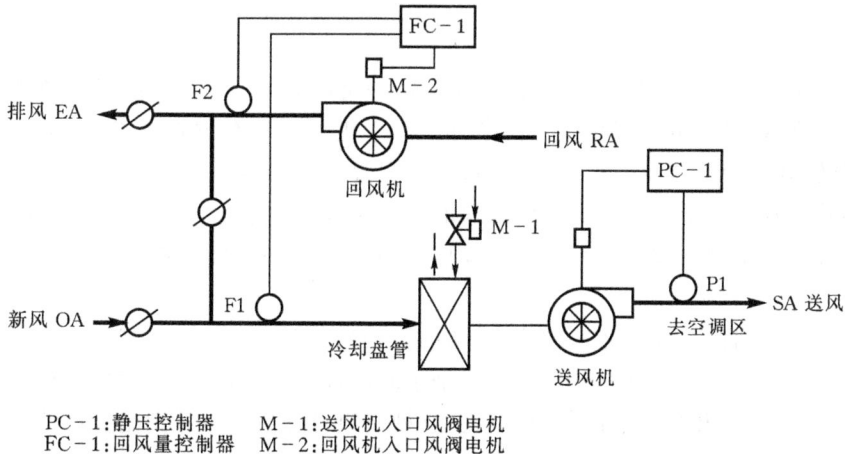

PC-1:静压控制器　　M-1:送风机入口风阀电机
FC-1:回风量控制器　　M-2:回风机入口风阀电机

图 7.16　空气处理系统的风机控制

按压力传感器 P_1 信号控制送风机转速、叶片角或导叶,使静压处于设定值。风量控制器 FC - 1 按风量传感器(F_1 和 F_2)信号控制回风机,保持送、回风机之间的风量差来保持房间静压(正压或负压,视需要而定)。

7.2.5　风机盘管控制

空调装置中广泛使用风机盘管 FC(fan coil),将空调风送到需加热/冷却的房间,风机盘管常用在宾馆、办公室和其它通风量小或不需要通风和希望系统造价低的场所。温控器控制 FC 运行,温控器安装在墙上也可以安装在机组上,通常是控制调节水阀,风机定速运行(尽管住户可以选择风机转速设置(高、中、低速三档)。另一种控制方案是:盘管中水流量固定,控制器使风机 ON/OFF 或者调节风机转速。

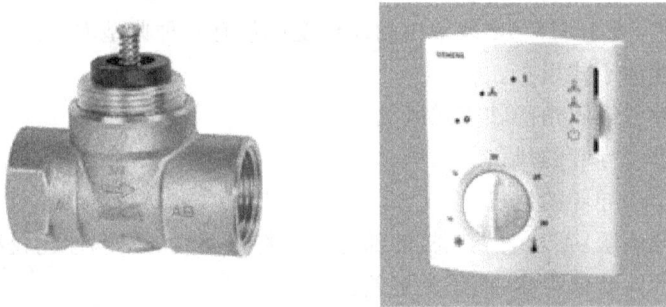

图 7.17　房间温控器及调节阀

控制风机盘管有几种方法,最简单经济的是用温控器(见图 7.17)。它使风扇电动机交替 ON/OFF 来保持房间条件。由于机组风扇在供暖季必须应加热需要而运转,在供冷季也要应冷却需要而运转,温控器就必须从正作用切换到逆作用,而不管盘管供水温度的不同。更普遍的方法是在机组盘管上采用控制阀,双位阀或调节阀受房间温控器控制或回风温控器的控制,这种房间温器现在应用也很普遍。

有些公司已开发了特殊加热/冷却的温控器如图 7.18 所示,它安装在阀的顶部,放在风机盘管机组的侧室中,带一个小的远置式毛细管传感器去感应房间里的回风温度,冬季和夏季控制机组运行。这种机组设计成可以看到温控器的表盘,就在侧室小通道门的下面。机组上的小阀受房间温控器控制,用两通阀或是用三通阀取决于供给盘管的一次水系统的设计。

为了控制房间温度,风机盘管通常有三种控制作用:双位作用,定时双位,浮点作用。

双位控制作用的典型例是墙面安装的风机盘管机组温控器。温控器发出的信号冬季是"加热"或"不加热";夏季是"冷却"或"不冷却"。水阀要么全开,要么全关。风机是开(通常有人工设定三档转速)或关。这样,无论是供冷还是供暖,风机盘管的运行处于 0 或 100% 能力。双位控制作用见图 7.19(a)。控制器设定的 ON/OFF 点之差称幅差。房间温度波动幅称工作差。理想情况下,二者应相等,但实际二者有差异。一般来说,系统的工作差越小,系统就越好。

为了改善控制作用,掺杂到简单双位控制中的大多措施目的都是为了减小系统的工作差。可以减小工作差的一个办法是采用添加的控制作用,如定时双位控制。特点是把一个小加热器内置入温控器,当控制供暖的温控器给出要加热的指令时,该小加热器同时通电。温控器内产生的热量导致该温控器让水阀快一些关闭(与不用小加热器的情

图 7.18 房间温控器

况相比)。系统超调仍然会使水阀关闭后温差还要再上升一些,但比正常情况下上升没那么多了,从而减小了工作差,如图 7.19(b)所示。图中实线是常规双位控制曲线,A 点是水阀关闭点。而同步双位控制中,阀将在 B 点关闭。使温度波动幅减小。对于供冷情况来说,控制供冷的温控器让小加热器在 OFF 期间通电,使冷需求提前,可以得到同样预期的作用。

双位和同步双位控制作用都使受控机构(如阀门)在指令信号下处于全开或全关位置。在 HVAC 系统中,可考虑采用第三种控制作用——浮点作用,来避免受控变量因来自控制器的指令信号而发生迅速变化。

用浮点控制的控制器有三个位置,而不像上面的有两个位置。第三个位置是个中性区或"死区"(dead band)。加热控制器给出信号要求加热或不加热,还有第三个信号将受控机构定位在某个中间位置。受控机构必须设计成能响应这样的信号。

浮点控制特性如图 7.19(c)。当室温下降时,温控器发出一个要加热的指令信号(A 点)。供热水阀由全关或停在一个中间位置,逐渐开到全开位置。由于它是慢慢地移动到打开位置,供暖盘管的热输出是逐渐增加的。

由于供暖盘管输出热量正在增加,阀全开之前室温便升高。一旦温升够了,温

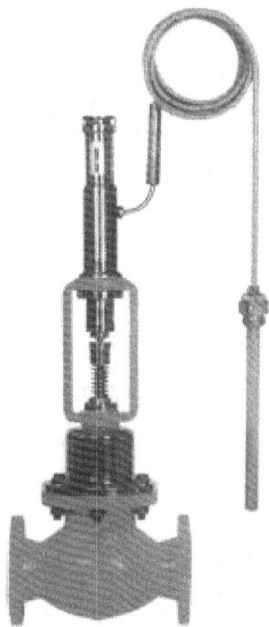

（a）双位控制

（b）定时双位控制

（c）浮点控制

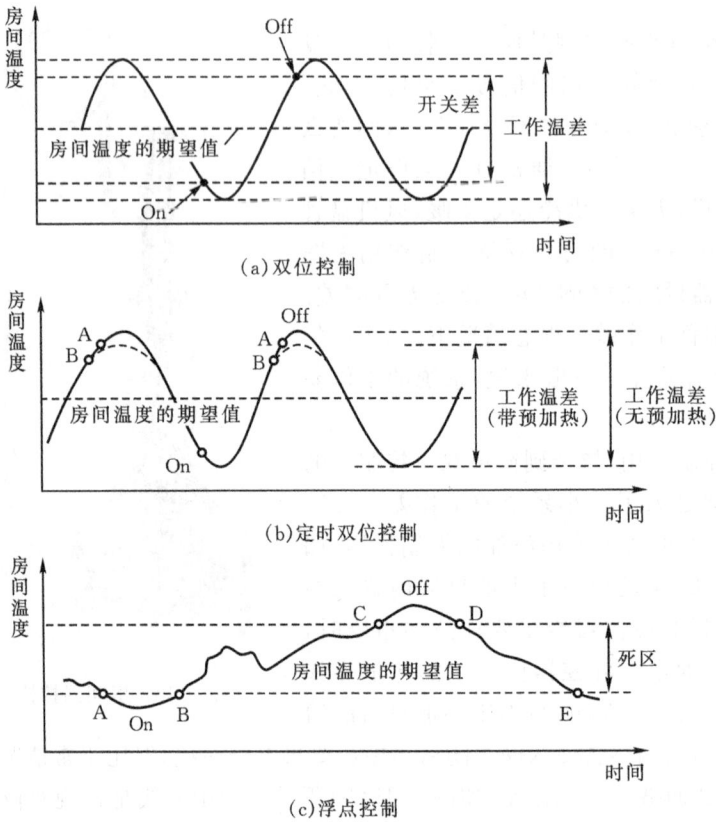

图 7.19　风机盘管的典型控制特性

控器又发出一个指令信号，让阀停在半开位置（B 点）。在这个点上，室温是自由"浮动"的，在该限度或控制器幅差范围内不加控制。加给空气的热量是恒定的，因为阀是半开着，如果这个加热量太大，温度向上走，到 C 点，温控器感受到应将加热水阀关小（可能令阀全关，也可能是使水量小些的另一个位置），从而减小输出热量。如果输出热量不足，温度下降（E 点），温控器指令加热水阀进一步开大。

7.2.6　新风控制

空调新风对于保证空调区的空气品质是必须的。由于新风负荷需要能耗能量，新风控制的目的是：在保证健康的最低要求下，尽可能减少新风；充分利用新风自然冷源提供建筑供冷需求。

1. 按混合温度和室外温度控制新风

　　冬季建筑内区要求供冷时,根据回风与新风混合后的送风温度控制新风量,尽可能用温度较低的户外空气作为内区供冷的自然冷源;夏季建筑供冷时,根据室外空气温度来控制新风量。控制系统如图 7.20(a)所示。

　　控制逻辑说明如下。

　　冬季,检测混合空气温度(送风温度),在设定的的调节范围(比例带)X_p1,比如 $10\sim16℃$,随着混合温度的升高,成比例地调节新风门(开大)、排风门(开大)、和回风门(关小)开度。

　　夏季,当检测到室外空气温度达到或超过设定点 X_r2 时,控制器能自动地切换到使用新风温度通道实施控制。同样在设定的调节范围(比例带)X_p2,比如 $24\sim26℃$,随着新风温度的升高,成比例地调节新风门(关小)、排风门(关小)、和回风门(开大)开度。

　　通常规定一个最小新风量,以保证室内空气满足新鲜度的最低要求。

　　新风门位置与信号温度的关系,如图 7.20(b)所示。

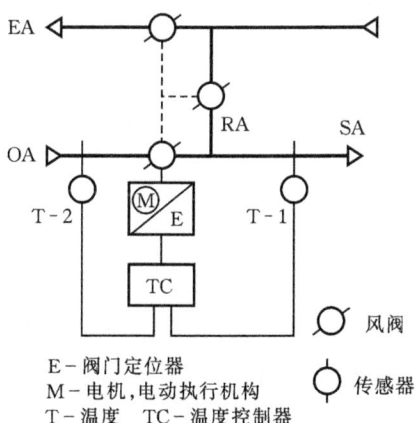

E－阀门定位器
M－电机,电动执行机构
T－温度　TC－温度控制器

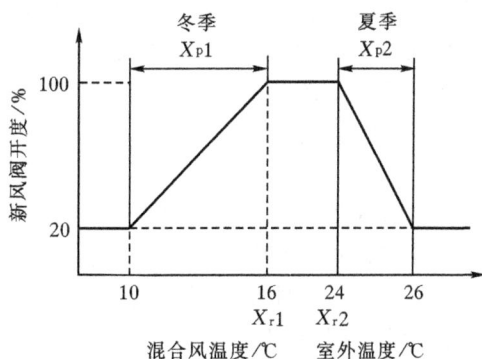

(a)控制系统图　　　　　　(b)新风阀与信号温度的关系

图 7.20　按混合温度和室外温度控制新风

　　控制器件有:
　　·传感器:热敏电阻温度传感器－温度变送器,输出电信号 $0\sim10$ Vdc。
　　·控制器:P 控制器,连续输出 $0\sim10$ Vdc,或断续输出。
　　·执行器:P 电动执行机构,控制新风阀、回风阀、排风阀开度。
　　控制器的设定:

①混合送风温度的设定点：$X_r1＝16℃$（新风阀全开，用足新风的冷量），按混合送风温度控制的调节范围（比例带）：$X_p1＝6℃$，即混合送风温度降到10C时，将新风阀关闭到最小。

②新风温度的设定点：$X_r2＝24℃$（对应于 OA 阀全开），按新风温度控制的比例带：$X_p2＝2℃$。即新风温度升高到26℃时，新风阀关闭到最小（已不可能用新风提供冷量）。

2. 按新风与回风的空气焓值比较控制新风量

该控制策略的目的：充分利用新风的能量，节省加热冷却与制冷的电能消耗。减少新风负荷，空调中的新风负荷在总负荷中占相当比重，有时可达 30％～50％。对于充分利用自然能源来说，通过室内外空气焓值比较控制新风量最为合理。

根据新风与回风的焓差 Δh，分析新风负荷与新风能量利用的概念。

供冷情况下：$\Delta h＞0$ 时，新风将增加冷机的负荷，应保持尽可能少的新风量。$\Delta h＜0$ 时，有可能利用新风作为冷源。空调总负荷由新风和制冷机共同提供。随着 Δh 的下降，和新风门开度的增大，新风能够节约的能量（提供的冷量）增大，极端情况下，空调负荷可以完全由新风提供，冷机停止工作。

供暖情况下：$\Delta h＜0$，应当采用最小新风量。

控制系统如图 7.21(a)所示。

发信：用 4 个传感器　测量新风的温度和湿度（T_a、ϕ_a），以及室内温度和湿度（T_r、ϕ_r）。

焓差控制器（PI）：将来自传感器输入的四个参数，变成室内空气焓：$h_r(T_r, \phi_r)$ 和室外空气的焓 $h_a(T_a, \phi_a)$。比较得出 $\Delta h(＝h_a－h_r)$。根据 Δh，按 PI 控制规律，输出 0～10 Vdc，的控制指令信号。

执行器：新风阀开度与控制器输出信号成比例，同时通过风阀联动控制回风阀和排风阀。风阀位置与控制器输出信号的关系（执行器特性）如图 7.21(b)所示。

7.2.7　室温补偿控制

人对室温的舒适感因室外环境温度的不同而有所不同，为满足舒适性要求。室温控制的给定值随室外温度而改变，称作补偿控制。

室温补偿控制的目的：根据室外温度的变化改变室温的给定值，或者改变供暖热水的供水温度。与室温的定值控制相比，这样做的优点是：既有利于改善房间的舒适感，又有利于节约能量。

下面是一个示例。按室外温度 T_o 改变室内温度给定值 T_r 的过程如图 7.22 所示。

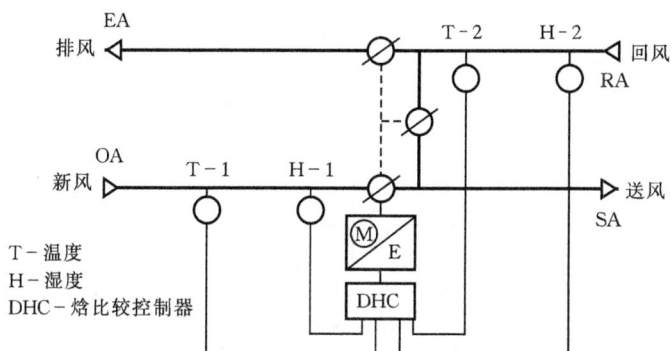

(a)焓控制系统图

T－温度
H－湿度
DHC－焓比较控制器

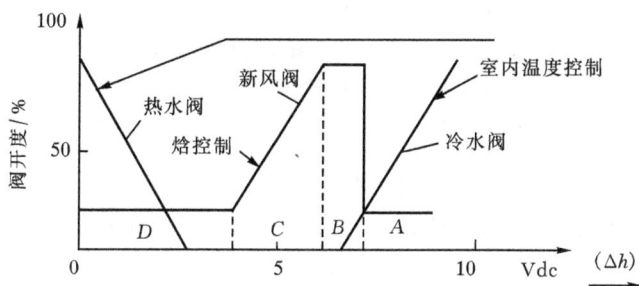

(b)焓控制器输出与阀位关系

图 7.21　按室内外空气焓差控制新风

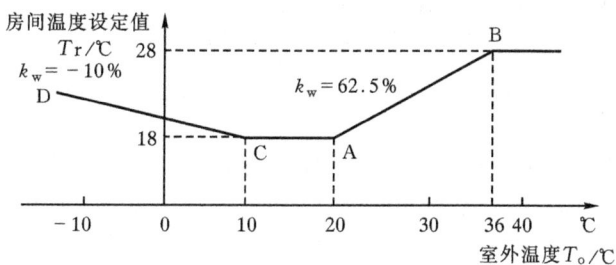

图 7.22　补偿曲线

室温补偿控制系统如图 7.23 所示。其中

·传感器:热敏电阻温度传感器,室内用室内型;室外用风管型。

·控制器:补偿式温度控制器。它有两路:第一路是具有宽中间带的三位控制器(03－1)作为季节转换控制用,量程 10～30℃;第二路是三位断续 PI 控制(03－2),

作为新风补偿控制用,量程 0～40℃。

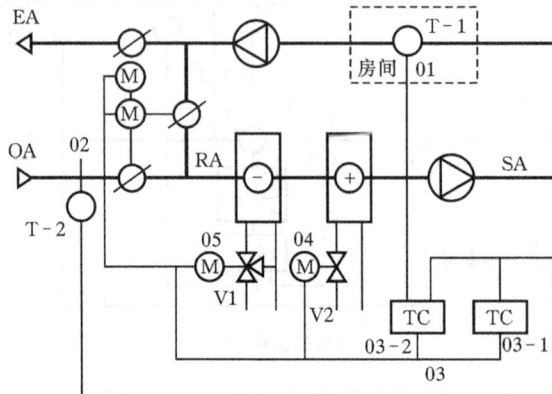

图 7.23　室温补偿控制系统

01—室温传感器;02—新风温度传感器;03-1—季节转换
控制器;03-2—补偿控制器;04、05—电动调节阀

控制过程:冬季,室温给定值起始点 18℃,室外温度补偿的起点是 10℃,随着室外温度的降低,室内温度给定值成比例地上升(上升速率 $K_w = -10\%$)。控制器根据室内温度与设定值的偏差,按断续 PI 规律控制加热盘管上的电动调节阀。夏季,室温给定值起始点 18℃,室外温度补偿的起点是 20℃,随着室外温度的升高,室内温度给定值成比例地上升(上升速率 $K_w = 62.5\%$)。控制器根据室内温度与设定值的偏差,按断续 PI 规律控制冷却盘管上的电动调三通节阀。过渡季节,室温给定值恒定为 18℃,补偿器的输出为零。不加热也不冷却,最大限度地利用新风满足室内空气条件要求,控制新风阀全开。

7.2.8　恒温恒湿的控制——带自动选择的分程控制系统

图 7.24 给出一个综合运用了自动选择控制、串级控制与分程控制的空调系统示例。这种控制的运用针对对房间进行温度与湿度控制、而且要求控制精度高的场合。

如图中所示的空调系统流程。新风经过表面冷却器、热水加热盘管、淋水室处理后,送到空调房间。表面冷却器使空气降温、降湿;加热盘管使空气升温;淋水室使空气加湿。

控制系统说明:因为是恒温恒湿控制,受控参数是房间(即回风)温度和湿度 T_r,ϕ_r,有温度控制子系统和湿度控制子系统。由于控制精度要求高,都采用串级控制。

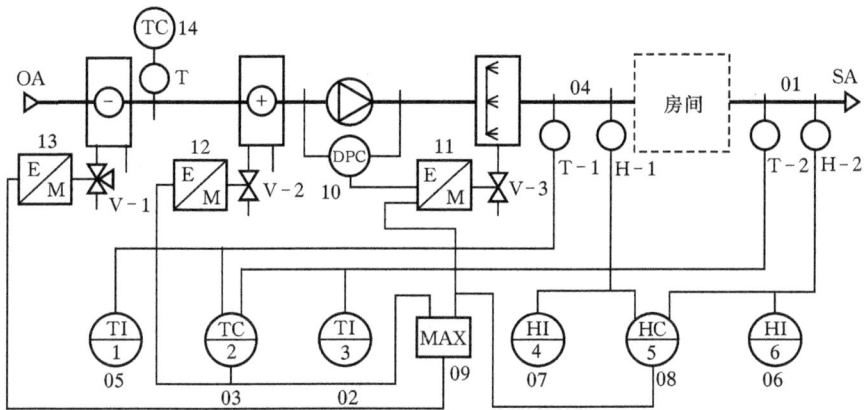

图 7.24　恒温恒湿空调的自动选择、分程、串级控制系统

01—管道型湿度变送器及湿度传感器;02—回风温度指示器;03—串级温度控制器(设定值 20～40℃);04—回 01;05—送风温度指示器同 02;06—回风相对湿度指示器(指示范围 0～100%);07—与 06 同;08—串级控制器(设定值 0～100%);09—选择最高电平二级管;10—压蒸继电器;11—带定位器的电动加湿调节阀(带有断电后阀门关闭的弹簧复位装置);12—带定位器的加热用电动调节阀;13—带定位器的冷却或减湿用电动调节阀;14—防冻温控器

　　温度串级控制子系统:主控参数:是回风温度 T_r;副参数:是送风温度 T_s。

　　　　　　　　　主对象:是房间;副对象:是加热器,表冷器。

　　　　　　　　　执行器:表冷器上的冷水电动调节阀(+定位器)

　　　　　　　　　　　　　加热器上的热水电动调节阀(+定位器)

　　　　　　　　　这两个执行器将分程动作,即加热与冷却分程控制。

　　湿度串级控制子系统:主控参数:是回风湿度 ϕ_r;副参数:是送风湿度 ϕ_s。

　　　　　　　　　主对象:是房间;副对象:是淋水室,表冷器。

　　　　　　　　　执行器:淋水管上的淋水电动调节阀(+定位器)

　　　　　　　　　　　　　表冷器上的冷水电动调节阀(+定位器)

　　　　　　　　　这两个执行器也应分程动作,因为加湿与除湿要分程控制。

　　两个子系统的分程控制特性(执行器与控制器输出信号的关系)如图 7.25 所示。两个子系统串级控制中主参数与副参数的关系如图 7.26 所示。

　　选择控制说明　从图 7.25 可以看出,

　　冬季:串级温控器 TC 控制加热器电动调节阀 V-2;串级湿控器 HC 控制淋水电动调节阀 V-3。故这两个子控制系统相互独立。

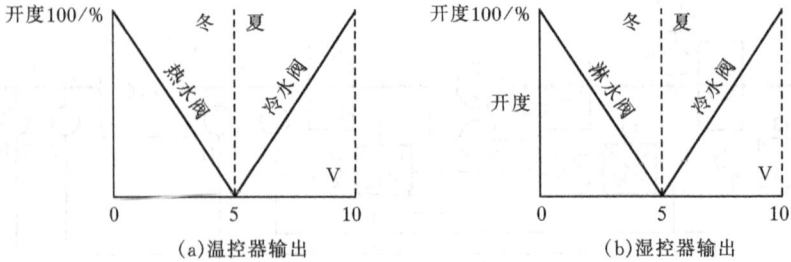

图 7.25　分程控制的执行器动作与控制器输出信号的关系

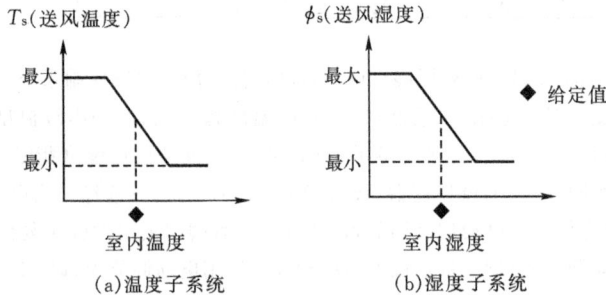

图 7.26　串级控制中主参数与副参数的关系

　　夏季:两套子系统都控制冷水阀门,那么究竟是按温度控制器 TC 的指令控制冷水阀呢,还是按湿度控制器 HC 的指令控制冷水阀呢? 于是要作出选择,看哪一个控制器要求冷水阀的开度大,就按那个开度大的控制指令执行。TC 控制器的输出与 HC 控制器的输出都送到比较器,MAX 是选择高电平二极管,取二者中的大者作为控制冷水阀门 V-1 的指令信号。这便体现了选择控制的特点。

　　图 7.24 所给出的控制系统中,除以上控制内容外,还设置了保护与连锁控制,用压差控制器(DPC)进行风机保护,同时淋水阀与风机连锁。另外,冷水盘管设防冻保护(见图中的 14 温控器 TC)。

7.3　定风量空调系统和变风量空调系统的控制

　　前一节我们列举了空调中的基本控制以及一些控制方式(串级、补偿分程、自动选择等)在空调中的应用例。这一节将进一步给出完整的暖通空调系统的运行控制。

　　下面简要说明商业建筑中常用的两类完整的 HVAC 控制系统。　个是定风量系统(CAV 系统);一个是变风量系统(VAV 系统)。

7.3.1 定风量空调系统

图 7.27 示出一个定风量的中央空气处理系统。其中装备有送风机、回风机、加热盘管、冷却盘管和一个经济器,该系统供单区使用。如果该系统供多区使用,把图中所示的区域温控器换成送风温度传感器。这个定风量系统运行如下。

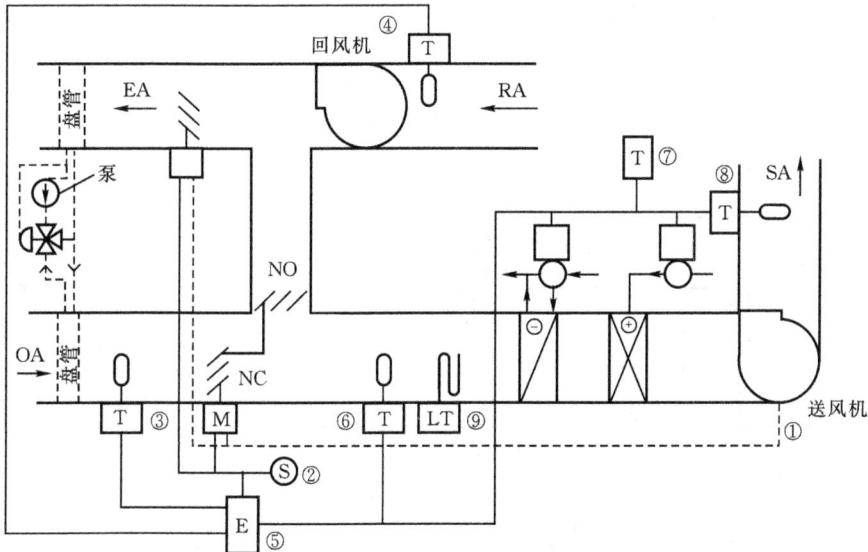

图 7.27 定风量 HVAC 系统的完整控制

①风机通电时,控制系统起作用。

②设定最小空气量(最小新风量),调试验收过程中通常只设定一次。

③OA 新风温度传感器向风阀控制器输入室外环境温度信号。

④RA 回风温度传感器向风阀控制器输入回风温度信号。

⑤风阀控制器定位风门位置(开度),采用室外空气冷却,还是用回风循环,取决于二者中哪个空气更冷。

⑥低温控制器用混合空气温度来控制新风阀,抑制室外过多的低温空气进入盘管。如果有预热系统的话,这个传感器去控制预热系统。

⑦这个房间温度传感器可以重新设定盘管送风 PI 控制器。

⑧送风控制器控制以下执行器:加热盘管;新风阀;排风阀;回风阀;冷却盘管阀(当经济器循环达到上限之后)。

⑨低温传感器启动防冻保护措施。

图 7.28 中用虚线示出回收加热（或冷却）能量的方法。这个系统从排风中吸收能量，用来对新风进行预处理。例如采暖季排风温度 20℃，室外温度 −10℃。图上面的盘管从 20℃ 的排风中吸收热量，通过下面的盘管传给 −10℃ 的新风。为了避免新风盘管结冰，三通阀将这个盘管的液体入口温度控制在冰点以上。在采暖季节，该回收液体回路中应当采用乙二醇溶液以免结冰。这种形式的热回收系统在供冷季节也很有效（室外温度比室内温度高很多时）。

7.3.2 变风量空调系统

VAV 系统所增加的控制功能有：电机转速控制（或风机入口导叶角度控制）和风管静压控制。图 7.28 示出一个 VAV 系统，它为周边区和内部区服务。假定中心区在有人时始终要供冷。控制程序如下。

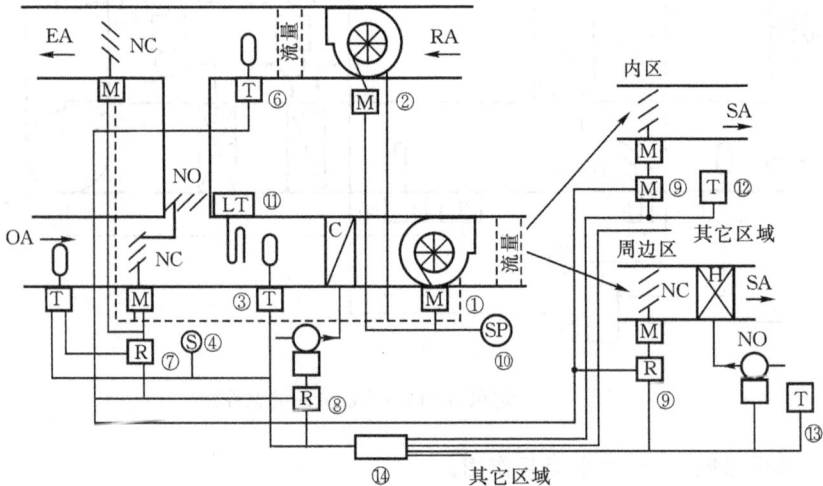

图 7.28　变风量 HVAC 系统的完整控制

①风机通电时，控制系统被激活（起作用）。在控制系统被激活之前，房间无人期间，周边区的壁板加热器处于房间温控器的控制之下。

②回风机与送风机连锁，以免送风管网中压力不平衡。

③混合空气传感器，控制新风阀（或/和预热盘管，图中未示出）以提供合适的盘管入口空气温度，风阀在 4.5℃ 时（典型值）处于它的最小开度位置。

④该风阀的最小开度，控制最小新风量。

⑤达到经济器运行的上限温度时，新风阀回到它的最小开度位置。

⑥用回风温度控制早上的升温运行（继夜晚设定回退（setback）之后）。如果

采用夜晚设定回退,就存在这项选择。

⑦在早上的升温运行期间,新风阀 OA 不允许被所示的继电器动作打开。

⑧同样,在早上的升温运行期间,冷却盘管阀也不通电,保持它的常闭(NC)状态。

⑨在早上升温运行期间,所有的 VAV 箱的风阀受继电器的翻转作用,打到全开位置。这样,可以使升温时间最短(以最快的速度升温)。因为 VAV 箱几乎总是处于关闭位置,周边区的盘管和壁板加热器处于当地温控器的控制之下。

⑩在运行期间,PI 静压控制器控制送风机和回风机的转速或风机入口导叶的角度,将压力传感器安装处的静压控制在 249 Pa 或者是要维持的任意建筑压力。在送风机出口处附加一个压力传感器(图中未示出),如果防火风阀或其它风阀完全关闭切断了空气流通,那么便可根据该压力传感器的信号控制送风机停止运行。这个压力传感器跨接(override)图示的那个静压传感器。另一种方案,也可以用风管压力控制送风机运行,用建筑压力去控制回风机运行。

⑪用低温传感器去触发防冻保护措施。

⑫每一区域房间温控器控制 VAV 箱(和风机——如果有风机的话),随着该区温度的升高,VAV 箱打开越多。

⑬在每一区域,房间温控器控制 VAV 风阀关到它的最小开度设定位置,并随着该区温度的下降,触发区域加热设备(盘管和/或周边区的壁板加热器)运行。

⑭控制器。用所有区域的温度信息(或者至少是能够代表所有区域特征的足够数量的区域温度信息)调整 OA 新风阀(在经济器运行期间)和冷却阀(上述的经济器循环切断时),以提供足够冷的空气满足最暖区的负荷要求。

风管静压控制器对于 VAV 系统的正常运行十分紧要。如果在长时间运行终了建立不起来合适的风管压力,那么离开空气处理箱远的 VAV 末端设备便会出现断流或风量不足。风管静压控制器必须是 PI 型的控制器,因为若只有比例控制,由于存在不可避免的残余偏差,会使风管压力随着冷负荷下降而向上浮动。此外,该控制系统应定位风机关闭时风机的入口导叶关闭,以免再次启动时过载。

在 VAV 系统中通过送风管、回风管中的实际流量测量,最好进行回风机的控制,如图中的虚线所示。回风量等于送风量减去局部排风量(排烟口、卫生间等)。气流溢出需要建筑物正压,而风管压力传感器只用来控制最高风管压力。

VAV 箱采用在当地控制方式,假定送风管中有足够的静压,送风温度又处于能够适应负荷要求的满意温度(这由上面第 14 中所述的控制器的功能保证)。图 7.29 示出一个采用串连风机的 VAV 箱的局部控制系统。这个特殊的系统通过风量控制器的作用,向该区域的送风量固定,以保证区域空气分布合理。一次风量随着冷负荷而改变,通过图中所示的盘管提供再热选择。

(a)系统图

(b)风量控制图

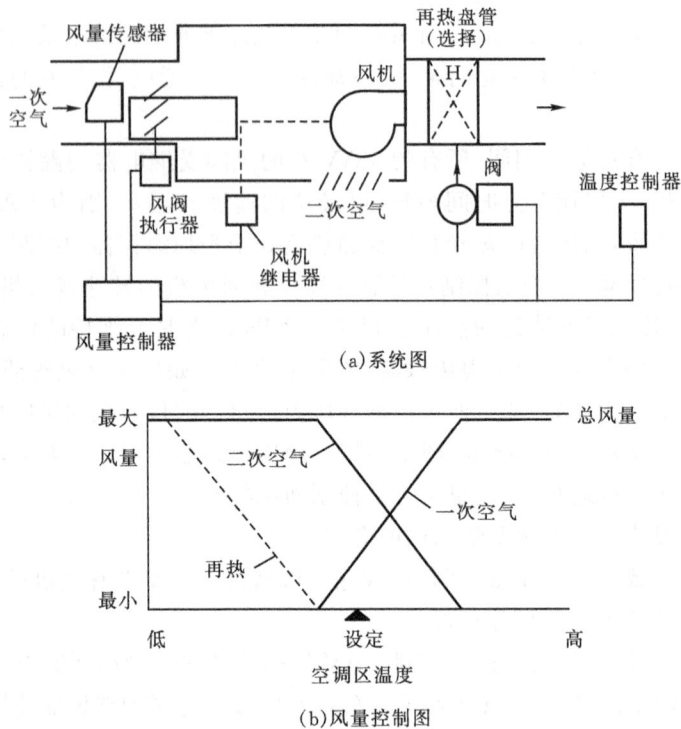

图 7.29   VAV 控制子系统及其风量控制特性

7.4   DDC 控制器应用例

本节通过两个例子说明空调系统中的 DDC 控制器的应用实施。借以说明在一个具体的控制中,控制系统的布置,DDC 的输入和输出,以及控制过程。

图 7.30 是一个空气处理箱(AHU)的 DDC 控制。特点是含有空气品质控制。图中给出该 AHU 的系统结构和 DDC 控制器的输入输出信号连接。表 7.1 列出控制系统的器件及特性。

控制说明如下:

(1)在自动模式下,直接数字控制器(图中的 DDC-1)给出 AHU/启动停止操作的时间表。

(2)风管型温度传感器(TE-1)检测回风温度,DDC 根据回风温度与设定温度的偏差,以 PI 调节方式控制电动冷水阀(TV-1),从而保持期望的回风温度。

(3)风管型 CO_2 探测器(CO-1)检测回风中的 CO_2 气体浓度,DDC 根据检测

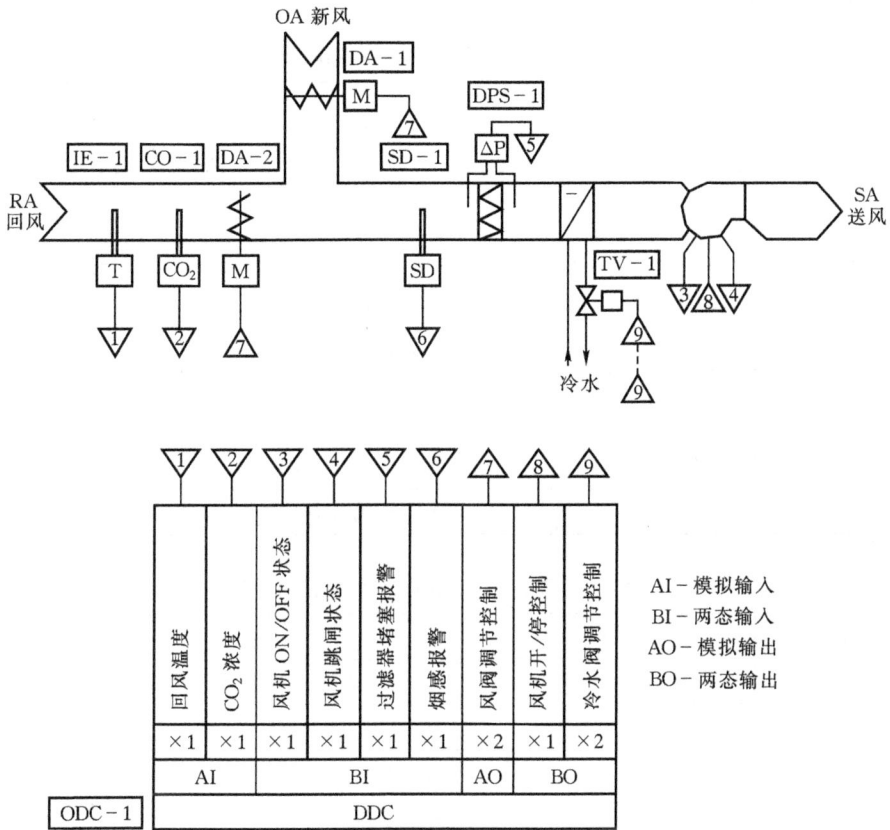

图 7.30　一个 AHU 的 DDC 控制例

浓度与设定值的偏差,以 PI 调节方式控制电动风阀(DA-1),调节新风量,从而保证回风中 CO_2 气体浓度为期望值。

(4)DDC 监控风机的开/停状态和跳闸报警。电动冷水阀和电动风阀与风机状态连锁。当风机停机时,水阀和风阀均全关。

(5)差压开关(DPS-1)监测过滤器状态,当过滤器积污,压差超过设定值时,便有一个信号送到 DDC。

(6)烟感探测器(SD-1)监测风管中的发烟情况,一旦探测出有烟火,便关闭风机。

图 7.31 是集中空调的制冷机(冷水机组) DDC 控制的一个例子。图中给出该冷水机的系统结构和 DDC 控制器的输入输出信号连接。其设备系统是一个有 3 台冷水机组,4 台冷水泵和旁通水阀的供冷系统(用旁通水阀使冷冻水的一次回路

与二次回路解耦）。表 7.2 列出控制系统的器件及特性。

表 7.1　图 7.30 例中的控制系统器件表

符号	代码	说明
TE－1	TE－6311P－1	－46/104C 风管型温度传感器
CO－1	2001VT	CO_2 探测器
SD－1	DH100ACDCP	风管型烟探测器（照相）
	ST－3	采样管
DPS－1	P32AC－2	0～5 吋水柱压差开关
DA－1,2	M－9116－AGA－1	电动风阀执行器,16Nm,24V
DDC－1	DX－9100－8154	扩展的数字控制器
X－1	Y62HKL－40	变压器,40VA,240/220/24V
TV－1		阀和阀执行器　供电:24Vac

表 7.2　图 7.31 例中的控制系统器件表

符号	代码	说明
TE－1～2	TE－631AP－1	－46/104C 浸入式温度传感器
	WZ－1000－5	黄铜套
FM－1	—	流量计
FS－1～3	F61MB－1	海水水流开关
DPT－1	252C	0/60 psing 压力变送器 c/w P7002
TV－1～3	—	电磁阀
DDC－1	DX－9100－8154	扩展的数字控制器
	XT－9100－8304	扩展模块
	XP－9103－8304	扩展模块(8 DO)
	XP－9105－8304	扩展模块(8 DI)
X－1	Y62HKL－40	变压器,40VA,240/220/24V
PV－1		阀和阀执行器　供电:24Vac

控制说明如下:

(1)在自动模式下,DDC 提供基于时间表的冷水机启动/停机控制。

(2)用浸入式温度传感器(TE－1,2)置于冷冻水回水和供水干管中,分别检测供水温度和回水温度,并用流量计(FM－1)监测冷冻水回水的流量。DDC 基于上

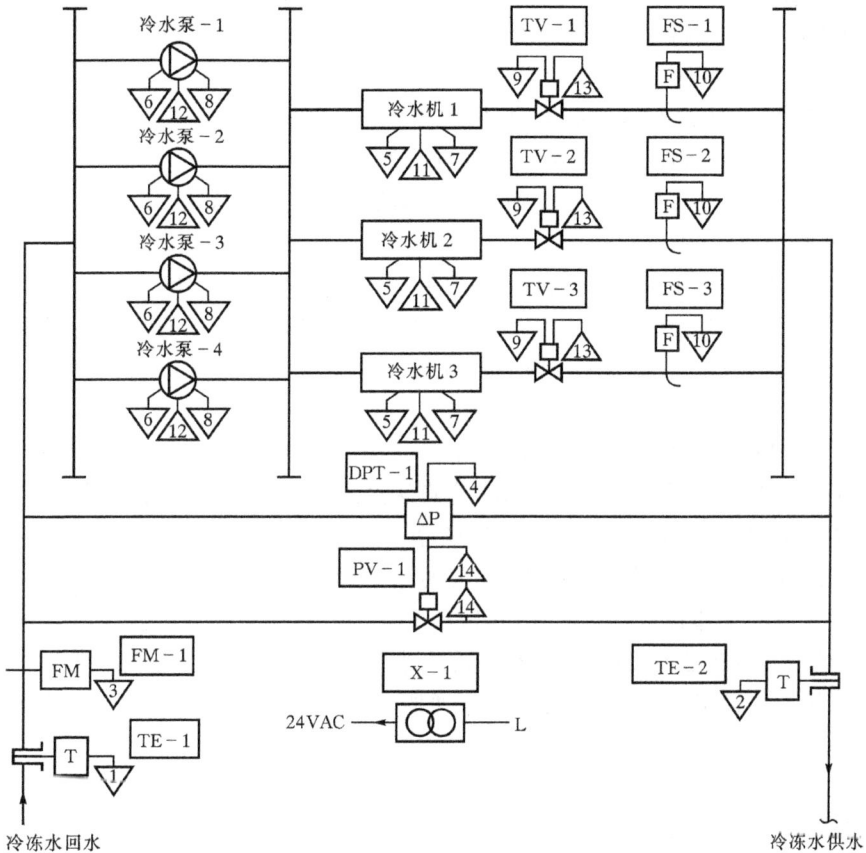

图 7.31　冷水机组 DDC 控制例

述温度和流量的测量值,计算出建筑物的冷负荷。如果计算负荷高于设定值,或者回水温度高于冷水机回水温度的设定值,就启动冷水机。如果该冷负荷和回水温度都低于设定值的下限,就令冷水机停机。

(3)DDC 限定冷水机的最大启动/停机时间、冷水泵先于冷水机运行的时间、和最小运行时间,从而防止短循环运行对设备的不利影响。

(4)用水流开关(FS-1~3)监控冷冻水的流动状态。水流开关表明水流正常了,冷水机方可启动。

(5)DDC 监控所有冷水机和冷水泵的开/停状态和跳闸报警。

(6)启动某台冷水机和冷水泵的优先权,是根据各台设备的总运行时间来决定。从而,保证每台设备的运行时间均衡。

(7)开停机程序。

DDC 启动一台冷水机的控制顺序:

①打开电磁阀;②启动冷水泵;③若确认水流正常,则启动冷水机。

DDC 停止一台冷水机运行的控制顺序:

①冷水机停机;②冷水泵停机;③关闭电磁阀。

以上每一步都有一定的延时时间。

(8)用差压变送器(DPT-1)检测冷冻水供水干管与回水干管的压力差。DDC 根据该压差与设定值的偏差,对电动旁通阀(PV-1)进行 PI 调节控制,从而保持所期望的压差值。

图 7.32 是一个集中式制冷机站的 DDC 控制。与上例相比,给出了更完整的系统图,包括了冷水机组的排热系统设备(冷却塔和冷却水泵)。控制细则不再一一列出,控制概要如下。

(1)机房安装网络控制器及数字控制器,按照预先编写好的内部软件程序来控制冷冻机群的启停运行(运行台数控制)和各种个联运设备的启停运行。

(2)通过测量冷水供、回水的总温差,和回水流量,计算出空调系统的负荷。根据负荷决定冷冻机的启停组合及运行台数,以达到负荷与机组运行的最佳节能匹配。

(3)各个联运设备的启停运行程序应当包括可以调校延时时间的功能,以便与中央冷冻系统内各装置特性相配合。

(4)各个装置的启停联运由软件程序负责,但空调工程实施时,须对各个装置提供基本的保护性硬线连锁,以便在意外情况下也不会损坏制冷机系统的设备。

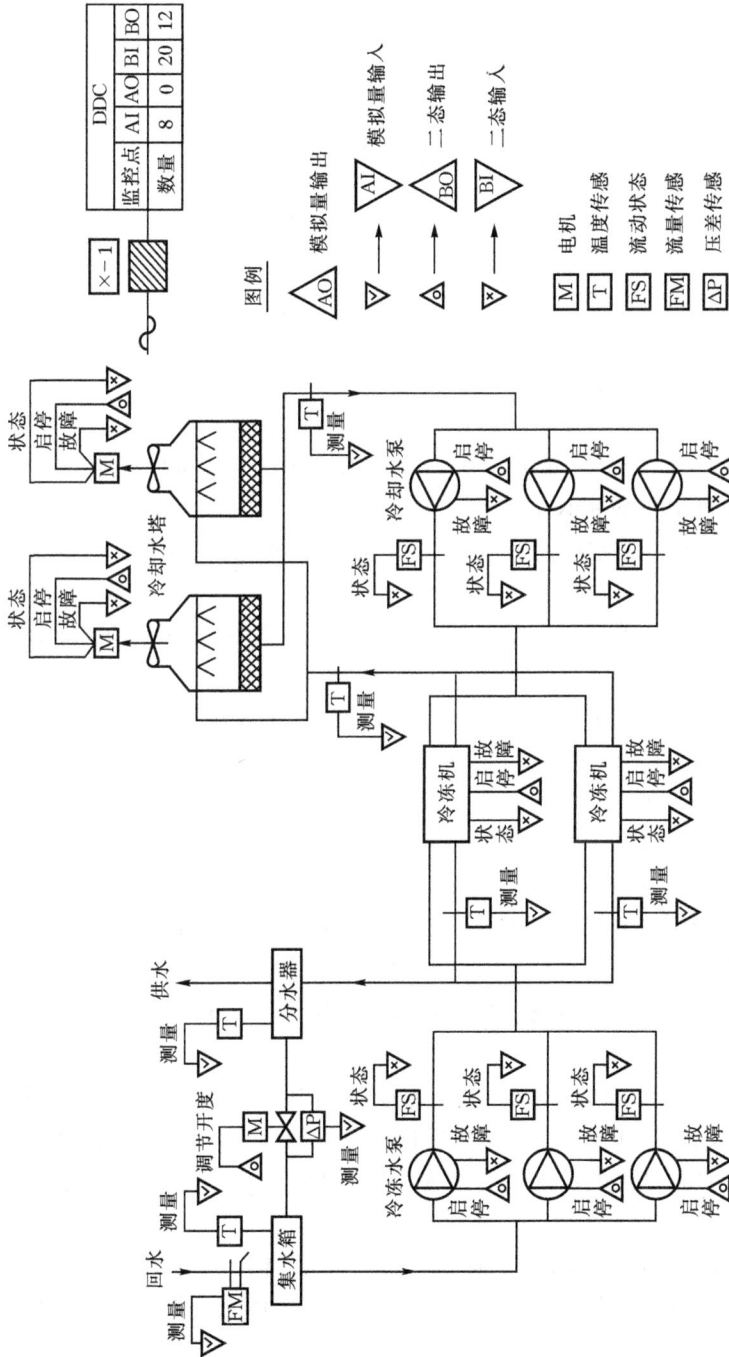

图 7.32 集中式制冷机站的 DDC 控制

参考文献

1. 朱瑞琪.制冷装置自动化.西安:西安交通大学出版社,1993
2. 吴业正.制冷原理及设备.第2版.西安:西安交通大学出版社,1997
3. 吴业正.制冷与低温技术原理.北京:高等教育出版社,2004
4. 陈芝久,朱瑞琪,吴静怡.制冷装置自动化.北京:机械工业出版社,1997
5. 陶永华,尹怡欣,葛芦生.新型PID控制及其应用.北京:机械工业出版社,2001
6. ASHRAE HANDBOOK,2001
7. 日本冷冻协会.冷冻空调便览(基础篇).第4版.东京:株式会社广济堂,1981
8. 张子慧.热工测量与自动控制.北京:中国建筑工业出版社,1996
9. 〔美〕J W 哈奇森.美国仪表学会.调节阀手册.第二版.林秋鸿等译.北京:化学出版社,1976
10. Jan F Kreider,P E Peter S. Curtiss,Ari Rabl. Heating and Cooling of Buildings Design for Efficiency. Second Edition. Mc Graw Hill,2002
11. EMERSON Climate Technologies,Componenrs for the Refrigeration Industry,ALCO Control-Emerson Electric GmbH & Co. OHG-Heerstr. 111-D-71332 Waiblingen-Germany,2005
12. 朱瑞琪,唐承志.用遗传算法对制冷蒸发器过热度控制的优化方法.西安交通大学学报,2002,No. 1
13. 朱瑞琪,谢家泽.制冷系统综合优化用的控制模型.西安交通大学学报,2002,No. 5
14. 田健,朱瑞琪.复合功能的冰箱电子控制器研制.流体机械.2002,增刊
15. 阚怡松,朱瑞琪.环保型制冷剂的冷冻油及其相容性分析.流体机械,2001/5
16. 朱瑞琪,杨亮.以压缩机排气温度为控制参数的电子膨胀阀流量控制系统.流体机械,1999/8:292－295
17. 朱瑞琪,陈文勇,吴业正.电子膨胀阀的控制.流体机械,1998/5:20－25
18. 朱瑞琪,陈文勇,吴业正.制冷机供液量调节系统中蒸发器的动态特性.流体机械,1998/5:33－37
19. 朱瑞琪,杨振义.制冷电磁阀的新发展.液体机械,1998/5:50－52

20. 朱瑞琪,孟建军.蒸发器过热度的自适应控制.流体机械,1997/3:28－30

21. 朱瑞琪,唐承志.Combined refrigerant volume control through an electronic expansionN valve with the self-tuning fuzzy algorithm applied.国际制冷空调会议,2002/7

22. Jiang J H,Zhu R Q,Liu X. A Study on Control of Refrigeration Systems with LQG Method. 第三届国际低温与制冷会议(ICCR'2003)

23. Danfoss Cataloque. ADAP-KOOL$_R$ Refrigeration control systems,RK. 0Y. G2. 02 C Danfoss 12/2002

24. Danfoss A/S (RC-CM/hbs),04－2002

25. Huette Z R. Points of View on Evaporator Liquid Supply Control by Thermostatic Expansion Valves. The Danfoss Journal RE,O1. A1. 02

26. Huelle Z R. Heat load influences upon evaporator parameters. Report No. 3. 32 at the XII International Refrigeration Congress in Madrid.

27. Huelle Z R. Thermal balance of evaporators fed through thermostatic expansion valves. Report No. 3. 33 at the XII International Refrigeration Congress in Madrid

28. Zahn W R. A Visual Study of Two-Phase Flow while Evaporating in Horizontal Tubes. ASME paper No. 63－WA－166(1963)

29. Wedekind G L,Stoecker W F. Transient response of the mixturevapour transition point in horizontal evaporating flow. ASHRE 73rd annual meeting in Toronto,Ont. ,Canada,June 27－29,1966

30. Danfoss Turbocor Compressors Inc. ,Twin-turbine centrifugal compressor,Dorval,Quebec H9P 2N4 Copyright C 2006 Printed in Canada

31. Model TT300/TT400 (R134a) application manual. ECD-00007A Rev. 4 Mar 2006

32. 艾默生环境优化技术亚太总部,王贻任.数码涡旋技术.International Symposium on HCFC Alternative Refrigerants and Environmental Technology 2002,Kobe,Japan

33. Johnson Controls ATC Application Handbook Section 2. Issue Date 0500